U0344435

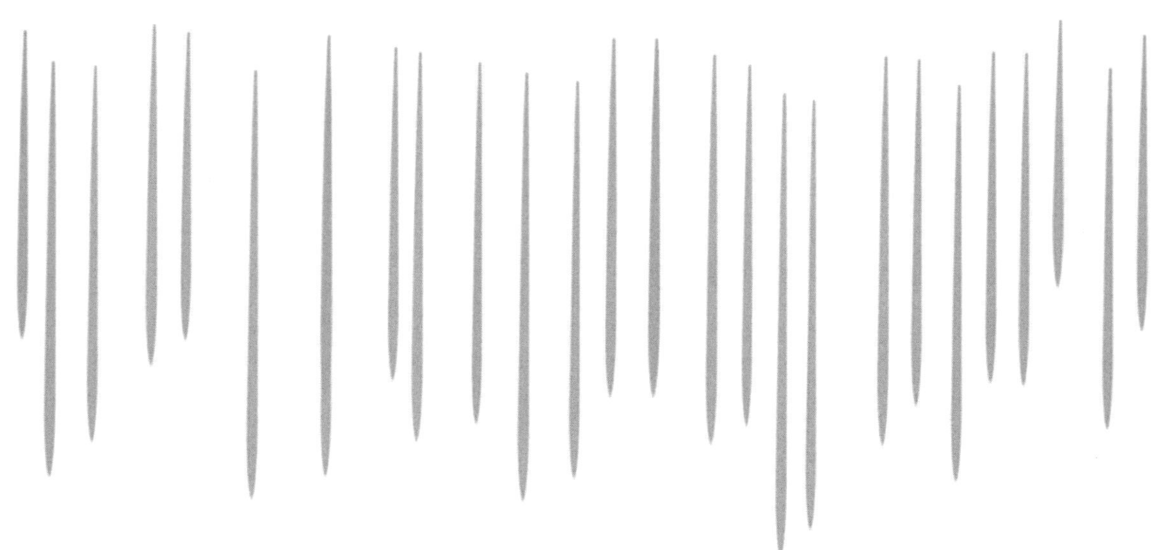

ЛАЗЕРЫ : ПРИМЕНЕНИЯ И ПРИЛОЖЕНИЯ

激光应用与功效

[俄] А. С. Борейшо　主编

袁圣付 华卫红 程湘爱 马建光　译

国防科技大学出版社

· 长沙 ·

图书在版编目（CIP）数据

激光应用与功效/（俄罗斯）A. C. 巴列绍主编；袁圣付等译. —长沙：国防科技大学出版社，2024. 6

ISBN 978 - 7 - 5673 - 0642 - 4

Ⅰ. ①激… Ⅱ. ①A… ②袁… Ⅲ. ①激光技术 Ⅳ. ①TN24

中国国家版本馆 CIP 数据核字（2024）第 078264 号

著作权合同登记图字： 军 - 2023 - 001

激光应用与功效

JIGUANG YINGYONG YU GONGXIAO

袁圣付　华卫红　程湘爱　马建光　译

责任编辑： 杨　琴
责任校对： 任星宇
出版发行： 国防科技大学出版社
地　　址： 长沙市开福区德雅路 109 号
邮政编码： 410073
电　　话： (0731) 87028022
印　　制： 长沙市精宏印务有限公司
开　　本： 710 × 1000　1/16
印　　张： 30. 75
插　　页： 4
字　　数： 545 千字
版　　次： 2024 年 6 月第 1 版
印　　次： 2024 年 6 月第 1 次
书　　号： ISBN 978 - 7 - 5673 - 0642 - 4
定　　价： 168. 00 元

网址：https://www. nudt. edu. cn/press/

译序
PREFACE

《激光应用与功效》一书是俄罗斯国立波罗的海科技大学组织多名学者共同撰写并于2016年出版的，介绍了激光系统及设备在测量、信息、工业、环境监测、医学、军事、超快物理与化学反应动力学研究、远程传能供电、冷原子导航等各个领域的应用。书中涉及的内容极为丰富，很多研究结果都是第一次公布与出版，通过阅读本书，可以全面了解激光在各行各业中的应用，以及各个领域使用的各种相关激光设备及其供应商。

本书中的很多内容是国内同类著作中未见或少见的，例如：美国先进中红外化学激光器（MIRACL）的输出功率为2.5兆瓦；激光可以像电子束一样实现深熔焊接；不同波长激光在生物组织中的穿透深度图表；通过加热并熔化物理模型来估算各种材料的激光破坏阈值；对于激光破坏，除功率密度（光强）达到破坏阈值外，还提出了光斑有效尺寸限制（有参考书称光斑尺寸比材料厚度大一个量级）阈值（直径100~150毫米）；等等。许多有意思的内容都有待读者去阅读、体会与领悟。

本书内容覆盖专业面很广，一些专业知识和术语需要仔细斟酌与比对，以保证译文体例的规范一致。此外，原著插图中的俄文标注也都需要一一仔细修改。在激光医学应用章节的翻译过程中，为了确保译文质量，还特别邀请中南大学湘雅医院的唐瑶云主任参与了审阅修改。在本书付梓之际，向为本书翻译和出版工作付出辛勤劳动的所有同人表示诚挚的谢意。

随着激光在各行各业的广泛应用，相信本书的出版将为读者提供激光应用方面很好的综合参考。译者之一曾在医院接受过氦-氖激光辐照治疗耳道红肿，良好的治疗效果令人感叹！虽然在光学工程专业方向从事教学科研并与激光器打交道多年，但他此前对激光医学还是知之甚少，直到多年后阅读本书的相关内容之后，当时在医院的好奇和疑问才找到了答案。愿这本书能成为广大读者生活和学习中的好答案、好手册与好智库，帮助读者成为应用激光和受用激光的明白人。本书有很大的一部分内容与军事及作战应用相关，例如激光武器、激光制导、近炸引信等，因而可以作为部队相关作战人员的参考书。此外，本书还可作为激光医学工作者，增材制造等工业加工从业者，以及污染物监测环保、航空气象保障、国家安全等相关人员和众多工程专业学生的参考书。

在翻译过程中，原书的错漏之处和文字错误，凡经发现和能够确认的，均已作了更正。限于译者水平，难免会有错误不当之处，恳请读者批评指正。

译 者

2024 年 5 月

前　言

2016年，俄罗斯兰出版社出版了《激光器：器件与运用》（Лазеры：устройство и действие）一书，本书是其姊妹篇。

本书对现代激光技术进行了概述并展示了其应用实例，其中一些技术至今仍鲜为人知。这主要是因为本书作者（很多都是大学教师，激光技术及工艺研究院、乌斯季诺夫国立波罗的海科技大学军事机械学院激光教研室和“激光系统”科研生产企业的研究员和工程师）切实参与了相关学科领域的研发工作，拥有丰富的实践经验。

编写本书的目的是使读者对激光器的应用有一个更为全面的认识：包括确定解决实际问题的方法，评估使用条件，选择合适技术，了解激光系统的组成及其功能特性的要求，在复杂激光系统工程实现之前进行技术参数评估，以及具体应用实例说明。

本书全面概述了激光器的所有重要应用，这对于众多工程专业的学生来说大有裨益。读者通过本书可以对激光技术的性能、应用激光器解决各种问题的优点获得最为全面的了解。

与本书类似的俄文图书《激光器的应用》（Применениелазеров）的出版距今已有40多年，其间，激光器潜在的应用领域已经得到了极大拓展。

尽管有关激光技术的出版物数量众多，但大都局限于一些较窄的应用领域，仅供某些专业培训班或特定研究方向的专业人员使用。俄罗斯一直缺少一本对丰富多样的激光技术及激光器可能的应用领域进行总结梳理的教材或参考书。为此，我们和同行一道尽力填补这一空白。

在此，谨向 B. П. 维科教授（技术学博士）以及 Г. Г. 舒金教授（物理学博士与数学博士）对本书的关注及所提的宝贵意见建议表示衷心的感谢。

相关同事和我们进行了长期、有趣和富有创造性的合作，并在本书的编写过程中表现出极大的细致和耐心，给了我们极大的支持，在此我们一并表示衷心的感谢。

目　录

第一篇　激光在参数测量中的应用

第 1 章　距离测量

第 2 章　三维成像

第3章　光学测速法

第4章　时间、频率和波长的度量

第二篇　激光在信息传输与处理中的应用

第5章　光通信链路

第6章　信息存储和加工

第三篇　激光技术在工业中的应用

第 7 章　激光表面处理

第 8 章　激光深度加工

第9章 激光增材制造技术

第四篇　环境监测用激光系统

第 10 章　激光探测的原理

第 11 章　大气气溶胶探测

第 12 章　大气中的化学污染物检测

第13章 大气的气象参数测量

第五篇 激光技术在医学中的应用

第14章 光对生物组织的影响

第 15 章　激光医疗诊断

第 16 章　激光治疗技术

第21章　激光雷达

第七篇　激光技术的应用前景

第22章　激光与科学研究的发展

第23章 激光器及激光技术的发展

附录 激光安全

第一篇
激光在参数测量中的应用

А. В. Чугреев（А. В. 楚格列耶夫），М. А. Коняев（М. А. 科尼亚耶夫）

激光辐射具有光束发散角小、单色性好、相干性强、光波振荡频率稳定、能量流密度大、脉冲峰值功率高等特性，因此，激光在众多科技领域发挥着不可替代的作用。截至2015年，世界上已有80多位学者因为其在光学和激光物理领域取得的相关研究成果而荣获诺贝尔奖。

人类很早就学会了利用光学方法测量各种物理参数。随着激光器的出现以及各种新型激光辐射源被研发出来，光学测量水平也上升到了一个全新的高度。

这一篇将介绍激光器在各类参数测量中的应用，包括距离测量、三维成像和速度测量等，以及在时间、频率和长度标准单位等计量学相关领域的运用，并从工作原理、性能及组成等方面对上述应用中常见的测量装置进行介绍。

第 1 章　距离测量

1.1　激光测距

使用光学方法无须接触即可精确测得物体的距离和运动速度。早在公元前人们就已经能够使用三角测量法实施非接触式测距。随着人们对光的波动性认识的加深，利用光的干涉原理进行位移控制的方法被普遍采用。由于激光束具有众多优点，因此，激光的出现显著提高了使用光学方法测量物体距离和位移的能力。

激光测距可以根据探测方法的不同来分类，不同探测方法各有特点，相互之间差别较大。此外，激光测距的特性与选用的激光器类型密切相关。使用激光进行距离测量有许多优点，包括测量精度高、作用距离远、测量速度快、隐蔽性好等。

激光测距的要求决定了测量方法的选择，包括距离、精度、经费、可靠性以及安全性等因素。激光测距实施测量的速度极快、频率高（10^6 次/秒），且精度高、距离远、可测距离跨度大，极近和极远距离均可测量。现在一些先进的激光测距设备可能兼具上述所有特性。

激光测距主要优点如下：

（1）测量精度高；

（2）无须接触即可进行测量，且对被测物体无明显影响；

（3）获取测量结果快；

（4）测量距离远。

根据激光测距法所依据的物理原理及所用技术，可将其分为以下几类：

（1）三角测量法；

（2）飞行时间法（脉冲法）；

（3）相位法；

（4）调频法；

（5）干涉测量法。

图 1.1 对比了不同测距方法的探测距离及空间分辨率，其优缺点如表 1.1 所示。

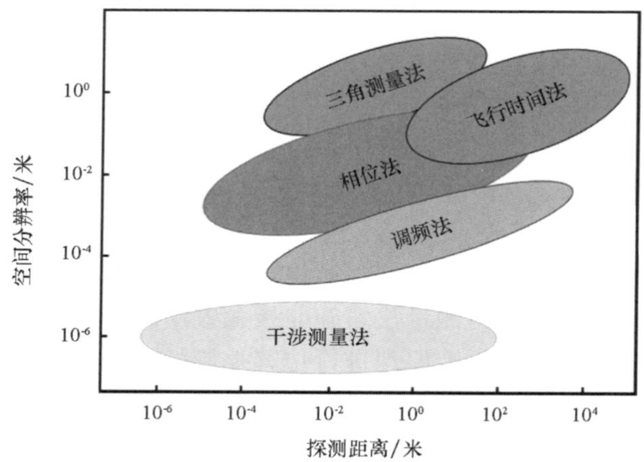

图 1.1　不同测距方法的探测距离和空间分辨率

表 1.1　测距方法优缺点对比

测距方法名称	优点	缺点
三角测量法	操作简单、可靠性高、响应速度快，可使用价格较为低廉的仪器进行测量	进行精确测量时所需的光学准备工作量较大，激光束和光电探测器需要散的很开，因此该方法主要用于测量较短的距离
飞行时间法（脉冲法）	可同时测量多个目标的距离；激光脉宽短，便于操作，且接收到的信号易于处理	需要使用对眼睛有害的大功率激光器；无法测量较短的距离，测量精度有限
相位法	激光（束）功率小、安全性高、价格低廉	测量时间长（至少需要几秒时间），测量距离短
调频法	远、近距离均可测量；使用对眼睛相对安全的连续波激光器，可精准测量几十千米的距离	对激光源和光电探测器电子设备的要求高，价格高
干涉测量法	可精确测量位移	只能用于测量短距离目标和位移

三角测量法是一种几何测距法，三角测量法本身不一定要用激光，但采用激光可增强其测距能力。三角测量法通过三角形的比例关系来计算所测距离。使用该方法既可测量传感器和被测物体之间的距离，亦可测量其相对变化。测距范围为几微米（例如微晶表面距离测定）至几百米或几千米（例如地质测量）。利用三角测量法原理工作的传感器被广泛应用于工业领域，用来探测较小距离和物体形状。

飞行时间法（脉冲法）是一种将测量到的激光脉冲飞行时间（激光脉冲在测量仪器与目标之间的往返时间）换算成距离的测距方法。此方法一般可用于几百米到几千千米的远距离测量。飞行时间法的测距精度取决于激光脉冲参数和光电探测电路的电子响应速度，误差范围为几毫米到几米。

相位法是一种与飞行时间法类似的测距方法，激光脉冲是通过对连续激光的强度调制实现的。相位法被广泛应用于价格低廉的普通测距仪，测距范围在100米以内，测距精度可达毫米级。

调频法也是一种与飞行时间法类似的测距方法，激光脉冲是通过对激光频率的调制实现的，测距时激光频率变化而强度不变。当激光照射到非同质表面或穿过流动的大气时，激光的频率不会像其强度一样发生变化，所以这种测距方法受外界干扰的影响非常小。采用调频法既可测量较近的距离也可测量较远的距离，但是调频法测距所用的光源必须是单色的，且按给定的辐射规律变化，同时，需要相应的高品质电子设备，因此该方法价格昂贵。

干涉测量法是一种利用光的相干性精确测量小位移的方法，测量精度可达激光波长的1/10，可用于精密机械装置中机械位移的控制。其缺点是当位移较大时，测量结果表现出不确定性，与可用光波的波长相关，且测量速度较慢。

1.2 三角测量法

人类很早之前就已经会用三角几何的基本定律来测量难以接近的物体的高度。已知三角形中一边的长度和两个角度，则其余两边一角可以用平面几何的方法计算出来。三角测量法可用于物体距离的测定、位移的控制和形状的分析。在三角测量法中利用激光指引并照射测量点的优势在于：激光光束的发散角小，可以使远距离目标获得足够的照度。

在运用三角测量法时，激光器与光电探测器之间需要有一定的距离。激光器、光电探测器与被测物体构成一个三角形，其一条边和与之相邻的两个角为已知量，如图 1.2 所示。其中，A、B 分别为激光器和光电探测器，C 为被测物体，A、B 之间的距离 L 是已知的，角 α 和角 β 是可测量的，根据平面几何的方法就可以计算得到 A 与 C 之间的距离 d。计算公式如下：

$$d = L \cdot \frac{\sin\beta}{\sin(\alpha+\beta)} \tag{1.1}$$

这个公式在平面几何中是适用的。当被测距离与地球曲率半径相近时，计算结果将会有偏差，此时，就需要采用更为复杂的球面三角形公式进行计算。

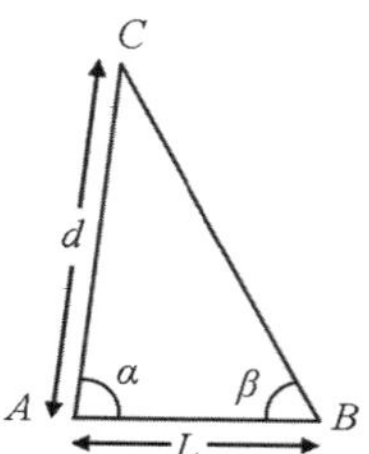

图 1.2　三角测距法的原理

三角测量法不仅可以得到被测物体 C 与测量点 A 之间的精确距离，还可以测量被测物体空间位置的变化并监测位移量。

三角测距仪常采用可见光或红外波段的激光源。可见光波段的测距仪便于调整与使用。可见光波段的硅基光电探测器具有灵敏度高、价格低廉、效率高的特点。三角测距仪对所用激光器的光束质量要求较高，要能够在测量远距离目标时照射形成较小的光斑，此外，激光功率要足够大，尤其是当被测目标是漫反射体时。

便携式三角测距仪常采用波长为 635 纳米和 650 纳米的半导体激光器作为激光源，如图 1.3 所示。这个波段的硅基光电探测器阵列相对比较便宜。为提高测距仪的信噪比，可对激光的强度进行调制，使其与光电探测器同步。

当采用可见光效果不好或者因可见光波段对眼睛有危害而无法使用可见光激光器时，可采用波长为 1.5 微米的红外激光器。

三角测量法测距范围为几毫米到几十厘米，常用于工业领域的距离探测，例如表面加工中的无接触距离控制、成套自动焊接设备中的表面粗糙度探测等，其工作原理如图 1.4 所示。

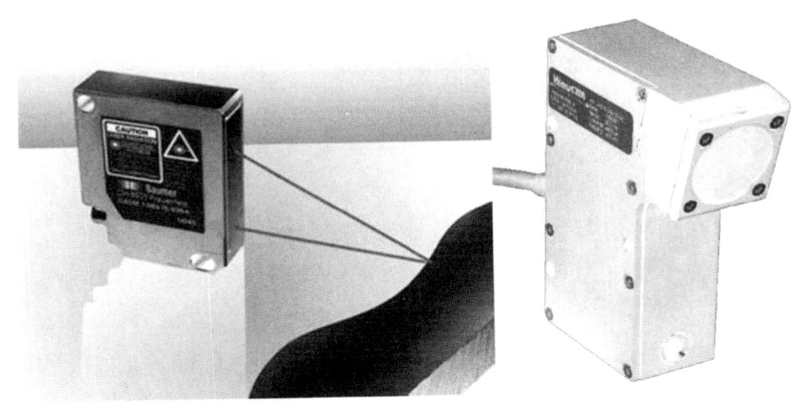

图1.3　便携式三角测距仪

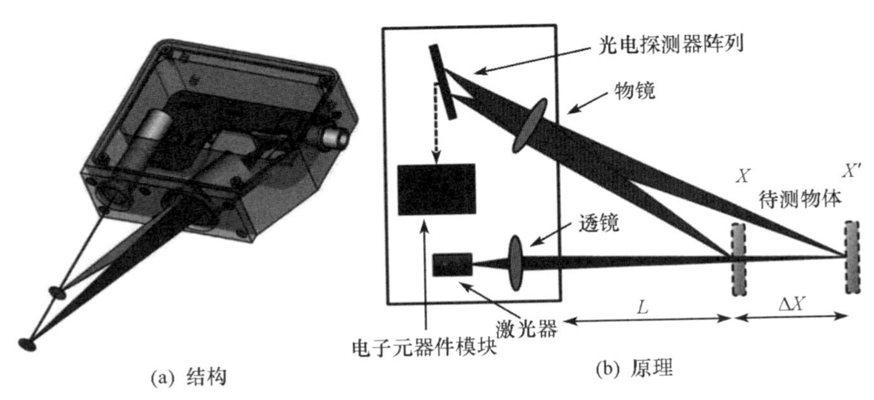

(a) 结构　　(b) 原理

图1.4　三角测距仪的结构和测距原理

激光束通过准直透镜照射到位于 X 和 X' 处的物体，在物体表面产生一个光点。通过光电探测器阵列的镜头对上述光点成像。由于物体距离远近不同，这个被照亮的光点会投射到阵列上的不同位置。电子元器件模块会根据光点所在像素矩阵的坐标值计算出测量点到被测物体表面的距离。

测量精度由几何形状（三角测量法的基线）、像素矩阵的像素数和噪声水平、测量距离的动态变化范围、信号处理方法等决定。三角测量法的测量精度可达到所测距离的1/1 000。

三角测距仪的响应速度取决于其从像素矩阵上读取信息的速度。当采用光电二极管线阵进行快速测距时，频率可以达到几千赫。由于这种测量速度很快，因此可以利用光电传感器跟踪物体的位移或零件的振动、微调激光焊接头的位置、控制熔融区域的位置等。

1.3 飞行时间法（脉冲法）

通过测量光脉冲信号往返测量仪与被测物体之间所需的时间，确定被测物体距离的方法，被称为飞行时间法（TOF）。这是最简单也是最常用的测距方法之一。

飞行时间法的测距原理如图 1.5 所示，测距仪向目标发射一个短脉冲激光，并接收从目标反射回来的信号，测量时可以只使用一个激光脉冲。

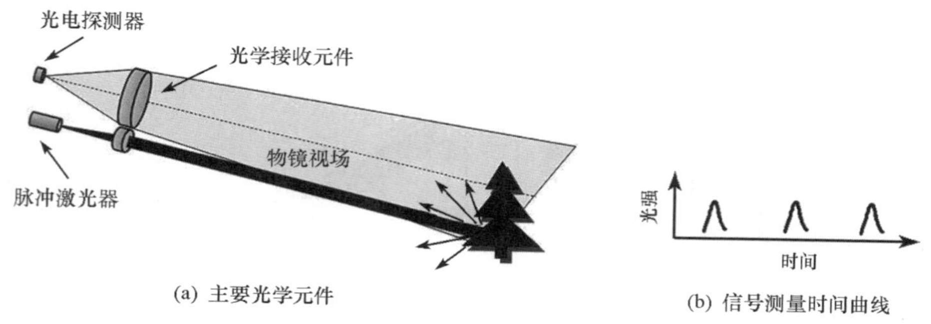

(a) 主要光学元件　　(b) 信号测量时间曲线

图 1.5　飞行时间法测距仪的原理

这种基于无线电雷达定位原理的测量方法，其主要优点是测量速度快，测量距离远。

已知光信号在大气中的传播速度，并测定激光脉冲从发出至由目标返回的时间间隔，即可确定目标的距离。

距离 d 的计算公式如下：

$$d = \frac{1}{2}c \cdot \Delta t \tag{1.2}$$

其中，c 代表光速，为 3×10^8 米/秒；Δt 表示激光脉冲从发出至由目标返回的时间间隔。

因为光速很快，当被测目标距离太近时，电子设备来不及进行信号处理，所以飞行时间法或脉冲法不适合短距离测量。利用飞行时间法进行工作的测距仪存在一个所谓的“盲区”，即位于物镜正前方测距仪无法进行距离测量的那个区域。

虽然飞行时间法可以测量更远的距离，但其通常的测量距离为几十米至几千米。飞行时间法军用测距仪可瞬间测量几十千米以内目标的距离。此类测距仪的最大测量距离由脉冲功率、光电探测器的灵敏度以及是否有光学杂波、大气干扰等因素决定。

在实施远距离测量时，激光的光束质量起着决定性作用。根据光学定律，要想获得发散角小的光束，就需要通过发射望远镜来扩束，扩大接收望远镜的口径可以提高回光的光通量。

最大测量距离取决于测距仪所用激光器的脉冲能量、光电探测器的灵敏度、目标表面的反射系数、背景杂散光强度、信号处理技术、测量采用的统计方法（可对单次测量结果取统计平均）等。

测距精度取决于激光脉冲上升沿或下降沿的梯度（通过测量脉冲相应边沿之间的时间间隔得到）、光电探测器和电子电路的信号处理速度。因为反射脉冲到达时刻是根据某一信号基准记录的（如图 1.6 所示），如果接收到的信号强度发生变化，相应地，测量的脉冲沿位置也会不准确，可能会产生测量误差。也就是说，测距结果取决于目标的反射能力和尺寸大小等。

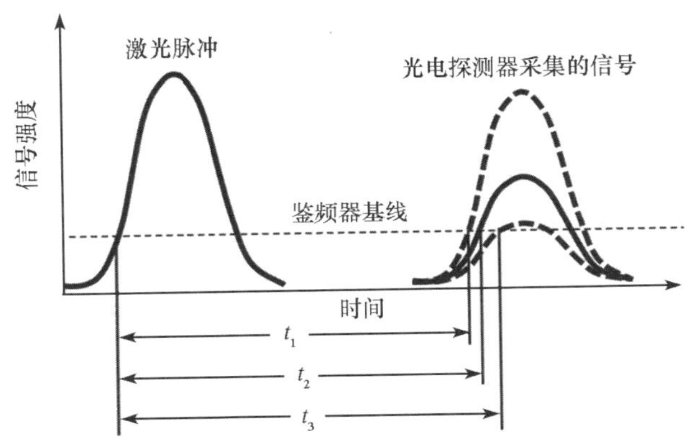

图 1.6　与反射信号的强度变化相关的测量误差

测距仪辨别物体远近的能力取决于脉宽。如果从两个物体反射回来的信号在时间上不重叠，飞行时间法激光测距仪可将两者区分开。这种情况下，激光束方向上两个物体分开的距离不小于一个脉宽乘以光速所得的距离。一般采用脉宽为 0.1~20 纳秒的激光器。脉宽 0.1 纳秒的激光脉冲，在空气或真空中对应的距离约为 3 厘米；脉宽为 10 纳秒的激光脉冲，对应的距离约为 3 米。

测距仪的最小测量距离和空间分辨率还受光电探测器和电子器件电路响应速度的制约。对于既能测量远距离目标又可测量近距离目标的测距仪，其光电探测电路（光电探测器和电子器件）灵敏度的动态范围应该很大，且其自身噪声水平很低。

接收到的脉冲信号由电子电路进行快速处理，电路的带宽决定了信号处理的速度。计时从激光脉冲发出那一刻开始，在接收到反射信号中的终止信号后结束。测量误差等于一个激光脉宽对应的距离。

根据记录的脉冲周期数据，可通过下式计算目标距离：

$$d = \frac{cN}{2f_{\text{脉冲}}} \tag{1.3}$$

其中，N 是从开始至终止之间的脉冲周期数，$f_{\text{脉冲}}$是脉冲频率。

可能导致测量精度下降的因素包括：激光器的噪声，即脉冲强度的不稳定性，抖动（脉冲时序的不稳定性，信号不稳定）。其他与噪声相关的问题可能是由照射到目标上的激光散射不均匀（散斑效应，即观测到反射激光束的“颗粒”图）、大气不均匀等因素造成的。

通常采用 PIN 型光电二极管（具有 Positive-Intrinsic-Negative 型半导体结构的光电二极管）或雪崩光电二极管作为飞行时间法测距仪的光电探测器。在可见光和近红外波段常采用硅光电二极管，在 1.5 微米波段则采用铟镓砷（InGaAs）光电二极管。光电二极管应具有高频特性，即可以不失真地测出激光脉冲的形状。探测脉宽为 10 纳秒的脉冲时，需要采用脉冲上升沿和下降沿为 3～5 纳秒的光电二极管，对应探测带宽为 200～300 兆赫。

如果测距仪的激光波长位于可见光波段，那么就可以采用灵敏度高、响应速度快且自身噪声水平低的光电倍增管来进行信号探测。

测距仪的光路中使用了带通滤波器，如图 1.7 所示。这种滤波器可使工作激光束通过，而滤除其他波长的光，从而降低光电探测器的回波噪声。

对于漫反射表面，光电探测器接收到的光通量会随着距离的增加而急剧减少。为提高光电探测器上的信号强度，必须增加发射的激光脉冲的能量，并扩大光电探测设备的口径。

漫反射表面的反射光信号强度与距离的平方成反比。如图 1.8（a）所示，反射光信号的范围很大。

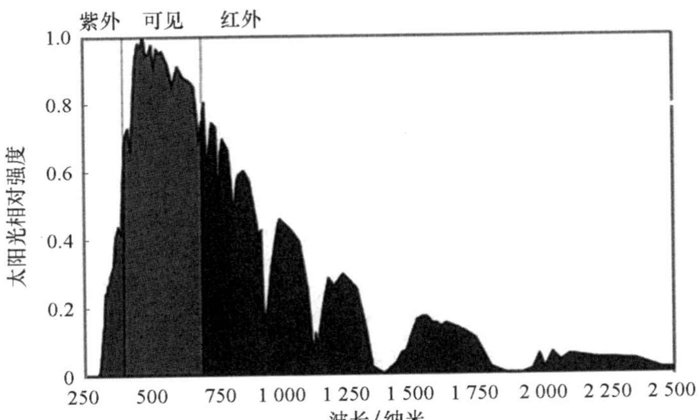

(a) 太阳光的谱能量分布

(b) 带通滤波器的外观

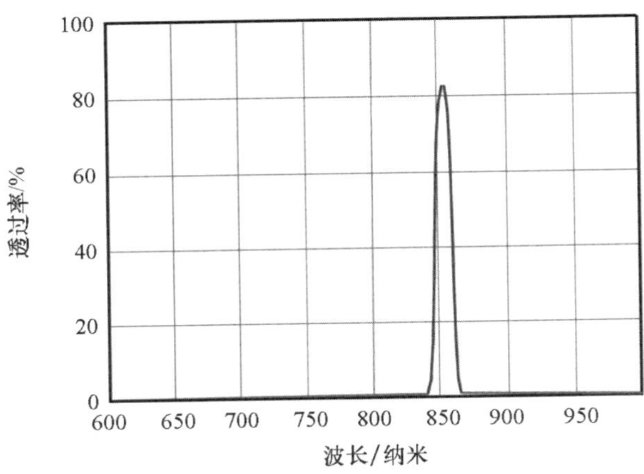

(c) 中心波长为850纳米的带通滤波器的透射谱

图 1.7　太阳光谱能量分布、带通滤波器及透射谱

为进行远距离测量，目标上应该安装光反射器（比如角反射器、后向反射器、棱镜反光镜、猫眼等）以增加反射光。角反射器由三块紧密相连且相互垂直的反光镜或玻璃棱镜组成。不管光线从哪个角度照射到角反射器上，反射光都将与入射光保持严格平行，如图1.8（b）。

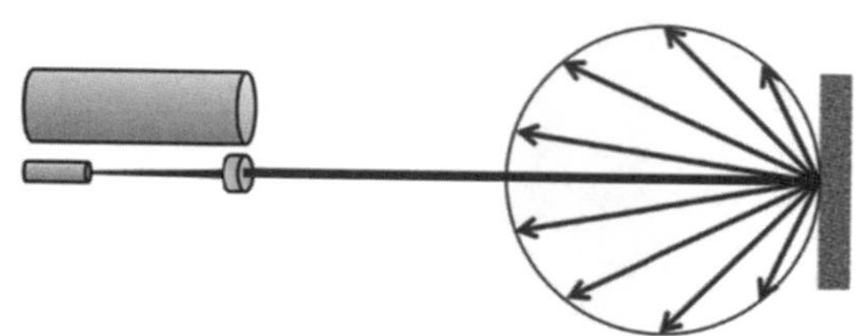

(a) 漫反射表面的反射光分布

(b) 角反射器的反射光方向

图1.8　目标表面的反射特性

在空间领域进行测距必须运用反射光学元件。例如，（无源）大地空间测量卫星——“标准具”卫星的表面就装有棱镜反光镜（角反射镜，又称角反射器、角锥），如图1.9所示。“标准具”卫星被发射到地球轨道上，用于研究地球重力场分布不均对航天器轨道的影响，并据此对全球导航卫星系统（GLONASS）的读数进行校准。

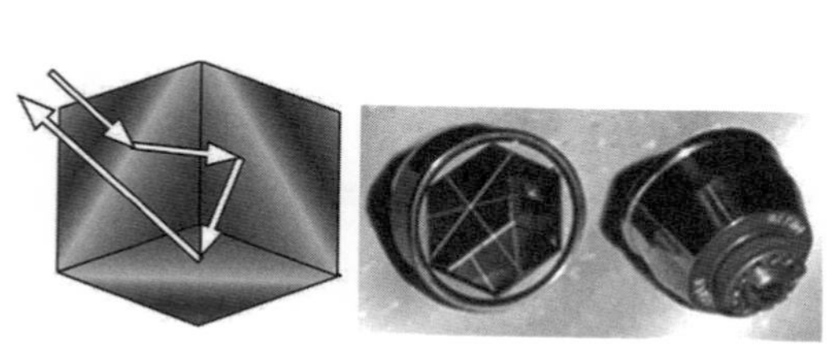

(a) 角反射镜的工作原理及外观

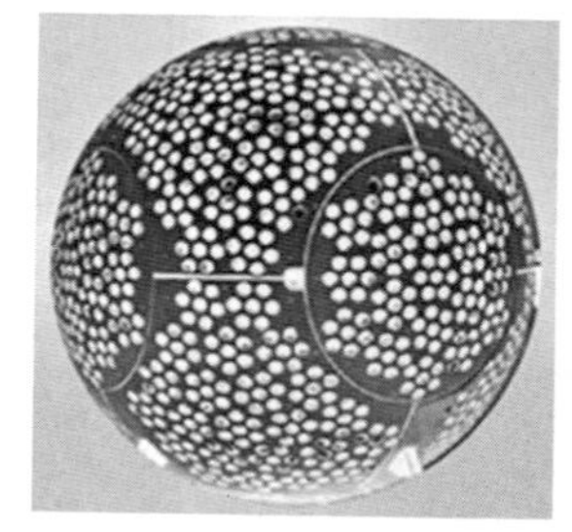

(b) 表面装有角反射镜的“标准具”卫星

图1.9　角反射镜和“标准具”卫星

人们利用飞行时间法测量的最远距离是地球到月球的距离。在月球绕地球轨道运行的过程中，地月间距离为36.310 4万～40.569 6万千米。从地球表面发射的激光脉冲，被安装在月球表面的角反射器反射回来并被望远镜采集。测量这么远的距离时必须采用高质量的反射器，以确保反射光能够严格后向返回。

有趣的是，虽然1970年苏联发射到月球表面的“月球车1号”上配备了角反射器，但是后来地面与月球车的无线电通信中断了。由于不知道月球车的准确位置，专家们无法通过激光束“捕捉”到角反射器。

2010年，研究人员通过高分辨率卫星照片发现了月球车。也就是说，直到月球车发射40年后，才成功找到月球车，并利用反射器接收到反射回来的信号。现在地球到月球间距离的测量精度已经达到了厘米级。

脉冲测距仪一般用于远距离测量。为使接收到的信号强度超过光电探测器自身的噪声和回波的背景噪声，脉冲的峰值功率应该很大。在大气窗口内的各种波长脉冲激光均可用于脉冲测距仪。

测距仪的激光波长不能和大气中主要气体的吸收线相近，其常用激光光源有固体激光器、半导体激光器、光纤激光器和气体激光器。

总的来说，激光波长越长，在大气中传播的效果越好，大气中气溶胶微粒对激光的散射就越少。以前常用的CO_2激光器（激光波长为10.6微米）已被体积更紧凑、性能更可靠的固体激光器所取代。

测距仪所用的激光器应该小巧而高效，脉宽不应超过10纳秒，掺钕或铒等工作介质的固体激光器最符合上述要求。测量范围在20千米以内的便携式测距仪所用激光器的典型参数要求为：脉冲功率在10毫焦以内，脉冲频率为1赫。这类激光器的工作介质可以是晶体、玻璃或陶瓷，发射口径较大，可以产生的激光脉冲峰值功率高且激光束发散角较小。典型的军用激光测距仪如图1.10所示。

现代军用激光测距仪一般使用脉冲能量大、重复频率低（每秒发射5～30个脉冲）的固体脉冲激光器。这类激光器谐振腔的品质因子Q是可调节的（Q-switch）。波长为1.06微米的钕激光器（Nd：YAG和Nd：glass）或波长为1.54微米的铒激光器都属于调Q激光器。军用激光测距仪的外形结构紧凑、便于携带，可精确测量25千米以内目标的距离，测量误差不超过5米。

发射激光和接收回波信号一般采用独立的透镜。激光束的发散角取决于发射透镜的直径。增大透镜的直径可以使发射激光束的发散角减小，从而使

图 1.10　测量距离可达 20 千米的军用激光测距仪

照射到目标上的光强增大。接收信号光通量的大小与接收透镜的面积成正比。

如果测距仪用于监视和跟踪或者用于照射目标，那么其脉冲的重复频率需要更高，应能达到每秒 10～50 次。在上述应用领域只使用钕激光器（Nd：YAG），因为晶体工作介质的导热性更好，更容易散热。

价格更低一些的测距仪使用功率更强，能量效率更高的 GaAs 半导体激光器，其输出波长范围为 800～900 纳米。处于这一波段的光辐射对人眼睛有害，而人和动物的眼睛都看不见这一波段的光辐射。在民用测距仪中，激光脉冲的功率受到一定限制，需要符合 1M（肉眼直视不会伤害眼睛）安全等级。即便如此，生产厂家还是严禁将测距仪对准人眼和瞄准器或望远镜的透镜，否则仍可能会对眼睛造成损伤。

狩猎者、运动员和建筑工人也常使用脉冲测距仪。这类测距仪常常需要与望远镜或夜视仪配合使用，如图 1.11 所示。这种组合式测距仪使用十分方便，不仅可以观察周围情况，必要时还可以测量所发现目标的距离，其测量距离一般不超过 500 米，测量精度可达 0.5～1.0 米。

在设计和使用脉冲测距仪时，必须考虑激光安全问题，具体可参见“附录　激光安全”。波长为 1.06 微米的钕激光脉冲测距仪效率最高。其光束虽然在几千米距离处的平均功率不大，但对人眼的危害仍然极大。人眼和动物的眼睛看不见钕激光器发出的基频光，但是这一波长的光束可以透过眼球的晶状体和玻璃体到达并聚焦到视网膜上。因此，目前常用测距仪的激光器工作介质为铒，其输出波长为 1.54 微米。波长超过 1.4 微米的光束属于相对安全的波段，当其直接照射瞳孔时，光辐射在眼球内就会被晶状体和玻璃体吸收，不会聚焦到视网膜上，脉冲强度不大时不会损伤眼睛。铒激光器光强的安全阈值大约是钕激光器的 10 000 倍。对于采用激光波长为 1.5 微米的测距

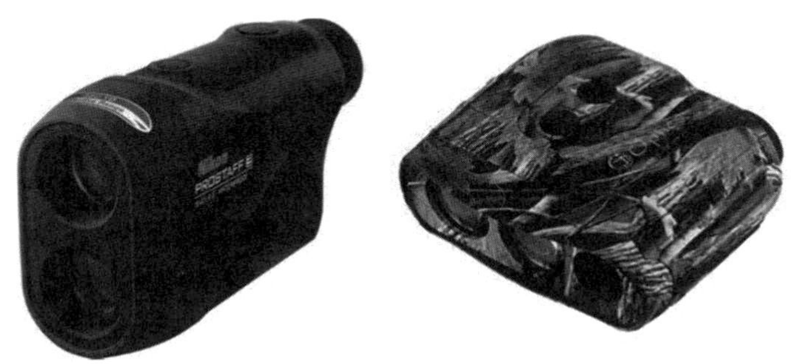

图 1.11 采用近红外半导体脉冲激光（波长为 870 纳米）的组合式测距仪

仪来说，另外一个优点是它不会被常用的夜视装置（工作波段处于 1 微米）探测到。正是因为这个测距仪具有隐蔽效果，其在军事上具有重要应用。

1.4 相位法

激光测距仪在测量较小距离时一般采用相位法。在这种测距仪中，激光器发出的连续激光，其振幅被正弦波函数或更为复杂的函数调制。通过测量接收到的信号和初始信号之间的相位差，可计算得到目标的距离。相位法实际上也是一种飞行时间法，因为相位值也是根据光往返于目标与测量点之间的飞行时间测得的，而脉冲测距仪更常被称为飞行时间法测距仪。

通过调制，连续激光的振幅将随着时间的变化而变化。对比发出的调制信号和接收到的信号之间相位延迟，就可以计算出光行进的距离。相位法测距的工作原理如图 1.12 所示。

激光器的调制频率需要根据所测距离的远近进行选择：光信号往返于目标与测量点之间所需的时间应该小于调制周期，否则测量结果将不唯一。另外，相位法测量精度不大于调制周期的1%~2%，如果调制频率过低，测量的准确性将会下降。

普通的相位测距仪对于激光源的光谱无特殊要求。在相位测距仪中常使用半导体激光器作为激光源，其输出功率可以通过控制泵浦电流的变化进行调节。建筑用测距仪常采用可见光波段的红光半导体激光器（波长为 635 纳米或 650 纳米），狩猎用测距仪则常采用近红外波段的半导体激光器（波长为 850~900 纳米）。由于对激光束的光谱宽度没有要求，所以这种激光器价格不

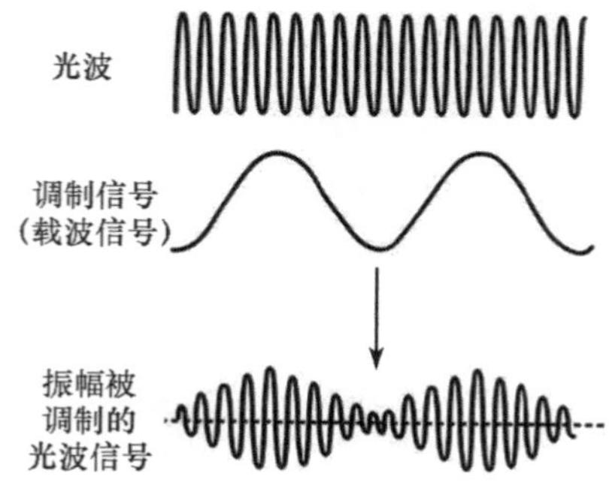

(a) 振幅被调制的光波形状

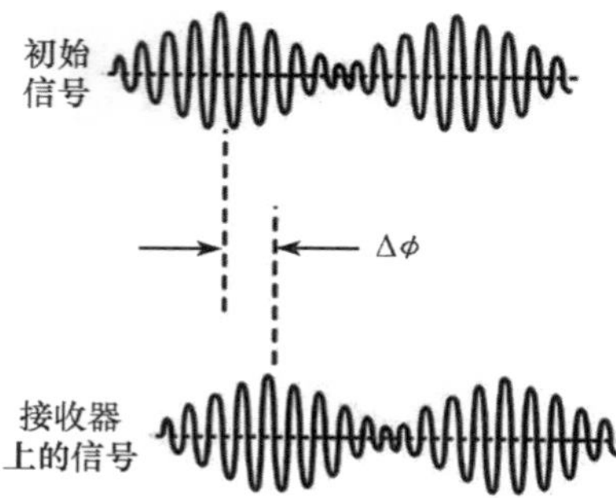

(b) 从目标处反射回的信号与初始信号的相位差

图 1.12　相位测距法的工作原理

高。激光发射器和接收器分别采用独立的光通道，以防产生交叉干扰。

光强的最高调制频率受限于电子设备，调制频率不可能超过数太赫，比光辐射电磁波自身的振动频率——数百太赫低得多。

从目标反射（漫反射或镜面反射）回来的光进入光电探测器后，被转换成电信号，将其中的分量分离出来，与初始调制信号进行对比，获得相位差，进而可以计算出目标距离。当信号积累的时间足够长时，相位法测定精度为调制周期的 1%~2%，相位测距仪的空间分辨率可达到厘米级。

在测量周期信号的相位时常常会出现测量结果不唯一的情况，因为计算精度为 $2\pi n$，其中 n 可以为任意整数。测距仪中光强的调制并不是按正弦函数来进行的，所用的函数更为复杂（例如，使用不同调制频率），这样就可以避免测量结果的不唯一，保持对不同距离测量的高精度。当采用多个调制频率时，就可测量从零到几百米的距离，测距精度可达厘米级甚至毫米级。

当采用干涉测量法进行测距时也需要对比光波的相位，与之相比，对光强进行调制的相位法的测量精度要低 3~4 个量级，如图 1.1 所示。但是相位测距仪通过利用多个不同调制频率或复杂的信号编码算法，可准确测定较远的距离。此外，相位测距仪还可以对表面粗糙会发生漫反射的目标进行测距。

建筑、装潢、土方工程和大地测量中常采用相位测距仪。它对光源器件没有特殊的性能要求，因此价格也最为便宜。相位测距仪一般采用可见光红光波段的半导体激光器，安全性高，便于操作，可准确测量从几厘米至几百米范围内目标的距离。通过简单的计算可以得到两个不易接近的点之间的距离或物体高度，如图 1.13 所示。

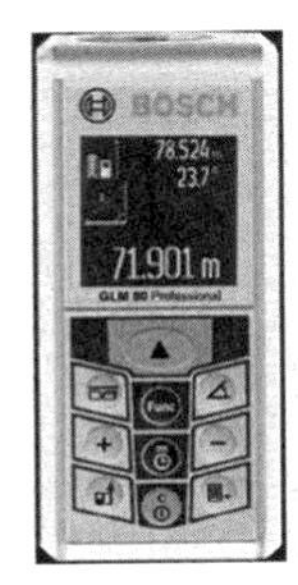

(a) 激光相位测距仪

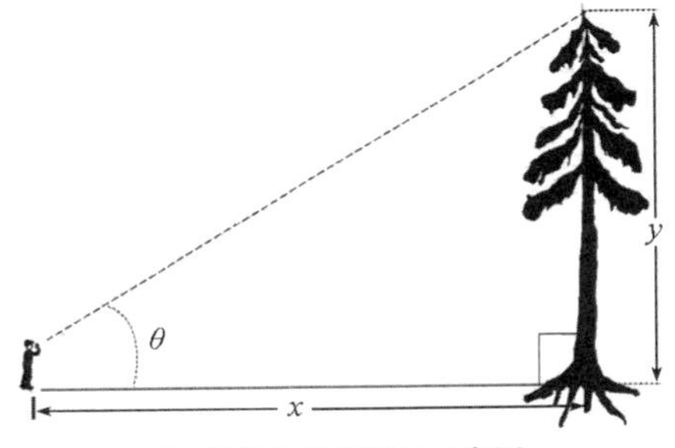

(b) 物体的高度测量示意图

图 1.13　相位测距仪及高度测量示意图

使用相位测距仪进行一次测量需要数秒时间，因为要想进行准确测量，需要信号累积。因此这种测距仪只能用于解决一些简单的、要求不是很高的测距任务。

需要指出的是，价格低廉的日常用测距仪实际上并不是激光测距仪，而是超声波测距仪。例如，汽车停车装置就是通过超声波测定距离的，其中的激光束仅用来指引测量方向。

1.5　调频法

利用连续激光器频率调制进行测距与运用无线电频率调制进行雷达信号探测的方法是类似的。

当泵浦电流或晶体温度发生变化时，某些特殊种类的激光器（包括半导体激光器）可能具有改变输出波长的特性。输出功率恒定的激光频率按照线性变化规律从f_1变到f_2，反射光进入测距仪光电探测器后，会产生一个与目标距离相对应的时间延迟。对接收到的信号振荡频率变化进行分析可精确测定信号的延迟时间，相应地，根据该延迟时间即可测得目标距离。

采用频率调制方法的测距仪，其测量范围和灵敏度取决于所用激光器的相干长度，即光谱的线宽。频率调制测距仪可以测量数百千米的距离，且在激光功率足够大、光电探测器灵敏度足够高的情况下，测量精度可小于 1 米。

此类测距仪的工作流程、工作原理如图 1.14 和图 1.15 所示。利用扫描发生器对激光频率进行“锯齿状”调制：激光频率在一定时间间隔内按线性规律发生变化。光脉冲必须在一个调制周期内实现在待测目标与测量点之间的往返。激光束的一部分作为基准信号直接进入光电探测器，激光束的大部分在目标与测量点之间往返后，也进入光电探测器，有一定的时间延迟，该延迟时长与激光脉冲在目标间往返所需的时间相对应。因为激光频率是随时间变化的，光电探测器可同时接收到两个不同频率的光信号。当光电探测器接收到的两个光信号混到一起时，光强会出现跳动，且跳动频率等于两种光频率之差。根据频率差的数值便可计算出目标距离。

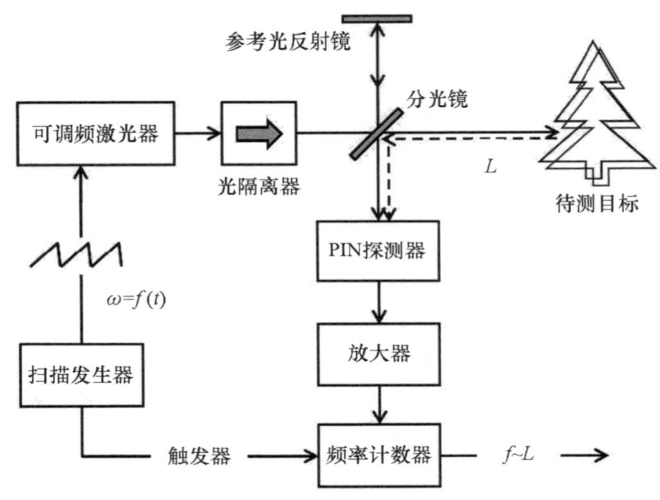

图 1.14　调频测距仪的工作流程图

与调幅测距仪相比，调频测距仪的信噪比更优。因为探测器接收到的光信号强度易受外界因素的干扰，比如大气运动、目标反射不均匀等都会使光强变化而降低测量精度。但是光信号的频率几乎不受外界因素的影响，在经过大气层或目标反射时，光波频率并没有改变。

由于调频测距仪的性能更优，因此这种测距仪的价格比调幅测距仪要高得多。调频测距仪需要用到更昂贵的激光器，而且其光电探测器及相应的电子电路也更为复杂。

调频要采用窄线宽激光器，且这种激光器可对激光波长进行迅速调整。

常采用窄线宽半导体激光器来进行调频，其波长可由预先设计的布拉格光栅或衍射光栅来确定。图 1.16 分别给出了分布式反馈（DFB）、分布式布

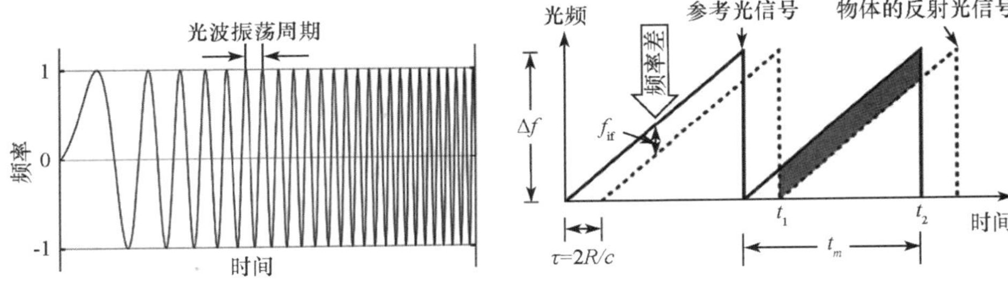

(a) 光波调制频率与时间的线性关系

(b) 参考光信号频率和反射光信号频率与时间的关系

图 1.15　调频测距仪的工作原理

拉格反射（DBR）和外置衍射光栅等不同结构类型的波长可调半导体激光器，其中，外置衍射光栅很难快速改变波长。

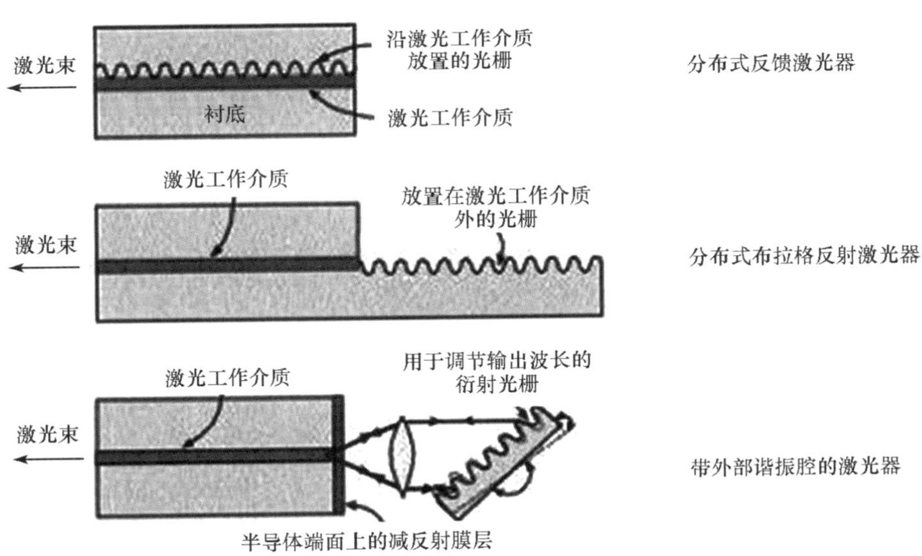

图 1.16　不同结构类型的波长可调半导体激光器

当激光器的泵浦电流发生变化时，DFB 激光器和 DBR 激光器的辐射波长将有略微变化，主要是因为结构加热导致光栅周期发生变化。图 1.17 列出了布拉格结构的半导体激光器在不同泵浦电流下的输出光谱以及波长偏移量的变化情况。

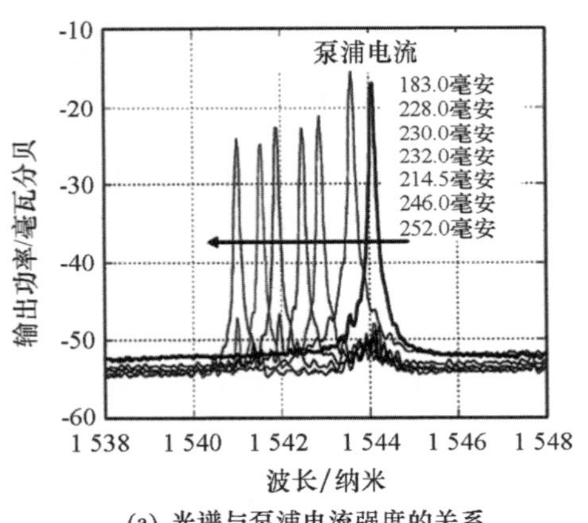

(a) 光谱与泵浦电流强度的关系

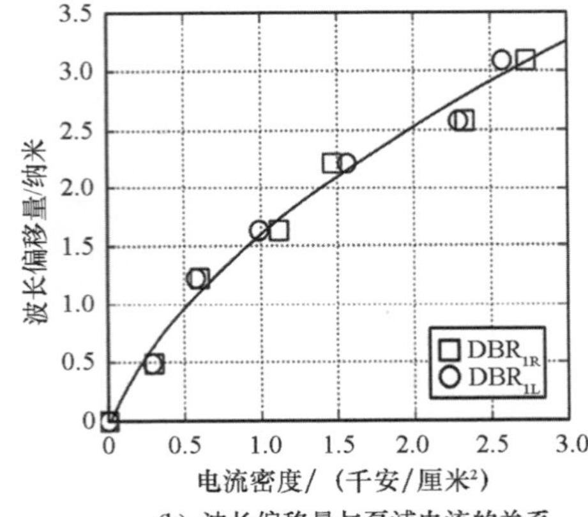

(b) 波长偏移量与泵浦电流的关系

图 1.17 布拉格结构半导体激光器的光谱和波长偏移量与泵浦电流的关系

为了在整个测量周期内使频率差保持稳定，希望波长能够按线性规律变化。半导体激光器的波长通常是由泵浦电流决定的，改变泵浦电流引起的频率变化常常是非线性的。有多种技术方法可突破这一限制，例如，对波长进行持续控制、设计激光器频率反馈机制。此外，还可利用长达数千米的基准信道光纤延迟线，以提升远距离测量的精度。

波长可调半导体激光器的功率一般不超过 10～100 毫瓦，为了进行远距离测量，需要提高输出功率。例如：掺铒光纤放大器被广泛应用于远距离通信设备中，但价格非常昂贵；也可以采用固态块状工作介质放大器。

1.6 干涉测量法

干涉测量法是精确测量领域的标准方法。干涉仪（interferensmeter）一词的词根为拉丁文：inter 意为在物体之间，ferens（ferentis）意为承载，meter 意为测量。利用光的相干性可以将测量精度精确到亚微米级。采用干涉测量法时，电磁波本身的相位差变化与被测物体的位移相对应。19 世纪 80 年代，利用光的干涉原理进行测距被首次提出。激光器出现后，干涉测量法有了新的发展。

干涉仪是一种光学仪器，利用数个相干光束的相互作用进行工作。一般情况下，干涉图样是由两个或更多个频率相近的光波相干叠加的结果。干涉结果是由这些光波之间的相位差决定的，所以这种测量方法对任何影响光波相位的因素都极为敏感。在干涉仪中，光束首先被半透明的镜子（或其他光学元件）分成两部分，之后两部分光束重新合并到一起，以对比得到沿不同路径传播的光波相位差（光程差）。

迈克尔逊发明的双光束干涉仪是一种经典的干涉仪，发明于1887年（迈克尔逊—莫雷实验）。当时利用它首次测得了光的波长。迈克尔逊干涉仪通常采用半透明玻璃或分光元件进行光束的分离与合并。

迈克尔逊干涉仪还可以用来测量位移。为此，从光源发出的一束光被分成两束，一束照射到目标上成为目标光束，另一束通过一定路径传输成为参考光束。图1.18给出了采用反射镜和角反射镜的两种结构。采用角反射镜的干涉仪可靠性更高，因为这种干涉仪的校准不会受各种力学或热学作用的影响而导致错乱。

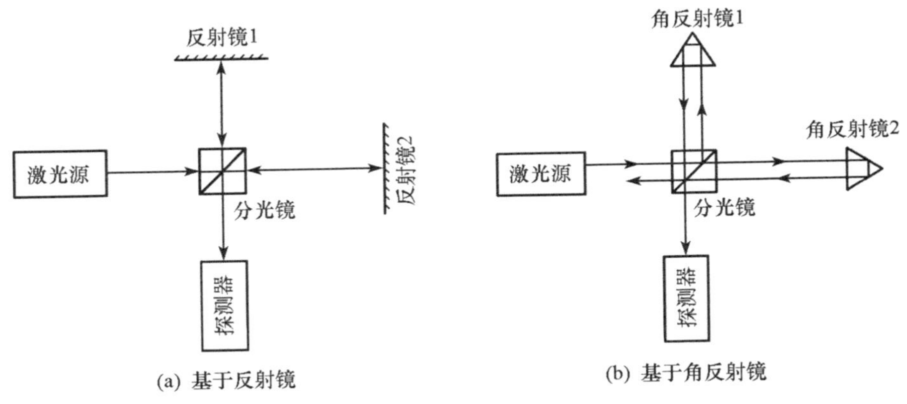

图1.18　迈克尔逊干涉仪工作原理图

总的来说，干涉仪可以采用任何光源来测量。干涉仪的两臂，也就是两束光的光路长度应该相等。采用单色光源时，干涉仪的两臂可以不同，但是其差值应该小于光源的相干长度。

相干性是光学中最重要的概念之一，代表了光波具有干涉效应的特性。当位于不同地点或不同时间的光场之间存在固定的相位关系时，这两处光就具有相干性。单色激光束可能有几百到几千米的超长相干长度，也就是说，理论上可以用干涉仪测量数千米的距离，测量精度达到微米级。

为测量两个机械零件之间的相对位移，其中一个反射镜（或角反射镜）

应该安装在可移动元件上，如图 1.19 所示。

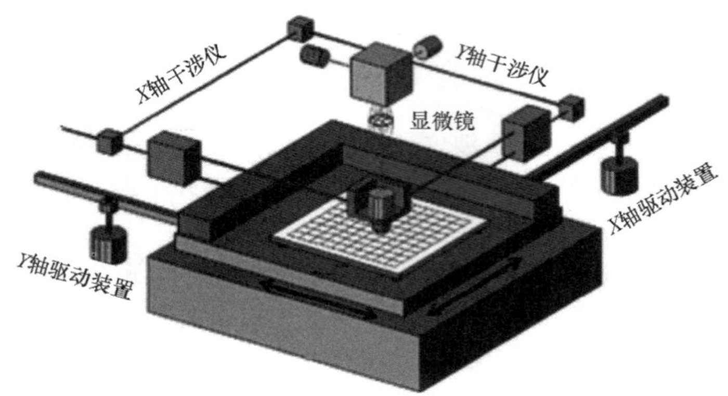

图 1.19　利用干涉仪进行平版印刷中的光掩模定位

在测量位移过程中需要计算通过的干涉条纹最小或最大数量。在实际操作干涉仪进行测距时，必须在有干涉的情况下移动反射镜，计算通过的干涉条纹最小或最大数量。因此，干涉仪中需要使用精密机械，而且测量需要一定时间。位移长度不能超过数米。

结 论

（1）激光测距有许多优点，主要包括：非接触测量、速度快、对被测物体无影响、测量范围广、测量精度高、可以进行隐蔽测量、可在各种透明介质和真空中进行。

（2）激光测距仪的选择会受到一些因素的影响。在展开测距任务时，必须明确下列测距参数：最小和最大测量距离；所需测量精度；进行一次测量所需的时间；是否可以对测量结果进行统计处理；激光安全的相关要求；是否需要实施隐蔽测量；仪器的能耗、尺寸和重量；仪器价格；仪器的寿命期限。

（3）可以运用多种方法进行测距：通过几何结构测量计算得到距离（三角测量法），根据光信号往返目标的飞行时间（飞行时间法或脉冲法、光强调制的相位法和光频率调制的调频法）换算出距离，利用光的干涉特性计算得到位移（干涉测量法）。

思考题

1. 激光测距仪的测量精度受什么限制?
2. 使用激光测距仪对眼睛是否有危害?
3. 宇宙空间测距有什么特点?
4. 激光束的振幅调制和频率调制有什么不同，分别有什么优缺点?
5. 使用干涉法进行远距离测量时有什么困难?

参考文献

1. БокшанскийВ. Б. Лазерныеприборыи методыизмеренияdальности: учеб. пособие/В. Б. Бокшанский, Д. А. Бондаренко, М. В. Вязовых [идр.]/ Подред. В. Е. Карасика. М. :Изд-воМГТУим. Н. Э. Баумана, 2012. (《激光仪器及测距方法》)

2. ФедоровБ. Ф. Лазеры. Основыустройстваи применение/Б. Ф. Федоров. М. :ДОСААФ, 1988. (《激光器——基本原理和应用》)

3. Сборник «НИИ «Полюс» им. М. Ф. Стельмаха» – 50 лет». М. : Техносфера, 2012. (《斯特尔马赫“极地”研究所50年》)

4. Amann Markus-Christian, Bosch Thierry M, Lescure Marc,. et al. Laser ranging: acritical review of usual techniques for distance measurement. Opt. Eng. 40 (1). 2001.

5. Garry Berkovic, Ehud Shafir. Optical methods for distance and displacement measurements. Adv. Opt. Photon. 4, 441 – 471. 2012.

6. КоломийцовЮ. В. Интерферометры. Основыинженернойтеории, применение/Ю. В. Коломийцов. Л. :Машиностроение. Лен. отд. 1976. (《干涉仪——工程理论基础及应用》)

7. Матвеев В. В., Распопов В. Я. Основы построения бесплатформенных инерциальных навигационных систем. СПб. : ЦНИИ «Электроприбор», 2008. (《干涉式无平台导航系统的构建理论》)

第 2 章　三维成像

2.1　基于结构光的三维扫描仪

照相机拍摄的普通照片是二维数据矩阵，集中了从各个方向照射到镜头上并被光电探测器阵列或胶卷捕获的光通量。该数据矩阵中缺少从空间各点发出的光束到达该阵列的距离信息。

为了对某一物体的形状、空间坐标进行编码，需要获取物体的三维数据矩阵（或者称为点云），三个空间坐标值对应一个点，如图 2.1 所示。

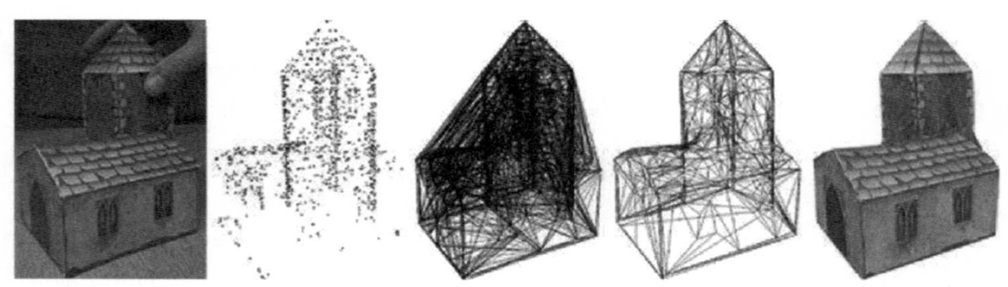

图 2.1　物体及其点云

通过测距仪测量物体每一点的距离，可以构建物体的三维数据矩阵。除了激光雷达，还可以利用超声波、无线电波或微波（雷达）等进行三维成像。激光测距法的主要优点是激光束的波长比其他常用波的波长要短得多，可以发出更窄的扫描光束（根据电磁辐射的衍射原理），达到更高的空间分辨率。

从不同角度进行拍摄可以实现立体摄影，即可以判定镜头视场内每一个物体的距离。立体摄影实际上利用了三角测距原理，不过算法复杂，需要借助电脑来分析两幅图像进行立体成像（目前人、鸟和哺乳动物大脑的处理速度要快得多）。

利用所谓的结构光对物体形状进行编码是最简单快捷的方法。为此，需要用到某种有图案的光斑，而不是用均匀光束照射物体。再运用三角测量法测算从测量点至物体表面各点的距离。3D 光学扫描仪借助激光器或投影仪可以在物体表面形成某种有图案的光斑。如果此时从另一个角度观察被照射的表面，那么这个光斑的图案会随物体轮廓的深度不同而发生扭曲，如图 2.2 所示。

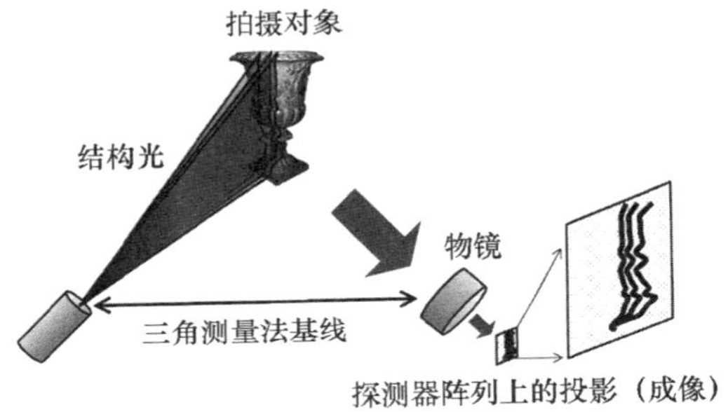

(a) 三角测量法原理示意图

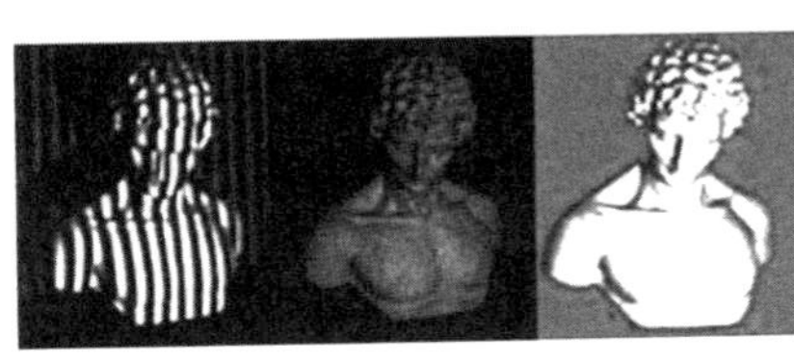

(b) 获得的扫描数据和重建的图像

图 2.2　利用结构光获取立体图像

根据光斑图案的扭曲可以推算出物体的三维模型。通过这种方式工作的三维扫描仪可以对较小的模型、人脸进行编码，即通过非接触方法获取准确的三维图像。

以投影仪的灯泡作为光源，借助于衍射光学元件（掩模）可以将激光光束转变成光带或具有更复杂结构的光束（如图 2.3 所示），从而获得更清晰的结构光图像。

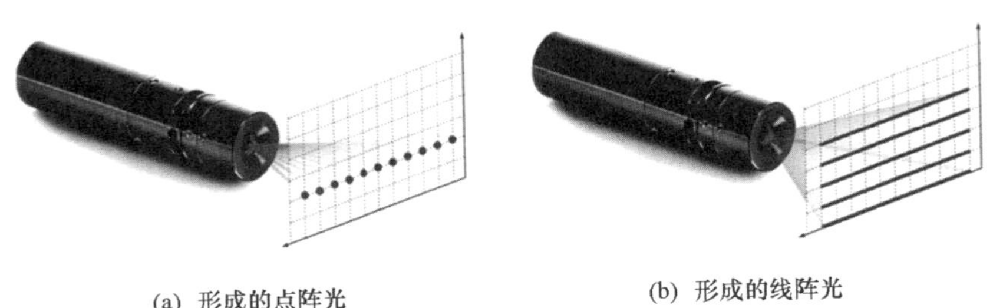

(a) 形成的点阵光　　(b) 形成的线阵光

图 2.3　利用衍射光学元件形成结构光的激光光源

2.2 机械式激光扫描仪

为了获取大尺寸物体的三维图像，比如对地球表面进行扫描，就要用到扫描系统。该系统利用激光器光束扫描既定的空间区域，并依次形成三维图像。

三维图像激光扫描仪常被称为激光雷达，即利用光进行探测和测距。先进的激光扫描仪可以发出频率为每秒数十万赫的测量脉冲。通过可移动的平面反光镜或旋转棱镜等扫描系统，激光脉冲可分布于物体的整个表面。扫描仪可以通过这种方式搜集各点的坐标信息。根据测量或扫描的结果，可以在短时间内获取点云或三维数据矩阵，从而精确、完整地描绘所研究物体的外形。

根据不同用途，激光扫描仪主要可分为三类：

（1）地面扫描仪；

（2）空中扫描仪；

（3）可移动扫描仪。

激光扫描仪适于构建各种物体、房屋和建筑的三维模型，如图 2.4 所示。借助于光机系统（扫描系统）设定测量方向，利用飞行时间法测量各点的距离。必要情况下，可以扫描几个点/视场以构建完整图像，之后这些反射点云数据将被拼接成一个总的数据矩阵。

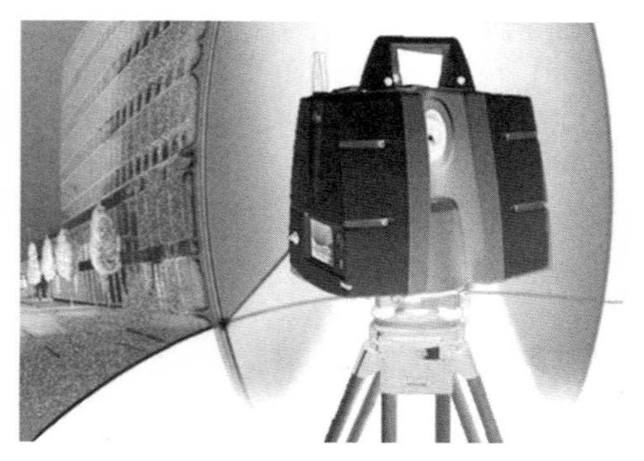

(a) 用于建筑建模

(b) 装在火车头上用于外部勘测

图 2.4 构建 3D 模型的激光扫描仪

地面3D扫描仪的主要应用领域有：建筑设施、工业项目（建筑工地、车间、矿坑等）的内部和外部勘测与建模。

2.3 实时接收信息的激光扫描仪

对于某些应用，需要实时获取足够详细的空间点云信息并快速更新数据。

安装在移动载体上的激光雷达，会有需要高速记录各帧数据等类似任务，例如，目前无人驾驶汽车的控制系统中主要传感器就是激光雷达。

为构建一个三维数据矩阵，需要测量视场内各点的距离。因此，与普通的照相不同，激光扫描仪记录每一帧图像都需要时间。单位测量时间乘以图像的点数（像素）即可计算出这一时间。

在距离较短时，获取一帧的时间由信号处理速度决定。对于距离几百米的物体，光信号往返的飞行时间将成为缩短记录时间的限制因素。它是制约扫描系统获取高分辨率图像速度的主要因素。

例如，光在1微秒内传播300米。为获取150米外分辨率为1 920×1 080像素的建筑物图像，至少需要2秒。这种拍摄速度对于获取静止物体的三维图像足够了，但不足以实现视频拍摄的空间分辨率或远距离快速过程的控制。

采用增加激光源并同时对几个方向进行距离测量的方法有可能提高获取一帧图像的速度。安装在自动驾驶汽车（无人驾驶汽车）上的激光扫描仪就是根据这一原理工作的，以便能够快速获取信息，有效分析道路情况，如图2.5所示。谷歌汽车公司Velodyne研发的汽车中采用了32或64个半导体

(a) 分析路况的激光扫描仪

(b) 安装有激光扫描仪的汽车

(c) 激光扫描仪获取的三维点云（见彩插）

图2.5 无人驾驶汽车上的激光扫描仪

激光器，在垂直平面上可同时向各个方向发射脉冲。通过旋转扫描仪，可实现水平方向的帧扫描。道路情况分析系统获取的数据速率（流量）可达每秒1吉比特。

2.3.1 大地测量和地图绘制中的激光扫描仪

安装在飞机或直升机上的测距仪进行连续测距，可获取地球表面的轮廓图。飞机的飞行高度和坐标可以借助于全球卫星定位系统和惯性系统（陀螺仪、加速度计）进行推算。根据仪器的实时坐标处理所得的扫描数据，可以绘制出三维地形图。

采用连续测量方式的激光测距仪常被称为激光雷达。为了对地表轮廓进行测量，常常使用扫描仪（如图2.6所示），通过旋转平面反射镜或棱镜使激光束产生偏转。

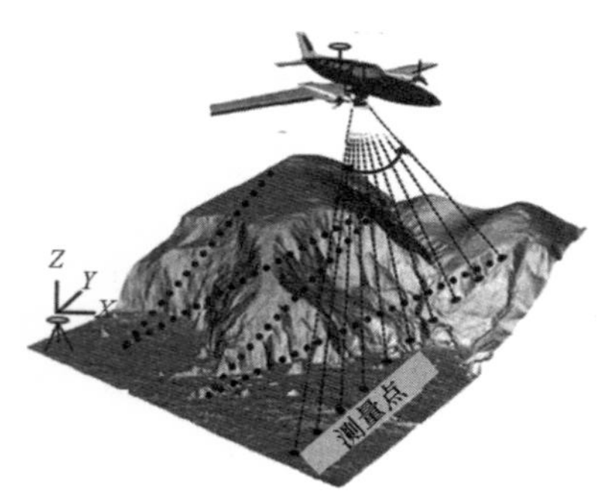

(a) 利用空基激光雷达获取地形图

(b) 激光扫描获取的三维点云

图2.6 利用扫描仪进行地表轮廓测量

在飞机飞行过程中，结合激光雷达测量结果和全球卫星定位系统的数据，可构建三维地形图，即包含绝对高度值的三维数据矩阵（点云）。

表2.1列出了激光束进行空间扫描的工作原理。

表2.2列出了地形测量中用于绘制数字合成地形地图的主要系统的主要性能参数。

表 2.1　各种类型扫描系统

扫描仪类型	局部示意图	目标上点的分布	优点（+）和缺点（-）
振镜		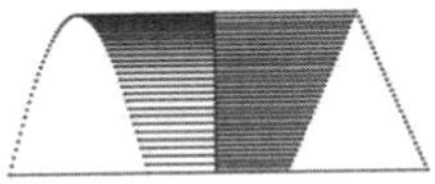	（+）扫描速度和视场角可控 （+）可用大孔径 （-）边缘区域非线性
旋转多边形棱镜		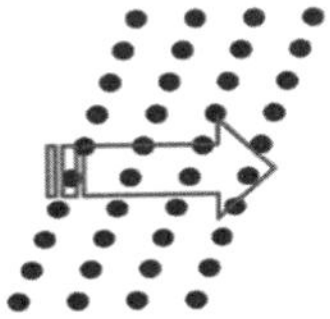	（+）能耗低且稳定 （+）运动过程中各点之间的距离恒定 （-）边缘区域（大视场角）各点之间的距离增大 （-）孔径小（约50毫米）
旋转反射镜（帕尔默扫描仪）		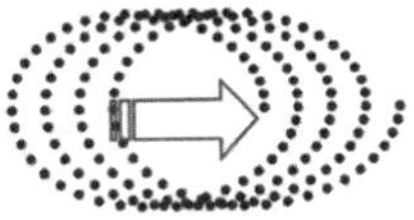	（+）运动过程中各点之间的距离恒定 （-）视场固定 （-）孔径小（约50毫米） （-）椭圆形
光楔		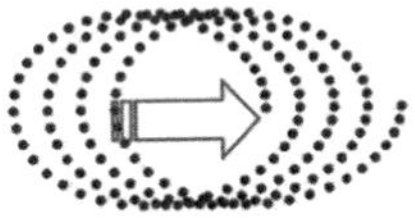	（+）运动过程中各点之间的距离恒定 （-）视场固定 （-）孔径小（约50毫米） （-）椭圆形

表 2.2　地形测量中用于绘制数字合成地形地图的主要系统的性能参数

参数	Optech ALTM Gemini	Leica ALS50-Ⅱ	Riegl LMS-Q560	Toposys Falcon-Ⅲ
激光器波长/纳米	1 064	1 064	1 550	1 550
高度或距离/米	80～4 000	6 000	30～1 800	30～2 500
高度级数	≤4	≤4	全部信号	9 个或全部信号
扫描频率/赫兹	≤100	≤90	≤160	≤415
扫描角	最大 ±25 度	最大 ±37.5 度	最大 ±22.5 度	±13.5 度（固定）
脉冲频率/千赫	33～167	≤150	≤200	≤125
光束发散角/毫弧度	0.15/0.25，0.8	0.15/0.22	0.5	0.7
扫描类型	振镜	振镜	多边形棱镜	光纤

如果是对被森林覆盖的地表进行地形测量，那么不同时间接收到的扫描信号并不是单一的反射脉冲，而是一个由树冠、树枝、草坪等反射信号组成的脉冲串。激光雷达信号中不仅隐含地表的地形信息，还隐含树的数量、高度、树冠密度、树叶状态等信息。分析扫描数据，可以绘制地形地图，并收集森林覆盖的三维详细信息，进而能够创建数字表面模型（DSM）和数字地形模型（DTM），如图 2.7 所示。DTM 是去除植物和建筑的 DSM。

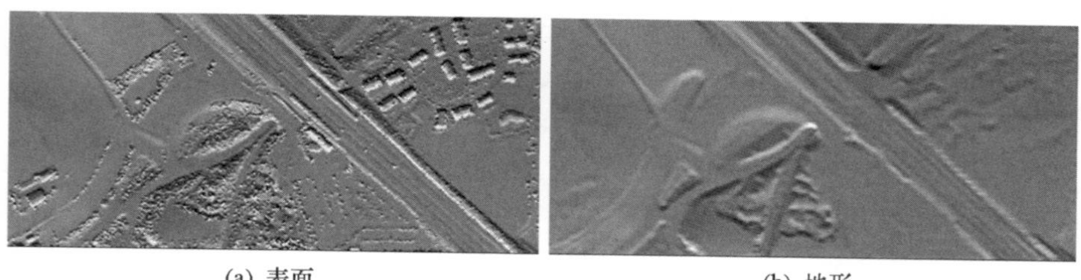

(a) 表面　　(b) 地形

图 2.7　通过激光扫描仪获取的数字模型

2.3.2 水深测量——水体底部的探测

在对水体底部进行水深测量时，常用的可见光探测光源有蓝光或绿光激光器。蒸馏水的最小吸收系数位于可见光的蓝光部分，但实际情况中，由于受水中溶解物的影响，最小吸收系数转移至可见光的绿光区域（波长范围492~577纳米），如图2.8所示。因此，倍频钕脉冲激光器最适于绘制水体底部的轮廓，波长为532纳米的激光在淡水和海水中的衰减最少。

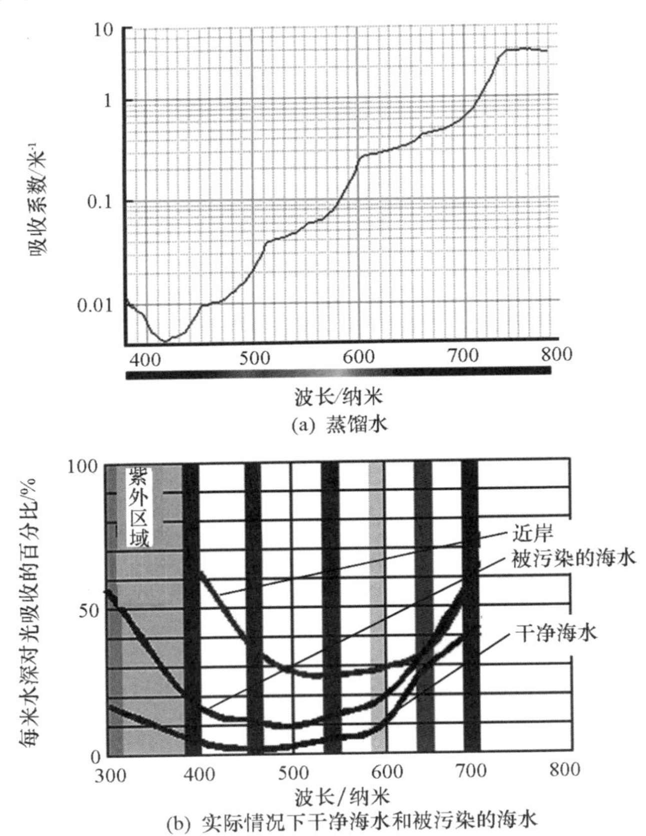

(a) 蒸馏水

(b) 实际情况下干净海水和被污染的海水

图2.8 吸收系数随波长的变化

图2.9给出了实施航空水深测量的原理和所获得的测绘图，测量所得的测绘图上不同颜色对应不同深度。

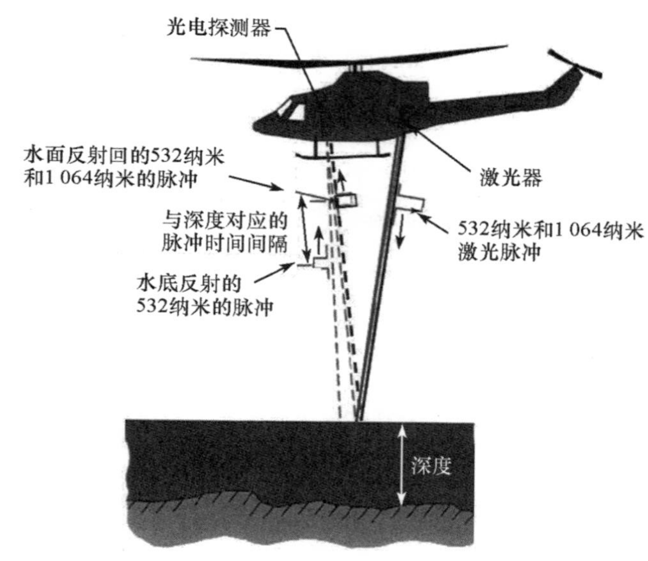

(a) 航空水深测量示意图

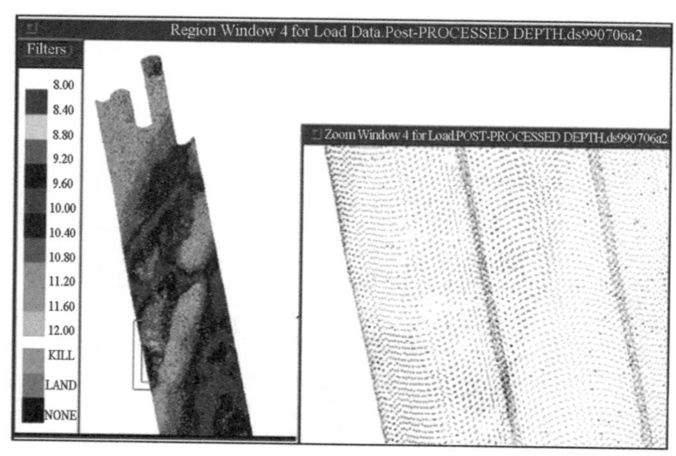

(b) 水深测量所得到的数据矩阵

图 2.9　航空水深测量原理及所获得的测绘图

一般采用倍频的钕脉冲激光器来探测水体底部的轮廓。部分波长为1 064 纳米的激光在通过非线性晶体后变换成了波长为532 纳米的激光。激光发射装置沿同一路径发出两种波长的激光脉冲，分别位于可见光和近红外光范围。由于红外辐射在水中的吸收较强，波长1 064纳米的信号无法到达水体底部，只能接收到从水面反射的信号。另一方面，绿光穿透水体的能力更强，可以从水体底部反射回来。激光脉冲既可以被水面反射，也可以被水体底部反射。在观测532纳米信号的光电探测器中可依次观测到两个脉冲，分别对应水面和水体底部的反射，其间隔对应水体的深度。

水深测量通常是依靠安装在船底的声呐探测器（回声测深仪或声呐）获取数据信息的。在实际情况中，激光扫描仪并不总是优于声呐探测器，因为激光扫描仪可记录水底反射信号的最大深度在最纯净的海水中也不超过70米，而在河流和浑浊的水中只有数米。

但在某些情况下，激光水深测量有着无可比拟的优势。借助激光扫描仪可从飞机或直升机上快速绘制较大水域的海底轮廓图。声呐探测器更适于深水处，而不适于有很多浅滩的水域。水声学方法的探测范围差不多是其探测深度的两倍，如图2.10所示。这就意味着，在浅水和近岸区域水声学方法对水底形貌探测的范围将受到限制。

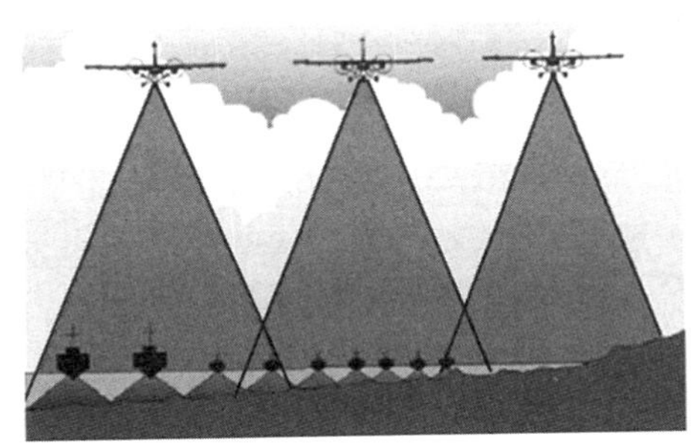

(a) 海底定位的机载光学信号和舰载声呐信号对比

(b) 近岸区域的地图

图2.10 利用激光测量水深的优势

在浅滩或水陆交替区域很难利用水上运输工具进行水声探测。相反，空中激光水深测量可以确保在浅滩区域能够大范围探测水底地貌，获得横跨海陆分界的连续的、完整的数据。

水面在平静时就像一块大镜子，可将激光束直接反射到探测器上。但在实际中起风时，水面将出现细小波纹，此时要获得由水面镜面反射的激光束就变得很困难，因为水面的细小波纹就像棱镜面一样。

需要指出的是，在扫描时输出的激光束和垂线间将形成一个 20 度的夹角。波长 532 纳米的绿激光受水面波浪结构的影响，在通过海水表面时的折射角大约为 15 度。因此，在计算水体底部或水中目标的深度时还需要考虑折射的影响，如图 2. 11 所示。

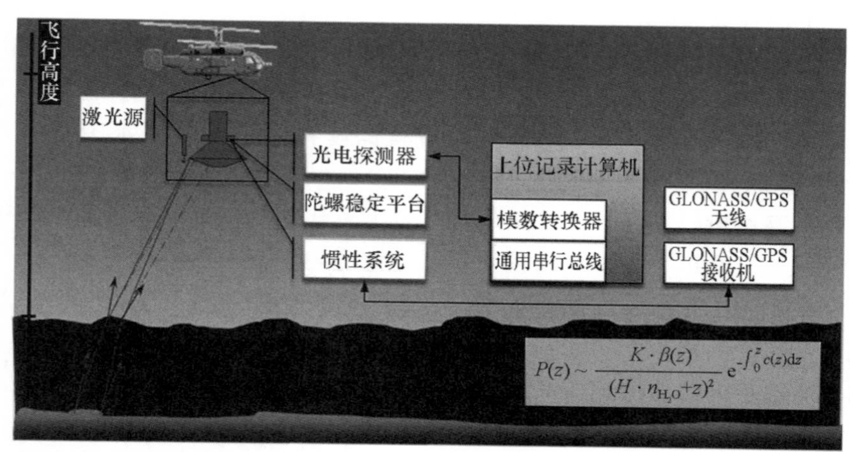

图 2. 11　安装在卡 –32 直升机上的机载水深测量系统的工作原理

图中所列公式中：K 为考虑了接收系统的效率、激光器的输出能量（脉冲）、大气条件等因素后的系数；H 为飞行高度；z 为穿透水的深度；n_{H_2O} 为水的折射率；β（z）为水的反射系数；c（z）为水的吸收系数。

2. 4　闪光激光雷达

利用光电探测器阵列可以获得立体图像，阵列中的每一个像素均可独立记录接收到的时间分辨信号，这种装置称为闪光激光雷达或者飞行时间相机。

闪光激光雷达可以向一定立体角发射发散的激光脉冲而不是一束窄光束。闪光激光照射整个观察区域，借助望远镜装置可将反射回来的光信号聚焦到特殊的光电探测器阵列上。这种光电探测器阵列可测量光脉冲到达每一个像素的时间，如图 2. 12 所示。

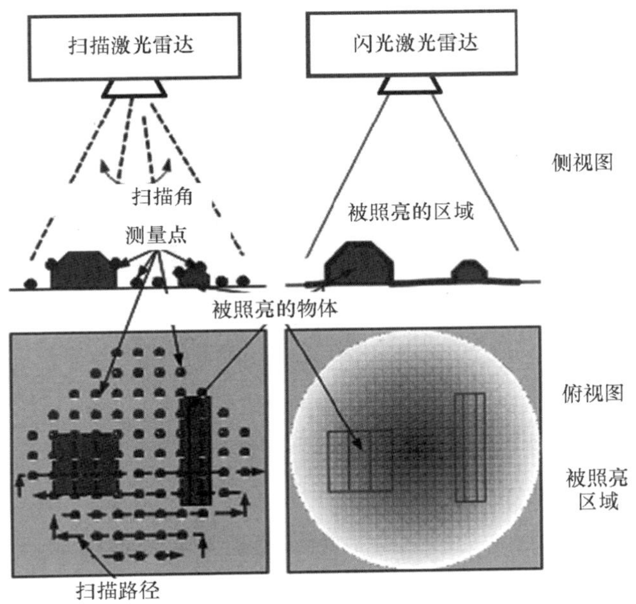

图 2.12 扫描激光雷达和闪光激光雷达生成立体图像的原理对比

这种技术出现的时间还不长，闪光激光雷达阵列的分辨率比普通相机要低很多。现有阵列是以光谱响应在 1.5 微米的 InGaAs 雪崩光电二极管和光谱响应在可见光波段的 PIN 型二极管为基础制成的阵列，其接收时间可分辨光信号的典型阵列不超过 10 万像素（例如，128 × 128 像素，224 × 172 像素等）。

可以通过对阵列获取光通量帧频的信号处理实现视频探测（每秒 30 帧或更多）。相机的空间分辨率由阵列的时间特性决定，按长度计算可达 3 米（时间窗口的“宽度”为 10 纳秒），在某些设备/器件中可达 200 皮秒（对应的空间分辨率为 45 毫米）。虽然这种阵列的分辨率不高（PMD 公司的三维立体相机工作距离可变范围为 0.1 ~4 米，空间分辨率为所测距离的 1% ~2%），但其应用越来越广泛，如图 2.13 所示。例如，在游戏机、计算机等一些需要识别人体手势的设备中均使用了此类装置。

工作距离达 100 米的闪光激光雷达可用在无人驾驶汽车的小型路况监测系统中，如图 2.14 所示。

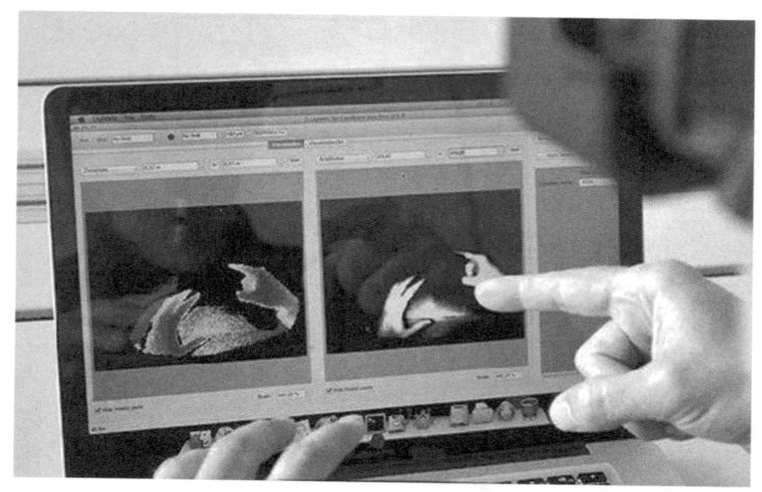

图 2.13　三维立体相机拍摄的图像（PMD 公司）

图 2.14　由闪光激光雷达获取的三维数据阵列中抽取的两张不同角度的图像

本书第 21 章“激光雷达”对激光雷达设备有更为详细的介绍。采用阵列探测器进行三维激光定位的技术详见 21.1 节。

结 论

（1）用于立体成像的激光雷达可分为两类。

（2）静止物体的成像仪器可归为第一类。此类设备可在足够长的时间内获取高空间分辨率的数据。根据任务不同，这一时间段可持续数秒或数分钟。

此类设备可用于对物体形状、建筑结构、建筑物、事故地点等进行编码。

（3）第二类激光雷达可用于构建环境模型，以控制运动物体的状态。驾驶员辅助系统和无人驾驶汽车中用于监控迅速变化的路况的装置即属于此类。此外，安装在快速移动的交通设施，包括火车、飞机上，用于构建运动过程中周围环境立体图像的扫描仪也可以归入这一类。

思考题

1. 扫描激光雷达和闪光激光雷达有什么不同?
2. 记录立体图像的激光雷达的工作波段有哪些?
3. 哪些因素限制了三维激光雷达的空间分辨率和作用距离?

参考文献

1. George Heritage, Andy Large. Laser Scanning for the Environmental Sciences. John Wiley&Sons, 6 мая 2009 г.

2. Weitkamp, 2005. Lidar: Range-Resolved Optical Remote Sensing of the Atmosphere, Springer, Berlin.

3. Michel Jaboyedoff, et al. Use of LIDAR in landslide investigations: a review. Nat Hazards (2012) 61: 5 – 28.

4. Payne, E. M., (2013). Imaging Techniques in Conservation. Journal of Conservation and Museum Studies. 10(2).

5. Публикации компаний RIEGL (www. riegl. ru) и Renishaw (www. renishaw. com).

第 3 章　光学测速法

3.1　测距测速法

这种测量方法简单可靠。利用这种方法可以测量沿观测轴方向运动的大型物体的速度。为了测量某个时刻物体的距离，需要采用响应速度快的飞行时间法激光测距仪。

根据相邻两个（或多个）测距值及测量的时间间隔，可以计算出物体的运动速度。计算结果是两次测量时间段内的平均速度，若脉冲频率很高，那么平均速度就几乎等于瞬时速度。

常规激光雷达发射红外波段的窄脉冲，这些脉冲被运动物体反射到测量仪器的光电探测器上。光电探测器探测到的反射信号的延迟时间取决于光信号经过的路径长度。物体距离也可以通过脉冲测距仪上的光电探测器探测到的信号延迟时间来计算，参见 1.3 节。

运动物体的速度（更确切地说是激光束方向上的投影速度）可通过测量距离以及脉冲之间的时间间隔来进行计算：

$$V = \frac{L_1 - L_2}{\Delta t} \tag{3.1}$$

警用激光雷达（如图 3.1 所示）的工作原理也是通过测量物体到透镜的距离来计算其速度。绝大多数激光雷达（或测速仪）的工作波长为 805 纳米或 905 纳米。也就是说，这些设备采用的是脉冲频率为 1 ~ 2 千赫的半导体激光源。因为脉冲能量较小，所以警用激光雷达对人眼无害。

测量距离为数百米，激光束的发散角为几毫弧度，即在 100 米距离内，光束直径将小于仪器的尺寸。因此，激光雷达可瞄准光束中的某个特定的运动物体，其出错和滥用的可能性被降到最低。且激光雷达被反雷达装置探测到的概率也很小，因为激光束是沿直线传输的，激光束在测量之前被反雷达装置接收到的可能性不大。

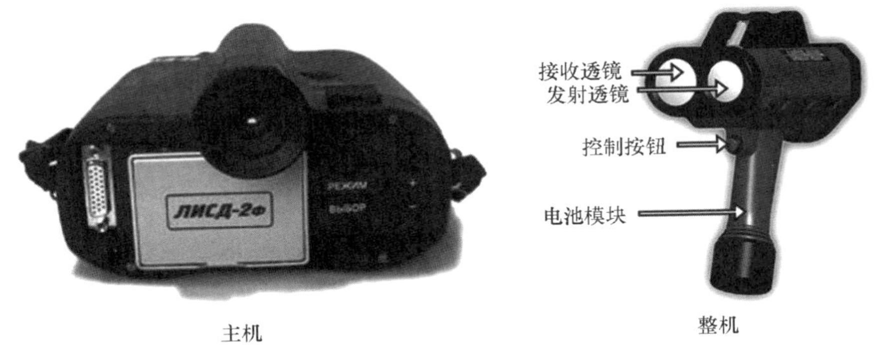

主机　　整机

图 3.1　警用激光雷达

3.2　多普勒测速法

3.2.1　多普勒激光雷达

通过多普勒效应测量移动物体速度的激光仪器称为多普勒激光雷达。移动物体辐射或反射的电磁波或声波频率会发生变化，即为多普勒效应。如果物体朝着测量仪器运动，那么信号频率将随速度的增加而成比例增加，更确切地说，是随观测轴方向的投影速度的增加而成比例增加。相反，当物体沿反方向运动时信号频率将降低。

多普勒激光雷达的灵敏度高，不仅能够测量宏观物体的运动速度，还可以根据接收的空气中悬浮微粒（灰尘或水蒸气）反射的信号测量空气的运动速度。

多普勒频移的计算公式为：

$$\Delta f = 2\frac{V_r}{\lambda} \tag{3.2}$$

其中：V_r 为轴向速度，也就是瞬时速度矢量 $\boldsymbol{V}=(V_x, V_y, V_z)$ 在探测方向上的投影；$\Delta f = f_D$ 为直接测量得到的激光束的多普勒频移。

需要测量低速运动物体的速度时，激光器输出谱线的带宽应该很小。此外，探测太小的频移对光电探测器接收电路的要求是很高的。当物体的运动速度为 1 米/秒时，测速激光的频移约为 1 兆赫（λ = 1.55 微米时，$\Delta\lambda$ = 0.008 皮米）。多普勒激光雷达一般采用差频法探测。当接收到的信号和基准信号混频时，会出现拍频或差频现象，差频法探测利用的就是这种现象。

对无线电雷达与激光雷达的参数和适用范围进行比较，二者都是利用电磁辐射工作的，但无线电雷达的工作波长在无线电波段，而激光雷达的工作波长在红外、可见光和紫外波段，比无线电雷达的工作波长小 3 ~ 6 个量级。

根据电磁波散射理论（米氏理论），只有波长不超过物体尺寸时，散射效应才会显著。正因为如此，无线电雷达可以清晰地“看到”宏观物体（飞行器），以及稠密大气现象（包括云、暴风锋面、暴风雪），但无法探测到纯净大气的运动。相反，光谱波长与空气中悬浮微粒的尺寸相当，因此借助多普勒激光雷达可以测量微小灰尘颗粒的运动速度，即风速（详见第 13 章）。

3.2.2 激光多普勒测风法

多普勒测量法也可以用于测定管道中液体或气体的流动速度。这种技术被称为激光多普勒测风法（LDA）。相干长度较长的激光（例如，氦 – 氖激光）被分为两束光，而后以一定角度在液体或气体中相交，如图 3.2 所示。当两束光相交并在液体或气体中的溶胶颗粒上发生散射时，会形成空间干涉图像。明暗条纹交替的周期取决于两束光的交叉角和光的波长。

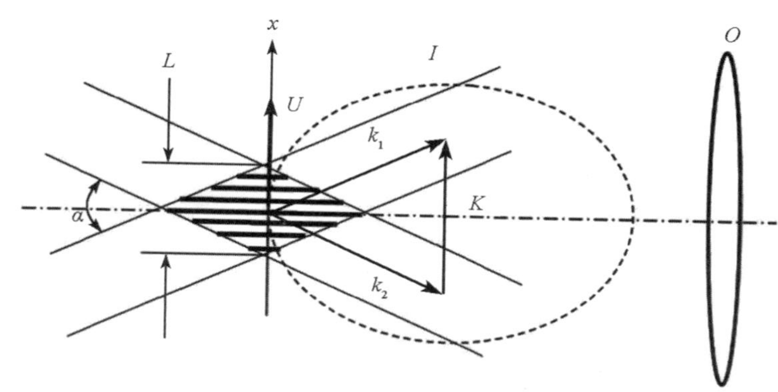

图 3.2　激光多普勒测风法的干涉模型（I 表示散射特征曲线，O 为接收镜头）

光的传播方向在液体（气体）运动方向上的投影不同，振动频率不同的散射光将引起不同的多普勒频移。因此，在频率不同的两束单色相干光的相交区域，将出现变化的干涉条纹，而不是固定的干涉图。条纹移动的速度与液体或气体运动的速度成正比。如果使用透镜聚集散射光并将其投射到光电探测器上，那么信号强度将发生周期性变化，据此可计算出流体的速度。

3.3 数字示踪成像法

数字示踪成像法（PIV，即粒子成像测速法），有时称“频闪成像”，有时也称飞行时间法，但对运动物体（微粒）坐标的测量方法与飞行时间测距仪或激光雷达不同。

这种方法早在激光出现之前就有了。利用机械频闪观测仪或闪光灯作为光源，激光器可产生更短且更稳定的脉冲，这些脉冲的聚焦效果更好，亮度也更大，因此这种方法的测量精度得到了提升。

一般采用脉冲 Nd：YAG 固体激光器作为光源。这种激光器发射的激光脉宽短（约 4～10 纳秒），脉冲能量高。利用两个同光轴激光器即可发出时间延迟很短的脉冲，这是研究高速流体的必要条件。有时可采用连续波激光器来照射微粒，借助旋转棱镜和反射镜对流体进行扫描。

装置布局如图 3.3 所示。激光器发出短脉冲，通过柱面透镜，激光束仅沿某一坐标轴方向扩散，形成“片光”，即液体或气体中一个被照亮的平面区

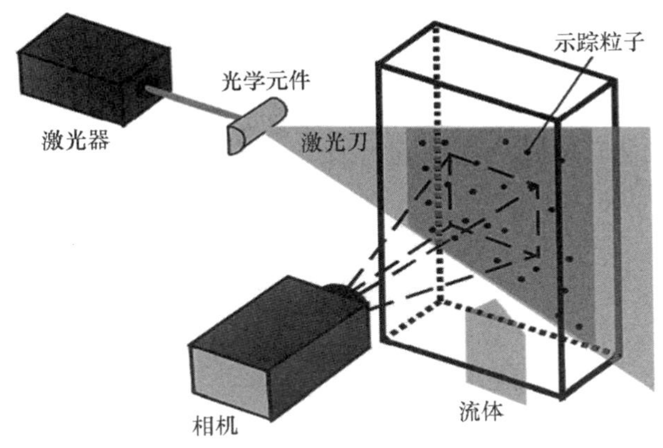

图 3.3 数字示踪成像法装置布局

域。向液体或气体中加入微小的颗粒（示踪粒子）。应该对微粒的外形、密度和体积浓度进行筛选，以使与两相流和微粒浮力相关的影响降到最低。如果在流体中运动的微粒进入“片光”照亮的区域，这些微粒将散射光线，相机会记录其瞬时位置。

相机快门与激光同步，激光器每发出一个脉冲，相机就拍摄一张照片，对比连续的两张照片即可监视被照亮区域中每一个微粒的运动。测量平面上的流体微粒至少应被照亮两次。微粒的形状记录在胶卷上或光电探测器阵列（数码相机）上。

对图像进行后期处理可计算出微粒在两次闪光之间的位移，并建构出二维速度场。所测量的二维数值是实际三维矢量在平面上的投影，该投影平面与记录微粒状态的系统光轴互相垂直。一般采用两个记录模块测量三个速度分量，这两个模块的光轴相互间成一定角度。

数字示踪成像法目前有很多实际的应用。在航空制造工业、汽车制造业和工业风洞中，采用这种方法可以对飞行器或汽车部件的绕流进行完整的图像检测；在能源、化学、石油和天然气开采工业以及机械制造业中，可以对实际仪器或其模型的空气动力学特征进行检测和优化；在医学方面，可以对人造血管和瓣膜的工作状况进行物理建模。

3.4 光学陀螺

3.4.1 各种陀螺的对比

陀螺是根据物体相对于惯性系统的参数控制其在空间姿态的装置。陀螺主要可分为机械陀螺和光学陀螺。机械陀螺很早以前就有，普通陀螺就是典型的例子。19 世纪，机械陀螺开始被用作导航仪器。

大型机械陀螺的精度很高，直到今天仍在使用，但在大多数应用领域已被光学陀螺所取代。

目前在微型仪器中机械陀螺仍然是唯一的解决方案。现在的任何一部智能手机都离不开陀螺——一种控制空间姿态的装置。以微型机电系统（MEMS）为基础的微机电陀螺，包含微型电子元件和微型机械元件，被广泛地应用于精度要求不高的设备。

基于 MEMS 的微机电陀螺，如图 3.4 所示，无论是尺寸（装置的外形尺寸可能小于 1 毫米）还是能耗方面都有无可比拟的优势。这种陀螺也可根据需求用于微型仪器的导航设备中，例如无人飞行器中。通常，基于微型机电系统的陀螺可以兼容微型机电加速度计，获取关于物体运动的准确信息。在如图 3.5 所示的“运动变化范围—灵敏度”图上，对各种类型的陀螺参数进行了对比。

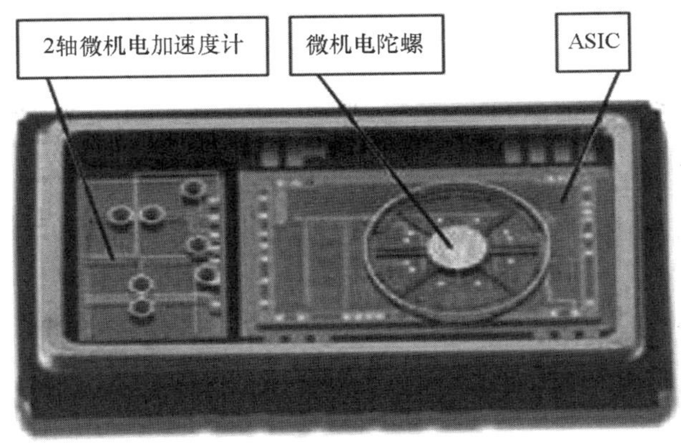

图 3.4 微机电陀螺

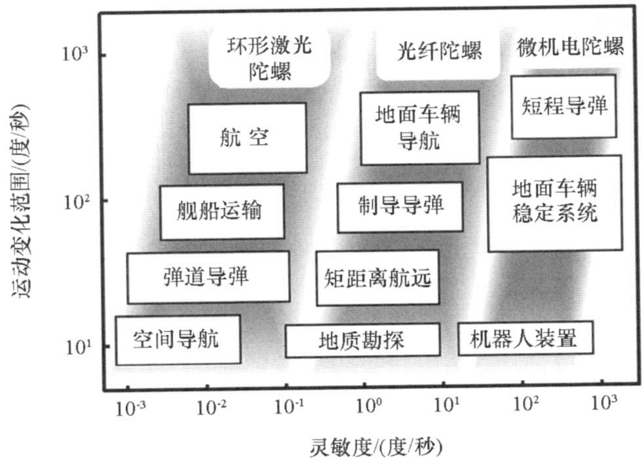

图 3.5 各种类型陀螺的参数和适用范围

3.4.2 光学陀螺工作原理

光学陀螺的工作原理基于1913年被发现的萨格奈克（Sagnac）效应，可以用狭义相对论来解释。

Sagnac效应是相对论速度合成的结果，即环形干涉仪旋转的线速度和每一个逆向传输光波的相速度叠加的结果。相对论速度合成法则本身就是洛伦兹变换的结果。Sagnac效应和迈克尔逊－莫雷实验都是相对论的基本实验。

根据狭义相对论，光速在任何惯性坐标系中都是恒定的，与此同时，在非惯性坐标系中可能有不同的光速（与陀螺架构有关）。

在光学陀螺中，两束光在某一平面内沿闭合路径向相反方向传播。如果比较光在某一闭合路径中沿仪器旋转方向及逆仪器旋转方向运动所需的时间，将发现两者的时间差会随仪器旋转的速度变化而变化。利用干涉仪可测量两路光线到达的时间差，为此，需要获得两束光的干涉图并测量其偏移。在惯性坐标系中，根据光程差可计算出仪器在光通过时间内旋转的角度。

光学陀螺主要分两种：环形激光陀螺和光纤陀螺。在环形激光陀螺中，激光振荡直接发生在陀螺的闭合回路中。在光纤陀螺中，光源（激光器或激光二极管）处于闭合回路之外。环形激光陀螺和光纤陀螺的测量原理不同。

光学陀螺与机械陀螺相比有很多显著的优点：

（1）由于没有活动部分，光学陀螺可将进入工作状态的时间从20～30秒缩短到0.5～1.0秒，并提高仪器的稳定性能，减少机械因素的影响；

（2）线性加速度低于1 000g（重力加速度g为9.8米/秒^2）对光学陀螺的工作稳定性影响很小，但对于机械陀螺，当线性加速度达到50g或更高时，就会出现很大的误差；

（3）光学陀螺发出的是不连续的信号，这种信号便于转换为数字信号进行后续处理。

光学陀螺可测量围绕一个轴的旋转量。为获取物体在空间中旋转的完整信息，需要运用三轴陀螺，即由三个相互垂直的环形激光陀螺或光纤陀螺构成的陀螺。

3.4.3 陀螺仪的主要性能

陀螺仪的精度一般由最重要的参数——零偏稳定性决定。在不发生旋转的整个工作周期内，传感器示数的精度即为零偏稳定性。理想状态下，零偏稳定性应该等于零，但实际情况下，由于传感器本身的变化（失调、噪声、老化等）、测量条件和介质的影响（温度波动、振动、线性加速度等），不可能达到这种精度。

下列性能也很重要：

（1）零偏不稳定性；

（2）角度随机游走（噪声）；

（3）陀螺仪的零偏误差或零漂，受综合或具体因素（温度）影响时的误差；

（4）零偏量，即不发生旋转时陀螺仪的示数；

（5）测量范围（动态范围）；

（6）零偏温度灵敏度；

（7）振动、加速度或击打灵敏度；

（8）老化。

零偏不稳定性表明，零偏量随时间而变。在生产厂家的说明书中，零偏不稳定性一般用 σ 表示，对于精度较高的装置，计数单位为“度/时”，对于不太精确的装置，计数单位为“度/秒”。陀螺仪示数的不稳定性可以用阿伦（Allan）方差（阿伦曲线）来表征，该方差显示了仪器示数的误差受平均测量时间的影响。阿伦曲线是沿两条轴线绘制的对数曲线，如图3.6所示。

零偏不稳定性对应阿伦曲线上的最低点，可用于陀螺仪性能的表征。阿伦方差的计算方法是一种很有效的数学方法。根据陀螺仪的应用领域，同时考虑零偏效应、噪声、零漂及传感器的长期不稳定性，可以利用阿伦方差计算方法对任意陀螺仪的实际效能进行评估。

角度随机游走（ARW）是陀螺仪的固定（不旋转）噪声信号积分后的值（不同于零偏稳定性，是在方位信号积分之前的测量）。ARW 的数值需在厂家的说明书中注明，单位为“度/时$^{\frac{1}{2}}$”或“度/秒$^{\frac{1}{2}}$”。

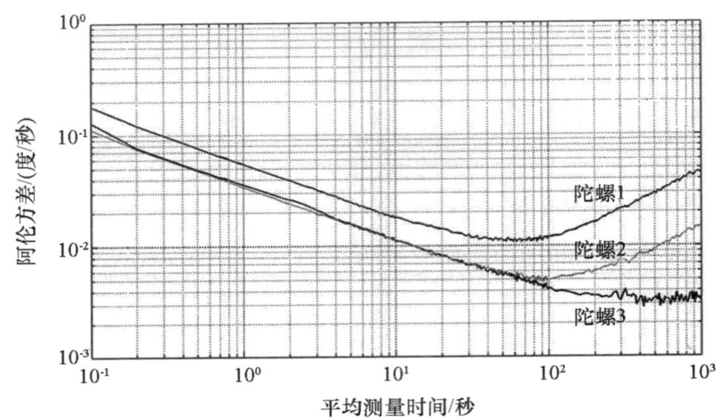

图 3.6 陀螺仪零偏误差与平均测量时间的关系

3.4.4 环形激光陀螺

环形激光陀螺一般是一种带三或四个反射镜的环形激光谐振腔。这些反射镜分布在热扩散系数很小的整体块状物内腔的各角。在当前的陀螺仪中，环形激光器的块状腔由透明的陶瓷玻璃制成。在 0～50 摄氏度的范围内，这种材料的热扩散系数为 $\pm10^{-7}$/摄氏度。为保证谐振腔的稳定及陀螺仪示数的准确，需要材料具有结构刚性和受温度波动影响小的特性。整体块状物的空腔内填充了气体（一般是氖气和氦气的混合物）。此外，空腔内还需接入电极。这样，环形激光陀螺仪即为带环形谐振腔的氦氖激光器，光在其中同时向两个方向传播。

激光器中常用环形谐振腔，但一般只需要输出一束激光，最好不要同时向两个方向输出激光。因此，需要配备附加元件以阻止激光沿谐振腔的另一个方向运动，例如法拉第隔离器。

谐振腔中有一个反射镜是半透明的，用于测量的部分光会透过这个反射镜。光在谐振腔内向两个方向传播，所以会有两束光经过半透明反射镜。之后，这两束光呈小角度交叉被光学元件反射到光电探测器上。在光电探测器上会出现光的干涉图样，如图 3.7 所示。

(a) 带三个反射镜的环形激光陀螺（见彩插）

(b) 带四个反射镜的环形激光陀螺（见彩插）

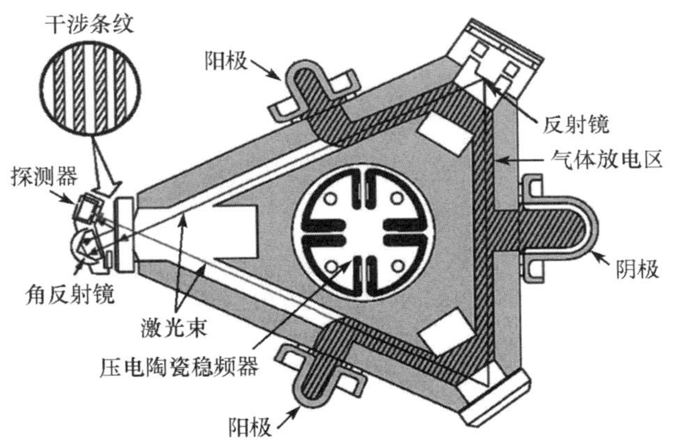

(c) 环形激光陀螺的结构

图 3.7 环形激光陀螺

激光在环形谐振腔内传播的距离（激光器腔长）是该激光波长的整数倍。沿两个方向传播的光，其强度发生叠加时会形成驻波，即强度极大和强度极小。根据狭义相对论，这种驻波会“牵制”惯性系统的指示。所以，如果转动环形激光陀螺，强度极大就会停留在原地，光电探测器上观测到的干涉图样就会移动位置。

光电探测器上的干涉条纹移动速度与仪器在空间中转动速度的绝对值成正比。这就决定了环形激光干涉仪的高精度。根据干涉条纹移动的速度和方向即可确定陀螺壳体的旋转速度和方向。

如果采用单元光电探测器记录调制强度，那么旋转速度就取决于以某种频率振荡的强度变化。如果在干涉条纹四分之一带宽的距离内设置两个光电探测器，那么就有可能记录沿两个方向移动的干涉条纹数。

出现强度的频率振荡还有其他解释：陀螺在旋转时，两束光的光程（不是光路的几何长度）不同，反射镜沿光传播方向或逆光传播方向运动，即光在闭合回路内传播时反射镜的位置发生了变化。由于激光器的腔长被设置成波长的整数倍，所以每个方向上的振荡频率均与谐振腔长度相匹配。因为相反方向传输的光束频率是不同的，所以在光电探测器上就会出现拍频振荡。根据 Sagnac 方程，频率差 $\Delta\omega$ 由下列方程式确定：

$$\Delta\omega = \frac{4A\Omega}{\lambda P} \tag{3.3}$$

其中，A 为陀螺谐振腔的面积，P 为谐振腔的周长，λ 为波长，Ω 为陀螺旋转的角速度。

顺时针旋转时，与沿逆时针方向传播的激光束相比，沿顺时针传播的激光束通过的光程更长，逆时针旋转时则一切相反。从 Sagnac 方程中可以看出，环形激光陀螺的角分辨率取决于陀螺回路参数。

在环形激光陀螺中可观测到陀螺闭锁效应，当旋转速度较小时该效应会影响测量。如果环形激光陀螺的旋转速度小于某一临界值，即闭锁阈值时，环形激光陀螺中沿相反方向跳动的波将同步，振荡频率差将等于零。因此，当环形激光陀螺的旋转速度小于临界角速度时，测量将出现错误。

陀螺闭锁现象可以用相反方向传播的行波关联来解释。需要说明的是，在很多相关的自振荡系统（如多元件机械振荡器、无线电设备中的自激振荡器、声学相关系统等）中都能观测到这种现象。若采用激光陀螺来保障通信，则可以减少在反射镜表面上的光散射。为消除陀螺闭锁效应的影响，环形激光陀螺谐振腔需安装在弹簧架上，并通过谐振腔的微小机械角振动，形成反向波的初始分频，进而避免陀螺闭锁。

环形激光陀螺常用于对旋转的测量精度要求极高的一些领域，例如舰船和潜艇的导航系统、大地测量、科学实验等领域。环形激光陀螺仪的缺点是其价格相对较高、尺寸大（精度受限于回路面积）、重量大、能耗高（数瓦）、需要使用高压电源。陀螺的寿命受气体泄漏（扩散）、仪器组装环境的洁净度等因素的影响。

3.4.5 光纤陀螺

光纤陀螺实际上是一种 Sagnac 干涉仪。在这种干涉仪中，环形光路被单模长光纤制成的线圈所取代，如图 3.8 所示。

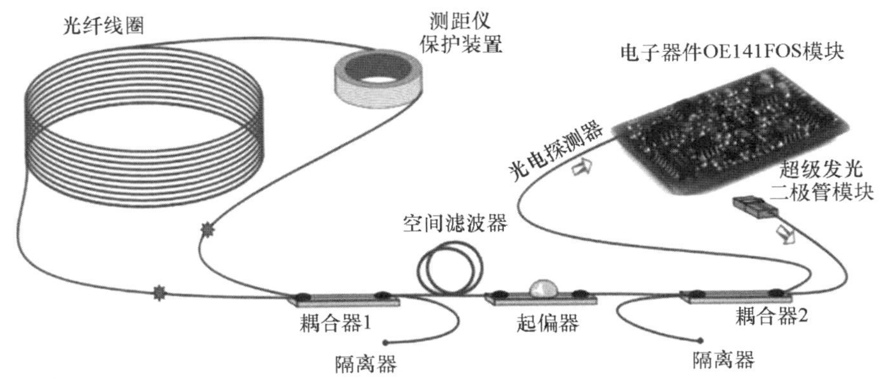

图 3.8　光纤陀螺的主要元件（物理光学公司）

激光束被分成两路，从同一根光纤的两端以相反方向输入。由于 Sagnac 效应，逆时针旋转的光束比顺时针旋转的光束光程短，这样就会出现相位差。将角速度的一个分量转换为干涉条纹的位移（可用光度测量法测定），即可使用干涉法测量这个相位差。

根据 Sagnac 效应，信号强度取决于闭合光路的有效面积。这个面积等于一个环路的面积乘线圈的匝数。因此，光纤陀螺仪的精度由光纤长度决定。

不同于环形激光陀螺，光纤是无源器件，在光纤陀螺的光路中没有激光振荡的过程。环形激光陀螺能够测量转动的绝对值，而光纤陀螺则只能测量由转动衍生的速度，即旋转速度。因此，光纤陀螺的精度和稳定性比环形激光陀螺略差些。

从 20 世纪 70 年代起，由于半导体激光器和低耗损单模光纤生产技术的出现，光纤陀螺有了新的发展。目前所生产的光纤损耗率很低，在陀螺仪中可以使用长度达 5 千米的线圈。线圈不能做得太小，因为当弯曲半径变小时，光纤的耗损将增加，因此光纤的线圈直径一般不小于 5 厘米。

光纤陀螺采用的是相干长度短的光源。这是因为，光在光纤中传播时，有一部分光遇到异质物体或瑕疵时，由于瑞利散射，会沿传播方向反向散射（又称背向散射或后向散射），从而使光从“错误”的方向传到了光电探测器上导致测量误差。但如果光源的相干长度短，则能够避免有害干涉的出现，这是因为只有相干的光束通过相同距离才能发生干涉。因此，在光纤陀螺仪中采用超荧光半导体光源（ASE 或 SLD 光源），而非单色激光器。

除了由于光在光纤中的衰减造成的耗损，光纤陀螺还需解决光纤中偏振的旋转问题。在普通光纤中，截面上的折射率在各个方向上都是相同的，但在光纤中总是存在折射率较小的双折射，在实践中总是会有一定的机械压力或其他因素，它们都会影响光纤的对称性。因此在光纤中传播的光的偏振将变得随机。这一过程还受光纤弯曲及其温度的影响。

采用保偏光纤，也就是带内置双折射的光纤（所谓 PM 光纤），可以解决光纤中偏振的旋转问题。当光进入光纤并发生偏振时，如果偏振方向与双折射轴线中的一条平行，那么光在光纤中传输时，其偏振不会因为光纤所受外力的影响而旋转，将保持偏振状态。

光纤横截面如图 3.9 所示，纤芯被折射率不均匀的外包层包围。黑色区域对应折射率较大的石英玻璃。当光在光纤中传播并受到小的随机不均匀因素作用时，保偏光纤的这种结构可防止电磁波的偏振方向发生变化。

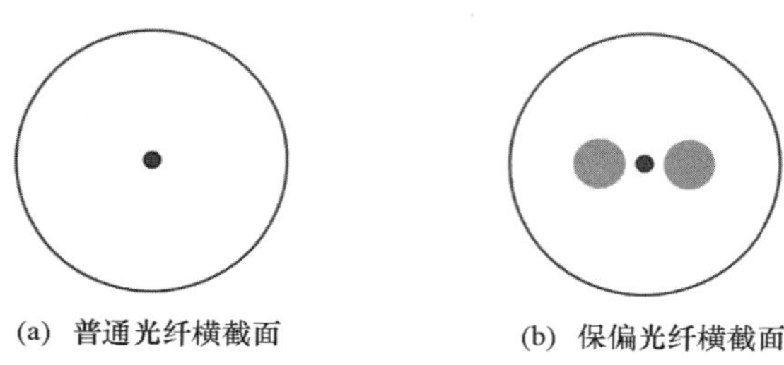

(a) 普通光纤横截面　　(b) 保偏光纤横截面

图 3.9　普通光纤和保偏光纤的横截面

光纤陀螺仪如图 3.10 所示，其几乎是机械陀螺仪最可靠的替代品。

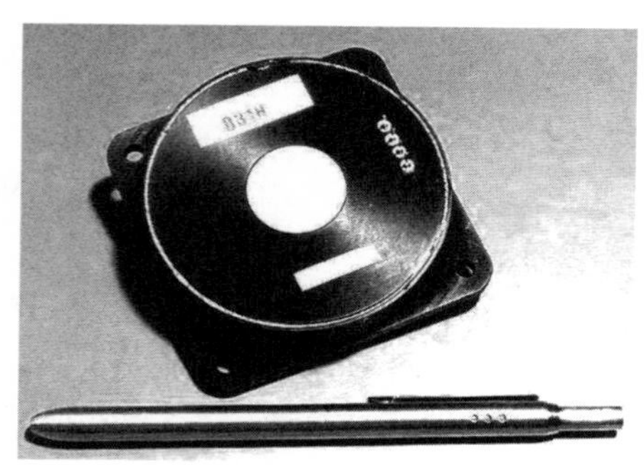

(a) 单轴光纤陀螺仪

(b) 三轴光纤陀螺仪

图 3.10　光纤陀螺仪

光纤陀螺可靠性高，所以常被用于航天设备中。与环形激光陀螺相比，光纤陀螺的分辨率更高，但零漂性能和尺寸特性差一些。一般来说，光纤陀螺的响应灵敏度大约是0.1度/时，比环形激光陀螺的响应灵敏度（0.001度/时）低很多。

光纤陀螺与环形激光陀螺相比有如下优点：质量轻、尺寸小、能耗低、寿命长、成本低。因此，光纤陀螺在汽车制造业和机器人工程等不要求高灵敏度和良好运动性能，但要求尺寸小、重量轻且成本低的领域有很大优势。

结论

（1）光学测速法被广泛应用于测量宏观物体、气体和液体的运动速度。有两种完全不同的测速方法：根据物体坐标的变化进行测速；根据光束频率的多普勒频移进行测速。

（2）测量距离、测量精度、激光的安全要求等因素决定着测距方法的选择。可以借助脉冲激光器或连续激光器测量距离。激光测速法的精度高、安全性好，且便于操作。

（3）同机械陀螺相比，激光陀螺有很多无可比拟的优势。激光陀螺受机械作用的影响很小，稳定、精准、耐用且能耗低。激光陀螺以Sagnac效应为基础，这是相对论速度叠加理论的结果，可以用相对论进行解释。当环形谐振腔在惯性系统中旋转时，沿顺时针和逆时针方向运动的光线所通过的光程是不同的。在这种情况下，光程的不同将导致光振荡频率的不同，可就此计算出谐振腔的旋转速度。激光陀螺的出现开启了导航领域的新篇章。

答题示例

问题1：

如果环形激光陀螺采用工作波长为0.633微米的氦-氖激光器，且环形激光器内有一个边长为10厘米的等边三角形谐振腔。请确定旋转速度为0.1度/时的拍频振荡频率。

答：根据环形激光陀螺的基本方程 $\Delta\omega = \frac{4A\Omega}{\lambda P}$：

$P = 3 \times 10$ 厘米 $= 30$ 厘米

$\lambda = 0.633$ 微米 $= 0.633 \times 10^{-4}$ 厘米

$A = \sqrt{3} \times 10^2/4$ 厘米^2 $= 173.2/4$ 厘米^2 $= 43.3$ 厘米^2

则，$\Delta\omega = 4 \times 43.3 \times \Omega / (0.633 \times 10^{-4} \times 30 \times 3\,600) = 25.33\Omega$。

当 $\Omega = 0.1$ 度/时时，$\Delta\omega = 25.33 \times 0.1$ 赫 $= 2.533$ 赫。

问题 2：

两个三角环形激光陀螺，光路长度分别为 30 厘米（环形激光器的各边长为 10 厘米）和 45 厘米（环形激光器各边长为 15 厘米），其他各种参数相同的情况下，请计算比例系数增加的百分比。

答：换算系数光路的面积与光路长度的比值成正比。如果已知环形激光陀螺仪的其他参数相同，这一比例可以写为 $(\sqrt{3})/12 \times L$，其中 L 代表光路长度。

这样，换算系数的增加值为 $L_2/L_1 = 45/30 = 1.5$。这就意味着，对于光路长度为 45 厘米的环形激光陀螺，其换算系数是光路长度为 30 厘米的 1.5 倍。

因此，换算系数增加 50%。

思考题

1. 光学测速法有哪些工作原理？
2. 激光雷达对激光源有哪些要求？
3. 多普勒测速仪对激光源有哪些要求？
4. 哪些物理效应决定了机械陀螺仪和光学陀螺仪的工作特性？
5. 光学陀螺仪与机械陀螺仪相比有哪些优点？
6. 环形激光陀螺和光纤陀螺有什么不同？
7. 光学陀螺仪的测量精度和稳定性受哪些因素影响？

参考文献

1. Застрогин Ю. Ф. Контроль параметров движения с использованием лазеров: Методы и средства. Москва: Издательство « Машиностроение », 1981. (《利用激光器监测运动参数：方法和设备》)

2. Андреев М. , Васильев Д. , Пенкин М. , Смоленцев С. , Борейшо А. , Клочков Д. , Коняев М. , Орлов А. , Чугреев А. Когерентные доплеровские лидары для мониторинга ветровой обстановки. Фотоника. 6/2014. (《风况监控用的多普勒相干雷达》)

3. Дубнищев Ю. Н. , Ринкевичюс Б. С. Методы лазерной доплеровской анемометрии. М. : Наука 1982 г. (《激光多普勒测风法》)

4. Матвеев В. В. , Распопов В. Я. Основы построения бесплатформенных инерциальных навигационных систем СПб. : ГНЦ РФ ЦНИИ «Электроприбор», 2009. 114 с. (《无平台惯性导航系统的建造原理》)

5. Merlo S. , Norgia M. and Donati S. , "Fiber Gyroscope Principles", Handbook of Fibre Optic Sensing Technology, John Wiley & Sons, Ltd. , Hoboken, 2002.

6. Juang J. N. ,Radharamanan R. , "Evaluation of Ring Laser and Fiber Optic Gyroscope Technology" Proc. American Society for Engineering Education, Middle Atlantic Section ASEE Mid-Atlantic Fall 2009.

第 4 章　时间、频率和波长的度量

4.1　光学长度标准

从古代起，人们就开始使用各种单位来计量距离和尺寸。根据计量任务和计量范围，所用单位的精度有高有低：尺、寸、里等。后来由于对计量精度和标准化的要求不断提高，便产生了创立统一标准的想法。

法国大革命时期，首次出现了“米”这个概念。当时的学者决定从自然界借鉴长度计量单位，法国科学院的专门委员会建议将经过巴黎的子午线的四千万分之一作为固定的米原器。这一距离即被称为米（真正确切的米）。

但后来，由于大地测量的精度不断增加，米的标准数值与子午线相应部分的长度偏差越来越大。此外，由于地球两极的移动，子午线的长度并不是严格恒定的。最终，经过巴黎的子午线的四千万分之一不再作为长度的标准值。米从此不再是自然长度。

由铂铱合金制成且带两条刻线的所谓国际原器，其两条刻线之间的距离被确定为 1 米。1889 年第一次国际计量大会上将其作为国际米原器。当时共制造了 30 条长度基准器，其中两条被送往俄罗斯。这两条长度基准器的其中一条至今仍存放在位于圣彼得堡的全俄门捷列夫计量科学研究院。

虽然现有的长度基准器很少，但随时间不断变化，不能简单地把米视为自然长度单位，把它和稳定的自然过程或现象挂钩更为合理。

随着精确干涉测距法的发展，出现了用光的波长表示米的想法。1927 年，第七次国际度量衡大会决定，1 米等于一定条件（温度、压力等）下镉红线波长的 1 553 164.13 倍。1960 年，第十一次国际度量衡大会将米定义为：1 米等于氪^{86}原子的 $2p^{10}$ 和 $5d^{5}$ 能级之间的跃迁所对应的辐射在真空中波长的 1 650 763.73 倍。

由于光速是基本常量，因此，电磁波的振动频率与波长是紧密相关的。1980 年，人们决定建立统一的时间－频率－波长标准。现在米的定义为：光在真空中行进 1/299 792 458 秒的距离为 1 标准米。

4.2 光学测时法

人们在几千年的时间内都使用天文单位来度量时间，即时间用昼夜、日晷来衡量。伽利略（1564—1642 年）创立了钟摆理论，惠更斯发明了旋转摆锤，从而出现了摆钟。20 世纪，人类发明了石英钟。在电压作用下，石英片的弹性振动起到了钟摆振动的作用。

确定表上的时间并进行周期性检查需要有一个标准。测量时间的这一标准可能建立在某种周期性过程上，该过程的周期应恒定且精度很高。最初，地球的绕轴自转是人类所知的唯一一个此类过程。时间单位秒被定义为：地球自转周期（1 昼夜）的 1/86 400。20 世纪中叶，人类发现最好的钟表精度比自然时间标准 1 昼夜的精度还要高，天文测时法不再适用。

射电频谱学和量子电子学提供了全新的、更精确的测时方法。原子或分子选择性地吸收或辐射一定频率电磁辐射，而且这种高精度辐射的频率是恒定的。这样就可以建立量子频率标准，相应地，也可以建立时间标准（频率是周期的倒数，即一次波动所需时间的倒数），还可以根据具体的原子或分子原器确定原子时间的标准。

原子秒是时间单位。1 原子秒是铯^{133}原子基态的两个超精细能级之间跃迁所对应辐射的 9 192 631 770 个周期持续的时间。换句话说，在 1 原子秒内铯原子钟的振动周期数量与其频率相等，达 9 192 631 770 赫（约等于 9.2 千兆赫）。这一频率的稳定性很高（其相对不稳定性 $\Delta f/f$ 非常小，其中 Δf 代表频率偏差）。除了铯原子钟，人们还使用铷原子钟和氢原子钟（氢原子钟最为稳定，参见表 4.1）。

表 4.1　作为频率标准的原子钟

原子钟种类	工作频率/赫	频率不稳定性	钟表的相应偏差
铷 ^{87}	6 834 682 610.904 324	5×10^{-12}	1 000 年 0.15 秒
铯 ^{133}	9 192 631 770	3×10^{-13}	1 000 年 0.01 秒
氢 ^{1}	1 420 405 751.77	1×10^{-14}	1 000 000 年 0.2 秒
锶 ^{87}	429 228 004 229 873.4	1×10^{-17}	

为同步石英钟和原子钟或其他时间原器，需要通过乘或除以某些整数值将标准频率转换到其他范围。为此，需采用电光调制器。在电光调制器中利用各种超高频、中频微波发生器以及亚毫米波段和红外波段激光器的多节链路，可将标准频率 5 兆赫逐次倍增至 10^{14} 赫。

4.3　时间 - 频率 - 长度单位的统一原器

20 世纪 70 年代之前，世界上时间和长度的统一原器是各自独立的。

根据相对论，光在真空中的传播速度被认为是常数，因此时间、频率和长度是相互关联的，可以通过光速常数 c 进行换算。由于速度和距离、时间有关，因此可以通过时间单位对米进行重新定义。

1983 年，第十七次国际度量衡大会对米做了如下定义：1 米等于光在真空中行进 1/299 792 458 秒的距离。这一定义和氪长度原器完全无关，也使得米这一概念和任何光源都不再有关系。

随着计量设备的发展，各种原器的精度和使用便捷度得到了提升。第一代原子钟利用射频进行工作。采用更高频的原子振荡时，表的计时精度增加，而所需测量时间则减少。同步振荡频率超过 10^{10} 时，精度达 10^{-15} 的铯原子钟需要耗费数天，而同步相同精度，振荡频率为 10^{15} 的光学时钟仅需几秒。

目前，精度最高的时钟比铯原子钟的精度要高两个数量级，这是通过锶^{87}和锶^{88}同位素的光学跃迁而实现的，如图 4.1 所示。

(a) 实物

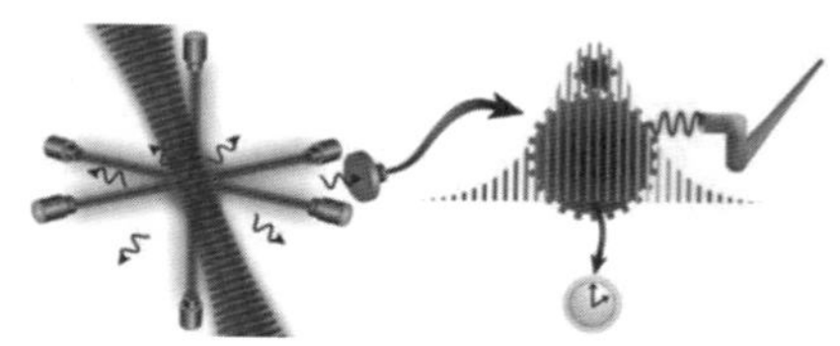

(b) 原理示意

图 4.1　锶原子钟

六条光束的交叉点形成一个光陷阱，可以捕捉辐射频率为 429 太赫（红光）的锶离子（参见第 22.4 节）。

以前，人类基于数个振荡频率各异的气体激光器的级联变频方法来解决光波段的时钟和无线电波段的时钟同步问题，这种时钟在许多领域有广泛的需求。2000年前后，有人提出采用“光频梳”法来解决上述问题，利用飞秒激光器和光子晶体光纤即可获得这种“光频梳”。采用这种方法，通过小型的桌面装置就可以同步时钟。

最初原子钟的尺寸与一间房子相当，现在精度与之相当的原子钟，其尺寸小于一台个人电脑。

结论

1. 利用光学技术，人类得以制造出精度符合现代装备需求的原器。
2. 随着科技的发展，人们发现时间、距离和能量是紧密相关的，从而建立起统一的长度、时间和频率标准。
3. 采用新的光学标准并利用更高的振荡频率、激光冷却技术可将原器的原子冷却至超低温，所有这些都促进了各种原器精度的进一步提升。

思考题

1. 为什么要从实物长度原器改用光学原器？
2. 原子钟通过什么保持稳定性？

参考文献

1. Котюк А. Ф., Степанов Б. М. Измерение спектрально-частотных и корреляционных параметров и характеристик лазерного излучения. М.: Радио и связь, 1982 г. (《激光辐射的光谱、频率、相关参数及特性》)

2. Балыкин В. И. Атомная оптика и ее приложения, Вестник РАН, 2011, том 81, № 4, с. 291－315. (《原子光学及应用》)

3. Глобальные горизонты /Развитие глобальной науки и технологий/, Итоговый доклад ВВС США, Релиз SAF/PA №2013－0434, Перевод с английского НПП «Лазерные системы», 2013. (《美国空军的总结报告》)

4. Poli N., Oates C. W., Gill P., Tino G. M. Optical atomic clocks. Nuovo Cimento. 2013, pp. 555－624.

第二篇
激光在信息传输与处理中的应用

А. А. Ким（А. А. 基姆），Л. Б. Кочин（Л. Б. 科钦），А. В. Чугреев（А. В. 楚格列耶夫）

激光技术的发展、半导体工艺的完善和低耗损光纤的出现共同促进了光信息学这一新领域的产生和发展。

1960年，人类制造出了第一台激光器，此后各种性能稳定的激光器不断出现。此类激光振荡器所产生的频率是普通电子元件达不到的。现代标准的射频通信频率可达数千至几十千兆赫，而红外和可见光波段内的激光光源所产生的振荡频率则可达几百太赫。

光是一种高频电磁波，可在光透明的电介质中传输。与微波辐射不同的是，光有一个重要特点，即可以聚集成方向性好且发散角小的光束。这一特点大大降低了信号传输和接收过程中的能量损失，使得通信链路具有很高的抗干扰性和隐蔽性。

从20世纪80年代起，光纤数据传输迅猛发展，现在光纤网络已覆盖全球。信息可以借助光在真空、空气、水以及透明介质中自由传输。

在光通信领域做出重大贡献的学者被授予了诺贝尔奖。А. М. Прохоров（А. М. 普罗霍罗夫），Н. Г. Басов（Н. Г. 巴索夫）、Ч. Таунс（Ч. 汤斯）等人发现了受激辐射现象，并据此制造出了第一台激光器。2000年，Ж. И. Алферову（Ж. И. 阿尔费罗夫）和Г. Кремеру（Г. 克莱默）制造出了异质结构半导体激光器，奠定了光信息学的基础，并因此获得诺贝尔奖。2009年，高琨因在光纤数据传输领域所取得的成就而荣获诺贝尔奖。

可以毫不夸张地说，激光器（作为光信号源）和光纤（作为传输介质）在很大程度上决定了科技进步和全球信息化的进程。

第 5 章 光通信链路

5.1 光波段的数据传输

光波段远距离信息传输有很多优点，最主要的优点是光通信的频带很宽，可以实现数据的高速传输。

通信链路的传输能力与传输信息的载波频率（电磁波频率）直接相关，载波频率越高，链路的传输能力越强，信息传输速度越快。因此，利用激光束或光纤等光波段的电磁波传输数据的速度要比无线电和导电线路传输快很多。例如，光谱范围为几百太赫（这是采用光纤传输数据的主要频段）时，载波频率变化的范围可达 1.3 ~1.6 兆赫，而无线电通信和耦合电路中的载波信号频率变化却不超过几十赫。

从产生之日起，无线电通信的载波频率不断增大。人类对数据传输量的需求越来越大，对通信链路传输速度的要求也越来越高，相应地，所采用的载波频率也在不断增大。无论是传输模拟信号还是数字信号，最大传输速率最终都取决于载波频率。

通过研究最简单的二进制编码数据的数字传输，可以清楚地看到，每一个被传输的符号均至少包含载波信号的一个半波。相应地，载波频率越高，每个符号的传输时间越短，单位时间内可传输的符号数量也就越多。

虽然在实际通信中，每一个被传输的符号所包含的载波信号要多得多，但总体规律是不变的，即频率越高，每个符号的传输时间就越短，传输速度也就越快。

高频电路发出数据传输的初始信号。传统半导体电子元件只能把载波信号的频率增加到一定限度，这一限度也是一个无法突破的限制：这是因为当频率超过一定限度时，电子和空穴来不及重新组合，P-N 结也就无法工作。现在最快、最先进的半导体晶体管的工作频率约为 1 太赫，但工作时温度必须冷却到 4.7 开尔文，因此目前还只能在实验室条件下工作。

电脑芯片内部以及电子仪器内部利用电耦合器进行数据传输，在远距离传输电子信号时就会面临电子元件限制的问题。如果使用的是电导线，信号失真和信号损失将随频率的增大而加剧。传输高频信号所用的电导线价格昂贵。距离增大时，数据传输速率降低。两个装置之间的通信速度总是低于电脑内部总线的数据传输速率。

如果利用无线电链路进行数据传输，传输速率将受到载波频率的限制。高频无线电信号的某些特性会阻碍传输，例如生成稳定的大功率高频载波难度较大、在同轴电缆和连接点处的耗损较大、波导管难以兼容和对接等，因此其使用起来难度更大。

利用光纤通信链路进行数据传输时，电信号将被转换成光信号。借助光学放大器可以使信号不失真地远距离传输，之后再将其重新转换成电信号。

自由空间光通信对收发两用设备的跟踪和瞄准精度（信号源和接收器的透镜）有极高的要求，而且这种系统只能在收发设备的直线视距范围内工作。

5.2　自由空间光通信

无线光通信有很多应用，既可用于太空通信，又可用于地面通信。如果建光桥比敷设光纤更划算，那么从经济角度来看，就可以采用无线光通信。家用电器的遥控器利用光信号传输已经有几十年的历史了，但可传输的信息量极小。

无线光通信链路只能在视距内工作，而且对所传输激光束的发散角和指向精度要求很高。此外，对所用光的波长也有要求。这些要求与不同介质的透过率相关。无线光通信虽然有这些缺点，但是由于不要求特殊的传输介质，因而在一些特殊领域有着广泛的应用。

图 5.1 是自由空间光通信链路构建的流程图。

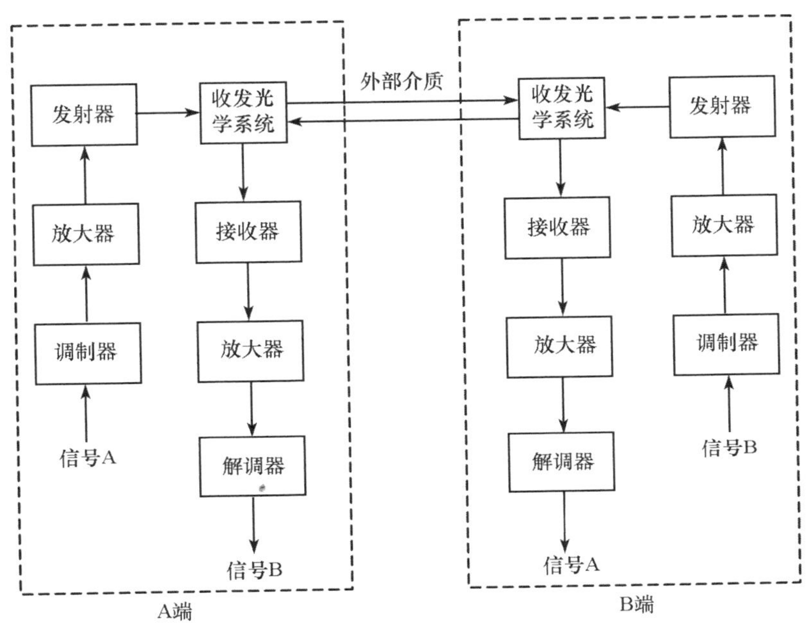

图 5.1　自由空间光通信链路构建的流程图

5.2.1　地面（大气）光学通信

大气（或空气）激光通信或自由空间光通信是利用自由空间光学器件进行光通信最常见的形式。虽然使用发光二极管也可以在短距离上低速传输数据，但实际中，一般利用激光来进行大气光学通信。除了个别例外情况，地面光通信线路的最大长度一般不超过 4 千米。在某些商用地面光通信系统中，利用自由空间光学器件进行数据传输的速率可达 10 吉比特/秒。

自由空间光通信的稳定性和通信质量受大气因素（例如雨、雾、尘土和温度等）的影响很大。受天气因素的影响，对光通信链路进行设计就成了一项非常复杂的任务，因为这需要搜集并统计很长一段时间内的天气数据。对于大气光学通信链路，一般用通信链路的可访问性来描述天气，用百分数或十进制小数来表示。例如，如果一条通信链路的可访问性为 0.99，这表示在一年内该链路因天气原因而无法访问的时间不超过 1%。对于特定的气候带和地理区域，这一参数也是确定的。在以大气光学通信链路为基础的通信系统中必须有使用射频通信的备用通信链路。由于恶劣天气条件（雨、雪、雾）对无线电波传输的影响不大，所以当光学链路无法访问时，还可以通过无线电链路来进行数据传输，虽说传输速率要降低很多。

采用自由空间光通信，载波的最佳波长为 0.85 ~ 1.55 微米。波长范围为 3 ~ 5 微米和 8 ~ 14 微米的载波因为拥有出色的大气透过率也可以使用。当采用自由空间光通信时，最佳载波波长的选择其实是在通信线路可访问性、人眼安全性和传输距离之间的折中。

由于缺少可用的可靠激光器以及信号调制设备，在实际通信中几乎不用波长范围为 3 ~ 5 微米和 8 ~ 14 微米的载波。对于上述波长的载波，所用光电探测器需要进行冷却，以降低杂波水平。

1 550 纳米波长的激光对人眼无害，虽然其发射激光器的功率要求比采用波长为 850 纳米的激光高几个数量级。对于波长 1 550 纳米的激光，其所需激光器和光电探测器的价格更高，因此只有在进行短距离和低功率数据传输时，经济上才更加合算。

大气通信系统常常安装在屋顶或其他高层建筑上。这种通信系统与传统的光缆或射频信息传输系统相比具有无可比拟的优势，比如便于安装、所需准备工作少等。而且光的频率处在被许可的频谱范围内，因此无须和相关部门协商，不需要耗费大量精力向相关管理机构申请烦琐的许可。不过正如上文所说，大气光学通信受天气条件的影响很大。

图 5.2 为俄罗斯莫斯特科姆公司制造的大气光通信系统。

Li-Fi 数据传输技术，是类似 Wi-Fi 的无线通信技术，只不过它所利用的载波波长处于光波波段。而 Wi-Fi 数据传输速率已经基本达到了理论极限（600 兆/秒，当用户数量多，Wi-Fi 的实际速率不超过50 兆/秒）。虽然 Wi-Fi 使用的是 2.4 ~ 5 千兆的高频载波，如果接入的用户数量较多，传输速率还是会下降。2011 年人类发明了 Li-Fi：利用发光二极管而不是常见的射频信号进行无线数据传输。可见光通信技术（VLC）则是利用超高速光脉冲来传输信息。发光二极管在高频时的闪烁对人眼也不可见，安全性很高。

Li-Fi 是工作在可见光波段范围内、速率更快且更便宜的 Wi-Fi。利用可见光进行数据传输时，光波的频率范围为 400 ~ 800 太赫（780 ~ 350 纳米），还可将其用作数据的光载体，以及对房间进行照明。图 5.3 所示为 Li-Fi 网络工作的典型示例。

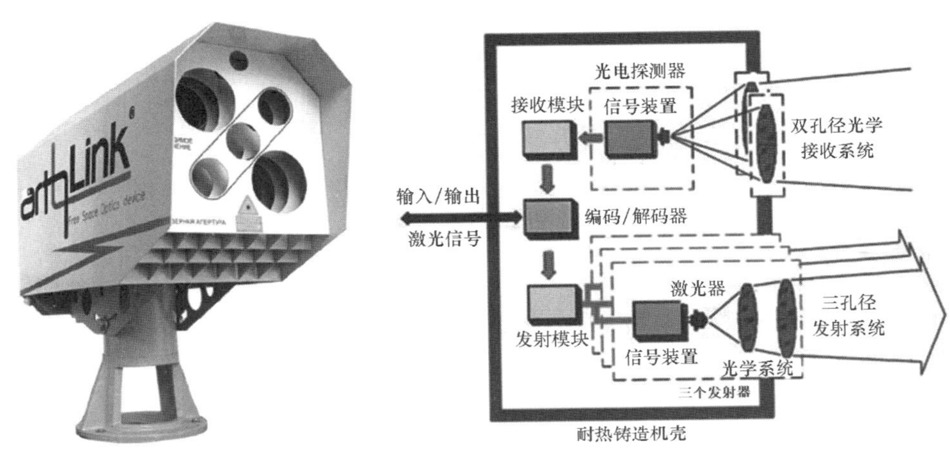

(a) Artolink外形照片　　(b) Artolink工作原理示意图

图5.2　莫斯特科姆公司生产的大气光通信系统 Artolink

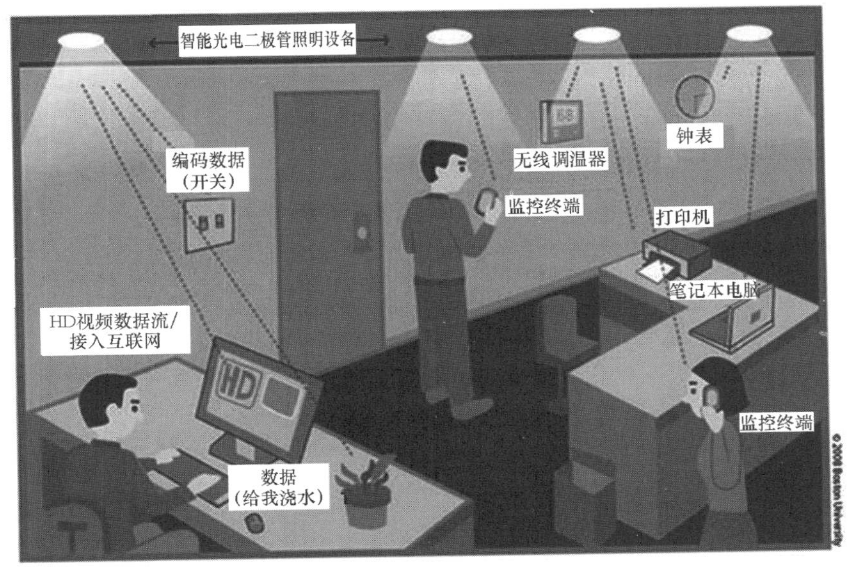

图5.3　Li-Fi 网络的工作原理示意图

下行信息流可以通过光传输到用户设备上，同时上行信息流可以通过速度慢一些的无线电信道进行中继传输。也就是说，电话等设备不通过光波段传输信息，因此不会干扰其他用户。当射频信号从下行信息流中释放出来时，

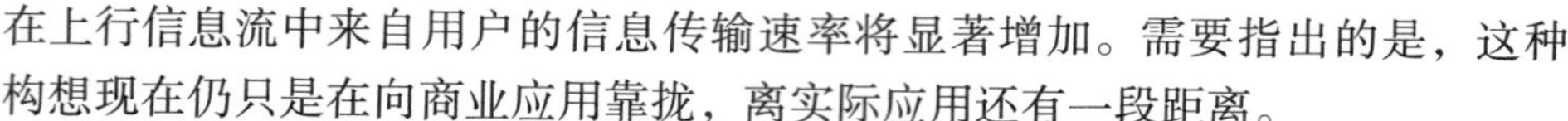

在上行信息流中来自用户的信息传输速率将显著增加。需要指出的是，这种构想现在仍只是在向商业应用靠拢，离实际应用还有一段距离。

Li-Fi 具有以下优点：

（1）数据传输速率快，可达 500 兆比特/秒（30 吉比特/分）。

（2）Li-Fi 解决了射频传输能力不足的问题。

（3）可以用在医疗设备中，也可以用在蓝牙和 Wi-Fi 使用可能受限的医院。

（4）世界上约有 190 亿个灯泡用于照明。如果仅将其中的一部分换成可支持 Li-Fi 的 LED 灯，则几乎可在任何地方提供宽带上网接口。

（5）因为光不能穿透墙体，所以能保障信息安全。

5.2.2 太空激光通信

由于光的能量在真空中不会因为散射或吸收而损失，因此在大气层外（太空中），光通信的传输距离可以更远。在这样的情况下，首要任务是对光束进行精确导引并使其保持较小的发散角。

目前，在太空中进行自由空间光通信的距离可以达到数千千米。借助大型光学望远镜可以将传输距离增大至星际间距离，即可达数百万千米。

信使号（Messenger，研究水星表面的太空探测器）携带的激光高度计曾创下双向通信距离的纪录。该测量仪器是基于二极管泵浦钕（Nd：YAG）红外激光器制成的，主要用于水星轨道上的激光测高。2005 年 5 月该装置接近地球时，曾创下双向通信距离达 2 400 万千米的纪录。

2002 年 11 月 21 日，人类首次实现了在太空中两台设备间的激光通信。位于 31 万千米高空的太空试验设备 Artemis 和距地面 832 千米轨道高度的欧洲地球遥感卫星 SPOT 4 进行了激光通信，并向地球表面传回了照片。

目前在高轨（地球静止轨道）卫星和低轨设备之间也建有激光通信系统。国内外很多学者都在从事这一领域的相关研发工作。

俄罗斯专家设计出了“空地”光通信信道。2012 年，国际空间站在经过俄罗斯上空的弧段时，首次利用激光向位于北高加索的光学观测站“阿尔黑兹”地面站的激光接收终端（如图 5.4 所示）传输了宽带信息，传输速率达 125 兆比特/秒。

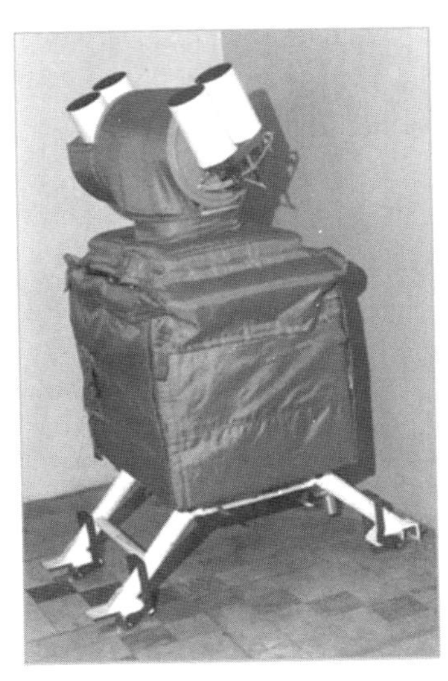

图5.4　地面站—国际空间站之间的激光通信终端

2014年，美国国家航空航天局利用LLCD系统实施了“地－月”激光通信，传输速率达到创纪录的622兆比特/秒。对于38万千米的距离来说，这已经是一个非常高的数值了。这一传输速率可以支持科研设备传输大量信息。最主要的是，提高了科研设备所携相机的成像分辨率，实现了从太阳系深处向地球传输3D图像的能力。

5.2.3　水下光通信

军事领域也在实施相应的光通信项目，相关人员正在对“卫星－潜艇”光学通信链路进行试验。此类军事通信系统的意义在于，潜艇接收和传输信号时无须上浮，而且通过光链路传输的数据不会像通过无线电波传输时被截获，可直接从卫星上穿过大气层和水体将信息传达到水下10～20米的深度。

这种系统的复杂之处在于，必须注意各种影响因素。在一定条件下，其中任何一个因素都有可能成为主导因素。这种系统受气象条件（云量、大气湍流、大气透过率等）、水的透明度、波动和涡流的影响太大，所以难以进行稳定、持续的通信，适用范围非常有限。但由于这种通信方式隐蔽性好且不会被截获，因此虽然有许多应用限制，但在军事领域仍备受青睐。

利用无线电载波与自主水下航行器进行通信是一个非常复杂的任务，通信难度非常大，这主要是因为短波在水中的衰减很快。现在与潜艇通信采用的载波是长波和超长无线电波，即使以极低的速率也还不能进行双向数据传输，目前只能通过超长波无线电通信系统以极低的速率进行单向的简单指令传输。

借助光波在水下进行通信是完全有可能实现的。目前，国内外的很多科研团队都在研究光通信在水下通信领域的应用。

在可见光区域的蓝绿光波段，水的透明度最高，同时，近红外光和紫外光在水中的衰减也很明显。这就使得可见光区域只有很窄的波段可用于水下通信。水下通信所用的可见光处在蓝光和绿光波段（500~550 纳米）。

利用输出波长为532 纳米的 Nd：YAG 激光器输出功率足够高的二次谐波相对容易，因此可以使用基于该激光器的自由空间光学器件进行水下通信。尽管在水下实施激光通信在原理上是可行的，但实际实施过程中适用范围却非常有限。制约因素有很多，包括：水的成分、水污染程度、透明度、湍流涡旋、水温不均匀、信号失真、引发水的散射特性以及激光波长与水中有机物固有频率的共振作用等。实际条件下，在浑水中通信距离仅数米，而在清澈平静的水中通信距离可达 100~200 米。

据评估，如果采用中心波长在 530 纳米附近的激光器，海水对该波长的光吸收最少，那么在几百米距离内进行通信时信号强度的衰减约为 75 分贝。如果激光器的功率为 50 毫瓦，那么在接收器所处区域内的信号强度是足以准确解析所接收到的信息的。

光通信信道不仅可以实时传输多个动态视频影像采集相机所拍摄的画面，还可以交换控制信号和辅助信息。这种通信信道利用激光束收发视频信息和控制信号，可增强潜水器的效能。

利用上述方式：第一，可以不再使用电缆来控制无人潜水器；第二，可将大量信息传输至几十米外（例如，进行视频转播或传输高清图片），若使用中继设备，传输距离还能更远。未来激光通信信道的通信容量可能增加至1 吉比特/秒。

在较小的水域内，无人中继潜航器可在视距范围内保障潜艇和其他设备的光通信，如图 5.5~图 5.7 所示。目前在某些地区，一些水下通信系统中采用的就是由这种无人中继潜航器组成的阵列。在科研、海洋学、地图学、水底制图学、水下通信线路铺设、紧急救援系统和设备以及情报侦察和军事领域都可使用此类系统。

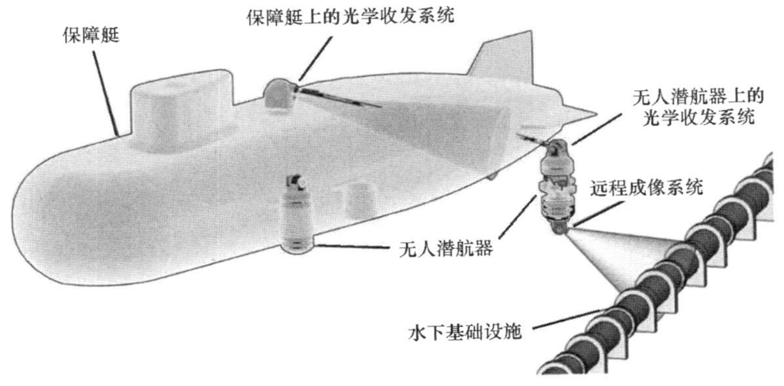

图 5.5　在无人（自主）潜航器上使用光通信系统监视基础设施

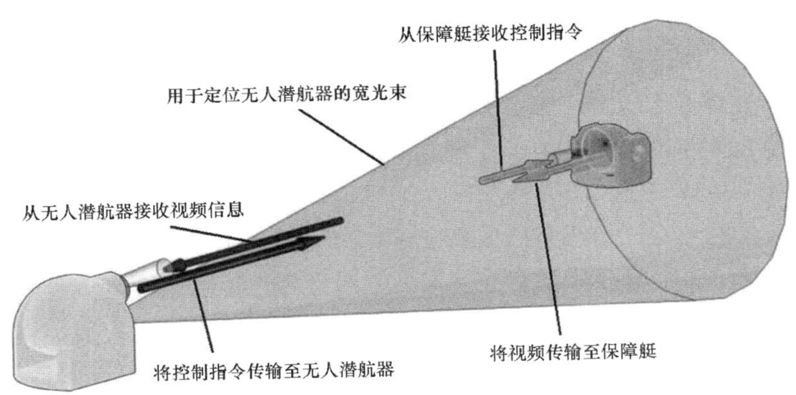

图 5.6　潜航器之间的光信号传递

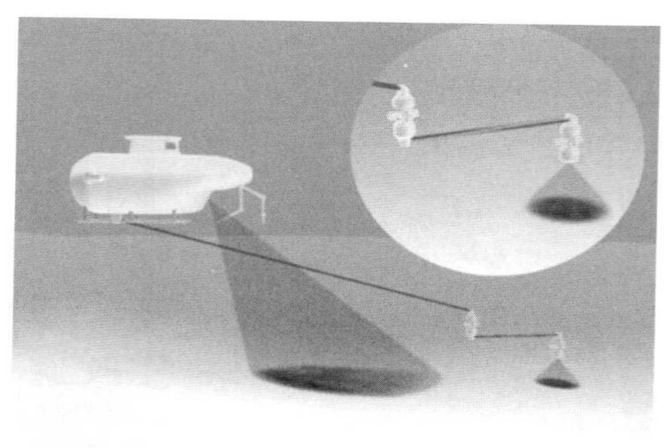

图 5.7 使用自主中继器的水下通信系统

5.3 光纤通信系统

随着光纤器件的出现和发展，构建高速通信线路铺设传统电缆线路的繁重问题也得到了解决。目前，在世界范围内，光缆基础设施已成为全球远程通信系统的主体。

在光纤通信中，光纤充当传输介质，光信号在光纤内传输。不同于开放的传输系统，其传输介质没有导向能力，而光纤与传输高频电信号的同轴电缆类似，可限制光沿着轴线的两个方向传输，而不能沿第三方向传输。现在光纤的光信号损耗率极低，可在几米乃至几百、几千千米的范围内进行通信，且传输速度可达每秒几十至几百太比特。

光纤具有长距离通信的特殊优势，无须进行光信号与电信号的相互转换（再生）即可重新放大光信号。在建设长距离通信线路时，这一特点有重大应用价值。

5.3.1 光纤的工作原理

大多数光纤都依靠光的全反射现象来工作。光线在较高折射率的介质（如玻璃）中传输时，如果入射角达到某一临界角，光线就不会向外传输，而会被全反射，如图5.8所示。对于理想的光滑表面，两个介质交界处的反射率接近100%。普通的铝镜反射的光线不足入射光的95%，经过几十次反射后，原始信号强度将剩下不足1%。

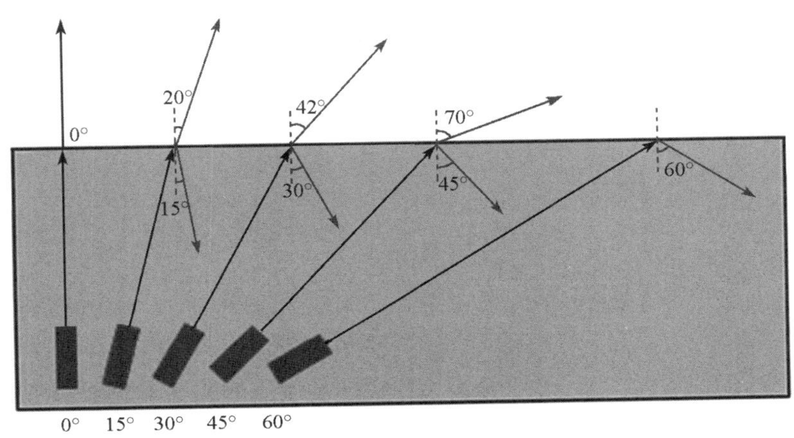

图5.8　介质交界处光的反射及全反射临界角（所有角都是与法线形成的夹角）

根据折射定律（斯涅尔定律），出现全反射现象时，光的最大入射角计算公式如下：

$$\theta_c = \arcsin(n_2/n_1) \tag{5.1}$$

其中，n_2 代表密度较小介质的折射率，n_1 代表密度较大介质的折射率。

如果有一个长条形玻璃，将激光束以锐角照射到其一端，那么经多次反射后，入射光将从另一端射出，如图5.9所示。

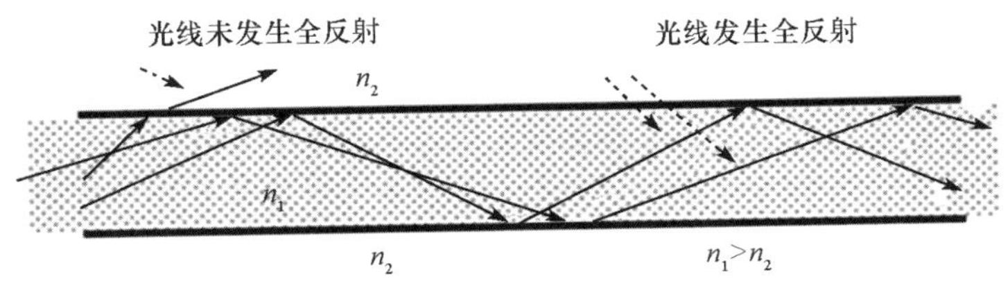

图5.9　在玻璃－空气分界线上，长条形玻璃内的全反射现象示意图

如果把光照射到细塑料条或细玻璃条上，那么光将沿着这个细条传输，传输路径的变化与这个细条各个弯折处的变化一致。塑料光导管常用在装饰性照明器具中和较短的光纤接口中，例如用于在两个声学系统间传递信号，

如图 5.10 所示。

(a) 声学系统传递信号的光纤

(b) 装饰性照明光纤

图 5.10　光纤的应用

这种光纤不适合进行远距离信息传输。玻璃条的表面常常有划痕、脏污，无法形成全反射。这是因为在两种介质的分界处发生反射和全反射时，电磁波会略微穿透介质分界线，在表面上并非严格的全反射。

电磁波穿过非同质分界线进入另一层介质的深度一般约等于其波长。所以当玻璃表面有脏污时，部分光将被其吸收。这将导致光的损耗增加及光纤中信号强度的减弱。

因此，传输数据所用的光纤一般是由折射率不同的透明材料制成的，光的反射发生在光纤内部不同材料的分界面处，即在折射率不同的地方发生反射，如图 5.11 所示。

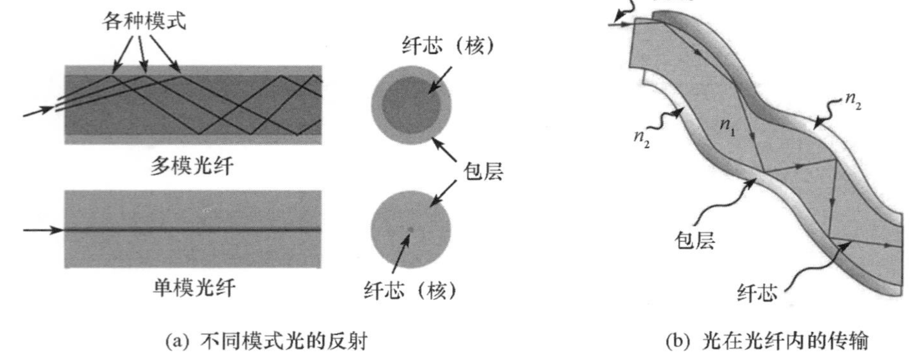

(a) 不同模式光的反射　　(b) 光在光纤内的传输

图 5.11　光纤截面

选用折射率高的透明材料充当纤芯，而用折射率低的材料作为包层（或外壳），如果光纤的各段均符合全内反射条件，光将沿其轴线传输，不会射出光纤表面。

这就意味着，在实际应用中光波导管的曲率半径不得小于一定的数值，因为在弯曲处部分光线将向外泄，这将导致光能的损失。

光纤是由透明材料制成的，所选材料应尽量保证使相应波长光的衰减系数达到最低。最常用的材料是石英玻璃、磷酸盐玻璃以及各种透明复合材料。一般通过添加各种可增大物质折射率的添加剂，使光纤的纤芯拥有不同的折射率。

按照工作模式，光纤一般可分为单模和多模两种。光纤的空间有限，当其尺寸与光的波长相当时，在这个空间中传输的光束将分离为数个不同的空间结构，称为光的模式。

光的模式是一种出现在光纤横截面上的光驻波。模式是光波的电磁场在空间的一种稳定的离散能量分布结构。这种结构是由光纤包层反射光干涉形成的。当纤芯的尺寸减小时，光纤的工作模式可以是单模，且其中的驻波只有一个波腹。对于较粗的光纤，其纤芯的尺寸远大于光的波长，光波的模式数量会非常多。这种光纤称为多模光纤，在一定前提下，几何光学原理对此类光纤也适用。光的模式数量相对较少的光纤以及单模光纤一般称为波导管，在进行计算时必须考虑光的波动性。光波导管与同轴光缆类似。

5.3.2 光纤的类型

沿光纤传输的信息，其传输速度和传输距离受限于两个主要因素：色散和衰减。图5.12所示是色散的各种类型。本书只研究其中最主要的一些。波导管中的模式和模内色散或模间色散等重要现象密切相关。这是多模光纤特有的一种现象，也是限制信息传输速度和传输距离的主要因素之一。

激光脉冲信号进入多模光纤后，能量会在多个模式之间分配，这些模式传输的方向各异。这将导致所有模式的光路都互不相同，相应地，这些模式在波导管内传输的时间也不相同。脉冲的持续时间会变长，形状也会发生变化。脉冲变得过宽时，就有可能被相邻脉冲覆盖。光电接收器无法对其进行区分，所以信号传输就会失败。使用折射率呈梯度变化的多模光纤可以在一定程度上对抗多模色散，但也不能很好地解决问题。单模光纤则不存在上述

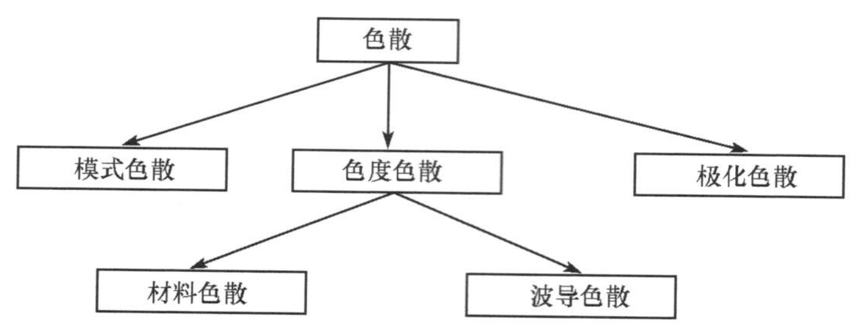

图 5.12　色散的各种类型

缺点。因为单模光纤的纤芯足够细，其中可传输的模式只能有一个。现在长度超过几百米的通信线路用的都是单模光纤。

各种多模和单模光纤以及模式色散的形成机制如图 5.13 所示。图 5.14 给出了几种标准石英光纤的结构尺寸。

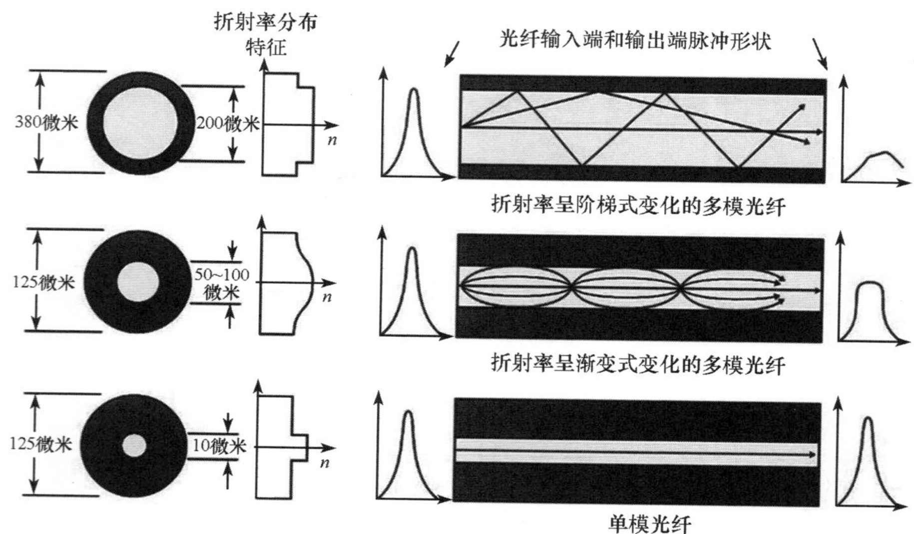

图 5.13　光纤的种类和多模色散的机制

对于多模光纤，模式色散现象是限制其传输速度和传输距离的主要因素。使用单模光纤可将传输速度和传输距离提高数个量级，但不能就此认为这种光纤对信号脉冲的形状没有影响。除所有光纤都具有的强度衰减之外，还有色度色散和偏振模色散现象。此外，当纤芯截面上光的功率密度足够大时，

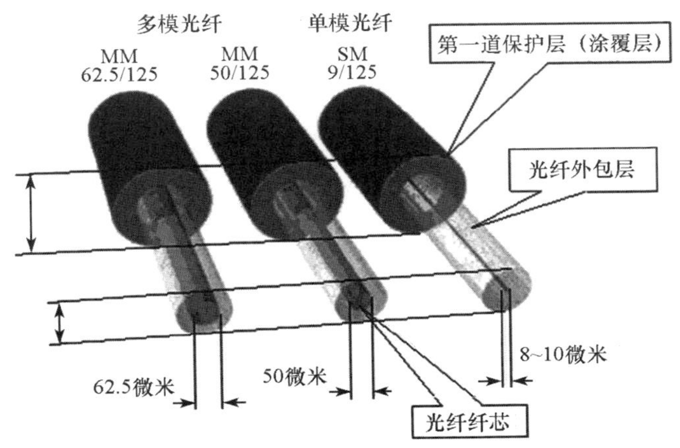

图 5.14　远程通信中最常用的光纤结构

还会产生各种非线性效应。在对通信线路进行设计和计算时必须考虑上述现象的影响，其中色散的影响最大。

由石英玻璃制成的远程通信光纤，在通信所用的波长范围内，具有非零色散（波长为 1 300 ~ 1 310 纳米的光波除外，其为石英光纤的零色散波长）。

色度色散是指物质的折射率与要测量的光波长之间的关系。激光源的光谱越宽，光脉冲沿光纤传输时在时域的展宽越宽。这一过程和模式色散相似，但对信号形状的影响要小得多。在进行远距离传输时这一点不容忽视。

使用式（5.2）可计算光脉冲的展宽值：

$$\tau_D = \Delta\lambda \cdot S_D \times L \tag{5.2}$$

其中，$\Delta\lambda$ 代表光源的光谱宽度，S_D 为光纤的色散参数，L 为光纤长度。

从式（5.2）可以看出，脉冲的展宽值和光源的光谱宽度成正比。所用光纤的质量对色散来说至关重要。但即使用理想的单频激光器，也会受到色度色散的影响，这是因为信息传输是通过对载波频率进行编码来实现的。即使载波频率是单频的，有效（信号）调制也将不可避免地扩大其频谱，这样在激光源频谱极窄的系统中就将发生色度色散。

光纤中的色度色散由材料色散和波导色散两部分叠加而成。如果材料色散一直是正色散，那么波导色散既有可能是正色散，也有可能是负色散。

在标准的光纤中，可于 1 310 纳米（即零色散波长）区域观察到两种色散的补偿。至于其他所有波长，对于最常见的波长范围，即 1 530 ~ 1 550 纳米，合成色散系数可能从 0 到 18 皮秒/（纳米·千米）。在远距离通信线路上，信号的累积色散失真严重限制了传输速度。利用负色散光纤可补偿色度色散。这种光纤可恢复那些通过通信线路时失真的信号波形。

偏振模色散也是色散的一种。偏振模色散出现的原因在于，在光纤中传输的光有两个垂直的偏振模，其传输速度可能不同。如果光纤中存在由细微的轴向不对称或纤芯的偏心率所引发的各向异性，就会出现偏振模色散现象。由于现在的光纤中几何偏差的值非常小，因此，大多数情况下偏振模色散的影响可忽略不计。

由于色度色散补偿无须对传输通道做重大调整即可实现，激光衰减便成为限制单模光纤传输距离的主要因素。对于远程通信中最常用的石英波导管，有一个衰减最小的波长范围。图 5.15 是石英波导管的光吸收曲线。完善生产技术可显著降低激光在透明窗口中的衰减并将吸收峰值降到最小。

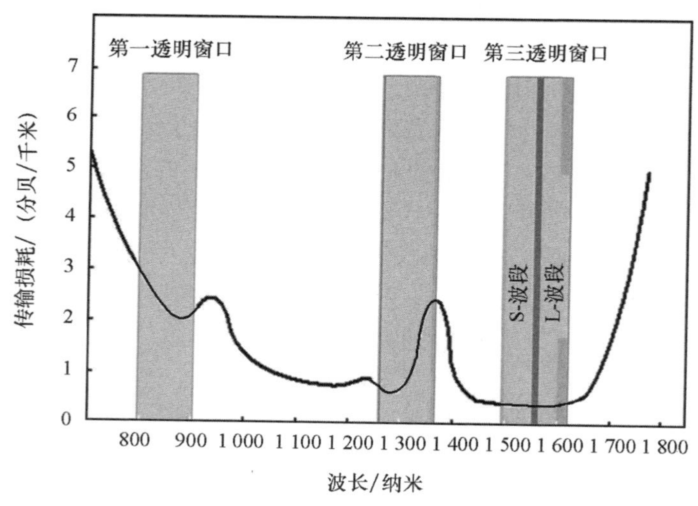

图 5.15　石英波导管的吸收曲线和远程通信中所用的透明窗口

短波范围内光能损耗的增加是由瑞利散射引起的，而长波范围内光能损耗的剧烈增加则是由红外吸收引起的。波长为 800 ~ 1 700 纳米的激光是最利于信号传输的（衰减最小）。但即使在这个波长范围内也有局部吸收峰，这主要是由水分子的共振吸收引起的。图 5.15 给出了之前确定下来的处于吸收峰之间的用于光通信的三个光波长，中心波长分别为 850 纳米、1 310 纳米和 1 550 纳米。

随着石英光纤生产技术的发展，吸收曲线也发生了相应变化，即衰减越来越小。对于现代光纤，透明窗口的吸收级差几乎没什么影响。因为第二透明窗口的损耗只比第三透明窗口略高一点；第一透明窗口很少使用，仅在短距离上配合多模光纤使用。

可以确定地说，现代远程通信中单模光纤差不多占所有光纤的99.9%，且工作波长的范围很宽，从1 260纳米至1 700纳米（有一些例外），而多模光纤主要用于终端通信中的短程通信，传输范围为数据中心、服务器等所在的房间，所用波长为850纳米。

对于现代光纤，光的衰减非常小。为判断现代光纤在最小衰减区的透明度，需要想象一下厚度为12千米的玻璃，但即使是这么厚的玻璃也只能把通过它的光衰减至原来的一半！

在判断某一信号的衰减或增强（包括光信号）时，通常不用这些信号强度（或功率）的直接比值，而采用以10为底的比值对数。在这种情况下，比值用分贝来表示：

$$A = 10\lg\ (A_1/A_2)\ (\text{分贝}) \tag{5.3}$$

采用对数极大地简化了对信号的相关计算。传输介质或放大介质中信号的变化几乎是成倍发生的，而非某一特定数值。

举一个最为简单的例子：光通过某一介质后，衰减了一半。这表示，如果输入端光信号的功率是1瓦，那么在输出端其功率变为0.5瓦；而如果输入端光信号的功率是1兆瓦，那么在输出端其功率将变为0.5兆瓦。显然，在这两种情况下，光都衰减了一半，但能量损失的数值完全不同。对于信号增强也是如此。

放大系数显示的是光通过放大器后增大的倍数。但在实践中，测量信号的绝对值并不方便。因为有时信号的绝对值相差好几个数量级。采用分贝来表示，衰减或增强系数的乘法运算变成了加法或减法运算，极大地降低了运算难度。

1.5～1.6微米被视为进行通信的最佳波长范围，这是因为其衰减最小，而且和掺铒及掺铒镱光纤放大器的工作光谱范围重合。这些放大器可在不进行光电转换的情况下就放大上述波长范围的激光。远距离高速通信干线中使用的就是该波长范围的激光。

5.3.3 光纤放大器

随着掺铒光纤放大器的出现，主干通信线路开始迅猛发展，如图 5.16 所示。这种放大器不同于再生器，不再进行光电转换、信号的还原、再同步和再辐射（3R 再生：再整形，再定时，再放大），更便宜也更简单。

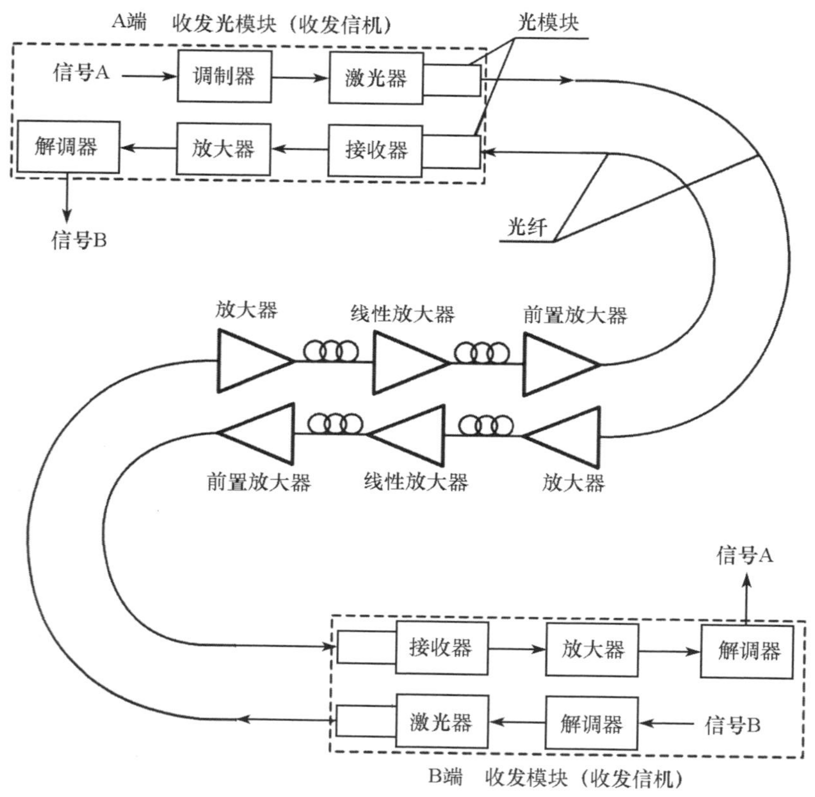

图 5.16　带光纤放大器级联的通信线路

放大器的任务是在不改变信号外形，尽可能少地引发失真和干扰的情况下，提升光信号水平。但随着有效信号的增强，干扰信号将增强，而信噪比会降低，因此在信噪比降到允许的水平之前，级联放大器的使用都将受限制。由于信号放大时会受到噪声的影响，因此在远距离通信的各段线路上不能完全放弃使用再生接收机。

在同向泵浦结构中，掺铒镱激光振荡的基本工作原理也是光纤激光放大器的工作基础，但不同于普通激光器，光纤激光放大器上没有振荡器，信号一般只经过一到两次放大。

在纤芯掺铒离子或掺铒镱离子的有源光纤中，除放大输入的有效信号光外，还放大了980纳米或1 490纳米的泵浦光，如图5.17所示。处于激发态的掺杂离子在较弱的信号光作用下发生受激辐射，使有效信号光的强度增强。有源光纤的长度很少有超过几十米的。如果没有泵浦光，掺杂光纤将吸收很多信号光。当泵浦光强度超过临界值时，信号光被放大。

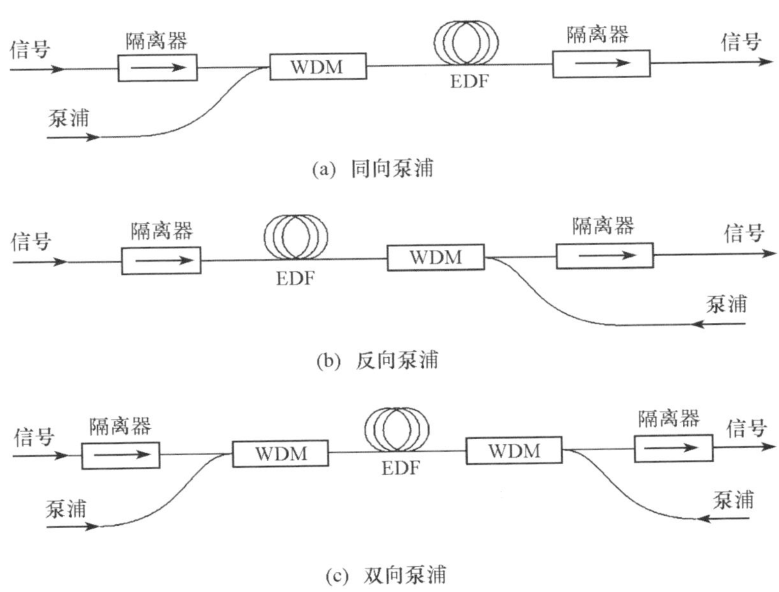

图5.17　掺铒有源光纤放大器中泵浦光和信号光的典型结构示意图

由此便可理解杂波出现及信噪比降低的原因。任何时候都有一定数量处于激发态的光子，这些光子在信号光子的作用下不是受激，而是发生自发辐射跃迁，发射出非有效信号光子。这种自发辐射光子在有源光纤中传输，将导致非有效信号光子数量出现爆发式增长，因此放大器输出端的两个光信号，即被放大的有效信号光和自发辐射信号光将发生叠加。相应地，在输出光信号中自发辐射光越多，有效信号光越少，信噪比就会变得越差。自发辐射光是信号信噪比变差的主要原因。

除掺铒光纤放大器和掺铒镱光纤放大器之外还有其他光纤放大器，如拉曼光纤放大器（基于受激拉曼散射光效应）和基于受激拉曼－布氏散射光效应的光纤放大器。在传统的激光放大器中，激光束均在相同波长被放大，而新型的光纤放大器一般是分布式系统。这种系统通过非线性光学效应，可在整条光纤内放大激光束。这样，光路自身就能起到光纤放大器的作用。泵浦光的方向与载有信息的信号光方向可以相同或相反。根据系统的要求，既可以采用掺铒镱光纤放大器，也可以采用拉曼光纤放大器。基于受激拉曼－布氏散射效应的光纤放大器很少用。遗憾的是，各种类型的光纤放大器都或多或少会导致信噪比降低。

拉曼光纤放大器利用光的受激拉曼散射效应进行工作，这也是其名称的由来。当泵浦光功率达到临界值（对于单模光纤，光功率临界值约为 1 瓦）时，泵浦光子将和介质分子发生相互作用。之后泵浦光子不仅会改变运动轨迹，还会将部分能量传递给微粒，使之转化为能量更低的光子（斯托克斯辐射）。激发态分子通过受激辐射弛豫到基态使信号光得到增强。

基于受激拉曼－布氏散射效应的光纤放大器的工作原理和拉曼光纤放大器类似。二者的区别在于，基于受激拉曼－布氏散射效应的光纤放大器中，被放大的信号不是和受激分子相互作用，而是和光导物质结构中出现的声波振荡相互作用。众所周知，当温度不是绝对零度时，物质中的原子和分子是无序运动的。这些微粒大量聚集时就可能出现自发的声波振荡，称为声子（热噪声）。实际上在物质密度局部不均匀的地方，声子可以散射光线。这种现象称为自发拉曼－布氏散射。

在介质中传输的泵浦光，受电致伸缩作用的影响而产生声波时（有序的声子），就会出现受激散射。也就是说，声波是由光激发形成的。这种现象具有临界性，只有光功率足够大时才会出现。其典型特点是：当频率为 ω_1 的强激光束通过介质时，会产生一个频率为 ω_2 的声波，此外还会产生另外一个频率为 $\omega_3=\omega_1-\omega_2$ 的光波。如果需要放大的信号光频率等于 ω_3，那么当泵浦光的功率超过临界值时，频率为 ω_3 的信号光将被放大。

在拉曼光纤放大器中，分子振荡可产生高达 5 太赫或更高频率的放大带宽，而基于受激拉曼－布氏散射效应的光纤放大器只能放大频率不超过 100 兆赫的窄带宽，因此只能用于多信道系统中，应用范围有限。

放大器级联后将导致噪声积累，信噪比降低。当噪声超过临界值时，线路中误差的数量将会增加。对于主干通信线路，线路中的贝叶斯误码率（BER）不得超过 10^{-12}。

综上所述，在构建超长通信线路时，只采用放大器串联并不总是可行的或者合理的。随着信号质量变差，必须对其进行完全恢复（3R 再生），然后入射到线路中。设计远距离通信线路时，一般要尽可能增加无须再生区段的长度，只在交叉点上恢复信号。

并不是所有的光纤通信系统都要求在发射器和接收器之间的线路上进行信号放大。一般只有在远距离通信线路上以及有大量支线和频谱复用元件（复用器）的复杂系统中才会出现光功率不足的情况。大多数情况下，城市级线路仅靠自身的收发光模块（收发信机）即可满足要求，无须采用光纤放大器。

目前，各级光纤远程通信线路都在飞速发展，包括完善光信号传输的物理机制并开发更高效的光信号生成方法，制定新的传输协议，以及优化网络和信息交换结构。每年都有新的设备和技术解决方案上市，使得人们可以更灵活地缩放通信网络规模并提升其通信能力。每年也都会有新型网络设备线问世，而新型软硬件设备的出现和发展则为终端用户提供了更多可选的通信服务。

5.3.4 发展前景

谈到光数据传输技术的发展前景，自然需要关注一下远程通信的现状。全球的话务通信量还在逐年增长。研究数据显示，2016 年全球的 IP 通信量约为 1.3 泽字节（1.3×10^{21}字节），而且增速无下滑趋势。

每年远程通信市场上都会出现新的商业设备、产品和服务，社交网络和应用也不断出现和发展。通信内容“变重”的趋势非常明显。如果之前用户通信的主要部分是文本、音频和图像等“轻型”内容，那么现在很大一部分则是 FHD 和 UHD 视频等“重型”内容。4K 格式的出现和快速发展将会给通信网络带来新一轮的荷载增长。

全面接入互联网以及“网络入户”概念的发展也为主干网络和地区网络运营商带来了新的压力，因为所有新增的网络通信量最终都会落到光纤线路上，加大本就很繁重的网络荷载。

蜂窝数据通信和移动上网市场也在逐年扩大。此外，语音信息已经不是移动通信的主要内容，而3G和4G网络则主要用于无线上网。这里还只研究了全球信息通信量增大的一部分原因。

综上所述，可以得出结论：未来通信信息量仍将持续增加，网络荷载只会越来越大。未来通信干线和小型通信线路仍将保持粗放式和集约式发展。基础设施的数量将不断增加，通信线路的传输速度和线路密度也都将增大。在一些国家的地区网络中已经广泛使用传输速率为40～100吉比特/秒的通信线路，而在俄罗斯此类设备的应用才刚刚起步。

毫无疑问，频谱复用技术还会有更大的发展，因为即使现在的远程通信也都必须采用这些技术。传输速率为40吉比特/秒的多路复用干线信息流将得到全面实现。

激光通信在太空领域也将有大发展，现在各种借助激光在太空传输信息的研究成果和新应用数量正在逐年增加。发达的低轨和地球同步轨道卫星体系将可使人们在地球上任意位置接入网络。

从总体上看激光在通信领域的应用，可以说，现在激光差不多是高速数据传输的主要元件，起着载波频率发生器的作用。尽管目前还看不到未来远程通信概念的发展会有什么重大变化，但是激光在通信领域的重要性不仅不会下降，还会逐年增加。

结 论

1. 与传统的无线电波通信相比，在通信线路中使用激光器作为高频电磁载波的波源可将频带和数据传输速率增加数个量级。

2. 光波有很强的抗电磁干扰能力。

3. 激光数据传输系统的隐蔽性高且不受外界干扰。无线电波很容易被窃听，而光通信系统几乎可以从物理层面排除对所传输的信息进行非授权访问的可能。

4. 激光通信系统几乎可以在任何光透明的介质中进行数据传输，包括太空、大气、水、石英玻璃光纤等。

5. 目前，光纤通信线路是全球远程通信系统的基础，而大气光学通信线路则主要起到了与最后一个环节相连接的作用。作为一种用途很窄的专用通信系统，大气光学通信线路一般在光纤通信线路和无线电信道使用受限时使用。

6. 光纤通信中使用的光波波长范围为0.85~1.6微米，因为这一范围的光波在石英玻璃中的衰减最少。光的衰减和色散（模式色散和色度色散）是限制光纤中信号传输速率和传输距离的主要因素。

7. 使用数据通信模块可补偿光纤的光色散，这种模块大多数由负色散光纤制成。

8. 在远距离通信线路中一般使用光纤放大器对光信号进行中继放大。在不进行光电转换的情况下，这种放大器既可以放大单频信号，也可以放大波长为1.5~1.6微米的组合信号。在远距离通信线路中，需要对光信号进行光电转换，然后恢复电信号并再入射回光纤（3R再生），因为这一过程可增大信噪比，并降低信号传输的误码率。

9. 激光器是现代远程通信中最重要的核心元件之一，未来其重要性仍将继续增加。

思考题

1. 请说明采用高频载波远距离传输信息的必要性。
2. 与传统的无线电波通信相比，激光通信主要有哪些优缺点？
3. 为什么光纤中要采用波长为1.5微米的光来传输信息？
4. 在大气通信线路中哪些因素对传输距离有决定性影响？
5. 利用光在水中传输信息为什么比较困难？
6. 光波段中的哪些波长最适合在水中进行数据传输？
7. 请解释模式色散的概念。
8. 色度色散和模式色散有什么不同？
9. 色度色散是由什么组成的？
10. 请说明石英光纤导管中的三个透明窗口。

参考文献

1. Гроднев И. И. Волоконно-оптические линии связи. Учеб. пособие для вузов /И. И. Гроднев. – М. : Радио и связь, 1990. –224 с. (《光学通信线路》)

2. Убайдуллаев Р. Р. Волоконно-оптические сети. Р. Р. Убайдуллаев. – М. : Эко-Трендз, 1998. –267 с. (《光纤网络》)

3. Бейли Д. , Райт Э. Волоконная оптика. Теория и практика. – М. : Кудиц-Образ, 2006. –320 с. (《光纤光学——理论和实践》)

4. Алексеев Е. Б. , Заркевич Е. А. , Скляров О. К. , Павлов Н. М. Атмосферные оптические линии передачи на местной сети связи России и проблемы их внедрения. «Электросвязь», 2003, №9. (《俄罗斯地区通信网络中的大气光学传输线路及其应用问题》)

5. Алексеев Е. Б. «Принципы построения и технической эксплуатации фотонных сетей связи». Учебное пособие, ИПК МТУ СИ, ЗАО «Информсвязьиздат», М. 2000. (《光子通信网络的构建及技术应用原理》)

6. Долотов Д. В. Оптические технологии в сетях доступа, «Технологии и средства связи», спецвыпуск Системы абонентского доступа, 2004. (《访问网络中的光学技术》)

7. Скляров О. К. Волоконно-оптические сети и системы связи, М. : СОЛОН-Пресс, 2004. (《光纤网络和通信系统》)

第 6 章　信息存储和加工

6.1　数据记录和存储

人们在进行信息处理时，会有高效且长期记录并存储数据的需求。如图 6.1 所示，在坐标系中列出了不同信息存储方法的典型参数。区域Ⅰ内为带机械访问接口的记录系统：1 为磁带盘上的磁带；2 为磁带录音机；3 为光盘；4 为磁盘。区域Ⅱ内为带电子访问接口的记录系统：5 为磁畴存储装置；6 为全息存储；7 为金属 – 电解质 – 半导体结构的半导体存储；8 为双极结构的半导体存储装置。

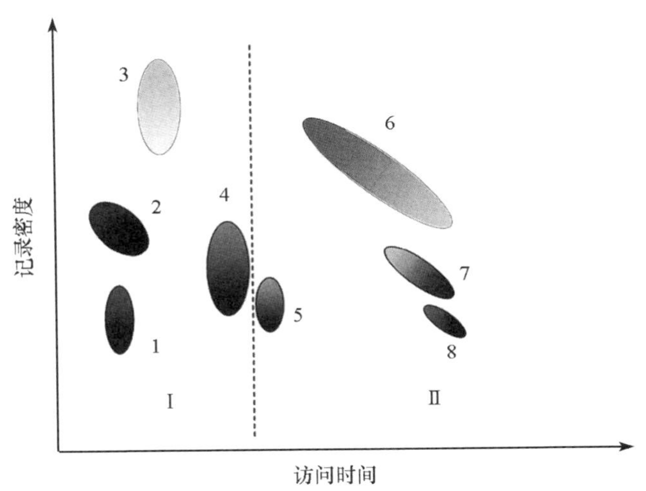

图 6.1　不同的信息记录和存储方法的对比

正如我们所看到的，与其他信息存储方式相比，光学设备在一定访问时间内记录的信息密度（量）最大。

使用光学载体存储信息主要有以下几种方法：

（1）传统数字化存储（向光盘刻录）；

（2）动态全息存储（在可逆介质中）；

（3）量子信息存储。

光盘是最为人熟知且使用最为广泛的信息存储载体。全息存储的前提是信息载体潜在容量巨大，可存储三维信息，不仅可记录被存储信号的振幅，还可记录其相位。量子信息存储被认为是当前最具发展前景的光学存储设备。我们来看一看上述每种光存储方法的工作原理。

6.1.1 光盘

光盘有以下几种类型：CD－R（一次性存储），CD－RW（可重复使用），DVD（存储密度增加），以及 Blu-Ray（蓝光）光盘（BD，所有光学载体中容量最大的一种）。

图 6.2 展示了光盘尺寸。任何一种光盘的存储原理都是一样的，需要存储的信息都被转化为 0 和 1 的数字序列。

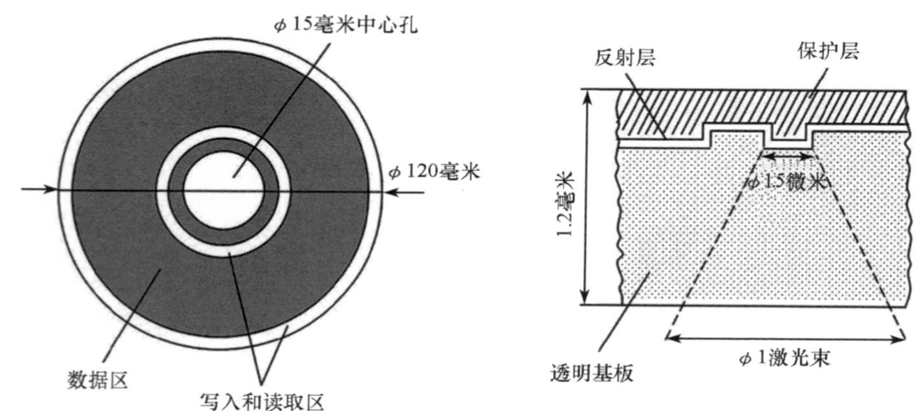

图 6.2　光盘尺寸

信息以“比特”（源于英语 pit，意为加深或凹坑）及“平面”（源于英语 land，意为空间或基础）形式存储于螺旋状路径中。激光读取“凹坑”与“平面”，“凹坑”对应数字 1，没有凹坑即“平面”对应数字 0。各种光盘的差异如图 6.3 所示。

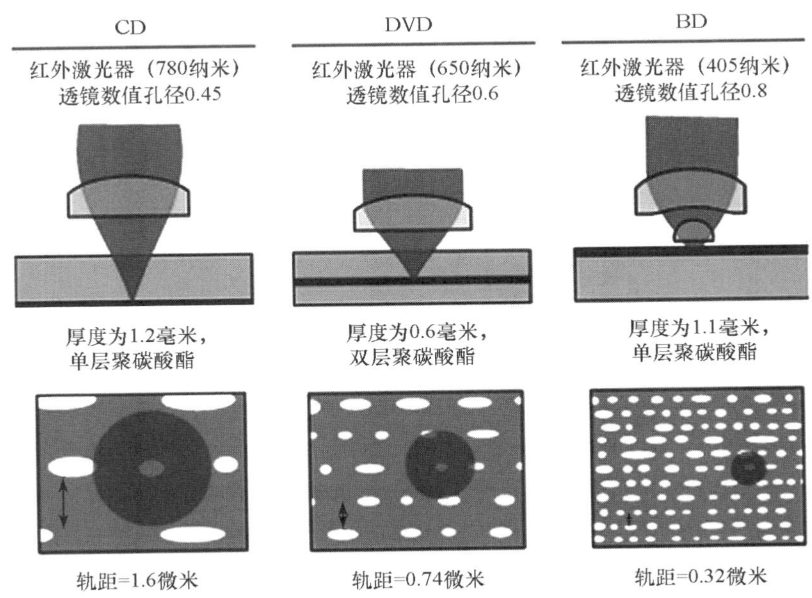

图 6.3　CD、DVD 和 BD 数据记录技术的差异

普通光盘（单面、单次刻录的 CD－R）由透明的聚碳酸酯制成，折射率为 $n=1.55$，并涂有一层薄薄的可反光金属膜，金属膜上是活性物质（一般是有机染料）。光盘最外层是保护性的不透明漆。在刻录数据时，激光束将活性物质加热到一定温度，在该温度下活性物质变成不透光物质，并最终形成很多细小的凹坑。

在使用 CD 刻录时，激光的数据传输率是 4～8 兆比特，波长 $\lambda=780$ 纳米。在读取数据时，红色激光束（波长为 770～830 纳米）穿过透明材料，聚焦在活性层的微型凹坑上，然后被镜面反射层反射或被微型凹坑散射开。聚焦后的激光光斑的直径约为 1.5 微米。微型凹坑的排列（0.8 微米的“点”或 3.1 微米的“线”）即对应所记录的信息（逻辑 0 或逻辑 1），轨距为 1.6 微米。需要指出的是，微型凹坑的尺寸不得低于激光束的波长。

由于激光束在光盘内部聚焦，而光盘表面上激光束的光斑直径约为 1 毫米，要比聚焦后的光斑直径大数个量级，因此光盘表面上的污物和擦痕对有效信号的影响极小。

里德－所罗门纠错码和记录轨道上专门的光线追踪和保持设计也额外增

加了系统的抗干扰能力。利用上述技术可在一张光盘上存储不超过750兆比特的数据。此外，还有一种最大存储容量为200多兆比特的迷你光盘（直径为80毫米）。

对于可擦除并重复记录信息的光盘（CD－RW），其反射层由特殊的材料制成，这种材料的反射系数在加热时可发生变化。因此用户可以擦除之前记录的信息并重复使用（“记录—擦除”20次）。一张CD－RW可记录的最大数据容量和普通CD相同。

DVD中聚焦的激光（波长为650纳米）光斑直径更小，所以其记录信息的密度更高。DVD的两面均是由聚碳酸酯制成的，且其厚度是CD的一半。最小凹坑长度为0.4微米，轨距为0.74微米。因此DVD的数据容量大幅增加，可达4.7吉比特。此外，还有一种一次性的记录盘（DVD－R）及可额外记录数据的盘（DVD＋R）。虽说大多数DVD驱动器都可以读取这些盘，但DVD－R和DVD＋R的格式并不兼容。需要指出的是，厂家质保的DVD的存储速率要比CD快2～3倍。

Blu-ray（源于英语blue，意为蓝色）光盘，如图6.4所示，采用了波长更短的405纳米“蓝光”激光器，这种光盘记录数据的密度更高。蓝光光盘的最小凹坑长度为0.15微米，轨距为0.32微米，蓝光光盘可存储25吉比特的数据。

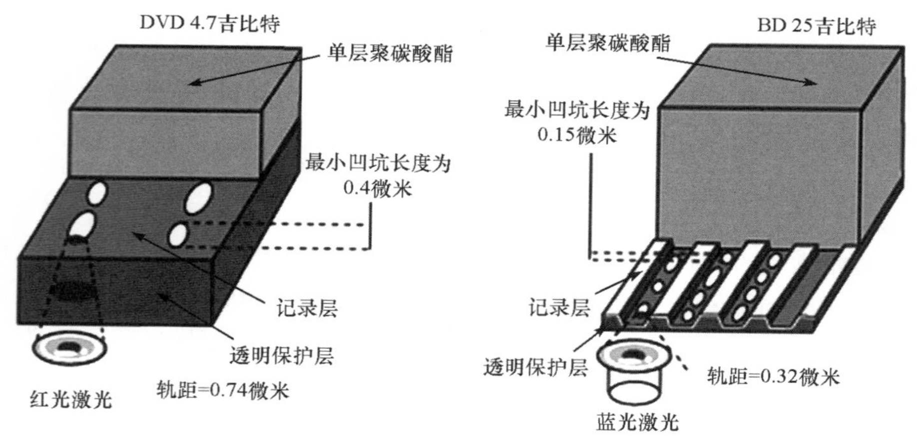

图6.4　DVD和BD技术对比

人们在不断寻找新型的先进材料以保证大容量光盘在数据记录、存储和读取方面具有更高的可靠性。例如，由酞菁材料制成的活性层，其化学稳定性可保持70年，对太阳光照有更好的耐受性。

用于长期存储档案数据的高质量光盘，其反射层则由金或金银合金制成。防护层也起着重要作用。一旦防护层受损，就会导致活性层遭到损坏和反射层被氧化。对于特别重要的应用场景，生产厂家在生产光盘时都会设置数个防护层。

利用数字化光盘方式记录和存储信息的优点：

(1) 可达到很高的数据记录密度（随光波长的变短而不断增大）；

(2) 存储信息的时间长（15年或更久）；

(3) 在数据存储过程中存储载体的功能不受其他因素影响；

(4) 可以利用可逆光介质擦除数据并重新记录；

(5) 数字载体有很强的抗机械损伤能力且受电磁场的影响小；

(6) 可防止未经授权复制信息；

(7) 价格低廉且制造光盘的技术相对简单。

对于光盘上记录的数据，其读取时间相对较长（超过5秒），这也是光盘的一个缺点。

目前光盘记录信息的密度已经接近光学衍射的物理极限。该领域的进一步发展将和新型记录介质以及新的波长范围相关，也与记录轨道追踪和激光聚焦等机械系统的完善、数据的记录和读取全电子化的发展相关。

6.1.2 全息图

在可逆介质中利用动态全息记录并恢复数据是光载体存储数据的另一种方法。全息记录的物理过程如图6.5所示。

在最简单的情况下，两束相干光束，即目标光束和参考光束，同时穿过厚度为d的光敏记录介质，两束光之间的交叉角为θ，强度比为$I_{目标}/I_{参考}$。这些参数也基本决定了空间频率$v=1/\Lambda$以及干涉图像在光敏介质层上的对比度。θ越小，干涉带的空间频率就越小，反之亦然。当参考光束照射被记录的干涉图时就会再现物体图像。

全息存储装置的工作原理如图6.6所示。点光源阵列形成参考光束。由于采用傅里叶透镜，输出平面上将出现傅里叶全息图阵列。再通过一个带转向器的激光器即可恢复信息。

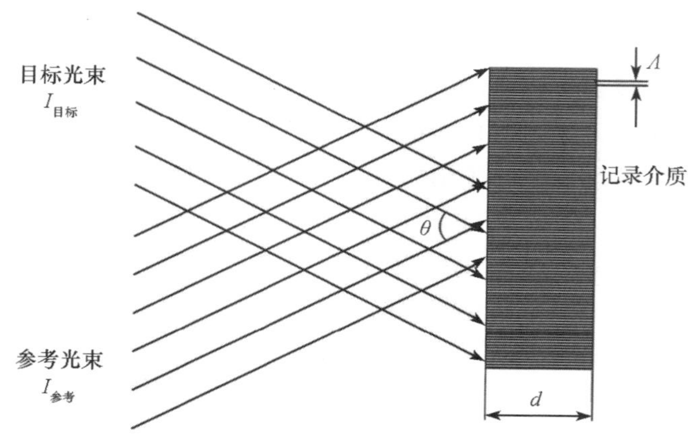

图 6.5　全息记录的过程

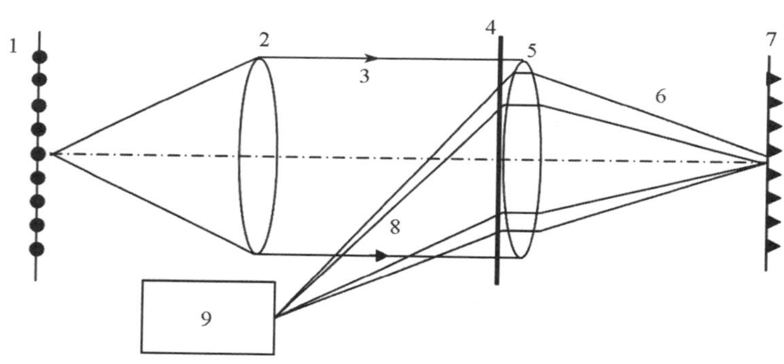

1—相干的单色点光源阵列；2、5—傅里叶透镜；3—记录光束；4—输出平面；
6—恢复后的光束；7—光电探测器阵列；8—恢复中的光束；9—带转向器的激光器。

图 6.6　全息存储装置的示意图

虽然人们对全息信息存储和恢复过程进行了大规模的实验研究，并就全息信息存储和记录系统提出了很多方案，但目前仍然没有任何一个系统进入商用阶段，主要原因是技术复杂和缺乏合适的可逆全息介质。

利用量子光效应存储信息的装置（所谓的量子全息存储）引起了越来越多研究者和开发者的注意。出现了量子比特这一新术语。

物体特殊的量子态（压缩态、纠缠态、激发态等）在经典物理学中没有出现过。可以将两个物体的量子态相互转换的装置称为量子存储器。为使光和物质之间产生类似机制，光场的量子态最终要转移到物质的状态上，而且物质的量子态最好能持续足够长的时间。

为提升光和物质相互作用的效率，可以使用光谐振腔。从提高量子存储器存储容量的角度出发，可实现多模相互作用的装置最为有效。记录和读取信息的方式最好和传统全息术一样，即需要使用参考光束。其区别在于，量子存储器不仅能够记录振幅和相位的三维分布，还能够记录光辐射量子态的相对位置。

目前量子存储器的商用还受以下几个因素制约：所研究物体的量子态固定时间短，可随意访问选定单元的目标存储器技术实现难度大，难以构建多模光场。

即便如此，量子技术还是逐渐应用于传统的光信息传输和处理领域。量子密码系统已经被研制出来并开始发挥效用，量子信号中继器和量子计算机等设备也在研发中。

6.2 光学信息处理

可以毫不夸张地说，光学信息处理装置比电子信息处理装置的出现要早得多。实际上，伽利略望远镜和列文虎克显微镜就是最简单的模拟光处理器。最早的频谱分析仪——三棱镜和衍射光栅——也是工作在光谱波段的。

随着强单色光源的出现（最初为气体放电灯，后来为激光器），光学信息处理装置的处理能力有了显著提升。干涉光学这一新的方向也随之产生并迅速发展。

20世纪下半叶，随着激光器的应用，人们制造出了高速二维傅里叶处理器、光电图像分析和识别装置、实时全息记录系统、声光频谱分析仪及其他信息处理装置。

由光学元件和电子元件制成的混合系统结合了二者的优点，即光学元件的超快响应速度和电子元件突出的适配能力。目前，这种光电信息处理系统广泛应用于众多科技领域。

高效半导体激光器和高灵敏光电探测器阵列的出现，使基础光学处理器得到发展。阶梯光学元件的出现和发展，完善了光纤组件和光电混合集成电路，如图6.7所示。

21世纪初，光信息学的进步使得人类距离制造真正意义上的光计算机又进了一步。这种计算机依据的是光神经网络这一全新概念。

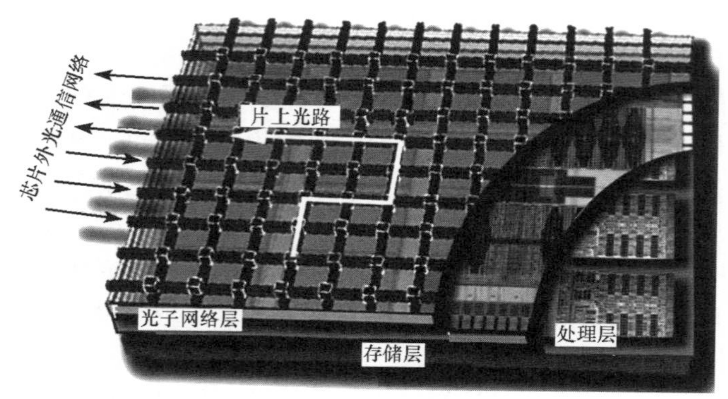

图 6.7　光电混合集成电路的结构示例

光学信息处理器件基于各种物理效应：

（1）不同环境下的电光效应；

（2）声光相互作用；

（3）正透镜进行二维傅里叶变换的能力；

（4）法拉第效应；

（5）量子效应。

克尔效应和普克尔斯效应等电光效应得到了深入的研究，使得人们可制造出光调制器、隔离器、多路复用器及其他光学计算机元件。

克尔盒和普克尔斯盒的外形如图 6.8 所示。在克尔盒中电场和光场是正交的，而在普克尔斯盒中电场和光场是共轴的。在普克尔斯盒中，对于通过的光线，控制电极应该是透明的。使用偏振镜和偏光分析器可调制上述单元

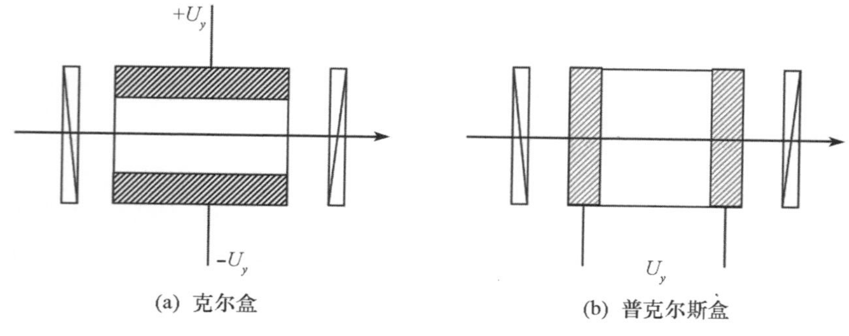

图 6.8　两种电光调制器

输入端和输出端的光强。这种调制器所用的各向异性晶体由磷酸二氢钾（KH_2PO_4）、磷酸二氢氨（$NH_4H_2PO_4$）、硅酸铋（$Bi_{12}SiO_{20}$）、钛酸钡（$BaTiO_3$）等制成。可使用平面技术提高电光相互作用的效率，并减小装置的外形尺寸。在这种调制器中，光纤元件可发挥导光介质的作用。

在基于马赫－曾德尔干涉仪的现代电光调制器中，常使用铌酸锂（$LiNbO_3$）晶体作为工作介质。这种装置的结构如图6.9所示。

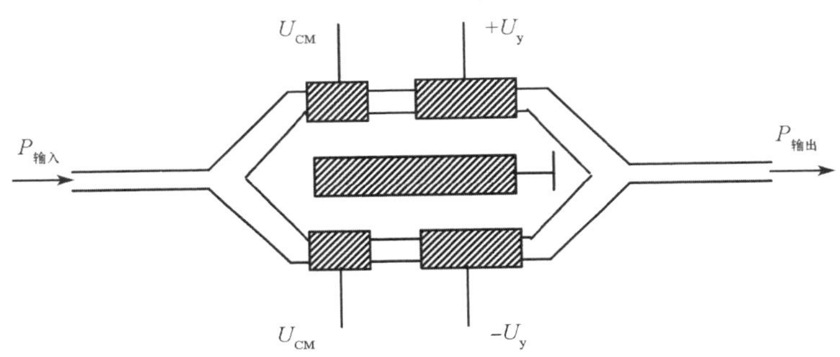

图6.9　基于马赫－曾德尔干涉仪的电光调制器的结构

两束光在晶体中沿相同的波导臂传输。在外加电场的作用下（电极之间的控制电压为 U_y），$LiNbO_3$晶体的折射率将发生变化：

$$\Delta n_m = \frac{n_0^3}{2}\gamma E \tag{6.1}$$

其中：$E=\frac{U_\gamma}{d}$为外加电场的强度，d 为电极间距；n_0 为 $E=0$ 时的晶体材料折射率；γ 为晶体的电光系数。

最终在晶体的输出端上将产生一个和 Δn_m 成正比的相位移动：

$$\Delta\varphi = k_m \Delta n_m L \tag{6.2}$$

其中：$k_m=\frac{2\pi}{\lambda}$为波矢，L 为电光相互作用的距离（控制电极的距离）。

利用调制器输出端的进一步干涉，可调制光通量的强度（相位调制转变为振幅调制）。相应地，无须再使用额外的光学元件（如偏光片）。向辅助电极施加一个恒定的偏置电压 U_{CM}，可确保其选择正确的工作点位。

这种调制器便于和光纤对接并可嵌入更为复杂的光学集成电路。此外，光电干涉调制器引发的耗损小、能耗低，且响应速度快。集成电路中电光调制器的外观如图6.10所示。

图 6.10　带有光纤连接的管状引出线的马赫 - 曾德尔电光调制器（Photline 公司）

有些装置是开关型集成电光调制器。这种开关一般是基于可控波导耦合器制成的捆绑型、交叉型或分支型光纤。此外，还有带全内反射镜、布拉格反射镜的光开关电路。

X 型光开关结构如图 6.11 所示。

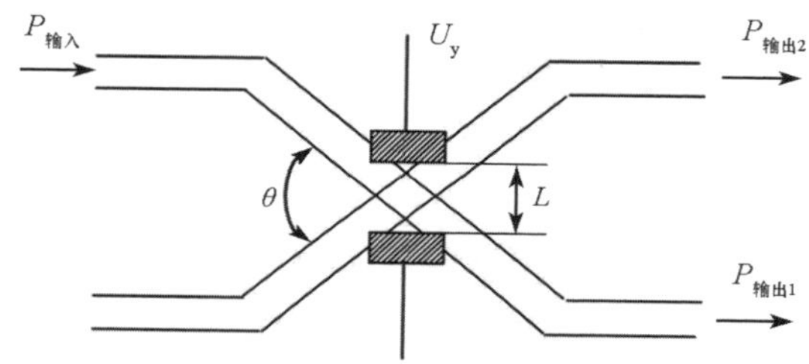

图 6.11　X 型光开关

两个单模光波导的交叉角为 θ，小于 1 度。在交叉处，折射率 Δn 的变化要比每一个波导中折射率的变化值增加一倍，最终会形成两个模——对称模和非对称模，其传输常数也不相同。

两个输出端上模的功率等于：

$$\begin{cases} P_{输出2} = P_{输入}\cos^2\ (\Delta\beta \cdot L/2) \\ P_{输出1} = P_{输入} - P_{输出2} \end{cases} \tag{6.3}$$

其中，$\Delta\beta$ 为传输常数的差值，$L = W/\sin\ (\theta/2)$ 为开关电极之间的距离。

在电极间施加电压，就可以通过改变 $\Delta\beta$ 的大小，改变波导管输出端的功率。

也可以用分支型三维光纤作为光开关。这种装置可以在各种模式下工作：功率开关、偏振模式的选择与分离等。

还有一种基于布拉格衍射光栅（通过电光效应在平面光纤中的感应而实现的）的开关装置。为此，将叉指电极系统印在平面波导的表面上，如图 6.12 所示。当向电极施加控制电压时，波导光束在感生布拉格光栅上会发生衍射，从而调制光束的强度。在特定波长时，布拉格光栅几乎可以对光进行全反射，相应地，可以实现光功率开关模式。

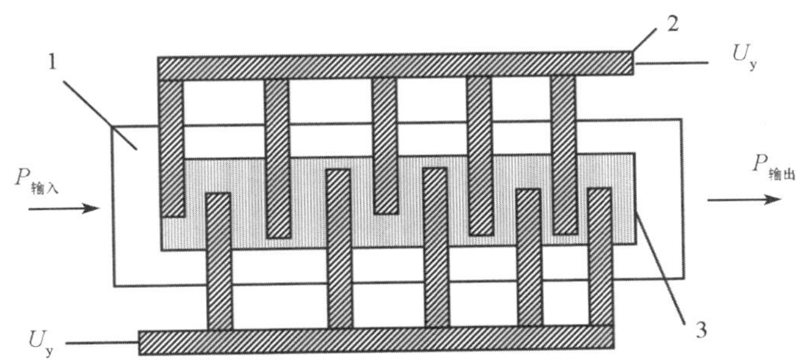

1—平面光波导管；2—叉指电极系统；3—感生布拉格光栅。

图 6.12　基于感生布拉格光栅的光阀门

开关参数的选择应能保证布拉格衍射模式的实现。在该模式下调制深度（开关效率）接近100%。基于铌酸锂波导管制成的调制器，调制深度可达98%。

各种基于液晶晶格的光学装置非常有发展前景。液晶的一个重要特点是，其组成成分中有两个符号相反的极化分子群，相应地有一个总偶极矩，这也就是液晶对电场和磁场特别敏感的一个原因。外部电场的作用使得分子的偶极子沿电力线排列，也就是说液晶发生了形变，如图 6.13 所示。液晶内部的分子结构随着光的散射、吸收以及双折射等各种光学效应而发生变化。

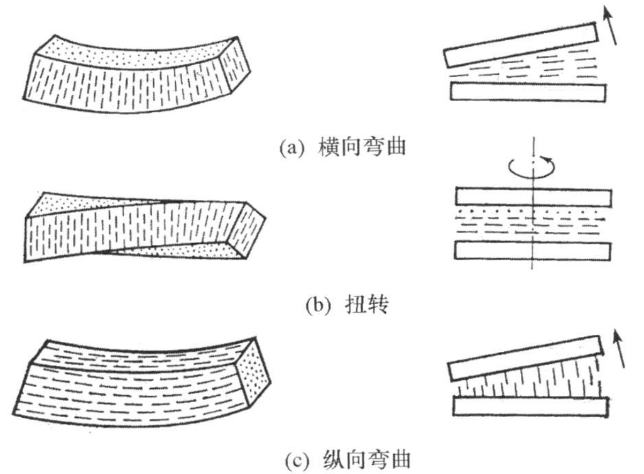

图 6.13　液晶中形变的类型

最简单的液晶盒结构和克尔盒结构相似，参见图 6.8（a）。如果沿着与电极底板所在平面相垂直的面传输的光波被平面极化了，那么液晶层的双折射将达到最大，具体表现为折射率的增加 $\Delta n_{max}=n_e-n_o$，其中 n_e、n_o 分别是非常光线和寻常光线在液晶层中的折射率。

当液晶层上施加的电压超过阈值时，液晶层内分子取向将与其初始方向成一定的夹角。该角度是液晶层厚度的坐标函数。最终，液晶的双折射由 $\Delta n_{有效}$ 决定。对于未发生形变的液晶层，该值达到最大，而当 $U>U_{阈值}$ 时，该值趋于零（对于通过液晶盒的光来说，液晶盒差不多具有各向同性）。

如果使用交叉偏振器，偏振器之间放置液晶盒，且相对于扫描光的极化平面，该盒和分子的初始取向成 45 度角，双折射的变化根据极化状态被转换为调制，其中第二个偏振器的调制被转换为调幅，其光强度如下：

$$I=I_0\sin^2\frac{\pi}{\lambda L\Delta n_{有效}} \tag{6.4}$$

其中：λ 为扫描光的波长，L 为液晶盒的厚度。

对于很多液晶来说，$\Delta n_{max}=0.2\sim0.4$。当液晶层的厚度 $L=1$ 微米时，电场中双折射的变化已经可以使光强度调制的深度达到最大。

薄膜场效应晶体管（TFT）的光学液晶调制器结构如图 6.14 所示。SiO_2 制成的底座上有两片由高合金 p^+Si 制成的区域，这两片区域组成一个通道，

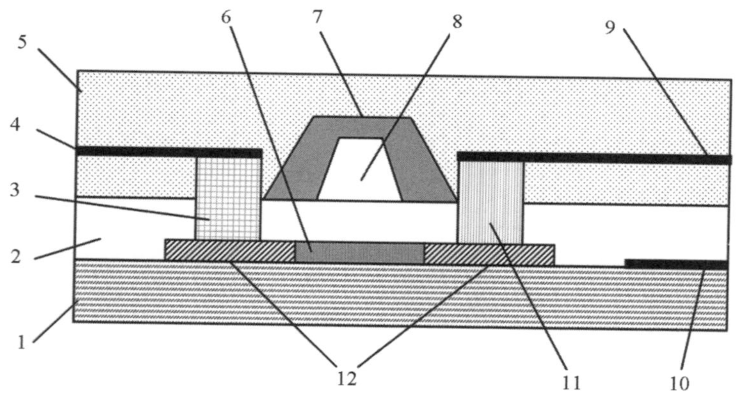

1—底座；2、7—绝缘层；3—源极；4、9、10—电极；
5—保护层；6—缓冲层；8—开关；11—漏极；12—高合金 p^+Si 通道。

图 6.14 带 TFT 的光学液晶调制器结构

它们中间有一个缓冲层。TFT 由源极、漏极和开关构成，两个电极与之相连。液晶盒自身的电容在电极 9 和 10 之间，2 和 7 分别为绝缘层，整个结构从上方由保护层覆盖。

现在，液晶设备集成技术领域的进步使得不仅可以给每个液晶盒配备控制阀，甚至配备带模拟数字转换器的内置微控制器。这样就可以通过不同的自适应算法对液晶盒进行控制，在保证高响应速度和所消耗功率相对低的条件下扩展其功能。

液晶设备的主要优点如下：

（1）操控灵敏度高；

（2）控制电压低；

（3）显著的临界特性且调制特性变化速率快；

（4）液晶薄层的光学质量高；

（5）工艺性好，无须真空环境、不用冷却、无须对表面进行精细加工等；

（6）可用于制造大型的复杂仪器。

声光处理器也是一种广泛使用的光学信息处理设备，其工作基于光波和声波的局部相互作用。声光盒的结构如图 6.15 所示。

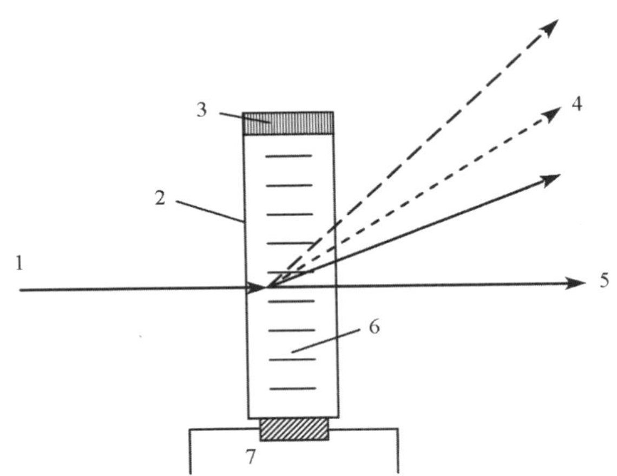

1—入射；2—声波导管；3—吸音层；4—衍射峰；5—主光束；
6—相位衍射光栅；7—压电换能器。

图 6.15　声光盒的结构

入射光束穿过透明的声光介质（声波导管）。在波导管的一端有一个带有电极的压电换能器，电极上施加控制电压。波导管的另一端是一个吸音层，这个吸音层可在介质层中形成相位衍射光栅。最终，设备的输出端上，除主光束（未偏折的光束）之外，还会形成一个或数个衍射峰。这些衍射峰的位置和强度取决于控制电压的性质。

声光材料有多种类型，包括石英（$\alpha-SiO_2$）、二氧化碲（TeO_2）、钼酸钙（$CaMoO_4$）等。声光相互作用不仅存在于晶体材料中，也存在于非晶材料中（例如某些品牌的玻璃），甚至在液体中也有（水就是很不错的声光材料）。特定声光介质的选择取决于具体的应用领域。

现在的许多声光调制器是平面结构的表面声波（SAW）器件。它们的尺寸与之前相比要小得多，效率则更高。表面声波器件的构型如图 6.16 所示。

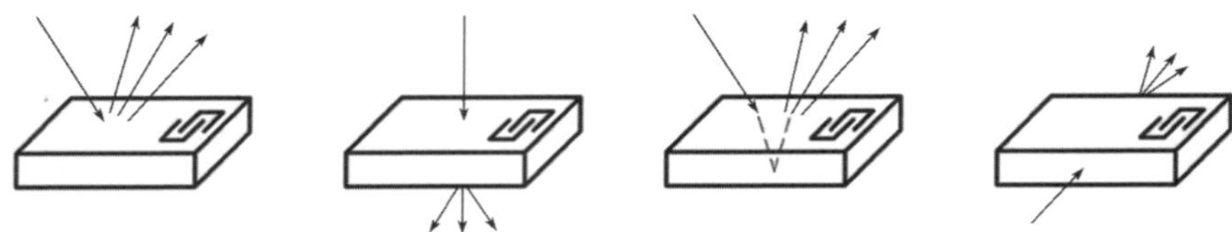

图 6.16　表面声波器件中声光相互作用的各种构型

表面声波器件的主要优点：

（1）性能稳定；

（2）尺寸小巧；

（3）制造简单；

（4）可通过调整叉指调制器的结构实现参数微调。

现代声光调制器的外观如图 6.17 所示。

另外还有一个很有趣的功能：正透镜在相干光中可进行二维傅里叶转换。利用这一功能可以制造与图像处理相关的空间光谱分析仪、空间频率滤波器。

图 6.18 给出了空间频率滤波器组合系统的示例。相干单色平面波从激光器入射到动态透明板上。形成的物体图像经傅里叶透镜转换为二维频谱并通过自适应空间频率滤波器。过滤后的光传到第二个傅里叶透镜上，该透镜对其进行第二次傅里叶转换。之后，借助光电探测器阵列将空间光信号转换成电信号。电信号通过信号接口进入计算机进行进一步分析和处理。滤波器和自适应透明板的控制单元可实时对光波进行过滤。

目前，人们已经基于法拉第效应制造出了非互易式元件——光隔离器（如图 6.19 所示），并广泛应用于光信息处理和传输系统。入射光束穿过偏振

图 6.17　光纤信息处理系统所用的声光调制器（Gooch&Housego 公司）

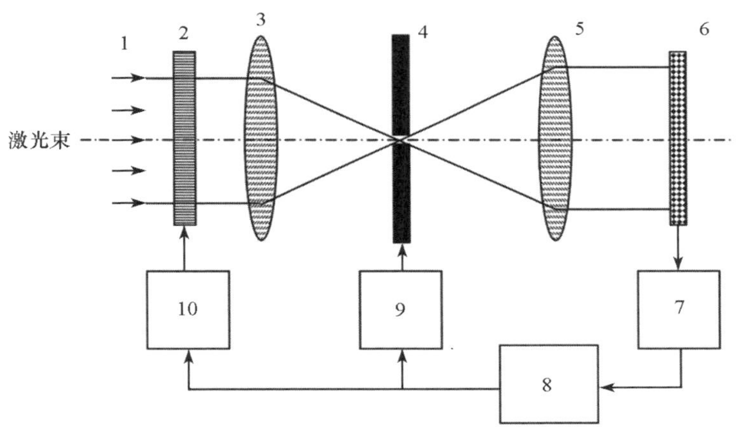

1—相干单色平面波；2—动态透明板；3、5—傅里叶透镜；4—滤波器；
6—光电探测器阵列；7—信号接口；8—计算机；9、10—控制单元。

图 6.18　可实施空间滤波的光电系统

片，形成线偏振光，然后通过由磁性光学介质和磁铁构成的法拉第元件。在法拉第（磁旋光）元件的输出端，光束 6 的偏振方向发生了改变（偏振方向旋转 45 度）。偏振片 7 的旋转角度等于由法拉第元件导致的偏振方向旋转的角度。最终，光束 8 不受阻碍加大传输到设备的输出端。对于反射（寄生）光束 9 来说则又是另外一种情况，其偏振方向的总旋转角度等于 90 度，而且寄生辐射不会通过偏振片 2 返回入射端。

量子相互作用是未来光学密码系统的基础。美国率先进行了制造固态量

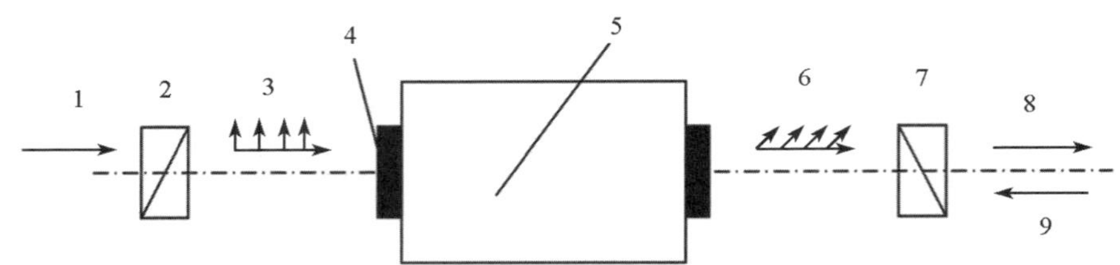

1—入射光束；2、7—偏振片；3—偏振光；4—磁性光学介质；
5—磁铁；6—偏振方向发生改变的光束；8—输出光束；9—反射光束。

图 6.19 基于法拉第效应的光隔离器

子处理器的相关研究。固态量子处理器是由薄铌膜制成的一种超导板。铌膜涂在板的衬底上，衬底则由带微小间隙的氧化铝制成，如图 6.20 所示。库伯对被用作量子位。人们已经在实验中成功实现了两个量子位之间的受控相互作用。

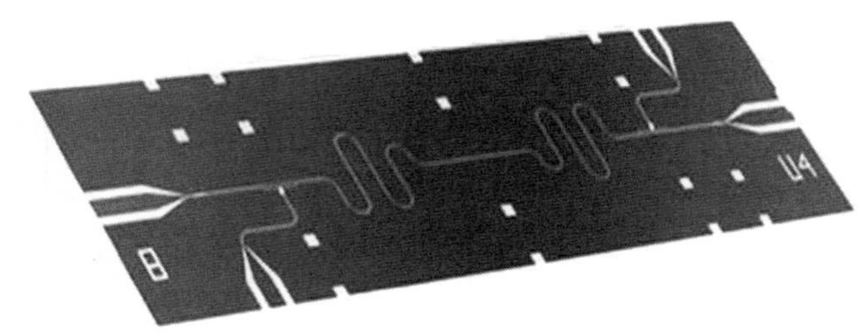

图 6.20 固态量子处理器（美国纽黑文耶鲁大学工作人员拍摄的照片）

量子密码学技术的基础是海森堡不确定性原理。根据该原理，量子系统中的干扰会改变其量子态，并且使最终获得的信息与初始信息不完全一致。

人类真正实现的一种量子信息保护方法是：测量通过两个用户之间的光纤通信链路传输的各个光子的偏振状态。在沿量子信道进行信息传输的过程中，如果有外部干扰，光子的偏振状态将发生变化，这时合法用户便可以发现。为了同步信息交换，合法用户之间的一些数据会通过无须保护的通信信道进行传输。

可以利用光束分离器的量子特性随机分配光纤网络中的各个光子。由于光束分离器中的单个光子无法被分离，而只会沿着其中一个路径发散，因此每个光子所选择的路径都将是不可预测的。最终，每位网络用户都将接收到一个独一无二的随机光子序列。这个序列对其他用户以及试图接入通信网络的恶意用户都是未知的。

结论

1. 光盘是最成功的光学存储设备，兼具功能性、技术性和经济性优势。

2. 商用光盘能够记录、存储并重复记录高达25吉比特的信息，这已经接近其物理极限。

3. 研发人员正在努力寻找其他记录信息的光学手段，并对替代系统进行完善，即全息存储和量子光学存储系统。

4. 制造光学计算设备所需的很多元件已经问世并投产，其中一些还处于试用和技术研发阶段，个别元件仍然仅限于实验室研究。

5. 光学信息处理器件工作基于的物理效应为：克尔效应、普克尔斯效应、声光效应、液晶中的取向效应、法拉第效应、正透镜的傅里叶转换特性等。

6. 现代光学元件通常采用平面技术制造并配备有光纤连接器。

7. 光电混合集成电路的应用范围在不断扩大。

8. 未来有可能出现基于光学神经网络设想制造的真正意义上的光计算机。

9. 利用量子效应处理和传输信息的光电系统拥有特殊地位。目前，已经出现了基于量子密码技术制造且隐蔽性更高的商用数据传输线路。由于量子密码技术与传统的数据保护方法相比具有无可比拟的优势，未来这一技术将会有更加广泛的应用。

思考题

1. 光学存储设备的运行基于什么物理效应?
2. 光盘的存储系统是如何设计并发挥作用的?
3. 光盘有哪些类型?它们的特点是什么?
4. 哪些因素影响光盘存储的最大数据量?
5. 全息存储系统的工作原理是什么?
6. 为什么全息存储设备具有很大的信息容量?
7. 量子存储设备的工作原理是什么?
8. 现有光学计算设备有什么优缺点?

9. 光学信息处理设备包含哪些元件？
10. 电光调制器是如何工作并发挥作用的？
11. 声光处理器是如何设计并运行的？
12. 透镜傅里叶转换特性的本质是什么？它有什么实际应用？
13. 什么是非互易式光学元件？在实践中如何应用？
14. 量子光学计算机基于哪些物理原理？
15. 什么是量子密码学？它与传统的信息保护方法有什么不同？

参考文献

1. Акаев А. А., Майоров С. А. Оптические методы обработки информации / А. А. Акаев, С. А. Майоров. М.: Высшая школа, 1988. (《信息处理的光学方法》)

2. Башкиров А. И. Оптические системы обработки информации: Учебное пособие /А. И. Башкиров. Томск: ТУСУР, 2007. (《光学信息处理系统》)

3. Васильев А. А., Компанец И. Н., Касасент Д., Парфенов А. В. Пространственные модуляторы света / А. А. Васильев [и др.]. М.: Радио и связь, 1987. (《空间光调制器》)

4. Дмитриев А. Л. Оптические методы обработки информации: Учебное пособие/А. Л. Дмитриев. СПб.: СПбГУИТМО. 2005. (《信息处理的光学方法：练习册》)

5. Корольков А. В. О некоторых прикладных аспектах квантовой криптографии в контексте развития квантовых вычислений и появления квантовых компьютеров // Вопросы кибербезопасности № 1 (9). 2015. (《量子计算和量子计算机发展背景下的量子密码学方面的一些应用》)

6. Применение методов Фурье-оптики: Пер. с англ. под ред. Г. Старка. М.: Радио и связь, 1988. 7. Рекомендации по выбору оптических дисков для хранения архивных документов /М. И. Пилипчук, А. Н. Балакирев, Л. В. Дмитриева, Г. З. Залаев. М.: РГАНТД, 2011. (《关于如何选取光盘存储档案文件的一些建议》)

第三篇
激光技术在工业中的应用

И. М. Евдокимов（И. М. 叶夫多基莫夫），А. В. Федин（А. В. 费定）

应用最新科技成果开发新技术是科技进步的主要特征。激光技术和激光设备即属于此类成果，并迅速应用于机械工程和仪器制造等技术领域。

本篇将着眼激光技术。在此类技术中，激光被用于材料加工：切削、焊接、打孔、热硬化等。化学（同位素分离、光谱化学分析）和生物医学激光技术（内科、外科）不在讨论范围。本篇还将介绍利用激光控制工艺流程的相关内容。

激光在材料加工技术上的首次应用可以追溯到20世纪60年代末——在激光器发明后不久。然而，由于激光器功率低，起初只能用于厚度薄的材料焊接、切割和其他加工，主要用于仪器制造。后来随着技术的发展，以及高功率连续波激光器和高平均功率脉冲激光器的出现，激光也开始应用于机械工程中的结构材料加工。

第 7 章　激光表面处理

7.1　激光表面处理的基本方法

激光辐照不会对材料造成损坏，可以实现各种各样的激光表面处理工艺。其核心过程是光能转化为热能。在激光束的作用下，材料表面被迅速加热升温，激光照射结束后又会迅速冷却，进而使材料的结构和状态得到改性。这是材料表层不同元素浸透、照射区域内的密度增加以及其他起着重要作用的效应而引起的。

需要指出的是，激光表面处理的可行性主要是由激光辐照的功率密度决定的。激光表面处理分多种类型，具体分类见表 7.1。

表 7.1　激光表面处理的类型

处理类型	功率密度/（瓦/厘米^2）	冷却速度/（摄氏度/秒）	热作用区深度/毫米
退火（或回火）	$10^2 \sim 10^3$	—	0.05 ~ 0.1
无相变的淬火	$10^3 \sim 10^4$	$10^4 \sim 10^5$	0.2 ~ 0.5
有相变的淬火	$10^4 \sim 10^5$	$10^5 \sim 10^6$	1.2 ~ 3.0
表层合金化	$10^4 \sim 10^6$	$10^4 \sim 10^6$	0.2 ~ 2.0
熔覆（喷涂）	$10^4 \sim 10^6$	$10^4 \sim 10^6$	0.02 ~ 3.0
表层非晶化	$10^6 \sim 10^8$	$10^4 \sim 10^6$	0.01 ~ 0.05

激光淬火是激光表面处理的主要方式之一。对材料表面进行快速局部加热，随后通过热传导进行冷却，可在表面形成一种特殊结构。该结构的显微硬度比基体母材的显微硬度高出 2 ~ 4 倍。

使用激光进行热处理的基础是将光能转化为热能。激光束拥有很高的功率密度，可在极短的时间内（约 10^{-3} 秒）将材料表面加热至淬火温度。激光淬火的工作机制是：表层材料被激光束迅速加热而发生相变，随后表层热量通过金属材料的导热性排出而得到冷却，冷却速度超过 10^3 摄氏度/秒。激光热处理工艺是基于材料和激光束的相互作用，该作用由所加工材料的表面反射率、导热性、熔点等光学特性和热物理特性决定。

通过增大金属材料表面粗糙度或涂抹吸收激光的涂层（化学涂层、炭黑涂层、轻漆涂层、真空中的灰尘等）可降低其反射率，从而增大对激光的吸收系数。磷酸盐涂料是表面防腐最常用的一种涂料。专门为激光热处理制造了水溶性涂料，其中包括光吸收系数很高（0.8～0.9）的物质成分。在进行激光表面处理加工后，可以很方便地用水把残留的涂料洗去。

激光表面淬火在某些零部件的加工工艺过程中有良好的应用前景。这些零部件的寿命由其耐磨性和疲劳强度决定。例如：对中碳钢进行激光淬火，可使其达到很高的强度并能通过表层熔化而消除其表面裂纹，降低表面粗糙度，最终提高其疲劳强度；对于 Y8～Y12 碳工具钢，如进行激光硬化，其表面硬度可增加到 13 000 兆帕；对于 X、XBG、9XC 低合金工具钢，在激光淬火后，为进一步提高其硬度还需要进行深冷处理（例如，XBG 钢在液氮中深冷后可将其强度从 9 700 兆帕提高至 11 200 兆帕）。

激光淬火可将高速切削钢（锋钢）的耐热温度提高 70～80 摄氏度，其原因是合金元素溶解到碳化物中，且合金元素分布均匀。

7.1.1 激光表面处理的相关操作

激光淬火可分为无相变和有相变两种。

对于无相变的淬火，当激光功率密度（10^3～10^4 瓦/厘米^2）不会导致被照射区熔化时，材料会发生结构变化。采用这种加工方式时，可保持所加工表面的初始粗糙度。

在这种情况下，钢淬火的本质：奥氏体面心立方晶格在快速冷却下进行非扩散性的转化，变为扭曲的体心马氏体立方晶格。这是由于马氏体立方晶格不但硬度高、强度大，而且塑性差且易于发生脆性裂变。但奥氏体向马氏体的转变是不完全的，所以在淬火钢中伴随着马氏体总会有一定数量的残余奥氏体。

激光淬火的主要要求之一是硬化区域的深度均匀且表面没有缺陷。为了达到该效果，表面加热的热源必须均匀。但实际的激光束，无论是单横模还是多横模，都不能提供这样的均匀加热，必须使用光学和机械扫描装置使激光束的等效光强分布均匀。扫描装置不改变激光束的横模，而是在加热区内反复移动光束并在一个热淬火周期内形成均匀热源（例如7.3节所述的扫描装置）。图7.1是激光淬火示意图。

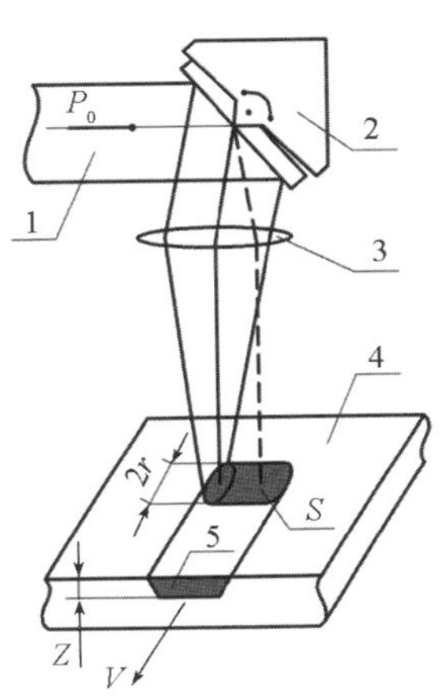

1—激光束；2—扫描振镜；3—聚焦透镜；4—待处理的材料；5—淬火区；
P_0—激光束的功率；r—材料表面上激光束半径；S—加热区的面积；
Z—淬火区的深度；V—加热区待处理材料的移动速度。

图7.1 激光淬火示意图

对于发生了相变的淬火，材料在激光束照射区内熔化。这种淬火方式要求激光照射的功率密度更高（$10^4 \sim 10^5$瓦/厘米^2），使得硬化层的深度可以很大。硬化层的表面为液态淬火的枝晶结构，接下来是热作用区，在热作用区和基体母材之间是过渡区。显然，使用这种表面处理方式，初始粗糙度被破坏了，这就需要在产品的制造过程中引入额外的抛光操作——通常是研磨。

当功率密度较低（$10^2 \sim 10^3$瓦/厘米^2）、加热和冷却的速度未超过临界值时，对已处于硬化状态的材料可实施退火（回火）。例如，生产板簧、加工轴承圈的边缘时，都需要进行该操作。

另一种类型的激光淬火：在高功率密度（$10^6 \sim 10^8$瓦/厘米^2）激光照射的快速（非常短的脉冲或快速扫描光束）作用下使材料表面出现非晶化现象。在这种情况下，迅速冷却后将出现独特的熔体“冻结”现象，形成所谓的金属玻璃或非晶态面层。最终将能使材料获得高硬度、耐腐蚀性、更好的磁特性及其他特殊性能。激光非晶化技术可以用于处理事先已用特殊成分覆盖的材料。必须注意的是，基体材料和覆盖涂层的非晶化特性应较好。因此，为切实达到非晶化性能需要进行先期研究。

上述表面处理方式的优点是在空气中即可进行，不需要特殊环境。但有可能将空气组分部分扩散到基体材料的激光辐照区。

下面两种表面处理方式需要使用特殊的介质或材料。

激光合金化技术用于向基体材料的表层加入合金元素，因此，为实现这一过程需要使用特殊（气态、液态或固态）介质。被处理过的材料表层最终将形成新的合金，其成分和结构均不同于基体材料。

激光熔覆（喷涂）可在被处理材料的表面堆焊一层其他材料，从而提高主要材料的性能。

7.1.2 激光表面处理设备

表面处理一般无需专用设备，使用其他激光加工技术所用的设备即可。例如，可以使用激光焊接或切削所用的设备来实施表面处理，但各种工艺采用自己的加工模式。比较常用的设备是 CO_2 激光器、Nd：YAG 激光器以及钕玻璃激光器（如图 7.2 所示）。

(a) 使用俄罗斯KAИ激光器公司工程中心的2千瓦光纤激光器

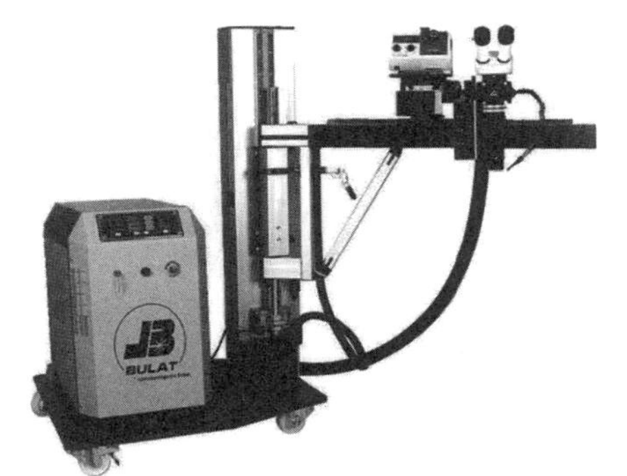

(b) 使用俄罗斯布拉特公司的HTS系列可移动式激光器

图 7.2 激光表面处理所用的技术装置

7.2 激光打标和激光雕刻

激光打标和雕刻是在物体表面绘制图形的表面处理工艺。激光束聚集在被加工零件表面，光能转变为热能。这导致处理区域的温度瞬间升高，通常达到蒸发温度。其结果是材料表层或几层将被去除，在材料表面形成凹坑，这些凹坑将组合成所需的图案或字样。

激光打标和雕刻被广泛应用于各个领域，其中包括：在零件上标注批号；在食品和药品包装上标注生产日期和保质期；标注质量控制信息；印刷条形码、商标及其他产品信息；标记印刷电路板、电子元件及模具。激光技术可用于打标和雕刻各种材料，包括金属、亚克力（有机玻璃）、纸张、木材、纸板、塑料和皮革等。图 7.3 给出了激光打标和雕刻的一些样品。

一般认为，激光打标是在产品上标注各种信息和辨识数据，而激光雕刻则是在产品上打上各种图案。

7.2.1 工作机理

激光打标和雕刻是基于以下几种机理：

(1) 通过烧蚀去除表层材料；

(2) 通过熔化改变材料表面结构；

(3) 对于纸张、木材、纸板或聚合物，一般通过较浅的烧蚀（也称碳化）；

图 7.3　俄罗斯激光中心公司激光打标和雕刻的样品

（4）对于塑料，通过表层改色或对其中颜料进行增色。

随后，激光束对材料表面进行扫描。激光加工分为矢量加工和光栅加工。对于激光矢量加工，图像和刻字的所有元素都是由激光器划出的线条或条纹；对于激光光栅加工，图像或字样由密度不同的独立点组成，采用这种加工方式，可形成一个相当清晰的、接近于照片的图像。

使用模板是激光打标的另一种方法，该模板会反印显示在所加工的零件上。这种方式也叫模板打标或投影打标。

7.2.2　方法

目前最常用的激光打标方法包括：蒸发法激光雕刻、熔化法激光雕刻、激光烧蚀、激光喷涂和打标、退火法激光着色、激光雕刻和熔化、3D 雕刻。

蒸发法激光雕刻利用材料吸收激光能量后产生的热能引发材料的选择性熔化和蒸发。在激光的冲击作用下，材料上沿深度方向将形成孔洞，之后重复该过程。

对于熔化法激光雕刻，材料吸收激光能量而产生的热能将导致材料的局部熔化，而非材料的蒸发。熔融的材料形成较小的坑，随后对光线进行漫反射。这种方法将使材料的表面状况变差，此外，加工深度被限制在 2～3 微米。该方法的主要优点是速度快。

激光烧蚀一般用于处理表面有涂层的材料，能很好地适用于各种不同的涂层、着色层及使用其他方式处理过的表面。利用激光烧蚀技术可除去材料的表层（涂层）而不破坏基体材料，这种技术在阳极化铝和涂漆钢的打标应用方面很流行。

激光熔化并蒸发材料可用来打标和雕刻，该方法也利用了熔化材料蒸发的原理，激光束的热能被有选择性地用来熔化并蒸发材料。准确选取激光器的参数可达到所需的加工深度。使用这种加工方式可以逐层去除材料并形成高质量且深度很大的三维雕刻。

上述激光处理方法的效率取决于材料的物理特性。尽管深色材料吸收的能量略高于浅色材料吸收的能量，但材料的颜色对激光器能量的吸收影响不大。材料表面涂层的影响也不大，因为涂层在激光束的作用下蒸发了。材料表面粗糙度对加工的影响很大，因为在光滑表面上，即使是很细微的雕刻都很明显，而在粗糙度很大的表面上则需要进行很深的、对比鲜明的雕刻。反射系数更高的材料要求激光器的功率更大。吸收系数随表面温度的变化是影响加工效率的另一个参数。材料的导热性不能太高，否则材料会把热能迅速传导至光束照射区域之外。材料硬度不影响加工效率。

7.2.3 用于打标和雕刻的激光器

激光打标和雕刻通常使用下列激光器：

（1）闪光灯泵浦或半导体激光器泵浦的Nd：YAG脉冲激光器，工作波长为1.064微米或高次谐波倍频输出的532纳米（2倍频）、355纳米（3倍频）或266纳米（4倍频）；

（2）脉冲的掺铒光纤激光器，工作波长为1.07微米；

（3）CO_2激光器，工作波长为10.6微米；

（4）准分子激光器，工作波长为紫外线波段。

由于金属材料对波长为10.6微米的CO_2激光吸收很少，所以这种激光器最不适合对金属进行加工。但CO_2激光器很适合非金属制品加工，如电子元件、氧化铝或其他材料制成的产品，因为这些制品能很好地吸收长波激光。在需要大功率激光器的场合，也常采用CO_2激光器。

Nd：YAG和掺铒光纤激光器更适合用于激光打标和雕刻，这是因为这两种激光的工作波长处于1微米左右，大多数材料的吸收都很好。金等贵金属材料对波长为1.0微米的激光吸收能力很差，但可以使用波长为532纳米的倍频Nd：YAG激光器。调Q的Nd：YVO_4激光器可以用在要求高重复频率（超过100千赫）的场合。图7.4为激光打标和雕刻设备。

图7.4　俄罗斯 Laser and TM Equipment 公司生产的 MLP2 型激光打标和雕刻设备

7.3　激光微加工

激光微加工是高精度微加工技术中公认的领先者。大多数工业激光微加工应用是基于材料的烧蚀和熔化过程，包括切割、打孔、焊接和打标。图7.5给出了激光微加工的样品实例。

激光微加工适用于很多材料，包括：

（1）金属材料（铝、普通钢、不锈钢、钼、铜、钛、铂、金、银、镍、钽、铬和钨）；

（2）半导体材料（硅、锗、砷化镓、氮化镓）；

（3）陶瓷材料（氧化铝、散体和薄膜状氮化硅、碳化硅、铌酸锂、氧化锆、金属化陶瓷）；

（4）电介质材料（玻璃、硼硅酸盐、钠石灰、蓝宝石、二氧化硅、人工合成金刚石和纤维）；

（5）聚合物材料（聚酯、聚乙烯、聚酰胺、聚酰亚胺、聚丙烯、聚苯乙烯、聚氨酯、硅树脂）；

（6）其他材料（溶胶-凝胶、碳复合材料，以及生物材料，如眼角膜和蛋白质）。

激光微加工在汽车、航空、生物医药、电子等工业领域有广泛应用。

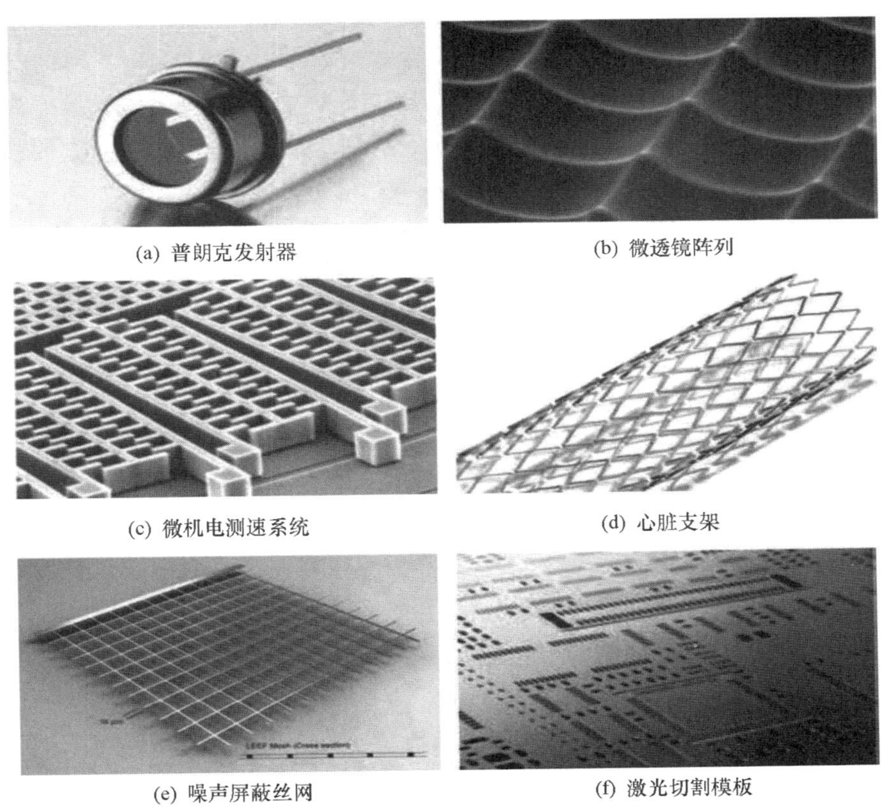

(a) 普朗克发射器
(b) 微透镜阵列
(c) 微机电测速系统
(d) 心脏支架
(e) 噪声屏蔽丝网
(f) 激光切割模板

图 7.5　激光微加工样品实例

7.3.1　相关操作

激光微加工的操作主要包括微打孔、微切割、微铣削、微焊接，以及半导体板的打标、雕刻、划片和切割。

激光微打孔用于在各种各样的材料上制造微孔阵列、喷嘴、波形、层间过渡孔和光伏单元格。利用激光技术可使孔位和孔径公差达到微米级或更低。通过微打孔技术可在各种装置上形成微孔，包括燃油喷射装置、喷墨打印机的喷嘴、光纤连接件、垂直探针板、分散器，还可以在科研仪器、传感器、燃料电池及对孔径的精度和锥度要求很高的医疗器械上制造微孔及狭缝。

激光微切割能够很好地适用于大多数材料的微加工，包括金属（如不锈钢、硬化钢、铜、铝、钨、黄铜和钛）、陶瓷（如氧化铝、氮化硅、碳化钨、PZT 陶瓷）、玻璃和晶体材料（如 BK7、融石英、蓝宝石）、超硬材料（如金刚石）、塑料（如聚酰亚胺、聚四氟乙烯、有机玻璃和塑料）。激光微切割可以达到切割宽度小于 1 微米、深度小于 2 微米的小尺寸。

激光微铣削有很多理想的应用场景，包括生产微型模具、微型冲压工具、其他微型元件等。激光微铣削的原理很简单，即每一个激光脉冲都能去除非常少量的材料。激光束在物体表面进行扫描，经过多次遍历，逐层去除材料，直到得到所需结果。脉冲数量决定了加工的深度。

激光微雕刻和微打标是激光微铣削的一种形式。使用这种技术可在各种材料上雕刻图案和其他形状。在微雕刻和微打标过程中，激光束在材料的表面扫描，每个激光脉冲去除少量材料。每个点的加工深度通常由激光脉冲数来控制。激光微雕刻和微打标的主要应用包括表面微纹理、装饰性雕刻和二维码。最新型的激光微雕刻和微打标装置可进行亚微米级的雕刻。图 7.6 中所展示的即为此类装置。

(a) 激光微打标机2-P20/5
(俄罗斯激光中心公司)

(b) 激光微雕刻设备MicroStar
(美国俄亥俄州雕刻技术有限公司)

图 7.6　微加工激光设备

激光微划片是一种特别精密的材料加工方式，可对金属、陶瓷和玻璃进行加工。微划片还被广泛用于半导体板微切割前的预处理。电子工业中广泛应用微划片对硅板和陶瓷片进行微切割，在太阳能领域也利用激光微划片切割太阳能电池板。

7.3.2 所用激光器

微加工中最常用的激光器是固态半导体激光器、光纤激光器和准分子脉冲激光器。微加工使用的几乎全是脉冲激光器，这是因为脉冲激光器比连续波激光器能更好地控制激光能量输出，而连续波激光器很容易烧熔并损坏微型元件。此外，脉冲激光器可控制脉冲的重复频率及能量大小，为微加工工艺提供了更大的灵活性。还需要指出的是，更短波长的激光器也更适合加工更小尺寸的产品。

可用于微加工的固态激光器主要有：Nd：YAG 二极管泵浦调 Q 激光器，工作波长为 1 064 纳米（近红外）及波长为 532 纳米（可见）、355 纳米（近紫外）和 266 纳米（紫外）的谐波；脉冲掺铒光纤激光器，工作波长为 1 070 纳米；紫外波段的准分子激光器，典型的紫外波段激光器包括最常用的、工作波长为 193 纳米的准分子 ArF 激光器，工作波长为 248 纳米的 KrF 激光器，工作波长为 308 纳米的 XeCl 激光器，以及工作波长为 351 纳米的 XeF 激光器。

微加工所用的大多数激光器的单脉冲能量为 1 ~ 500 毫焦，脉宽为 10 纳秒 ~ 10 微秒，脉冲重复频率为 10 赫 ~ 500 千赫，平均功率为 1 ~ 100 瓦。

7.3.3 方法

激光微加工方法主要有两大类：光束聚焦法（直接曝光法）和模板投影法。对于光束聚焦法，激光束在工件上的扫描可以通过移动工件，也可以通过移动激光束，还可以通过两种相互运动的组合进行。对于模板投影法，在模板投影的情况下，激光束照射模板，然后将模板投影到工件上，进行必要的微加工操作。下面简要介绍这两种方法。

采用光束聚焦法时，激光束聚集在工件表面上，之后对待加工表面进行扫描。焦点处的光斑直径决定了目标操作的最小尺寸。图 7.7 是使用光束聚焦法激光微加工系统示意图。由于光束聚焦法有最小焦斑尺寸的要求，因此需要使用高性能的激光器，光束质量参数 $M^2 < 1.3$。在这种情况下，焦斑尺寸可在 5 ~ 10 微米范围。

光束聚焦法的主要优点包括：可选用的激光波长多，从可见到远红外；

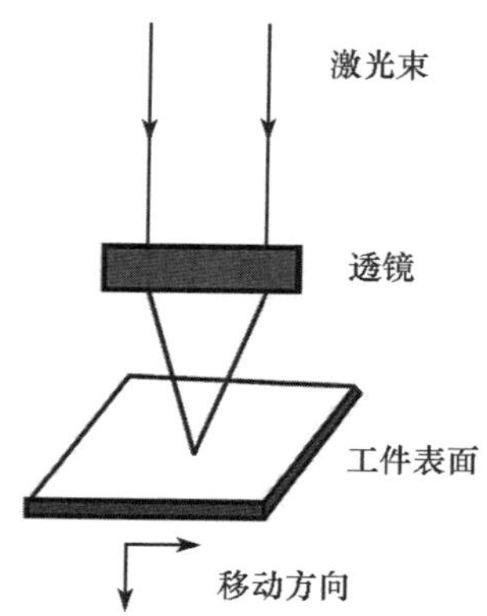

图 7.7　光束聚焦法激光微加工系统示意图

脉冲的重复频率高，从几十赫至数百千赫；脉宽的可选范围广，从几纳秒至几微秒；分辨率高。由于激光的上述参数可调节范围广，因此，微加工工艺足够灵活。

模板投影法经常用于各种各样的微加工。为了实现最高的微加工分辨率，需要使用准分子激光器，多横模输出的准分子激光器光束很适合模板投影法。因为多模光束无法直接在工件上聚焦，所以准分子激光器不能作为光束聚焦法微加工的激光源。

准分子激光模板投影法微加工的突出特点是分辨率高、可精确控制深度、结果重复性极好、样品加工面积大。

模板投影法激光微加工系统的示意如图 7.8。模板投影法先借助望远镜扩束系统扩大准分子激光光束的直径，然后使用多个子孔径（透镜阵列）将入射光束分成若干条单元细光束，对光束进行均匀化处理。在另一个透镜（聚焦透镜）辅助下，各个子孔径单元细光束重新聚焦后的光束可相互叠加而形成功率密度均匀分布的激光束。该系统的主要优点是照亮模板的光束均匀性与入射激光束的强度分布无关，且波长范围宽。光束分离的目的是创造一束功率密度均匀的激光束来照亮模板。将模板安装在激光束强度分布最均匀的平面上，然后将模板的图像投影在工件上。

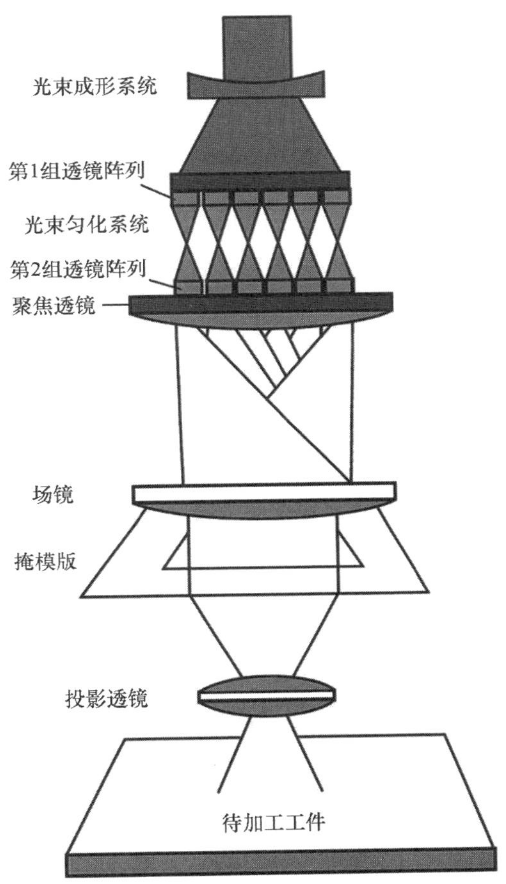

图7.8　模板投影法激光微加工系统的示意图

7.4　激光刻蚀

激光刻蚀是一种微加工过程，在该过程中利用光将几何图案转印在光刻板的光敏材料（称为光刻胶）、薄膜或均质基底上。

光刻胶是一种在光的作用下可硬化的材料。其作用原理和照片类似。光刻蚀广泛应用于半导体工业，用于生产复杂的集成电路，包括超大规模集成电路。现代的刻蚀系统使用准分子激光器（包括 KrF 激光器和 ArF 激光器）

的紫外光束。

7.4.1　基本原理

光刻蚀过程分为下列步骤，逐次进行：

（1）清洗硅基底板；

（2）在基底上喷涂光刻胶、干燥；

（3）对准、曝光；

（4）显影、冲洗、干燥；

（5）刻蚀；

（6）除去光刻胶。

图 7.9 为光刻蚀过程的主要步骤。

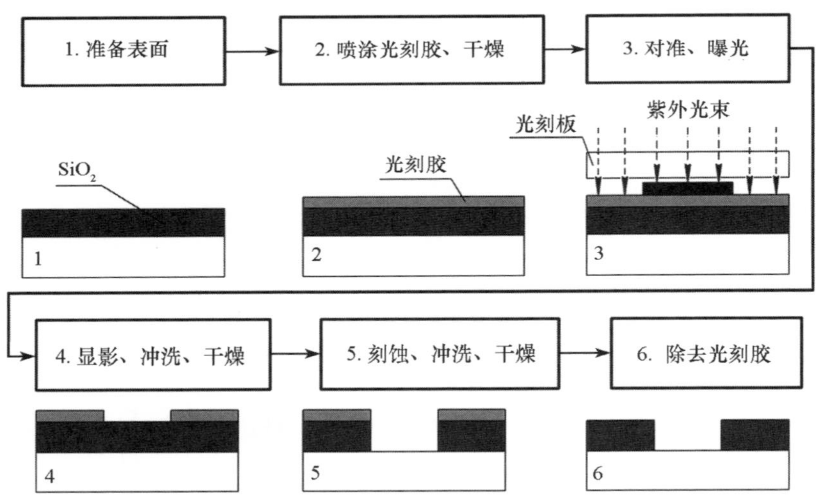

图 7.9　光刻蚀的典型工艺阶段

首先，硅基底板通过湿化学处理进行预清洗，例如，使用含有过氧化氢的溶液去除污染板表面的任何有机或无机杂质。然后通过敷镀法在基底板的表面沉积二氧化硅。

经过前期准备后，在基板上均匀覆盖一层 0.5～2.5 毫米厚的光刻胶薄层。为此，基板要用真空吸盘固定在离心机上，涂上几滴光刻胶后，离心机以

1 200~4 800 转/分的速度旋转 30~60 秒。之后可形成均匀的光刻胶薄膜，该薄膜厚度与平均厚度的偏差不允许超过 ±10%。实际上，在离心力的均匀调平作用下将形成超光滑的薄膜，其厚度的不均匀度不超过1%，这是任何其他方法都无法做到的。

在紫外光的照射作用下，光刻胶涂层的化学结构发生变化，要么变得可溶于显影液，要么发生聚合而变得极难溶解。

光刻胶有两种：正性光刻胶和负性光刻胶。在光的作用下，负性光刻胶中的单体分子聚合成聚合物分子。结果，在受到光照射的区域内，光刻胶的可溶性降低，经显影之后留在底板表面上。使用有机溶剂（甲苯、二恶烷、氯苯、三氯代乙烯等）对光刻胶进行处理后，负性光刻胶可显示隐藏的图案。

在正性光刻胶中，由于光解作用使聚合物分子的化学键发生断裂，受到光照射的区域内，光刻胶的可溶性增大。正性光刻胶聚合物分解产物呈酸性，需要使用无机碱溶液（例如，0.1%~10%的氢氧化钾、氢氧化钠溶液）或1%~2%的磷酸三钠溶液来使其溶解。正性光刻胶显影时，受到光照射的区域会脱落，而未受到光照射的区域则留在底板上。

正性光刻胶的应用比负性光刻胶更为广泛，这是因为正性光刻胶可控制小尺寸产品的制造过程。在生产大规模集成电路和超大规模集成电路时，正性光刻胶用得特别多。

图 7.10 给出了正性和负性光刻胶进行光刻蚀过程的各阶段先后顺序。覆有光刻胶的基板须接受预烘烤（软烘）。为此，基板需要在 90~100 摄氏度的温度下放置 30~60 秒。经历软烘后，覆有光刻胶的基板才能达到光敏性能要求。如果不按规定时间或温度进行处理，光刻胶的光敏性变差，会引起显影剂的反应能力下降或部分光敏层降解或剥蚀。之后开始安装光刻模板，并在高强度紫外激光束的照射下对硅基板进行曝光。光刻曝光分为接触式、非接触式（接近式）和投影式三种，如图 7.11 所示。

接触式曝光法：光刻模板（掩模版）和带光刻胶涂层的基板相互接触。带光刻胶涂层的基板安装在真空支架上，该支架可抬升基板的高度，直至其与光刻模板相互接触。带光刻胶涂层的基板和光刻模板接触后需检查其重叠的紧密度。曝光时间可通过实验进行选择，通常为 15~20 秒。由于光刻胶和光刻模板紧密接触，因此分辨率要比其他光刻曝光法高。接触式光刻曝光的分辨率约为 0.1 微米。图 7.11（a）为接触式光刻曝光的示意图。

非接触式（接近式）曝光法类似于接触式曝光法，但在曝光过程中，带

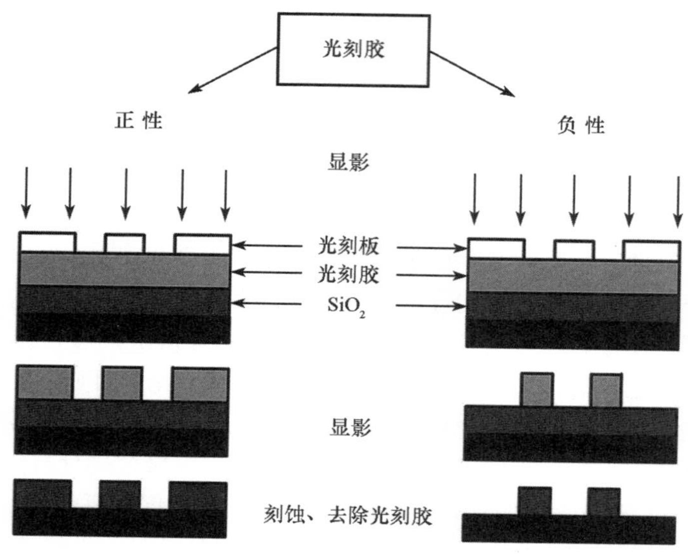

图 7.10　正性和负性光刻胶光刻蚀过程

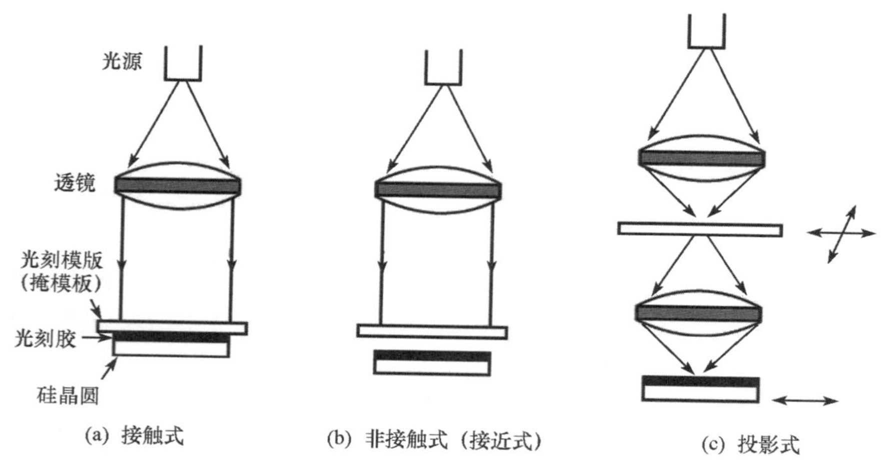

图 7.11　光刻曝光的三种方法

光刻胶涂层的基板和光刻模板之间保持 10～25 微米的小间隙。这个间隙降低了光刻模板表面受损的概率，但光的衍射降低了分辨率与图像清晰度。使用非接触式光刻曝光时，分辨率为 2～4 微米。图 7.11（b）为非接触式曝光法的示意图。

使用投影式曝光法时，光刻模板和带光刻胶涂层的基板不接触，因此光刻模板也不会受损。此外，投影式曝光法简化了对准过程，使得上述两板之间的对准比使用接触曝光法更为精确。投影式曝光法有两种实现方法：其一，将集成电路的所有元件同时投影到板上；其二，使用计算机控制的聚焦光束对集成电路各部分的元件逐一进行投影。为实现高分辨率曝光，光刻模板的图像每次只曝光一小部分，然后，光刻模板和带光刻胶涂层的基板同步移动。使用投影式曝光法时，对于线条宽度及线条间距的分辨率可达 1～1.5 微米。在大多数现代投影系统中，光学元件非常复杂，其曝光精度受衍射效应而不是透镜像差的限制。图 7.11（c）为投影式曝光法光刻蚀的示意图。

在曝光操作后的显影前，为了增加对比度，要把光刻胶烘干至其密度均匀，之后开始对光刻胶进行显影。

通过使用低浓度的氢氧化钾和氢氧化钠碱溶液（0.1%～10%）或磷酸三钠溶液（1%～2%）除去正性光刻胶受到光照射的区域可对其进行显影。负性光刻胶显影则是通过有机溶剂（甲苯、二恶烷、氯苯、三氯代乙烯等）溶解未受到照射的区域来实现。此外，还可使用氧气等离子体对表面进行等离子体化学处理。

光刻胶的二次硬化（坚膜）操作是光刻曝光的最后一个步骤，须将基板在 120～180 摄氏度的温度下烘烤 20～30 分钟。剩余的光刻胶永久凝固，对基板的黏着性能也有所提升，从而便于后续蚀刻或离子植入操作。

7.4.2 所用的激光器

从 1960 年到 20 世纪 80 年代中期，光刻蚀设备主要用水银或水银与惰性气体（一般是氙气）混合物的气体放电灯光作紫外光源。气体灯的宽带光谱中有多根很强的紫外谱线，通过滤光可输出单根谱线。汞灯谱线包括波长为 436 纳米的 g 线、405 纳米的 h 线和 365 纳米的 i 线。

20 世纪 80 年代中期，准分子激光器开始取代汞灯光刻蚀设备。准分子激光器的工作波段是波长更短的紫外线波段，不但极大地提高了分辨率，而且可生产运行速度更快且更密集的电路。同时，由于采用准分子激光器的系统生产效率更高，因此其维护费用也得以降低。

光刻最常使用的是 ArF 和 KrF 准分子激光器，其波长分别为 193 纳米和

248 纳米。人们曾经认为，输出波长为 157 纳米的 F_2准分子激光器比 ArF 和 KrF 激光器能实现更高的光刻分辨率。其他如 XeCl 和 KrCl 准分子激光器等不可用于光刻蚀，因为前者无法达到所需的分辨率，而后者则需要采用新的光刻胶生产技术。图 7. 12 展示的是以准分子激光器为基础的光刻蚀设备。

图 7. 12　德国 Heidelberg Instruments Mikrotechnik GmbH 公司生产的 DWL 66 + 型激光掩模光刻装置

7. 5　激光表面清洗

在喷制涂层或执行工艺操作前，清洗——清洗各种各样的生产工业污染物、清除原有涂层等是生产最终产品过程中的一个基本环节，同时也是产品生产周期的一环。此外，还有清除生物污染物和放射性污染物等众多特殊的清洗类型。

一般来讲，清洗是指去除产品表层各种污染物或涂层的操作，有时也指对基底材料表层的清洗。已知的所有机械清洗和化学清洗法都有不少缺点，特别是对产品的基体材料或对生态环境的不良影响。

激光清洗的主要优点是激光束可迅速加热材料表面的薄层。该层蒸发后不会对其下层产生明显影响，且汽化层材料几乎不发生热分解，不会产生不想要的有害或有毒物质。此外，在激光作用下，材料表层将产生热弹性应力或冲击声波，可将涂层和污染物与表层完全分离。

激光清洗技术发展的主要障碍是其经济问题（成本）和清洗效率，但其已经成功应用于博物馆珍贵藏品的清洗等成本和效率不起决定性作用的领域。

7.5.1 基本原理

激光清洗时，脉冲激光器的光束聚焦在物体表面，如图7.13所示。为了确保在一个脉冲周期内，待清洗物体表面温度迅速提升至其表层快速剥离去除（蒸发或升华）所需的温度，需要合理选择激光脉冲的产生模式和光斑尺寸。激光清洗需要的功率密度为$10^7 \sim 10^{10}$瓦/厘米^2。

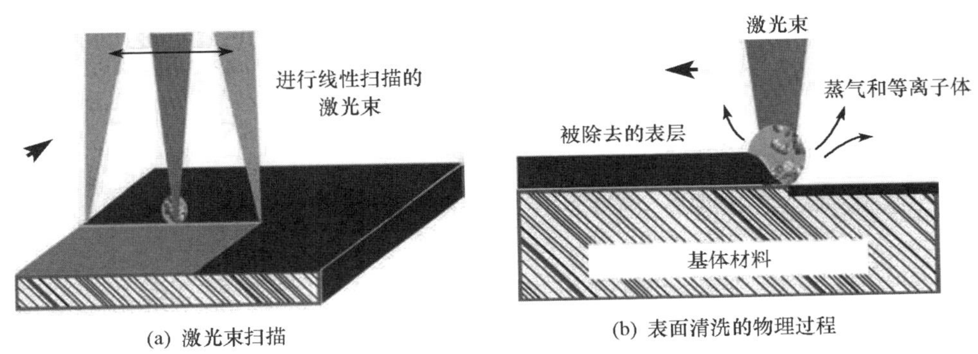

(a) 激光束扫描　(b) 表面清洗的物理过程

图7.13　激光清洗的原理

高速扫描系统一般用于全物体表面清洗。整体清洗效率取决于激光器的功率、脉冲频率，以及待清理层的厚度和组成（特别是物体表面的吸收特性对激光清洗的影响很大）。

一些特殊的激光清洗方法是基于污染物和基体材料对激光吸收系数的巨大差异来进行的。例如，使用波长为10.6微米的CO_2激光器能很好地清洗博物馆的大理石藏品及其他石制品。这是因为有机污染物能更好地吸收长波激光。使用激光清洗法甚至能将有机污染物从微小缝隙中去除。随着光纤激光器的出现，对博物馆藏品的清洗也更为方便和高效，如图7.14、图7.15所示。

除此之外，在激光的应用中，至少还有一个令人感兴趣的方向：对文物按一定比例或原始尺寸高精度复制赝品。这从根本上改变了建筑物、雕塑和

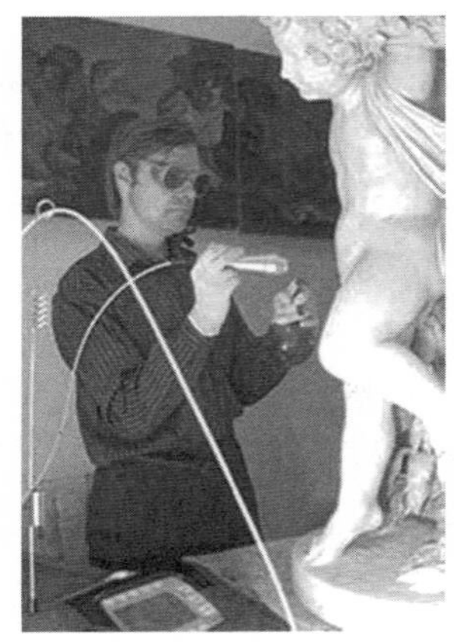
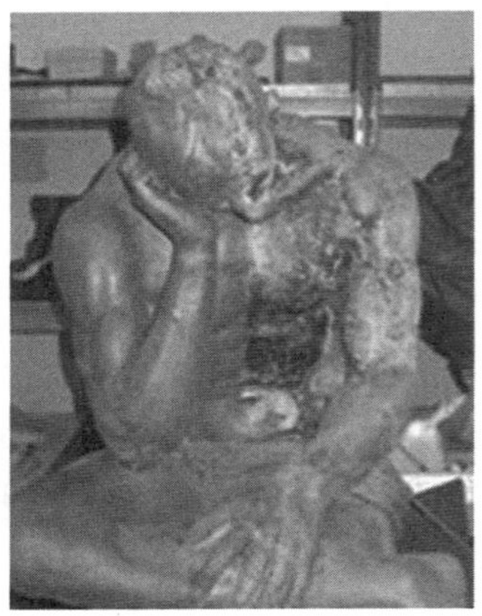

图 7.14 雕塑的激光清洗

开始清洗前

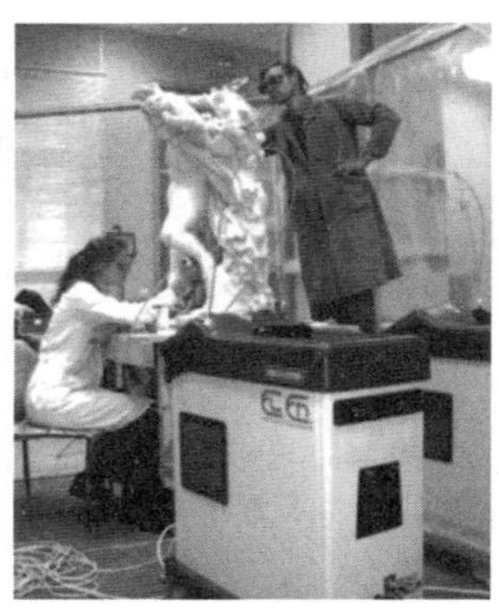

在圣彼得堡列斯特罗伊激光清洗期间

使用SmartClean Ⅱ激光装置清洗后

图 7.15 俄罗斯皇村国家自然保护区博物馆收藏的"枝头摇曳的天使"雕塑（见彩插）

装饰性实用艺术品的细节重建方法，不仅可以对物体精确复制，更重要的是还可以使用仿古材料。

激光清洗的一个重要领域是清洗历史文物。通常使用波长为 532 纳米的固态激光器。清洗时使用能量密度为 0.1～0.5 焦/厘米^2、脉宽为 5～8 纳秒的脉冲激光照射 10 次即可，如图 7.16、图 7.17 所示。

此外，激光清洗在机械制造领域的应用最为广泛，其中最引人注目的应用之一是清洗涡轮叶片的表面。使用移动激光清洗装置时，可以在不拆卸涡

图 7.16　激光清洗纺织品

图 7.17　激光清洗纸张（羊皮纸）（见彩插）

轮叶片的情况下进行清洗。这大大缩短了涡轮维护工作时间，同时也省去了涡轮转子的结构拆装和再次动平衡的工作。激光清洗前和清洗后的涡轮叶片对比如图 7.18 所示。

图 7.18 激光清洗前和清洗后的涡轮叶片（俄罗斯 Laser Technologies 公司）

激光清洗另一个非常重要的应用领域是去除金属表面的放射性污染。需要指出的是，表面污染物中的放射性核素一般处于金属表面的氧化膜中，因此去除其放射性污染实际上就是清洗掉其表面的氧化膜，并在随后的回收中进行处理。相关设备如图 7.19 所示。

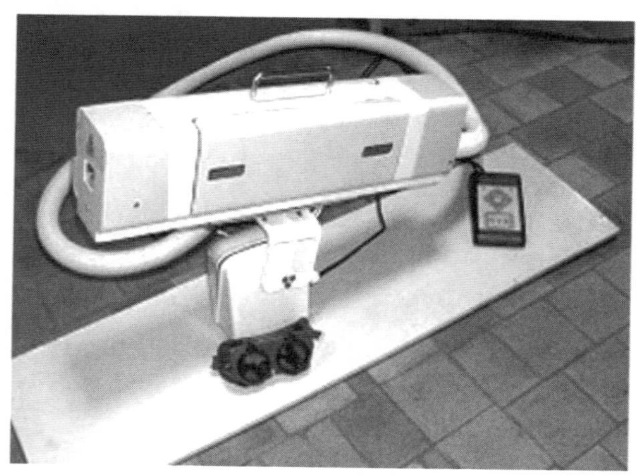

图 7.19 基于 YAG－激光器、带扫描系统的可移动放射物清洗设备（俄罗斯激光技术公司）

7.5.2 基本机制

目前，主要利用下列机制对物体表层进行激光清理：

(1) 蒸发激光清洗；

(2) 机械冲击激光清洗；

(3) 湿法激光清洗。

蒸发激光清洗机制的基础为蒸发效应，即将材料快速从固态转化为液态乃至气态，并尽可能少地生成液态物质。这种机制可用于去除铁锈、氧化皮、氧化物等。

为了实现蒸发激光清洗，通常采用脉宽几十纳秒、峰值功率高、脉冲能量为几毫焦、频率超过 10 千赫的脉冲激光束。在聚焦激光光斑直径约为 500 微米的情况下，清洗加工区的功率密度达到 10^7~10^{10} 瓦/厘米^2。

在蒸发机制下，使用准分子激光器进行激光清洗有其自己的特点：准分子激光波长处于紫外波段，对大多数金属而言，穿透深度很小。此外，准分子激光的波长短，光子能量足以使很多污染物分子各个原子间的键断裂，因此污染物质以等离子体的形式被除去。在这种情况下，大部分激光能量会随着被蒸发的物质一起被带走，而不会转化为热量。在这种作用模式中，材料没有明显的发热，所以被称为“冷”烧蚀。这种清洗方式适用于不能对主体材料施加热作用的场景，例如绘画作品的修复工作。

采用机械冲击激光清洗时，基体材料的表层或膜层在吸收激光后快速热膨胀并在材料中产生冲击波，从而爆炸式排出已有气体和由污染物新生成的蒸气，如图 7.20 所示。

激光加热使材料表层发生热膨胀。在尺寸不变的情况下，这种热膨胀将产生压缩应力。薄膜的压缩能量将用于克服其对基体金属的附着力，并转化为碎片从表面分离的动能。当膜层和基底间的空腔受热时，会出现内部气体解吸脱附；当基体材料的耐热性不如膜层材料时，会出现基体材料发生气化。这两种情况都会导致膜层和基底间腔体中的压力增大，甚至发生超过附着力情况。

采用机械冲击激光清洗法将污染物膜层从固体表面除去的方式取决于表层材料的弹性特征及其结构。

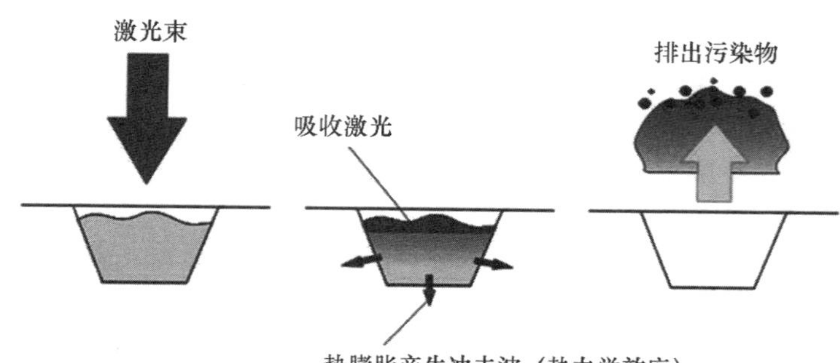

图 7.20　机械冲击激光清洗

采用湿法激光清洗前，需要用薄薄的一层液体覆盖材料表面，如图 7.21 所示。在清洗过程中，基体材料吸收激光使得材料表面附近的液体在常压环境下被加热至超过其沸点并引发泡状沸腾，进而破坏并冲走污染物。

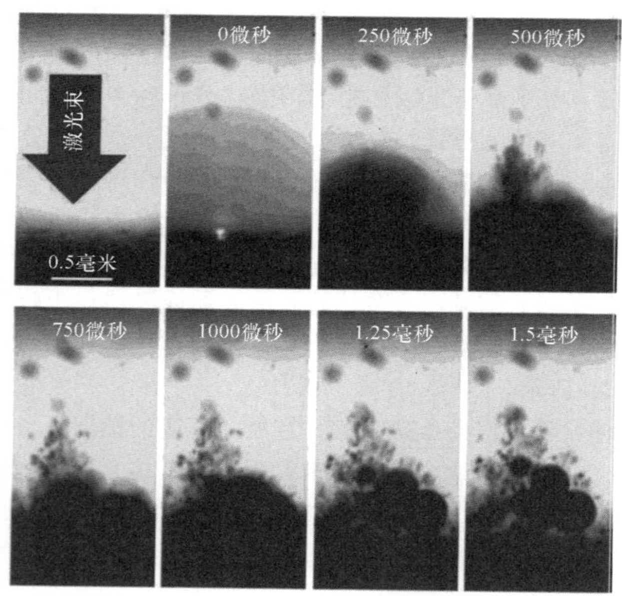

图 7.21　液体层厚度为 2 毫米时的激光清洗过程（激光功率密度 2×10^{8} 瓦/厘米^{2}）

在采用湿法激光清洗时，当激光脉冲照射结束后，蒸气气泡的能量维持作用停止，由于热量被传导到周围液体中，气泡尺寸减小并破裂。气泡破裂在液体中产生冲击波，将基体材料上的污染层破坏瓦解并排出液体和清洗产物。

7.5.3 激光清洗设备

传统的激光表面清洗常使用 CO_2 激光器和固态 YAG 激光器。近年来，掺镱光纤激光器的应用越来越多。这种光纤激光器的光束质量足够高，使得人们可以利用长焦（焦距达 2 米）光学设备进行远距离加工，极大简化了激光设备与现代化自动机械手的集成。

基于光纤激光器发展出了固定式和移动式激光清洗系统，如图 7.22 与图 7.23 所示。表 7.2 给出了使用（平均）功率为 10 瓦的上述激光器清洗各种材料、涂层和污染物的典型数据。当激光器的功率增加时，激光系统的清洗效率也将相应增加。

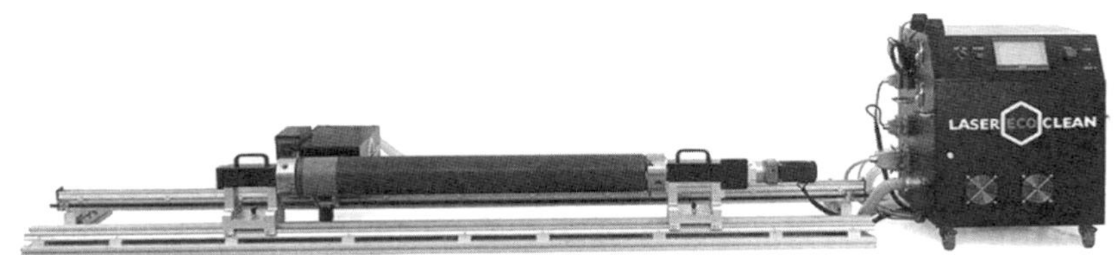

图 7.22 用于网纹轴的激光清洗装置 LaserEcoClean（俄罗斯激光公司）

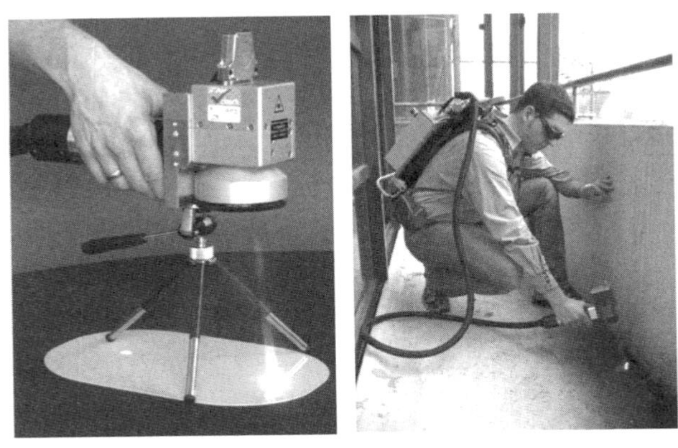

图 7.23 移动式激光清洗装置——激光背包（俄罗斯工业自动化系统中心公司）

表 7.2 激光清洗部分材料的典型数据

材料	涂层/污染物	预计能力/（米^2/时）
金属和合金	氧化膜	0.3～0.6
钢	厚度达 100 微米的表面锈迹	0.15～0.3
金属和合金	油/润滑油及其他防腐剂	2～5
金属和合金	50～100 微米的油漆粉末层	0.2～0.4
未喷漆的焊缝	氧化结构和氧化皮残留物	0.1～0.4
压模及其附件	加工过程中产生的复杂污染物	0.3～0.5

结 论

1. 激光束输入的能量高度集中，表面处理过程中对产品的其余部分基本没有加热，从而将零部件的变形降到了最低。

2. 激光束参数的可调节范围很广，因此对材料表面进行处理的很多特殊方法都可以实现，主要包括激光热处理、表面熔覆、表面喷涂、表面冲击、引发表面化学反应、激光打标、表面清洗等。

3. 激光加工不产生机械力，使加工易碎产品成为可能。

4. 激光能远距离传输，也可传输到不便于进行操作的位置。

5. 激光加工过程的效率很高。

6. 可在空气中实施、加工过程易于自动化、加工时不产生有害废料等优点决定了激光用于加工的工艺性很好。

思考题

1. 请列出激光表面处理最重要的应用领域。
2. 激光表面处理所需的功率密度是多少?
3. 相变淬火和非相变淬火有什么不同?
4. 激光打标的过程是怎样的?
5. 激光对材料的微加工是基于哪些加工过程?

6. 哪种激光清洗机制更好？
7. 激光表面处理有哪些优点？
8. 激光表面处理有哪些缺点？
9. 请描述激光表面处理的基本布局。
10. 激光表面处理的发展前景如何？

参考文献

1. Григорьянц А. Г. , Шиганов И. Н. , Мисюров А. И. Технологические процессы лазер-ной обработки：учебное пособие для вузов/ред. Григорьянц А. Г. М. : Изд-во МГТУ им. Н. Э. Баумана, 2006. 663 с.（《激光加工的技术过程：大学教材》）

2. Вейко В. П. , Смирнов В. Н. , Чирков А. М. , Шахно Е. А. Лазерная очистка в машино-строении и приборостроении. – СПб：НИУ ИТМО, 2013. 103 с.（《机械工程和仪器仪表领域的激光清洗》）

3. Вейко В. П. , Петров А. А. Опорный конспект лекций по курсу Лазерные техноло-гии. Раздел：Введение в лазерные технологии. СПб：СПбГУ ИТМО, 2009. 143 с.（《〈激光技术〉课程提纲》）

4. Лазерные технологии обработки материалов：современные проблемы фундамен- тальных исследований и прикладных разработок/Под ред. В. Я. Панченко. М. : ФИЗМАТЛИТ, 2009. 664 с.（《材料加工中的激光技术：基础研究和应用发展中的现代问题》）

5. Либенсон М. Н. , Яковлев Е. Б. , Шандыбина Г. Д. Взаимодействие лазерного излуче-ния с веществом（силовая оптика）. Часть I. Поглощение лазерного излучения в веществе/Под общей редакцией В. П. Вейко. СПб. : СПбГУ ИТМО, 2008. 141 с.（《激光和物质的相互作用（强光光学元件）》）

第 8 章　激光深度加工

8.1　基础知识

材料的激光深度加工是激光技术应用最广泛的领域，绝大多数情况下都是基于激光照射材料而产生的强烈热效应。激光束可用于一系列基本的加工过程，包括切削、焊接、打孔等。

激光束的作用范围是局部的，因此可将功率达千瓦级的激光束聚集到几十至几百微米的范围内。且激光加工局限在一定区域内，不会加热物体的其他部分，也不会损坏其结构、破坏其性能。

当使用激光器进行不同工艺的激光加工时，可在很宽的范围内调节加工参数，如表 8.1 所示。激光加工具有易于自动化、可在空气中进行加工、是无机械切削力的加工方式、不产生有害废料、激光束可进行传输等优点。

表 8.1　激光深度加工的参数表

加工类型	功率密度/（瓦/厘米^2）	脉宽/秒	工艺过程的机制
焊接	10^6~10^7	10^{-5}~10^{-2}	熔化
钎焊	≤10^7	10^{-5}~10^{-2}	熔化
切削	≤10^8	10^{-8}~10^{-2}	熔化 + 蒸发
打孔	≤10^9	10^{-8}~10^{-2}	蒸发
划线	≤10^9	10^{-9}~10^{-5}	蒸发

激光束作为一种技术工具，不会像机械工具那样容易磨损。现代计算机系统控制的精密移动和定位结构，如机器人和专用坐标平移台，可保证加工的精度。平移台的定位精度与加工区内光斑的尺寸相当，从几百微米到几微米。此外，激光可以加工的材料种类多、厚度范围宽，还可以加工不同尺寸和复

杂几何形状的零部件。

8.2 激光切割

激光技术可实现传统的常规机械加工无法实现的全新工业生产流程。现在，使用激光束对材料进行切割是激光器最普遍的工业应用之一，如图8.1 (a)所示。激光切割时，由于工具不接触工件，因此减少了对材料的污染，而且激光束的光斑尺寸很小，因此切口非常齐整精确，切割后几乎无须再进行后续处理。

(a) 激光切割头区域实景

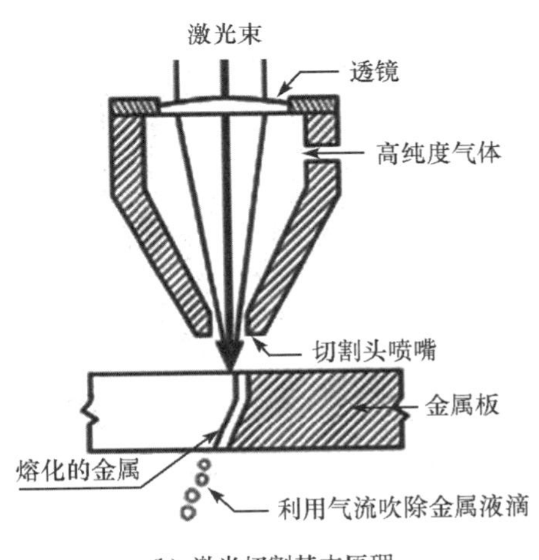

(b) 激光切割基本原理

图8.1 激光切割实景与原理

8.2.1 基本原理

脉冲激光器或连续激光器的高功率激光束被光学系统聚集在被加工零件表面的预定切割点上。切割较薄零件时，聚焦光斑直径一般为25~100微米，而切割较厚的零件时，聚焦光斑直径一般为100~300微米。激光能量被转化为热能后对材料进行局部熔化，局部熔化处的直径一般小于0.5毫米，然后通过高压气体射流吹除被加工区域切点处的熔化材料。

为了加快切割过程，气体射流通常与激光束同轴输入。切割金属及其合金时一般使用氧气和空气，切割塑料和面巾纸类纱织物时常使用空气。

在切割某些金属时，可使用高压惰性气体射流来保护其前部边缘不被氧化或生成的氧化物最少。激光束在工件上的移动切割有两种实现方式：一是加工工件固定，激光束进行扫描；二是激光束固定，工件进行移动。图 8.1（b）为激光切割的基本原理。

8.2.2 方法

激光切割技术目前已经广为人知并且广泛应用于工业领域来切割黑色金属、有色金属以及聚合物、陶瓷、玻璃、木材、纺织物等非金属材料。例如，使用功率为 1 500 瓦的 CO_2 激光器可以 7.5 米/分的速度切割厚度为 2.5 毫米的软质钢，或以 12 米/分的速度切割 5 毫米厚的亚克力板（丙烯酸板）。根据所加工材料的不同，切割方法也不相同。激光切割一般有下列几种方法：

（1）利用气流吹除熔化物；

（2）蒸发或沸腾；

（3）化学分解或燃烧；

（4）氧化法；

（5）热裂法；

（6）打孔法。

对于利用气流吹除熔化物的激光切割，聚焦激光束先把材料加热至熔化温度，之后喷入的高压气流吹除切割区域内已经熔化的材料。使用气流吹除材料时，材料温度上升实际上不会超过实施切割所需的数值，这也就决定了切口表面的质量（切口质量是由其表面粗糙度确定）。被切割材料切口在厚度方向上的粗糙度不一样，切口上层的表面质量最高，切口下层的表面质量最差，此外，切口的最下缘还可能残留有重新凝固的金属物（残渣）。这是因为并非所有的熔化物都被气流从切割区域中吹出来了。当被切割的材料厚度比较大时，可以观察到这种情况。

对于利用蒸发或沸腾方法的激光切割，聚焦后的激光束将材料表面加热至沸点并形成一个狭窄的切割通道，气流将金属蒸气和沸腾的金属吹出切割通道。在吹除过程中，部分蒸气留在切削边缘。如果气流速度小于某个最大值，金属蒸气将会重新凝固，留下光滑的切口边缘；如果气流的速度更快，凝固层将不再光滑。这种方法常用于切割有机玻璃和亚克力材料。

基于化学分解或燃烧方法的激光切割最适合切割热固塑料，如环氧树脂和苯酚树脂、芳纶以及天然橡胶制品。

基于氧化法的激光切割，又称气体切割或反应切割。这种切割方法融合了上述含氧气流吹除熔化物和化学分解两种方法。切割设备是用激光器作为点火源的气体燃烧喷嘴。这种技术常用于切割软钢和碳钢。应用这种方法可以快速切割厚钢板，切割边缘质量高，且不生成熔渣。对于10毫米厚的低碳钢板，功率为1 500瓦的CO_2激光切割速度可达1米/分。气流中的氧气与钢中所含的铁发生反应生成氧化铁，化学反应释放的热量可加速切割过程。氧化后的熔化物熔点比钢低，可以被氧气流吹走，不会附着在切割通道的壁上，这就阻止了切割通道边缘生成熔渣。

基于热裂法的激光切割（在热应力的作用下开裂）主要适用于对热变形特别敏感的脆性材料。聚焦的激光束对材料表面的加热引起材料热膨胀，从而在材料中形成裂缝，通过沿材料表面移动激光束可控制裂缝生成的方向，使用这种方法可沿复杂的轮廓切割玻璃。

基于打孔法的激光切割通常用于切割生产芯片的硅基板和生产微电子器件的薄陶瓷基片。打孔法即利用激光打出一连串小直径盲孔。为此，一般需要使用Nd：YAG激光器，沿切割线打孔后，工件可沿切割线断开。打孔法的切割速度比贯穿式切割的速度要快很多，可达20米/分。

8.2.3 激光切割机床

根据激光束沿待切割工件表面移动方式的不同，激光切割机床有下列几种结构形式：

（1）待加工工件固定在可移动平台上的机床，如图8.2所示；

（2）激光头可移动的机床，如图8.3所示；

（3）复合移动型机床，如图8.4所示。

对于平台可移动的机床，用来切割的激光头是固定的，固定在平台上的工件沿*X*—*Y*方向在光束下运动。这种结构形式的特点是：激光头到工件的距离固定，切割废料排出的位置固定，光学系统相对简单。其缺点包括：切割速度是所有结构形式中最慢的，且机床的行程受工件尺寸的影响，

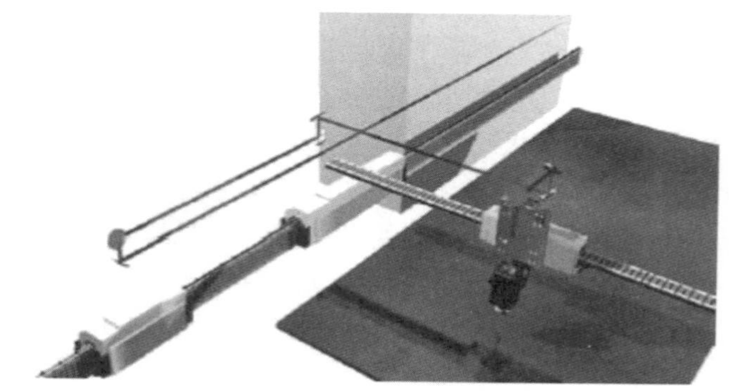

图 8.2　待加工工件固定在可移动平台上的机床运动示意图

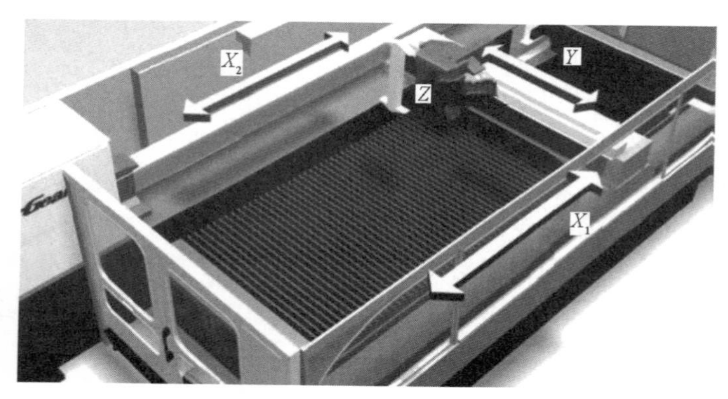

图 8.3　激光头可移动的机床运动示意图

图 8.5（a）就是此类机床。

对于激光头可移动的机床，激光头沿 X—Y 方向运动。待加工工件在平台上是固定的。这种结构形式切割速度快，是所有结构形式中最快的。因为运动部件的质量（激光头质量）是一定的，所以待加工工件的尺寸改变不会影响机床的行程。此外，无须对工件进一步加固。激光头移动带来的光路长度变化问题，可以通过合适的光学系统来解决。图 8.5（b）为激光头可移动的激光切割机床。

复合移动型机床是上述两种结构形式的组合。复合移动型机床的工件平移台只在水平方向运动（一般是 X 方向），而激光头则沿短轴 Y 的方向运动。复合移动型机床拥有上述两种结构形式的优点。与激光头可移动机床相比，复合移动型机床的特点是传输激光束的光学系统更为简单，激光功率损失更少。

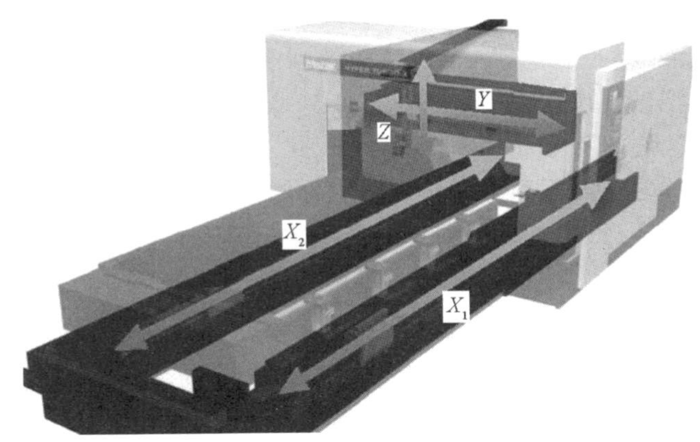

图 8.4　复合移动型机床运动示意图

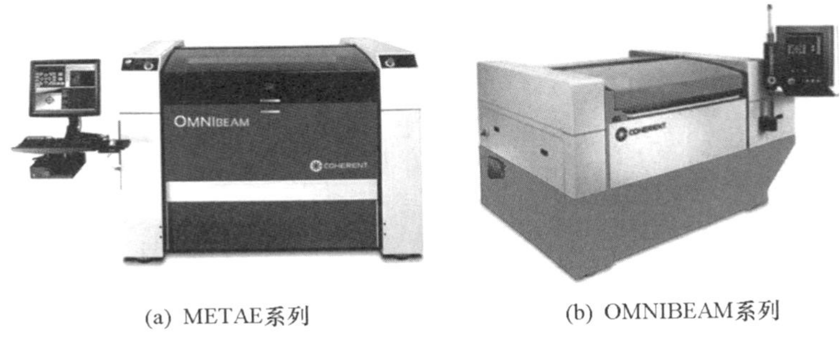

(a) METAE系列　　(b) OMNIBEAM系列

图 8.5　美国 Coherent 公司激光切割机床实物

8.3　激光焊接工艺

在进行激光焊接时，激光束聚焦在待加工工件的表面，集中在焦点处的光被材料吸收并转化为热能，工件在这个地方开始熔化。激光功率应保持在使工件熔化处的材料温度并低于蒸发温度的水平。当激光电源关闭后，熔化物开始凝固形成焊点或焊缝。激光焊接是一种可用于点焊或连续焊的焊接形式。

激光焊接有两种工艺方法——导热法和深熔法，分别对应热传导焊接和深熔焊接。采用导热法进行焊接时，两个被焊接材料的表面应连接在一起，激光束聚焦到连接处的特定位置上。由于两个工件的距离很近，所以材料吸收激光能量后产生的热量可加热两个工件相连接的部分，使两种材料的状态都从固态变为液态，形成共同的熔融体。当激光电源关闭后，熔融体将凝固成焊缝。导热法的焊接深度一般不超过2毫米。

采用深熔法时，激光功率密度不小于10^6瓦/厘米^2。高功率密度激光对材料表面局部的加热速度远高于材料导热散发热量的速度，材料开始局部蒸发，起初材料表面上会形成一个孔，随着激光能量沉积逐渐增加，这个孔将向材料内部扩展并形成一个被材料蒸气充满的深通道。在周围液态金属形成的流体静力和表面张力作用下，材料蒸气的压力阻止了通道闭合，材料在通道前壁上熔化后凝固。通道的存在允许激光束穿透材料至一定深度，形成具有较大深宽比的狭窄焊缝。深熔法激光焊接深度能达到25毫米以上。

图8.6为导热法和深熔法的激光焊接工艺过程示意图。

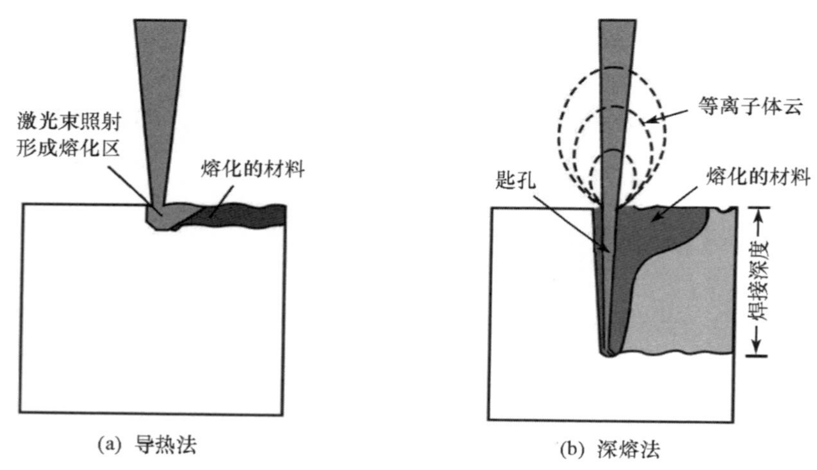

图8.6　两种激光焊接方法的工艺过程

8.3.1　激光焊接用激光器

激光焊接一般采用气体激光器（如CO_2激光器）、固态激光器（如Nd:YAG激光器）和钕玻璃激光器。

使用CO_2激光器进行焊接时，激光波长为10.6微米，功率为几百瓦至上千瓦，焊接速度很快。脉冲激光和连续波激光都用于激光焊接，激光束通过反射镜－透镜光学系统将脉冲传输至焊接区域。

CO_2 激光器可以焊接金属材料和非金属材料。大多数金属对远红外波段激光的初始反射率为 80%~90%，但高功率 CO_2 激光可以轻松突破这一限制，一旦材料在焦点处的表面温度接近熔点，其反射率将在数微秒内降下来。

Nd：YAG 激光波长为 1.064 微米，焊接时常用功率为几十至几百瓦，可使用反射镜－透镜光学系统或光纤将激光传输至焊接区。Nd：YAG 激光器用于焊接的优点是波长 1.064 微米的激光容易被铝、铜等金属材料吸收。在电子工业中，生产半导体仪器和集成电路时适合使用这种激光器进行焊接。

Nd：YAG 激光和钕玻璃激光焊接的另一个优点是可以使用共轴光学系统。这在精密焊接（如白炽灯丝焊接）时是一个很大的优势。与基于 CO_2 激光器焊机相比，基于 Nd：YAG 激光器的焊机更为小巧。图 8.7 为基于 Nd：YAG 激光器的点焊机。

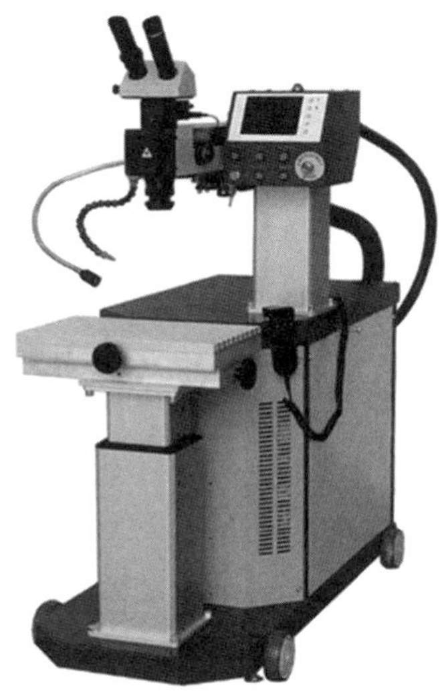

图 8.7 俄罗斯布拉特公司 LRS 系列激光焊机

8.3.2 优点

与传统的电弧焊、埋弧焊、接触焊和电子束焊相比，激光焊接的主要优点是：

（1）属于非接触式焊接，消除了刀具磨损和清理焊接废料的问题；

（2）可焊接多种材料，包括金属、合金和塑料；

（3）易于实现自动化操作；

（4）焊接效率高、速度快、质量高，焊接后无须再加工；

（5）激光功率可调节，能更好地匹配不同的材料；

（6）光束传输系统经过可靠验证，具有更高的操作安全性；

（7）使用多台焊机或带分光系统的焊机就能同时点焊；

（8）具有更高的可靠性和重复性；

（9）对材料的热影响小；

（10）可实施单向和双向焊接；

（11）更易于对难以接近的位置进行焊接；

（12）与电子束焊接不同，激光焊接无须真空或磁屏蔽，可用于磁性材料焊接。

8.4 激光打孔

激光打孔是一种利用高能量密度的激光束在其焦点上打孔的工艺方法，可以使用也可不使用高压气体来确保已熔化和蒸发的材料能从开放的打孔通道内排出。激光打孔工艺可在各种材料上打出形状和方向不同的高精度小直径孔，其中包括难加工的航空航天合金。在航空发动机的涡轮叶片上，激光可按照要求的角度打出成百上千个更小的冷却孔，从而大大提高叶片的冷却效率。激光打孔现已广泛应用于航空、能源、汽车和医药等行业的涡轮零部件制造。

8.4.1 基本原理

大功率激光器的光束照射到待加工工件的表面，形成每平方厘米数兆瓦至数百兆瓦的高功率密度。激光束的能量被材料吸收并转化为热能，导致材料局部发生熔化和蒸发。材料蒸气将在打孔通道中形成高压。在这个压力作用下，借助气流或不再另外使用气流可将已熔化和蒸发的材料从开放的打孔通道中排出。如果希望通过材料蒸发的蒸气压力排出已熔化和蒸发的材料，那么打孔通道内的压力必须超过材料表面张力。图 8.8 为激光打孔的工艺过程。

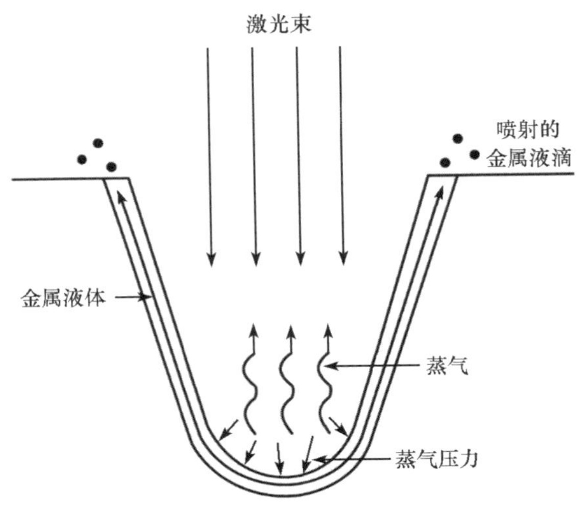

图 8.8　激光打孔的工艺过程

8.4.2　方法

激光打孔的常用方法有单脉冲打孔法、多脉冲打孔法及其类似方法、螺旋打孔法及其类似方法，以及模板打孔法。

单脉冲打孔法如图 8.9（a）所示，每钻一个孔仅使用一个激光脉冲。这种方法最常用于汽车工业中，可在材料上快速打出盲孔或通孔。例如，在柴油发动机中，为了划出连杆拆卸（断开轴）位置的标记线，需要打出中心距离足够近的盲孔以形成必要的沟槽。单脉冲打孔法在汽车工业中应用的另一个实例是生产过滤器。

多脉冲打孔法如图 8.9（b）所示，可钻出直径 20～1 200 微米的孔。孔的深径比（深度: 直径）可达 200: 1。采用多脉冲打孔法时，可以使用也可以不使用辅助气流。如果不使用辅助气流吹除熔化物，那么必须对聚焦光学元件进行防护。采用多脉冲法打孔时，激光器和工件一般都是固定的，钻一个孔所需的脉冲数量不止一个，所需脉冲数量取决于材料厚度。

若激光束的直径比所需打孔的直径小得多，则可使用螺旋打孔法，如图 8.9（c）所示。采用螺旋打孔法时，激光束可移动，通过旋转激光头定向到加工区域，而工件可以是固定的，也可以是活动的。高精度可重复定位系统的应用使激光环形打孔工艺方法成为可能。打异型孔是螺旋打孔法的一个新应用，它使得设计师们可以尝试为航空发动机和电站的燃气涡轮机设计新型冷却系统。

套料打孔法是螺旋打孔法的一种。这种方法主要结合了螺旋打孔法和多脉冲打孔法。在打孔过程中，激光束沿孔的圆周方向多次旋转直至材料被完全贯穿，如图 8.9（d）所示，极大地提高了打孔效率，但这种打孔法只能使用重复频率特别高的脉冲激光器。

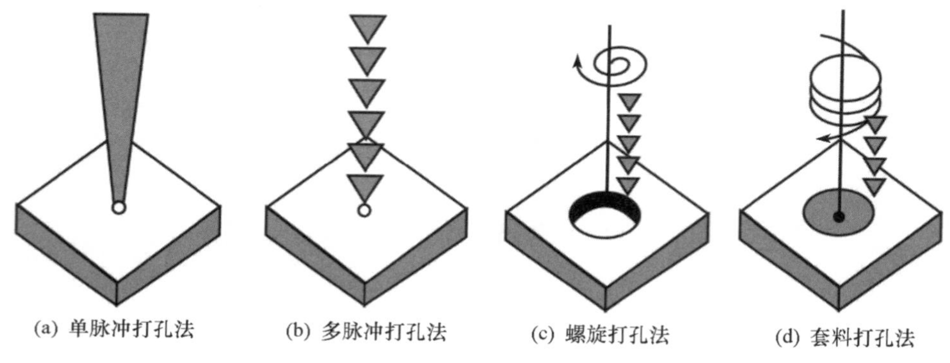

图 8.9　激光打孔的方法

模板打孔法是一种高质量的打孔工艺方法。在模板打孔法过程中，模板图案先投影到待加工工件的表面，然后用多脉冲打孔法将与图案分布完全一致的多个孔同时打穿。这种方法需要具有光强分布均匀的短脉冲激光，常用于打出少量精度极高的孔。图 8.10 为模板打孔法示意图。

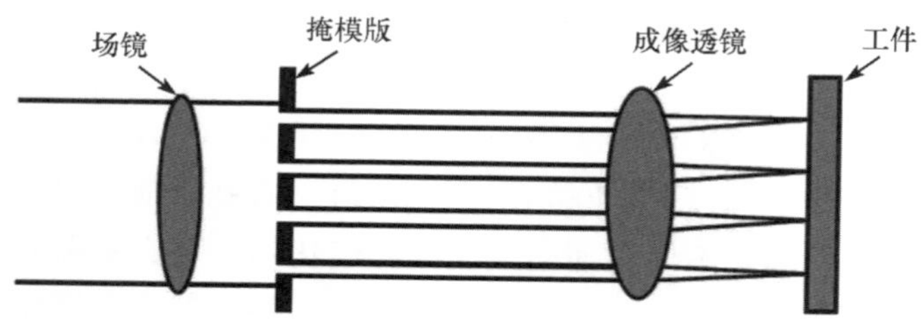

图 8.10　模板打孔法示意图

8.4.3 打孔用激光器

激光打孔最常用的激光器是 Nd：YAG 激光器和 CO_2 激光器（如图 8.11 所示）。CO_2 激光器的工作模式为自由振荡，而 Nd：YAG 激光器的工作模式既可是自由振荡，也可是调 Q 模式。在自由振荡模式下，激光脉宽为几百微秒至几毫秒，每平方厘米上的功率可达兆瓦级。与此不同的是，调 Q 模式的激光脉宽为几纳秒至几十纳秒，每平方厘米上的功率可达几十至几百兆瓦。

图 8.11　ML1－1 系列高精度坐标激光打孔机（俄罗斯 Laser and TM Equipment 公司）

打孔区的功率密度取决于激光器的功率水平和聚焦光斑的直径，因此聚焦系统起着重要的作用。聚焦光斑直径的要求也和打孔的直径有关。对于厚度不超过 6 毫米的薄质材料，聚焦光斑直径一般等于孔径。为达到更好的效果，焦点位置一般略高于或略低于材料表面。在大部分情况下，焦点一般位于材料表面的下方，其所处深度的位置为材料厚度的 5%~15%。

激光脉冲的重复频率应根据打孔所需的效率和质量确定，使用 Nd：YAG 激光器进行多脉冲打孔时，频率为 5～200 赫，而使用 CO_2 激光器进行打孔时，该频率为 1 千赫。

8.4.4 优点

激光打孔有下列优点：

（1）激光打孔是一种非接触打孔方式，没有传统钻孔技术带来的工具磨损问题。

（2）热影响区域小，可在各种材料上打孔，包括合金钢、贵金属、有色金属、钨、钼、钽、镍、铍、铝、硅和非金属材料。

（3）可在难加工的材料上钻孔，包括耐热合金、复合材料和陶瓷。

（4）具有比普通机械钻孔快得多的打孔速度。

（5）激光束可相对于材料表面以大角度进行打孔，优于机械钻孔法。

（6）激光束可对不导电底板或覆盖有不导电材料的金属底板（加工时可能引发放电）进行打孔。此外，激光还可以在航空航天工业的高温超稳定耐热合金和多层碳纤维复合材料上打孔。

结论

1. 激光深度加工的显著特点是：热影响区域小、非接触加工、精度高、效率高、通用性好、可快速变换工作模式。

2. 激光技术可显著提高传统加工方式的速度、精度和质量。例如：它是金属板快速切割下料的新技术手段；能快速焊接同种或异种材料；能加工传统机械方法难以处理的固体、易碎和耐热材料。

3. 激光深度加工技术与其他加工工艺联合使用，能提供更广泛的技术解决方案。

思考题

1. 请列出激光切割、焊接和打孔这些技术工艺操作的鲜明特点。
2. 可以使用哪些参数来优化激光切割、焊接和打孔工艺？
3. 如何选择激光深度加工的方式？
4. 请说出激光深度加工工艺的应用。

5. 激光深度加工工艺有哪些优点?
6. 激光表面处理有哪些缺点?
7. 请绘制出各种激光深度加工工艺的基本示意图。
8. 各种激光深度加工工艺的应用前景如何?

参考文献

1. У. Дьюли. Лазерная технология и анализ материалов. М.: Мир, 1986.(《激光技术和材料分析》)

2. Н. Н. Рыкалин, А. А. Углов, И. В. Зуев, А. И. Кокора. Лазерная и электронно-лучевая обработка материалов: Справочник. М.: Машиностроение, 1985.(《激光和电子辐射材料加工》)

3. А. А. Веденов, Г. Г. Гладуш. Физические процессы при лазерной обработке материалов. М.:Энергоатомиздат, 1985.(《激光材料加工的物理过程》)

4. Григорьянц А. Г., Шиганов И. Н., Мисюров А. И. Технологические процессы лазерной обработки: учебное пособие для вузов / ред. Григорьянц А. Г. –М.: Изд-во МГТУ им. Н. Э. Баумана, 2006. –663 с.(《激光加工的技术过程》)

5. Ковалев О. Б., Фомин В. –М. Физические основы лазерной резки толстых листовых материалов. М.: ФИЗМАТЛИТ, 2013. –256 с. (《厚板材激光切割的物理基础》)

6. Лазерные технологии обработки материалов: современные проблемы фундамен-тальных исследований и прикладных разработок / Под ред. В. Я. Панченко. –М.: ФИЗМАТЛИТ, 2009. –664 с.(《材料加工中的激光技术:基础研究与应用发展中的现代问题》)

7. Лазеры. Исполнение, управление, применение / Ю. Айхлер, Г. –И. Айхлер; пер. с нем. Л. Н. Казанцевой. –М.: Техносфера, 2008. –440с. (《激光器——设计、控制和应用》)

8. Волоконные технологические лазеры: учеб. пособие/Богданов А. В., Голубенко Ю. В., Иванов Ю. В., Третьяков Р. С. – М.: Изд–во МГТУ им. Н. Э. Баумана, 2010. –503 с.(《光纤激光技术:培训手册》)

9. Вейко В. П. , Петров А. А. Опорный конспект лекций по курсу Лазерные технологии. Раздел: Введение в лазерные технологии. -СПб: СПбГУ ИТМО, 2009. －143 с.（《〈激光技术〉课程提纲》）

10. Либенсон М. Н. , Яковлев Е. Б. , Шандыбина Г. Д. Взаимодействие лазерного излучения с веществом（силовая оптика）. Часть I. Поглощение лазерного излучения в веществе⁄ Под общей редакцией В. П. Вейко. СПб. : －СПбГУ ИТМО, 2008. －141 с.（《激光与物质的相互作用（强光光学元件）》）

第 9 章　激光增材制造技术

9.1　基本原理和主要类别

激光增材制造技术（如图 9.1 所示）旨在缩短产品的开发和生产周期。使用该技术并配合特殊装夹具、工具和激光设备，可在新产品量产前快速制造出产品原型。

图 9.1　增材制造技术

使用常规机械加工技术生产新产品原型是一个很费力的过程，需要大量合格的专业人员参与各种制造过程，如切割、弯曲和铸造等。此外，在原型开发过程中，常常需要不断改变产品结构直至其符合量产要求。因此，使用常规技术制造产品原型不仅是劳动密集型的，而且成本高昂。

增材制造技术也可快速量产产品大规模量产所需的工具。使用增材制造技术可缩短新产品升级的周期，降低制造成本，并使常规加工方法无法生产的复杂产品的量产成为可能。

增材技术广泛应用于产品模型和产品原型的制造，还可以用于功能性金属、塑料和复合材料产品的制造，后者主要在军事和航空航天工业中应用，如图 9.2 所示。

图 9.2　EOS 公司针对传统加工（方案 1）和增材制造（方案 2）设计的产品对比

为了更好地理解增材制造技术的原理，有必要回顾零件和产品生产的两种主要方法：第一种为机械减材加工法，即通过切割、车削、钻孔等方式逐步除去材料；第二种为增材制造加工法，即按照计算机辅助设计（CAD）的产品三维模型逐步、分层添加材料并生成所需的形状，如图 9.3 所示。

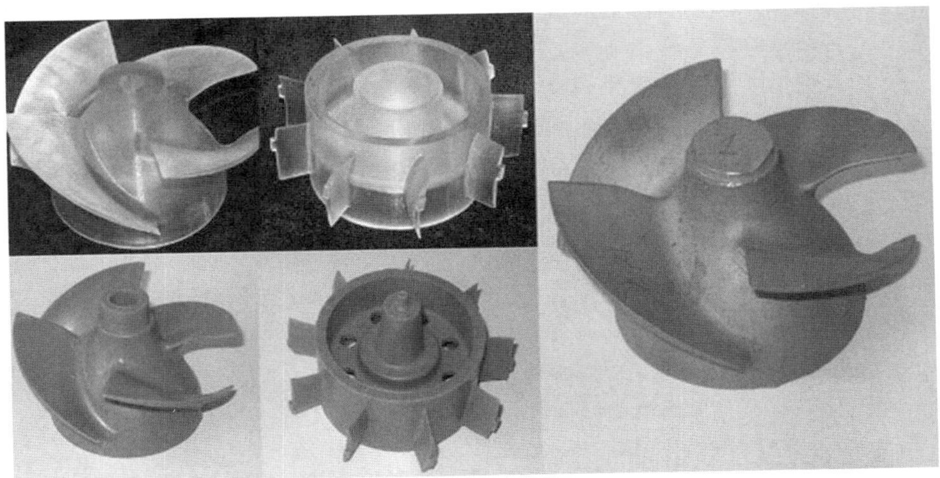

图 9.3　增材制造加工法

上述技术以前被称为“快速原型技术”，但由于通过 3D 打印机制造模型和原型的技术已经演变应用到最终产品及其系列产品制造（如图 9.4 所示），所以“原型”这一术语也就不再使用了。

图 9.4　使用增材制造技术制成的复杂金属产品

增材制造与传统加工技术上的主要区别在于所用材料和使用方法有所不同。最常用的增材制造技术包括：

（1）立体光刻；

（2）选区激光烧结；

（3）沉积法制造；

（4）分层制造；

（5）3D 印刷。

立体光刻以光敏聚合物树脂为主要材料，又称为立体光固化。紫外波段的激光束对液态树脂槽的表面进行扫描，如图 9.5（a）所示。激光束逐层扫描引起树脂的分层热固化，所有这些层一起形成产品所需的 3D 形状。

采用选区激光烧结时，材料以粉末状铺放于平台上，激光束有选择性地分层熔化或烧结粉末。在新生成结构的四周，未得到利用的松散粉末状材料可作为接续的下一个顶层的支撑。选区激光烧结可处理包括热塑性塑料、金属和陶瓷粉末在内的多种材料（如图 9.5（b）所示）。可以通过改变激光功率和扫描速度来控制材料的孔隙率和强度。这种方法通常用于制造涡轮转子和医疗器具。

(a) Old World Laboratories公司的OWL Nano台式立体光刻设备

(b) 选区激光烧结技术制造的可用于气动特性研究的模型

图 9.5　两种常用增材制造技术

沉积法制造过程可结合数控机床加工。这种方法的特点是逐层沉积，逐层加工。在制备一层材料后就对其进行机械加工，采用逐层加工的方式就可以允许制备较厚的材料单层，并能保持光滑的表面。在制造过程中，利用粉末填充空腔，可在不使用特殊支撑的情况下制造出悬梁和横孔。

分层制造又称叠层制造，主要用于分层结构的物体，将片状材料制成的部件逐层连接形成分层结构。使用这种方法时，所用的材料主要有塑料、防水纸、陶瓷和粉末成形的金属带。这种技术主要用于压铸汽车零部件。

3D 印刷与喷墨打印技术类似，打印过程中，粉末状材料上方的一组打印头进行扫描并喷射液体黏合剂，将材料黏合在一起生成各层所需的形状。从零件的底部开始，在印刷每一层之前添加待黏结的材料粉末。不断重复上述过程，在所有的层都生成后，取出零件并清理掉未黏结的粉末。3D 印刷技术广泛应用于各种金属部件铸模的制造。

9.2 塑料材料烧结

塑料材料烧结是一种选区激光烧结技术。采用这种技术时，工作腔中平整好的粉末状材料薄层被加热到接近熔点，然后激光束在其上扫描生成模型层的必要轮廓。

在激光束扫描照射过的区域，材料的粉末颗粒熔化并与上一层相互黏结，然后平台下降一层厚度对应的高度，工作腔中添加一层新的粉末。平整之后重复上述操作过程就制造出一个成品模型。图 9.6 为塑料材料烧结机实物。

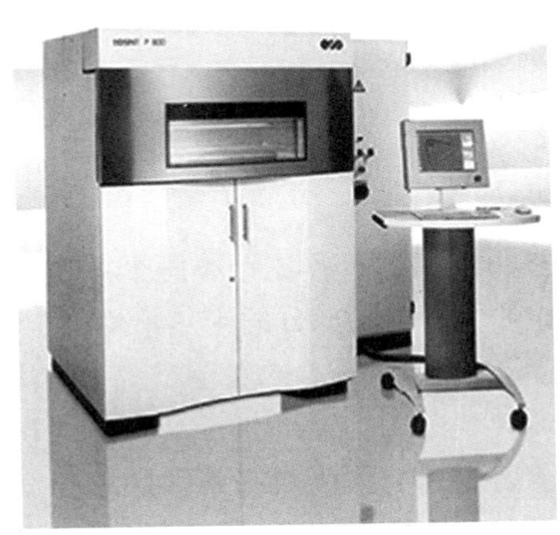

图 9.6　德国 EOS 公司生产的第一台塑料材料烧结机

选区激光烧结有很多不同的方式，最主要的有两种：第一种方法是只烧结模型边界对应的区域，第二种方法是烧结整个模型层。现在可用于选区激光烧结的粉末材料非常丰富，新材料的开发工作也在进行之中。选区激光烧结的常用粉末材料包括：丙烯腈丁苯塑料（ABS）、聚氯乙烯（PVC）、聚氨酯、聚碳酸酯（PC）、尼龙、石蜡、复杂聚酯、硬脂酸锌和各种塑料添加剂。

相关材料制造出的零部件如图 9.7 所示。

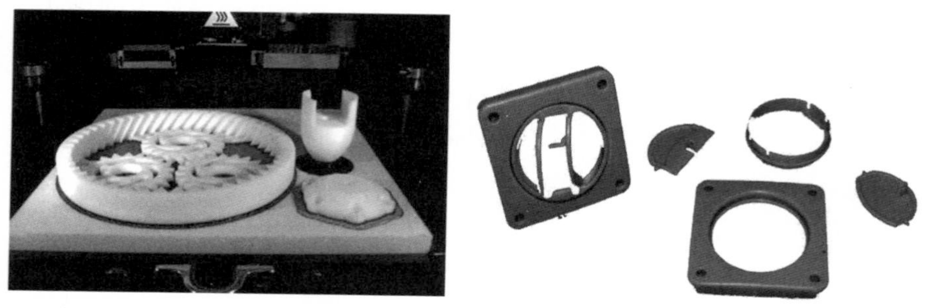

图 9.7　由 ABS 制成的模型和物品

塑料材料选区激光烧结的一些重要特点和优点是：

（1）不需要支撑结构。因为在全模型最终成型并达到成品强度之前，在整个模型尺寸范围内，模型周围多余的粉末可提供支撑而不发生塌陷。

（2）无须再将成品模型放在专用炉子中进行焙烧。如果烧结复合金属粉末，那么成品模型需要放在专用炉子中进行烧结以去除工艺聚合物烧结层。

选区激光烧结的缺点如下：

（1）相比于大块聚合物加热时的分解温度，比表面积很大的粉末状聚合物在氧化性空气中发生分解的温度降低，热氧化分解主要生成二氧化碳、一氧化碳和水等小分子产物。

（2）聚合物材料热传导系数低，比钢小两个数量级，不利于热量在大块聚合物材料中传导。这使得样品各部分的受热不均匀、加热和冷却速度不同，最终将导致成品内有残余应力。聚合物的热容量比金属高 3～5 倍。一般来说，当聚合物材料从玻璃块状变为高弹性、高黏性的粉状时，这些热物理特性参数都将增大。由于熔化前后体积膨胀系数的差异，熔化聚合物冷却时可能会有显著收缩。这不但会在产品中形成内部应力，而且将导致选区激光烧结法所制造的成品存在层纹。

可通过添加各种增塑剂来调节聚合物的物理和力学性能参数。通过这种方式可改变聚合物熔化和分解的温度范围，降低或提高弹性模量和硬度，增强韧性等。但是，聚合物添加剂配比和相容性限制是不能忽视的。

9.3 金属材料烧结

金属粉末的选区烧结是最重要的增材制造技术，因为使用这种技术可以在生产计划中批量制造几十或几百件产品。这些产品通常几何形状复杂、材质特殊，在航空工业、航天工业、能源动力以及许多其他行业用量相当多（如图9.8所示）。在这些领域中，最紧迫的是找到一种新技术替代传统技术方法来生产定型成品而非原型或试验样品。此外，使用新技术的推动力不仅是为了制造具有特殊性能的产品，还有经济性方面的考虑。

图9.8 采用增材技术制造的几何形状结构复杂的实体金属零部件

应该指出的是，目前术语方面并没有统一。选区激光熔化（SLM）和选区激光烧结（SLS）技术非常相似。一般认为，选区激光烧结和选区激光熔化的主要区别在于：使用SLS时，粉末颗粒只是相互黏结，而使用SLM时，金属粉末颗粒达到熔化和沸腾状态并相互熔接，形成硬连接。

常用金属烧结方法有以下几种。

第一种方法：金属颗粒表面覆盖热塑黏结材料或易熔黏结剂，采用间接液相烧结工艺。

在激光束的照射下，黏结材料熔化并连接金属粉末颗粒，形成所需的成形件（green part，生坯件）。之后将成形件置于炉中把黏结材料烧除，而金属粉末颗粒则通过烧结机制粘接在一起。这个过程生成的零件是褐色件（brown part）。

褐色件如果不进行进一步的处理，由于之前占据结合材料颗粒的空洞的存在，零件上会有很多孔隙。为了减少孔隙，炉中还需添加一种渗入物金属，这种金属在熔炉的工作温度下熔化并通过毛细效应渗透到零件的孔隙中。根据模具的几何模型，利用上述方法可以直接制造出模具。这种工艺流程能制造出 2 500 ~ 10 000 个原型零件。这种类型的选区激光烧结还要求一系列后续工艺过程（后处理），其名称“非直接选区激光烧结”也反映了这一点。

近年来，直接选区激光烧结已得到实际应用，可直接在设备上制造实用性产品。

第二种方法：利用激光对粉末进行分层烧结是一个多次重复的过程，包含以下几个阶段。

（1）铺上粉末层并使用刮板对其进行平整；

（2）激光处理粉末层（扫描），粉末颗粒完全熔化；

（3）清理扫描过的粉末层（风场）；

（4）下移样品成形料筒，移动距离等于一层材料的厚度；

（5）重复上述过程，即铺放下一层粉末，激光扫描等。

为了制造出具有预定 3D 几何形状的零件，烧结工艺是电脑控制的，工作腔中要通入惰性气体形成风场，通过对流置换对烧结产生的烟尘进行清理。

烧结层的表面是复杂的纳米结构，以亚稳相的存在为特点。这种结构的形貌特征是：不同尺寸的孔隙（从纳米级到几微米）相连形成一个整体，这个结论是基于光谱分析法、X 射线衍射法、扫描电子显微镜法三种方法的研究结果对比之后得出来的。

为了确保烧结层达到给定的固相结构状态，需要对激光加工的能量模式进行验证以积累经验。实际上，只有在严格的光束模式条件下，烧结层才能有令人满意的质量。

第三种方法：这种方法与第二种方法类似，但将金属粉末（“建筑材料”）和激光束同时导入待制造产品结构的局部区域。该工艺要求使用特定的设备，其头部应配备可导入“建筑材料”和激光束（通常以聚焦激光束的形式）的工作头（以美国 Optomec 公司产品为代表）。在某些情况下，这种工作头安装在自动化机械手上。

使用直接选区激光烧结法生产各种产品依靠的是：熔化的黏合剂在毛细力的作用下渗入颗粒之间的缝隙。为了成功地完成这一过程，将含磷化合物添加到粉末混合物中，从而降低表面张力、黏性和熔体抗氧化性，进而提高其浸润度。一般情况下，所用黏合剂的尺寸要小于基础粉末的尺寸，因为这可以提高粉末混合物的实际密度并加速熔化过程。

这种方法的应用越来越广泛。德国 DMG ORI SEIKI AG 公司首次将激光增材制造技术集成到 5 轴高技术铣床中（如图 9.9 所示）。直到现在，这种创新性的技术解决方案在世界市场上仍然是独一无二的。该方案采用金属粉末喷射沉积技术，比金属粉末床铺粉烧结技术的生成速度快 20 倍。

(a) 制造圆柱体底环

(b) 倾斜90度制造法兰

(c) 制造第二个大法兰

(d) 成品

图 9.9　使用增材制造技术制造零件的过程（见彩插）

原先的增材制造技术仅限于原型制造和传统技术无法制造的小型零部件的制造。上述新技术的出现，由于在一台机器上结合了增材制造和切削两种工艺，使得增材制造技术完善和扩展了传统的工艺方法。

通过使用功率更大的激光器、焦斑直径更小的激光束和更薄的粉末层，增材制造技术和设备性能可以得到进一步改进。目前使用选区激光烧结技术可生产出孔隙率不超过 3% 的产品。

增材制造出来的零部件由于其内部有残余应力的存在，其材料具有各向异性、强度增加和塑性降低的特点。为去除残余应力、生成更均匀的结构、提高材料的黏性和塑性，需要对成品进行退火处理。

9.4 航空制造业和导弹制造业中的增材制造技术

2016 年，大约 15% 质量的民航飞机结构为塑料复合材料，这些复合材料主要是碳纤维增强的塑料。在新一代飞机中，计划使用多达 50% 的结构复合材料。

根据欧洲航空防务与航天公司（EADS）的数据，在航空航天工业中使用塑料复合材料降低了飞机质量，飞机质量每减轻 1 千克可节约 100 ~ 1 000 欧元的运行开支（具体数值取决于应用领域）。之所以会节约开支，是因为燃料费用降低，而且减少了飞机使用过程中因金属疲劳和腐蚀所需要的维护费用。

最大的工程公司和科学部门已经在测试使用 3D 打印。波音正在为 737、747 和 777 系列民用飞机安装选区激光烧结工艺制造的热塑性部件，并已在 787 系列飞机上使用了数百种此类部件。此外，好几种军用飞机上也使用了选区激光烧结技术制造的组件，如 127 远程雷达和指挥控制机、C－40 预警机（AWACS）和 P－8 反潜巡逻机。波音公司为美国海军开发的F/A－18E/F超级大黄蜂战斗机上使用的冷却管道（环境控制系统）也是一个例子。选区激光烧结技术可以制造出内部结构复杂的零件。这使得工程师们可以通过内部结构合并将多个零件合并成一个零件，从而减少零件总数。最终，飞机的装配过程得到了简化，装配时间缩短，飞机的重量减轻。

近年来，俄罗斯国内也开始积极使用激光增材技术制造的各类零件。该技术的高效率不仅被固定翼飞机、直升机和导弹的研发人员所关注，也被其使用客户和各级制造商所关注，对行业中领先的俄罗斯企业来说，有组织地充分应用激光增材制造技术已成为一个优先选择。如图 9.10 所示，安加拉导弹使用了俄罗斯电子技术股份有限公司生产的 3D 打印 ABS 塑料件。

此外，虽然塑料复合材料的使用具有显著的好处，但其在航空航天工业中的应用依然比较缓慢，因为这些材料常常比相应的金属材料更贵。

目前，使用金属和合金材料生产零部件的技术已获得积极应用。

法国直升机燃气涡轮发动机制造商透博梅卡公司（Turbomeca）已使用单层厚度 100 微米的 3D 激光烧结技术制造燃料喷嘴。该喷嘴由镍基高温合金制成，喷射和冷却效率更高。这是该公司引进新技术计划的一部分。除燃料喷嘴外，他们还计划使用激光技术制造涡流燃烧室（涡流器也称旋流器）。

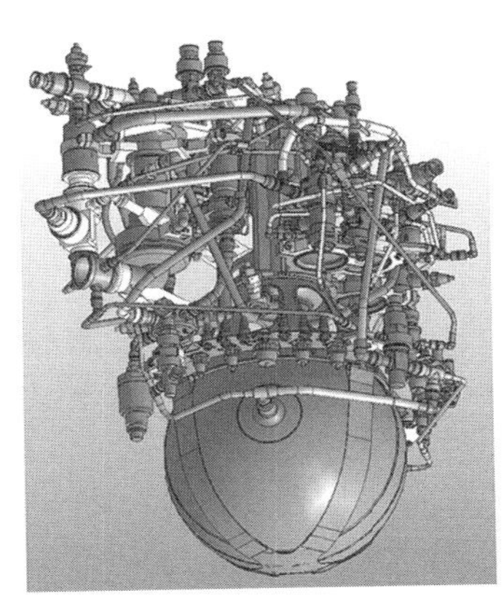

(a) 计算机三维模型

(b) 设计布局

图 9.10　重型导弹“安加拉”所用的机上电源

美国通用电气公司（General Electric Company）也在工业3D打印技术领域取得了长足的进步，建立了为LEAP型喷气式发动机大规模生产燃料喷嘴的工厂。英国罗－罗公司（Rolls-Royce Company）测试了有史以来最大的飞机3D打印部件。Trent XWB－97喷气发动机部件由钛制成，直径1.5米，厚度0.5米，有48个前叶片。该公司已经对几台发动机进行了地面测试，并准备进行飞行试验。新发动机比之前的发动机轻得多，且生产时间也缩短了30%，从而节省了样机的制造成本和制造时间。

美国航空航天局（NASA）也对火箭发动机的一些简单3D打印组件（燃烧室和燃料喷嘴）进行了相关测试。美国亚拉巴马州亨茨维尔的马歇尔太空飞行中心已经制造出了更为复杂的涡轮泵元件，并对其进行了测试。这是迄今为止最复杂的火箭发动机3D打印组件。如图9.11所示，该涡轮泵是该中心和NASA共同设计的，可以以每分钟90 000多转的速度旋转，功率2 000马力（约1 500千瓦），每分钟可抽取1 200加仑（4 500升）低温液氢。据NASA宣称：使用3D打印技术后，新涡轮泵设计所用零件数量比传统涡轮泵减少了40%。新涡轮泵接受了15项测试。在测试过程中，满负荷运行的涡轮泵可将－240摄氏度的燃料送到火箭的上一级，之后燃烧产生3 315摄氏度的高温燃气，为火箭产生了35 000磅推力。新涡轮泵制造时采用了选区激光烧结技术。NASA认为3D打印技术是制造航天器部件的一种更经济的方式。此外，该机构相信，在人类更远距离的太空任务中，可以使用增材生产技术当场制造而不需要携带种类繁多的大量发动机部件。

图 9.11　喷气式发动机涡轮泵

为了验证现代 3D 打印技术在航空工业中的适用性，澳大利亚莫纳什大学的工程师们打印并组装了一台喷气式发动机。这台发动机的每个零件都是 3D 扫描仪对实际发动机拆散后的零件细致扫描后打印出来的，如图 9.12 所示。

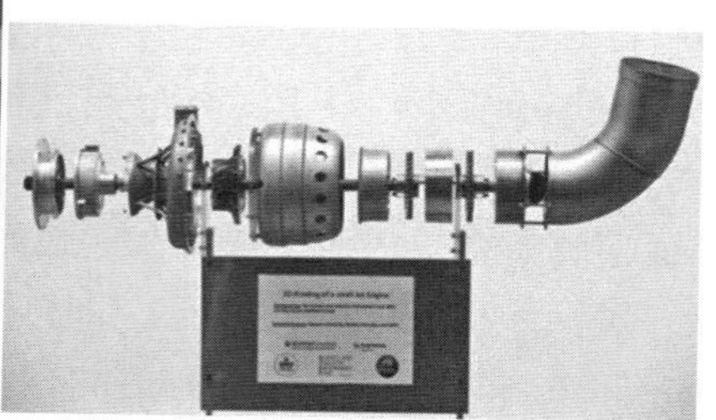

图 9.12　使用增材制造技术制造的喷气式发动机

脉冲和连续波 CO_2 及 Nd：YAG 激光器波长分别为 10.6 微米和 1.064 微米，掺镱光纤激光器波长为 1.07 微米。这三种激光器最适合用于增材制造技术。波长为 810 纳米的半导体激光器无法使用，因为该种激光器的光束质量差。

增材制造技术所用的大多数商用机床配备的都是 CO_2 激光器，因为它比 Nd：YAG 激光器具有更高的效率和更低的运行成本。激光器的输出功率一般为 50～500 瓦，也有使用输出功率达千瓦级的 CO_2 激光器。

Nd：YAG 激光器以及掺镱光纤激光器也广泛用于增材制造技术，尤其是金属及合金材料的增材制造。这是因为与波长为10.6微米的CO_2激光器相比，金属及其合金零件对波长约1微米的激光吸收能力更强，工作效率更高。因此，在相同的功率密度情况下，Nd：YAG激光器和掺镱光纤激光器对应的熔化深度要比CO_2激光器的深得多。

固体激光器的另一个优点是可以利用光纤传输激光。研究表明，当固体激光器和CO_2激光器具有相同功率时，固体激光器的能量密度更高、烧结深度更大、加工能力更强。

与连续波固体激光器相比，脉冲激光器能量高且脉宽可调，因此金属烧结层的质量更好。脉宽为纳秒级、重频几十千赫的调Q Nd：YAG激光器也可用于增材制造技术。如图9.13给出了一台选区激光熔化增材制造设备。

(a) SLM 280型选区激光熔化3D打印设备

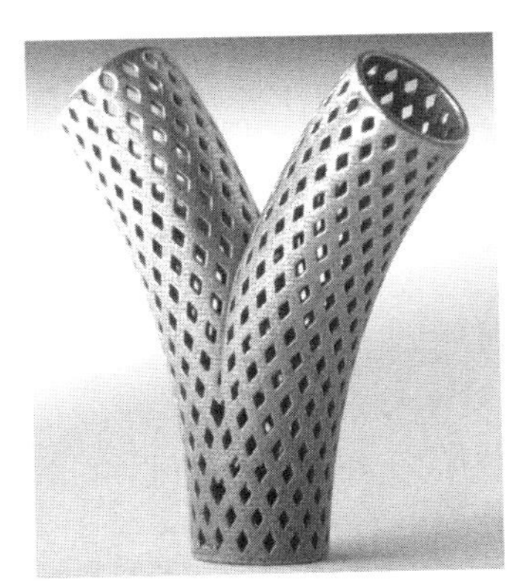

(b) 使用增材制造技术制造的Y形支架

图9.13　德国SLM Solution公司的设备及其打印产品

9.5　增材制造技术的优点

增材制造技术有很多优点，其中最重要的是：精度高、成本低且可缩短产品的上市时间。此外，还有如下优点：

（1）可加工多种材料，仅需进行激光器逐层熔化工艺过程即可制造出产品；

（2）通过调整激光功率、进给速度、层厚等参数，可提供灵活的制造工艺；

（3）可使用同一台设备加工不同的材料；

（4）为获取某些特定的产品特性，可以用不同材料（或一系列材料）来制造相同的产品；

（5）可快速制造出使用常规机械加工难以或无法制造出来的产品。

结论

1. 增材制造技术是一种适用于各种尺寸、各种形状的原型样品和产品的成熟解决方案。在航空航天、火箭制造以及其他科技密集型工业领域，在准备转产新产品时，使用这种技术可缩短生产的技术准备时间与制造时间，并能提高产品质量。

2. 根据设计过程中在计算机上生成的零件实体模型，增材制造技术使得综合利用各种材料制造出外形复杂的产品原型或产品模型成为可能。

3. 增材制造方法和所用材料的主要优点是：价格足够低、机械性能好（如果需要结构复杂的工件原型）、几何尺寸稳定且可进行后续加工。

4. 改变材料在零件中的空间填充（轻量化设计）可降低所制造零件的重量，从而显著地节约材料。为更细致地研究零件的性能，有必要根据零件在设计中的工作条件进行强度试验。

5. 增材制造技术的发展速度很快。若干年后，相关设备将会得到全面运用。

思考题

1. 增材制造技术的本质是什么？
2. 增材制造技术和传统机械加工技术有什么区别？
3. 增材制造技术有哪些缺点？
4. 请描述增材制造技术的主要步骤？
5. 哪些增材制造技术最有发展前途？

参考文献

1. Зленко М. А., Попович А. А., Мутылина И. Н. Аддитивные технологии в машиностроении: учеб. пособие для вузов СПб.: Санкт-Петербургский государственный политехнический университет, 2013. 222 с. (《机械工程中的增材制造技术：大学教材》)

2. Технология лазерной обработки конструкционных и инструментальных материалов в авиадвигателестроении: учеб. пособие / Р. Р. Латыпов [и др.]. – М., 2007. – 234 с. (《航空发动机制造中结构和仪器材料的激光加工技术》)

3. Валетов, В. А. Современные технологии нанесения покрытий: Технология приборостроения / В. А. Валетов, Ю. П. Кузьмин, А. А. Орлова и др.; Санкт-Петербургский государственный университет информационных технологий, механики и оптики. СПб.: ИТМО, 2008. – 163 с. (《现代涂层技术——仪表制造技术》)

第四篇
环境监测用激光系统

M. A. Коняев（M. A. 科尼亚耶夫）

大气的激光监测是指利用遥测方法对大气中的成分进行诊断。这些方法不需要人工采集分析样本，分为主动（激光雷达技术）和被动（红外傅里叶光谱、宽谱摄影和视频拍摄）两类。

主动方法需要使用具有特定性质的光源。这些特性在与被研究对象相互作用的过程中将发生变化，根据光源特性的变化程度和类型可以对被研究对象进行定性和定量判断。被动方法则需利用被研究对象自身的热辐射或下垫面的热辐射。

通常来说，激光雷达（LIDAR）这一术语是英文表达light identification, detection and ranging（光学识别、探测和测距）的缩写。

第 10 章　激光探测的原理

10.1　激光遥感的方法

就光学性质而言，大气是一种气溶胶和气体介质。现有的大气激光探测方法就是利用大气的这一特性，并通过光束在大气中的传播来实现的。光束与气溶胶和分子相互作用的效应大多数是独立的，因此，根据不同的任务以及所依据的光和大气的不同相互作用，大气成分的激光探测方法可分为若干类。

当激光束在大气中传播时，光束与大气的组成成分、气溶胶和分子发生相互作用，图 10.1 给出了相互作用主要类型的示意图。

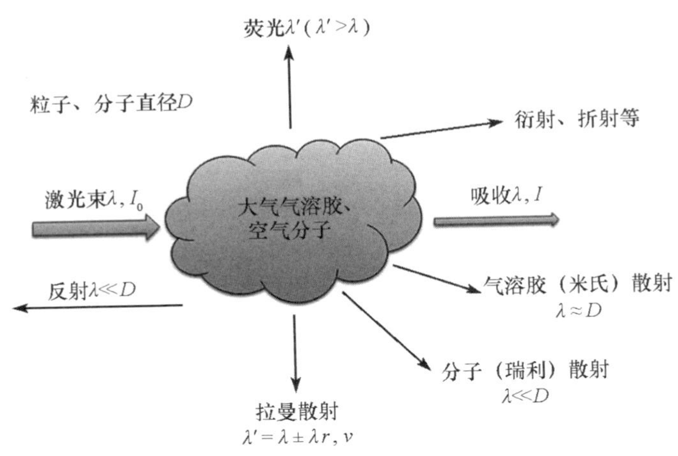

图 10.1　相互作用的主要类型

任何相互作用过程都可以通过所谓的有效截面进行表征，即激光束光子与分子或气溶胶粒子间相互作用的相对概率。表 10.1 列出了大气遥测过程中的相互作用主要类型及其对应的有效截面。

表 10.1　相互作用的主要类型

相互作用类型	相互作用截面/厘米^2	应用
瑞利散射	$10^{-25} \sim 10^{-24}$	密度、大气温度
米氏散射	$10^{-6} \sim 10^{-5}$	气溶胶、烟雾等
共振散射	$10^{-8} \sim 10^{-6}$	物质鉴定
荧光	$10^{-14} \sim 10^{-12}$	物质鉴定（Na、K、Li、OH 等）
分子吸收	$10^{-15} \sim 10^{-14}$	物质鉴定（O_3、NO_2、SO_2、CH_4、CO、H_2O、复杂分子）
拉曼散射	$10^{-25} \sim 10^{-24}$	CO_2、H_2O、N_2（温度）

基于气溶胶散射（米氏散射）的激光雷达探测技术利用的是激光雷达信号与粒子形状和尺寸、复杂粒子材料的折射率和光谱特性的相互关系。对于气溶胶在固定波长下的衰减或后向散射系数的分布评估来说，单频率激光探测法是一种有效的方法。

以特定方式选取并使用几种波长激光（多频率激光探测法），可以确定气溶胶颗粒的尺寸和（或）分布参数。单频偏振激光分析技术可确定气溶胶颗粒的形状，而多次散射光束可能使信号的解析变得非常复杂。利用气溶胶后向散射的光谱共振现象有望确定微粒是什么物质。

激光探测空气中的分子（气体）介质表现为吸收，有分子（瑞利）散射、组合散射、共振散射及荧光现象。由于这些现象表现的强度或相互作用的有效截面不同，因此，其记录信号的可靠程度也各不相同。

采用差分吸收和散射法（利用分子及气溶胶散射光作信号源，在选定气体的吸收带内及吸收带外进行探测）的不同方法，借助最强的吸收和分子散射使得探测选定气体的浓度分布成为可能。在大气激光探测（特别是可机动探测系统）中，基于有效截面大的相互作用或散射现象开发的方法最有发展前景。

激光雷达主要可分为图 10.2 给出的几种类型，能够对大气的化学成分和物理参数进行探测和识别。图 10.2 还给出了激光雷达的工作所基于的物理过程及探测可获得的数据。

每一种类型的激光雷达均基于一定特性的相互作用，在开发激光雷达系统时必须考虑这些相互作用的特点，尤其是系统复杂且包括多种类型的激光雷达时。

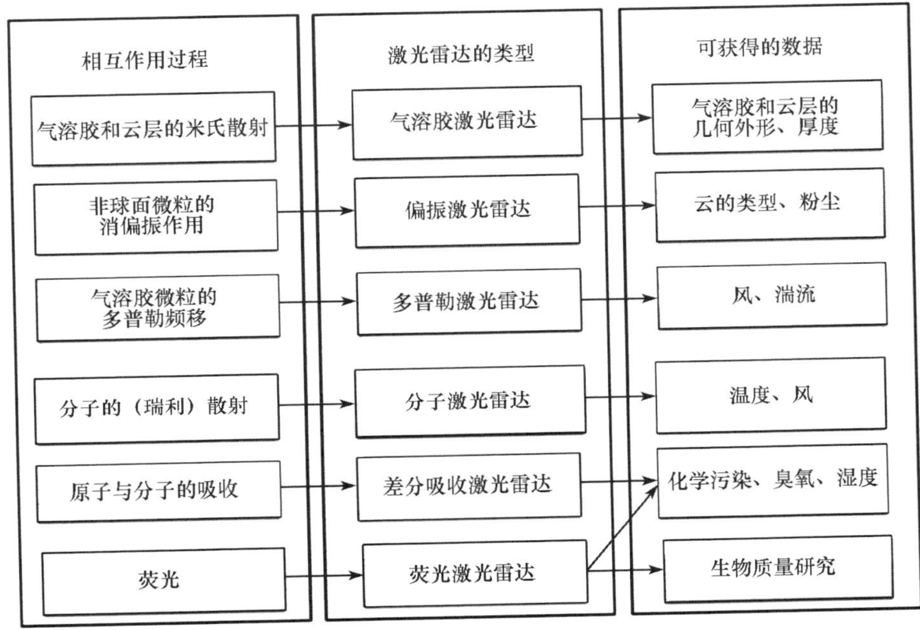

图10.2 激光雷达的主要类型及其作用

10.2 激光雷达原理

激光雷达的工作原理是基于大气粒子对激光束散射强度的测量。对于特定的测量任务，需要使用特定的激光雷达。大多数激光雷达由三个主要部分组成：发射通道，接收通道，控制和数据采集系统（CDCS）。图10.3给出了激光雷达的基本功能部件和工作原理。

激光雷达的发射通道由激光器和光学系统组成，该光学系统可以形成具有给定尺寸和发散角的探测光束。后向散射和（或）反射的光束由接收通道收集，该接收通道通常应包括一个或多个望远镜以及光电探测器，必要情况下，还包括空间光滤光片、光谱滤光片或偏振滤光片。控制与数据采集系统的主要功能是提供整个激光雷达的时序图、光电探测器与激光器的同步、光电探测器信号的数字化、接收数据的存储与处理。

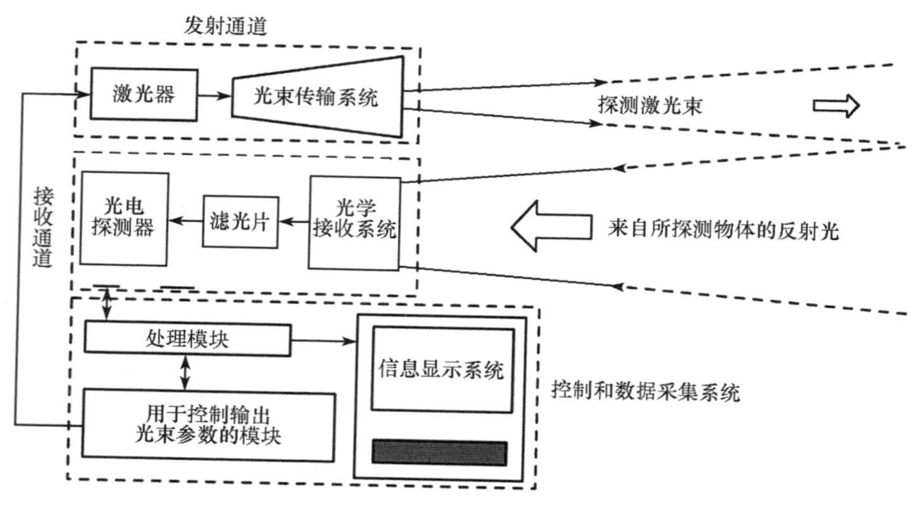

图 10.3　激光雷达的基本功能部件和工作原理

根据激光雷达光束收发路径的设计，即按照发射和接收通道的组合类型，可将其主要分为单站共轴、单站双轴和双站结构三种类型。图 10.4 为激光雷达这种分类的结构示意图。

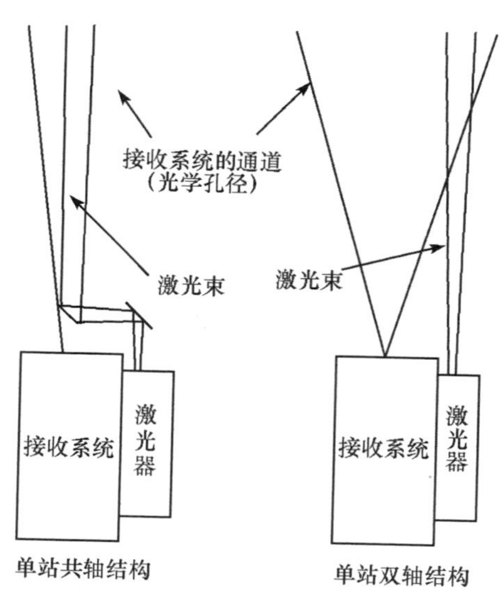

图 10.4　激光雷达收发通道的类型

从图10.4中可以看出，激光雷达是根据接收系统视场和探测光束视场（光学孔径）的不同组合来分类的。每种类型的激光雷达光学系统都有各自的优点。特别需要说明的是，当需要以一定角度测量气溶胶组分的散射系数，即测量气溶胶的散射作用，或在不使用反射镜条件下进行痕量气体测量（发射通道和接收通道位于彼此相对的位置）时，需要使用双站结构的激光雷达。

单站双轴激光雷达发射和接收光束不同轴，可避免探测器接收到由光学器件及附近区域散射引起的强信号。这种激光雷达有所谓的盲区，盲区大小取决于激光雷达的配置，可能会达数百米。与单站共轴激光雷达相比，单站双轴雷达对校准的要求更高（更灵敏）。

激光雷达接收系统的选择由诸多因素决定，包括重量和尺度的限制、所探测光束的光谱特征、光强的横向分布、制造难度、热稳定性和振动稳定性等。

接收系统必不可少的一个组成部分是望远镜，其可能的类型如下：

（1）折射式望远镜（仅由透镜组成）；

（2）反射式望远镜（仅由反射镜组成）；

（3）反射－折射式望远镜（由透镜和反射镜组成）。

折射式望远镜适合光学元件直径为100～150毫米的系统使用，因为制造具有更大直径的高质量透镜面临很多技术困难，且导致其线性尺寸的增加。光学材料的自然色散将导致色差，而色差控制对于可在较宽光学波段内工作的系统来讲至关重要。因此，折射式望远镜用于荧光激光雷达是不可行的。

不同于透镜系统，反射镜系统可以在透镜由于缺乏低吸收材料而难以使用的光谱范围内工作。反射镜系统的优点包括：无色差；多元件系统的透射率高；采用相对简单的镜面系统即可很好地校正球面像差；在焦距相同时，反射镜比透镜的纵（轴）向尺寸小，这使得系统在较大尺寸时更加紧凑。

制造反射镜基板（基板可以是金属的）所需材料的相关要求远低于制造透镜系统的对应要求。但是，反射镜系统的特点是接收光学孔径中有次镜遮挡。表10.2中给出了激光雷达接收系统反射望远镜的基本光路图。

表 10.2　激光雷达所用反射望远镜的基本光路

名称	光路示意图	镜面面形	备注
牛顿望远镜系统	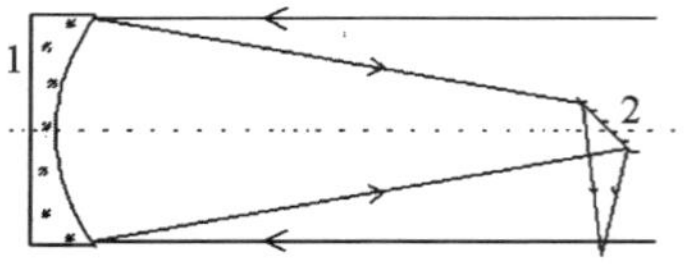	1—抛物面；2—平面	当相对孔径较小时，反射镜 1 可以是球面
卡塞格伦望远镜系统	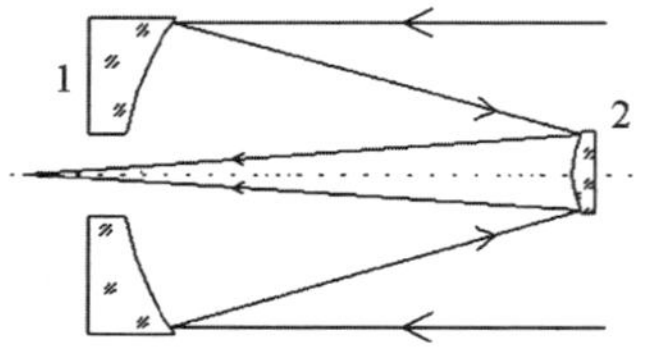	1—抛物面；2—双曲面	当视场较小时，成像质量高
罗蒙诺索夫望远镜系统	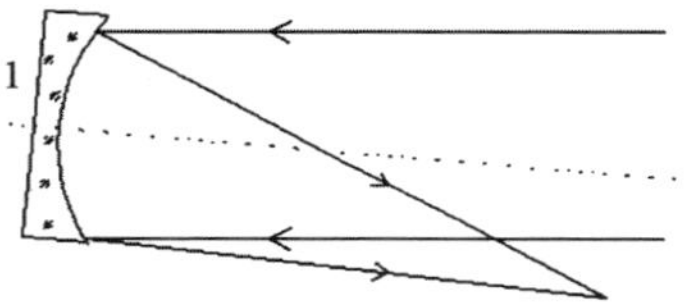	1—抛物面	当相对孔径较小时，反射镜 1 可以是球面
梅瑟望远镜系统	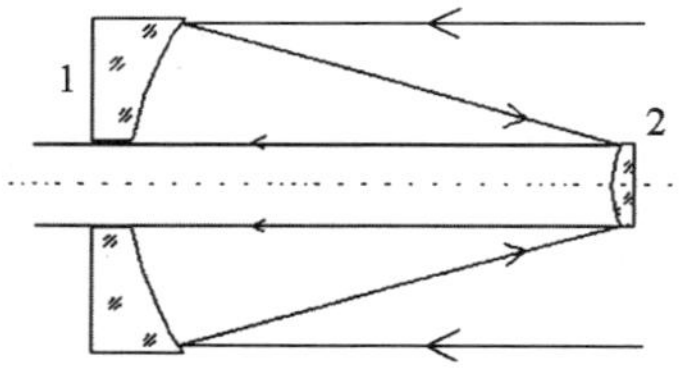	1—抛物面；2—抛物面	无法成像——输出端上光束是平行的

激光雷达接收望远镜收集到的光辐射含有激光与大气相互作用产生的待测光，但也包含由天空、太阳、下垫面和其他来源的背景辐射产生的杂散干扰光，可使用各种滤光片来排除干扰：干涉型滤光片可实现窄带通光而抑制背景辐射；偏振滤光片可分离出特定的偏振光；等等。过滤后的光传输照射到光电探测器上，光电探测器将光信号转换成电信号，以便在激光雷达的电子线路中进行后续处理。

通过分析系统所接收的、经大气散射后的光信号的振幅、时间、光谱、偏振和相干特性，可得到有关被探测介质特性的信息。信号特征决定了接收光电探测器选取及其工作的相关技术要求。

为比较各种光电探测器并评估其实际探测能力，需要先确定表征其特性的主要参数。

（1）光谱灵敏度，即其所产生的电流大小与探测光波长之间的关系。

（2）响应度（积分灵敏度），即在单位光照强度下，接收光电探测器输出信号的强度。接收光电探测器输出信号强度以伏或安计量，因此，接收光电探测器响应度的单位为［安/瓦］或［伏/瓦］。

（3）探测度 D^*。该值由频带宽度、接收区域的面积及可记录到的最小光照强度决定，描述了接收光电探测器的噪声极限特性。

（4）噪声等效功率。该参数等于信噪比为 1 时的发光功率，以瓦/赫$^{\frac{1}{2}}$进行计量。如果接收光电探测器的工作区域 S，频带为 $\Delta\nu$，并且已知接收光电探测器的探测度参数 D^*，则等效功率为：

$$p_{\mathrm{NEP}}=\frac{\sqrt{S\Delta\nu}}{D^*} \tag{10.1}$$

该值表征了某个给定接收探测器的特性，而 D^* 表征的是某类探测器的特性。

（5）频率－时间特性。该特性可以用时间常数 τ 和截止频率 f_c 的数值来表示。截止频率 f_c 对应于探测器输出信号下降到 1/2 大小时的频率（光响应强度下降 3 分贝）。

对于工作在紫外、可见和近红外波段的激光雷达系统，光电倍增管可以作为通用的接收光电探测器。光电倍增管是一种高真空器件，结构和功能上结合了光电阴极以及基于二次电子发射效应的电子放大器的特征。对于工作在中、远红外波段的激光雷达系统，半导体类型的接收光电探测器最为合适。

光电探测器的光谱特性由半导体材料的电子（能带）结构、温度、制造技术决定。图 10.5 给出了光电探测器中所用的主要半导体材料的探测度（光电探测器检测能力）与波长之间的函数曲线。

激光雷达探测到的信号是由光束与介质的相互作用决定的，该信号可采用激光雷达方程来表达。激光雷达遥测任务的效能由探测激光、接收系统及控制和数据采集系统控制的光电探测器的各种特性决定。

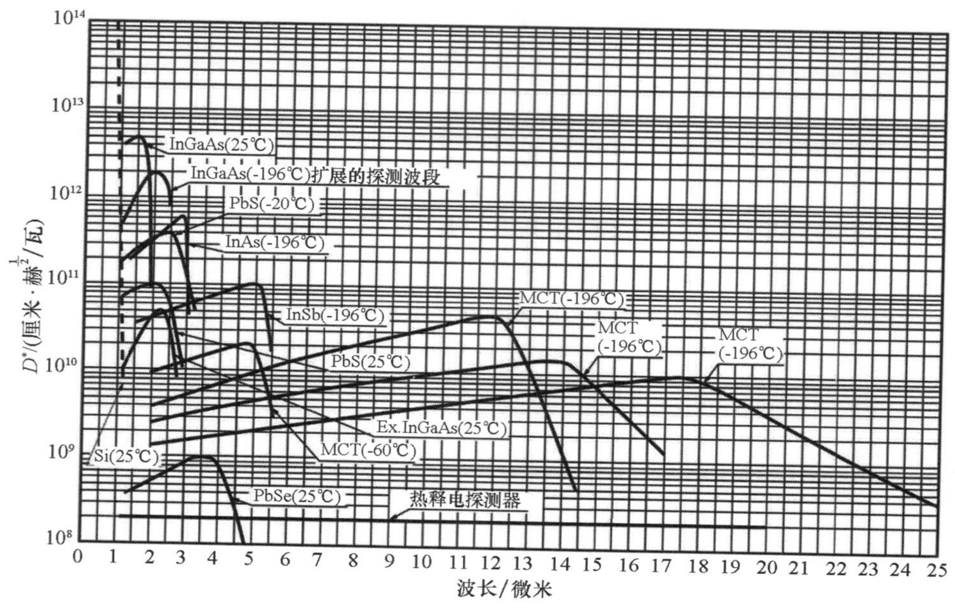

图 10.5 半导体材料的光谱特性

10.3 激光雷达方程

激光雷达工作的效率由多个因素决定，其中的部分因素是大气参数，例如后向散射系数β［米$^{-1}$·球面度$^{-1}$］、衰减系数α［米$^{-1}$］和折射率结构常数C_n^2。在考虑系统质量和尺寸等要求的基础上，对激光雷达的相关硬件特性进行优化，例如接收望远镜的直径、激光器输出能量、接收探测器噪声、系统通光能力。

系数β和α决定了由激光雷达接收孔收集的探测激光束的散射功率。在探测光一次散射的假设下，单频激光在波长为λ时对气溶胶的探测信号可用激光雷达方程来描述。且在多次散射影响很小的情况下，该方程有效。

$$P_r(\lambda,r) = \eta_{all}\eta_g(r)P_0\left[\frac{c\tau}{2}\right]\frac{A_r}{r^2}\beta(\lambda,r)\exp\left\{-2\int_0^r\alpha(\lambda,r)\mathrm{d}r\right\} + P_{bg} \quad (10.2)$$

其中，P_0为激光脉冲的峰值功率，r为接收信号的距离，λ为激光波长，η_{all}是激光雷达系统的整体效率，c为光速，τ为激光脉宽，$\eta_g(r)$为几何因子

（取决于激光雷达光学系统的几何形状，最大值为1），A_r是接收天线的面积，β（λ，r）为气溶胶的后向散射系数，α（λ，r）是气溶胶的衰减系数，P_{bg}为背景信号的功率。

激光雷达系统的整体效率η_{all}应该包括发射光学系统的效率、光学接收系统的效率、与接收机校准有关的损耗、光电探测器的效率及各特定系统的其他因素。

几何因子η_g（r）描述了接收系统视场和激光束光斑重叠的函数关系，如图10.6所示。

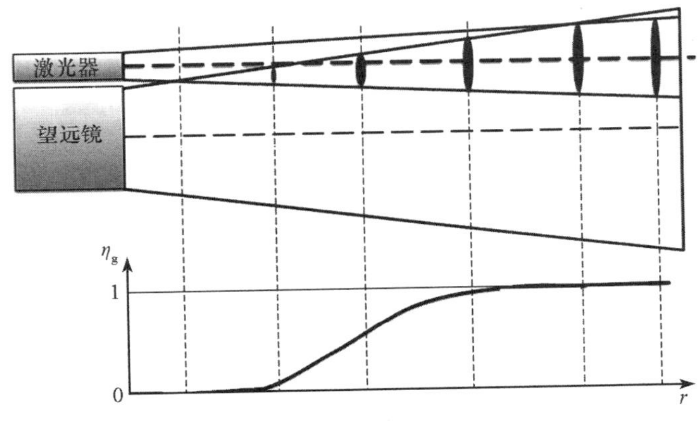

图10.6　激光雷达的几何因子

几何因子曲线的形状由系统的设计参数，特别是激光束发散角、接收系统的视场、直线距离、发射和接收系统光轴之间的（准直）偏移角以及其他因素决定。几何因子是无量纲参数，取值范围是0到1。

一般来说，大气对激光脉冲的散射是由气溶胶和分子引起的，即后向散射系数β可以表示为气溶胶后向散射系数β_a（λ，r）和分子后向散射系数β_m（λ，r）之和：

$$\beta(\lambda, r) = \beta_a(\lambda, r) + \beta_m(\lambda, r) \tag{10.3}$$

其中，下标a和m分别是指气溶胶和大气分子。

空间的后向散射系数与衰减系数之间的关系可以用所谓的激光雷达比g来表达：

$$\begin{cases} \alpha_a = g_a\beta_a \\ \alpha_m = g_m\beta_m \end{cases} \tag{10.4}$$

因此，在公式（10.2）中，衰减系数α是由气溶胶和大气分子所造成两项衰减的总和：

$$\alpha(\lambda, r) = \alpha_a(\lambda, r) + \alpha_m(\lambda, r) \tag{10.5}$$

乘数因子$\frac{A_r}{r^2}$确定了接收系统从距离 r 处观察的立体角大小。

乘数因子$\frac{c\tau}{2}$决定了激光雷达的空间分辨率，即在特定时间 τ 内可记录到信号的空间距离。由空间分辨率所决定的空间内发出的各个信号可被同时接收。所以一般来说，该距离决定了激光雷达信号可以被分辨的最小距离。

在单频激光探测中，回波信号的功率以及接收到的信息与气溶胶衰减系数 α 或后向散射系数 β 有关。

气溶胶颗粒物理性质、浓度及尺寸分布与有关的信息包含在 β 和 α 中，而气体各组分的浓度与有关的信息则体现在 α 中。在探测回路上有吸收气体的情况下，光密度计算应该采用如下公式：

$$T(\lambda,R) = \exp\left\{-2\sum_i \int_0^R [c_i(r) \cdot k_i(\lambda,r) + \alpha_a(\lambda,r) + \alpha_m(\lambda,r)]\mathrm{d}r\right\} \tag{10.6}$$

其中：$c_i(r)$ 是距离激光雷达 r 处、大气中第 i 个吸收组分的相对体积浓度；$k_i(\lambda, r)$ 是波长为 λ 时，第 i 个组分的吸收系数；$\alpha_a(\lambda, r)$ 是波长为 λ 时，距激光雷达 r 处，由于气溶胶对激光束的散射和吸收而产生的衰减系数；$\alpha_m(\lambda, r)$ 是波长为 λ 时，距激光雷达 r 处，由于分子散射而产生的衰减系数。

图 10.7 给出了在考虑激光雷达几何因子的影响下，激光束在均匀大气中传播时，由气溶胶反射而获得的典型激光雷达信号。

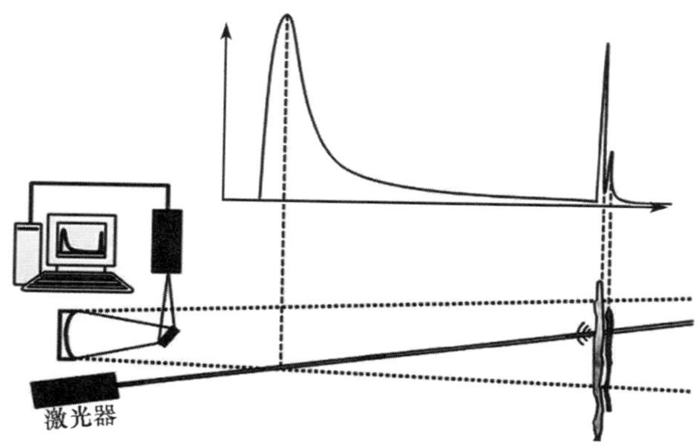

图 10.7　典型的激光雷达信号

10.4 激光雷达方程的解

激光雷达方程包含两个气溶胶光学特性参数，使得激光雷达信号的处理变得困难。但如果针对特定的气溶胶情况并作出一些假设，则有可能推导出一些相当有效的方法来求解激光雷达方程并估算出 α 或 β 的值。

在进行大气探测时，可使用以下方法来求解与 α 或 β 相关的激光雷达方程：

（1）对数导数法；

（2）渐近信号法；

（3）积分累加法；

（4）Klett 法；

（5）Fernald 法。

当使用上述这些方法来反算大气参数时，需要对激光雷达的探测数据进行预处理，包括以下阶段：

（1）减去背景；

（2）赋值 R^2；

（3）赋值几何因子（如果需要）。

所得到的数据集描述了激光雷达信号。它仅取决于介质的光学特性，因此可以应用上述任意一种方法对信号进行反算。下文将对其中一些方法进行更详细的讨论。

10.4.1 对数导数法

对数导数法通常用于探测准均匀介质的场合，对于这样的介质来说，激光雷达比可以被认为是常数，且介质对光束的吸收可忽略。

引入符号 $S(r) = (P_r(r) - P_{bg})\ r^2$，并用 A 表示所有硬件常数，则可得到一个简化的激光雷达方程：

$$S(r) = P_0 A\beta\exp(-2\alpha r) \tag{10.7}$$

其中 $\alpha = \alpha_a + \alpha_m$，而 $\beta = \beta_a + \beta_m$ 是考虑到气溶胶及分子影响后的衰减系数和后向散射系数。

在均匀的气溶胶环境中，条件$\frac{d\beta(r)}{dr}=0$是成立的，因此衰减系数等于：

$$\alpha(r) = -\frac{1}{2}\frac{d\ln S(r)}{dr} \tag{10.8}$$

使用该方法时，事先并不需要知道有关激光雷达比和激光雷达硬件常数的信息。确定了R_1和R_2两点上的$S(r)$值，即可求得均匀介质中衰减（消光）系数的值：

$$\alpha(r) = \frac{1}{2(R_2-R_1)}\ln\frac{S(r_1)}{S(r_2)} \tag{10.9}$$

如果沿探测方向上的气溶胶散射是非均匀的，则非均匀散射区的α值应按照公式（10.9）在非均匀区边界对应的R_1和R_2处确定（假定激光雷达比保持不变）。

10.4.2 Klett 法

对数导数法、渐进信号法和积分累加法适用于结构相对均匀的大气。如果探测路径上存在激光雷达比数值是变化的气溶胶物质，将导致反算$\alpha(r)$或$\beta(r)$的误差增大。

在非均匀介质中，需要考虑后向散射系数的变化。在一些假设的基础上，一种称为 Klett 法的激光雷达方程求解方法被提了出来。激光雷达方程的解析解基于如下假设：

（1）单次散射模式；

（2）激光雷达比恒定（$g=20\sim100$ 球面度$^{-1}$）；

（3）在探测路径上存在一个点，该点的特征是仅有分子散射。

地表上方的大气通常满足上述假设对应的条件。使用 Klett 法时，后向散射系数和衰减系数之间的关系如下：

$$B(r) = k\alpha^s(r) \tag{10.10}$$

其中，k是由气溶胶类型、激光波长决定的常数，s是数值处于$0.67\sim1.00$（对于水态云，$s\approx1$，$k\approx0.05$ 球面度$^{-1}$）范围内的常数。

使用 Klett 法求解激光雷达方程时，假定探测到的信号是分子和气溶胶散射的结果。

激光雷达方程中的分子吸收系数和散射系数可以使用无线电探空仪测量，

或使用标准大气模型和大气常数计算得到。实践表明，气溶胶激光雷达所用的激光器可发射具有特定波长的激光束，空气分子对该激光束的吸收很弱，因此可以忽略分子吸收。温度和压力分布可以通过使用探测器直接测量得到，也可以利用大气模型和地球表面的实时测量来计算得到。

因此，对于气溶胶组分来说，仍然存在 α 和 β 两个未知数。为了求解一个有两个未知数的方程，通过激光雷达比引入这些系数之间的先验关系式。严格来说，激光雷达比在空间上并不是常数，受众多参数的影响，其中就包括波长：

$$g_{aer}(\lambda, r) = \frac{\alpha_{aer}(\lambda, r)}{\beta_{aer}(\lambda, r)} \tag{10.11}$$

对于分子来说，衰减系数和后向散射系数之间的关系可用激光雷达比来表达：

$$g_{mol}(\lambda, r) = \frac{\alpha_{mol}(\lambda, r)}{\beta_{mol}(\lambda, r)} = \frac{8\pi}{3} \tag{10.12}$$

采用上述假设及引入的符号，则激光雷达方程中的气溶胶后向散射系数求解如下：

$$\beta_{aer}(r) = -\beta_{mol}(r) + \frac{S(r)\exp\left[-2(g_{aer}-g_{mol})\int_{r_0}^{r}\beta_{mol}(r)\mathrm{d}r\right]}{\frac{S(r_0)}{\beta_{aer}(r_0)+\beta_{mol}(r_0)} 2g_{aer}\int_{r_0}^{r}S(r)\exp\left[-2(g_{aer}-g_{mol})\int_{r_0}^{r}\beta_{mol}(r)\mathrm{d}r\right]\mathrm{d}r} \tag{10.13}$$

其中，$S(r_0)$ 是在距离为 r_0 处（此处被假设仅存在分子散射）归一化的激光雷达信号。

当 r_0 选取的位置靠近激光雷达时，可以“直接”求出表达式（10.13）的解。反之，当 r_0 选取的位置距激光雷达最远时，在有信号的地方（信噪比大于1），也可以求出上述表达式的解。但是，对于这两种方法，最好优先选用最远距离来定标求解。

在对光密介质进行探测时，Klett 法的误差取决于探测区域边界处消光系数的误差。与等值的低估相比，对消光系数边界值的等值高估会给出更小的误差。对于均匀的大气，由于求解较为简单，使用对数导数法比 Klett 法更好。但如果存在不均匀的气溶胶，使用对数导数法求解激光雷达方程会产生很大的误差，这使得对数导数法不再适用。

结 论

激光与大气相互作用的各种过程是开发各种激光雷达系统的基础。对于不同的发射路径，其可探测到的信号由激光束发射和接收系统视场的组合情况决定。对激光雷达的扫描数据按一定顺序进行处理后，即可获得定性和定量的遥测结果。

思考题

1. 激光雷达在什么情况下最好使用反射镜光学系统？

2. 激光雷达系统接收信号的大小与发射和接收系统光轴之间的（准直）偏移角是否有关？

3. 在激光雷达方程中，几何因子的最大取值是多少？

4. 对激光雷达的探测数据（信号）进行预处理有什么意义？

参考文献

1. ГОСТ 24631 – 81. Атмосферы справочные. Параметры. М.: ГК Стандартов, 1981, 30 с.（《国家标准 24631—81　大气参考数据和参数》）

2. Хинкли Э. Д. Лазерное зондирование атмосферы. М.: Мир, 1979, 416 с.（《大气激光探测》）

3. Зуев В. Е., Наац И. Э. Обратные задачи лазерного зондирования атмосферы. Новосибирск: Наука, 1982.（《大气激光探测的一些逆问题》）

第 11 章　大气气溶胶探测

气溶胶激光雷达设计用来探测自然形成的和因人类活动而形成的气溶胶产物，包括各种类型的云、烟流、灰尘及烟尘排放物等。此外，气溶胶激光雷达还可以确定大气中的气溶胶浓度，实时构建大气气溶胶的空间分布，并分析其物理性质。

11.1　气溶胶激光雷达系统组成

气溶胶激光雷达通常包括固态 Nd：YAG 激光器、半导体激光器或光纤激光器及同轴接收等系统的基本组件。为了能在大范围内探测，气溶胶激光雷达还带有一个扫描系统。

在扫描模式下，激光雷达可自动（半自动）检测可见区域内的异常蒸气或气溶胶的形成，并确定云层中心的坐标，以便进一步分析并监测云层扩散的动态。自动检测气溶胶的形成过程对于监视生产设施可能排放的危险化学物质是非常必要的。

可以使用单镜扫描或双镜扫描激光雷达对空间进行扫描，如图 11.1 所示。这种激光雷达可同时改变接收和发射通道的光轴位置，可确保激光雷达各个通道相互校准的稳定性，使其不受探测光轴线角度大小的影响。

单镜扫描激光雷达如图 11.1（a）所示，俯仰角扫描范围为 −7 度至 +20 度，方位角范围为 ±180 度。在移动激光雷达时，可通过一个特殊的驱动装置向内移动激光雷达外壳使其盖子密封。双镜扫描激光雷达如图 11.1（b）所示，可扫描探测整个上半球。

探测光轴的角度精度和重复性由所用的角度传感器级别决定，精度达到 40 角秒。在扫描仪的壳体上可安装视频监视系统，视频监视和激光雷达探测同步进行：在可见光范围使用变焦距数字相机进行视频监视，在远红外波段使用红外热像仪实施视频监视。图 11.2 给出了 MK－2 和 MK－3 中气溶胶激光雷达通过单个望远镜发射和接收探测光的方案示意图。

(a) 单镜扫描激光雷达

(b) 双镜扫描激光雷达

图 11.1　激光雷达（见彩插）

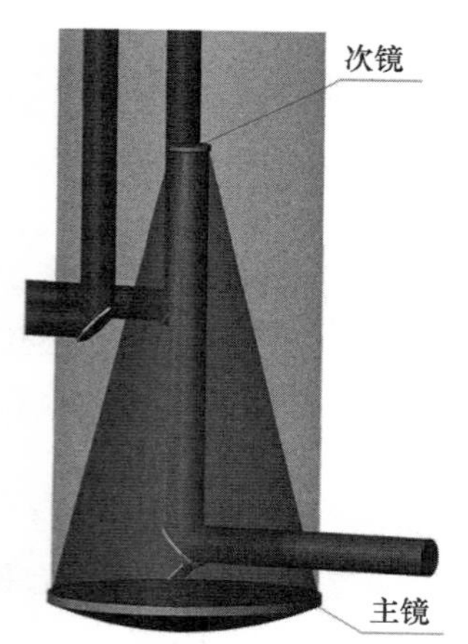

(a) 通过单个望远镜发射和接收探测光束的光路示意图 (MK-2)

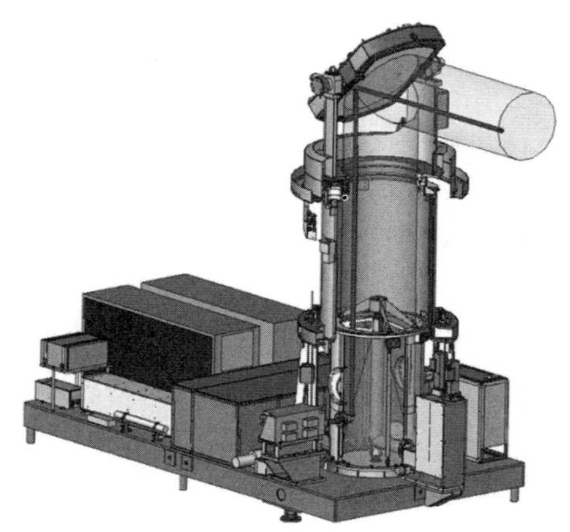

(b) 可机动激光雷达装置的光学系统总图 (MK-3)

图 11.2　气溶胶激光雷达发射和接收探测光的方案示意图（见彩插）

所有大尺寸光学元件均采用轻量化技术由晶体硅制成，以使其重量更轻，以及维持在各种操作方式和各种朝向条件下的镜面光学质量。

图 11.3 和图 11.4 分别给出了接收 - 发射望远镜和光电接收模块的可移动激光雷达装置气溶胶通道的光路示意图。

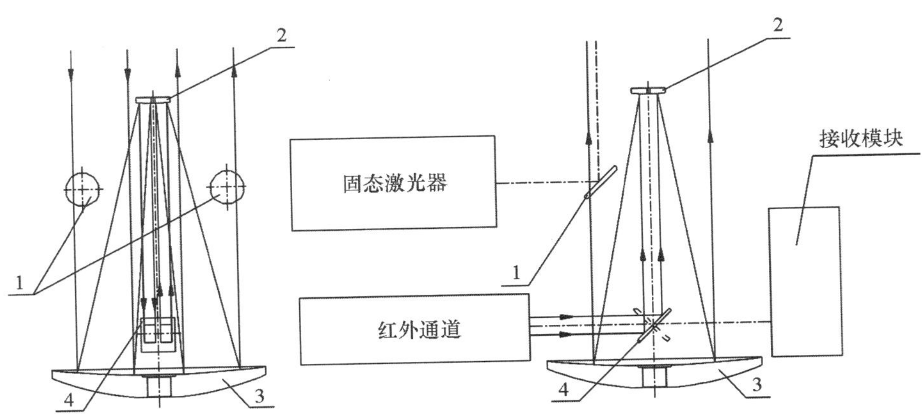

1—短波通道的发射反射镜；2—次镜；3—主镜，4—分光镜。

图 11.3　MK－2 可移动激光雷达系统中气溶胶通道接收－发射望远镜的光路示意图

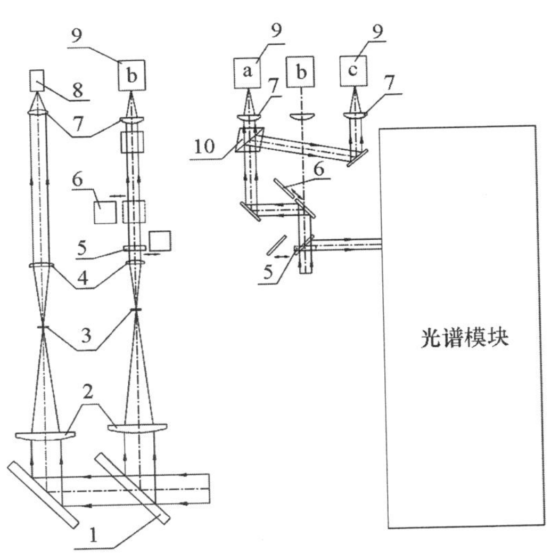

1—介质膜反射镜；2、4—透镜；3—光圈；5—可更换光学滤光片和旋转台上的可伸缩镜；
6—可移动的反射镜；7—聚焦透镜；8—雪崩光电二极管；
9—光电放大器；10—格兰泰勒棱镜。

图 11.4　MK－2 可移动激光雷达系统中气溶胶通道的光路图：短波通道的接收模块

11.2 气溶胶激光雷达数据处理

在气溶胶激光雷达模式下进行操作时，一般采用确定大气气溶胶各项参数、后向散射系数和气溶胶衰减系数时的常用方法来处理所获得的数据。图11.5给出了激光雷达在532 纳米波长下探测垂直迹线时所获得的特征原始数据。图11.6 给出了数据经过减去背景、以距离的平方进行归一化等初步处理后的结果。可以看出，经初步处理之后，信号清晰地分辨出 4 200 米和 6 200米之间的云层结构。能如此初步处理的原因是基于激光雷达接收到的回波信号强度与探测距离的平方成反比关系。

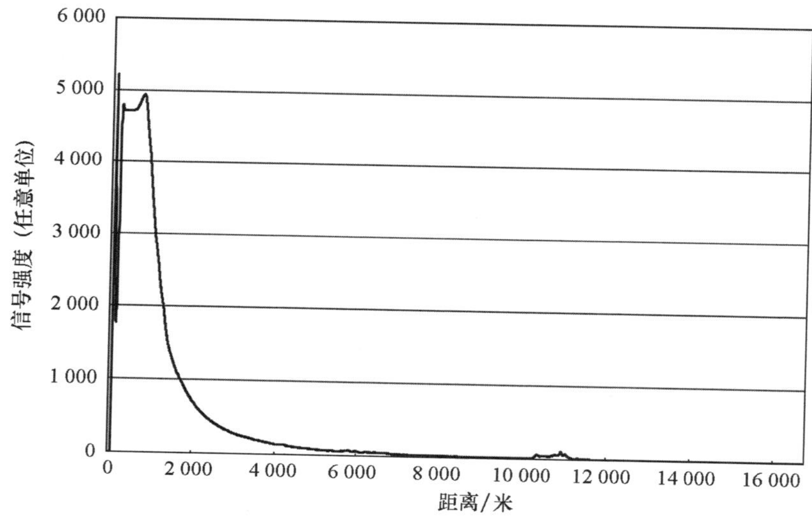

图 11.5　激光雷达接收到的原始数据

经处理后的数据可用于在地形图上给出可视化的气溶胶扫描数据。图 11.7中给出了气溶胶激光雷达的水平扫描结果，该气溶胶激光雷达属于 Laser Systems 公司开发的可移动激光雷达系统（“黑姑娘”激光雷达系统）的一部分。表 11.1 给出了该激光雷达的相关参数。

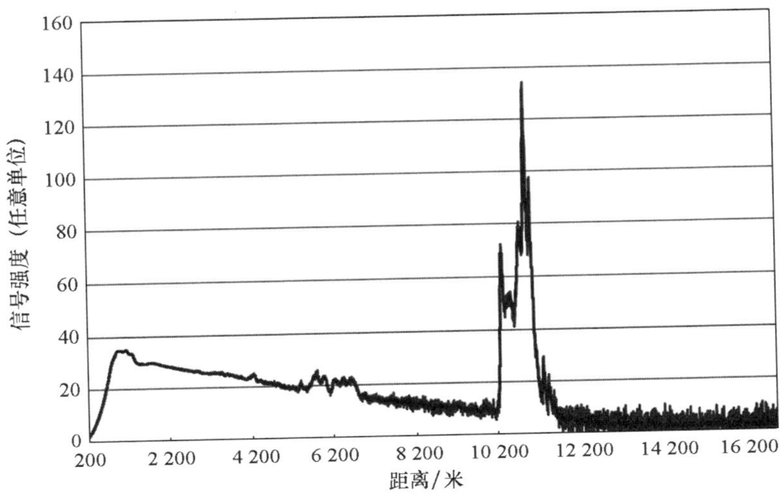

图 11.6　经初步处理后的激光雷达数据

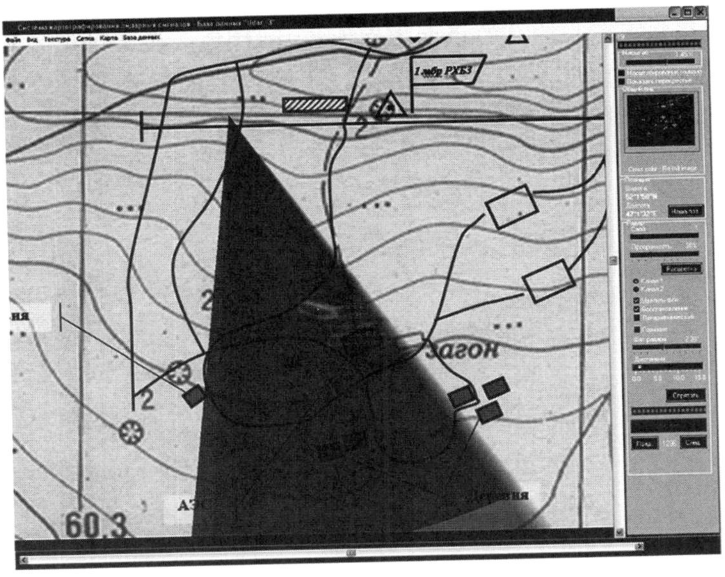

图 11.7　激光雷达在气溶胶扫描模式下绘制出的气溶胶排放轨迹分布图

表 11.1 用于探测大气气溶胶的可移动激光雷达系统的技术特性参数

激光器		Nd：YAG
波长/纳米		1 064
脉冲频率/赫		25
脉冲能量/毫焦		200
脉宽/纳秒		30
最大探测距离/千米		18
最小探测距离/米		200
视场角	垂直方向的俯仰角/度	−7 至 +15
	水平方向的方位角/度	±360

图 11.7 给出了根据扫描信号结果在地形图上标出的气溶胶分布，并在半自动模式下确定了云层中心的坐标，以便进行进一步分析。

2013 年 3 月 25 日，实验人员利用圣彼得堡国立大学的环境安全观测塔（位于圣彼得堡市中心的瓦西里耶夫岛上），使用波长为 1 064 纳米的激光在天顶方向进行了探测，获得了空间衰减（消光）系数 α（z）垂直分布廓线随时间变化情况。图 11.8 给出了相应的探测结果。

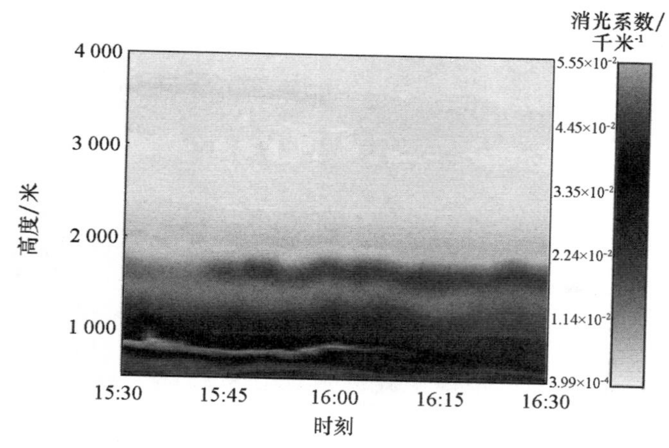

图 11.8 消光系数垂直分布廓线随时间变化情况的探测结果

从图中可以看出，圣彼得堡市上空气溶胶污染物的最大高度达 1.7 千米，

0.7 千米处的污染物浓度最大（α（z）约 0.056 千米$^{-1}$），污染物的浓度在 45 分钟内（15：30 至 16：15）逐渐降低。

随着垂直扫描高度增加到 25 千米，在高度为 17～22 千米的平流层中，可以清楚地看到气溶胶荣格（Junge）层（α（z）约 0.02 千米$^{-1}$）。

气溶胶激光雷达可以利用偏振激光测量出气溶胶粒子的退偏振比。这将显示气溶胶颗粒的一个基本特征，即球形（液滴）和非球形（晶体、灰尘等）两种气溶胶颗粒外形。颗粒的形状由其起源决定，由此可以显示气溶胶的来源。

图 11.9 给出了 2013 年 6 月 6 日圣彼得堡市大气气溶胶空间衰减系数和退偏振比的测量结果。在小于 1 千米的近地层（城市上空的“污染层”）主要是外观接近球形（但又不是球形）的颗粒。在海拔 10 千米的薄卷云层，是明显的结晶状态颗粒。

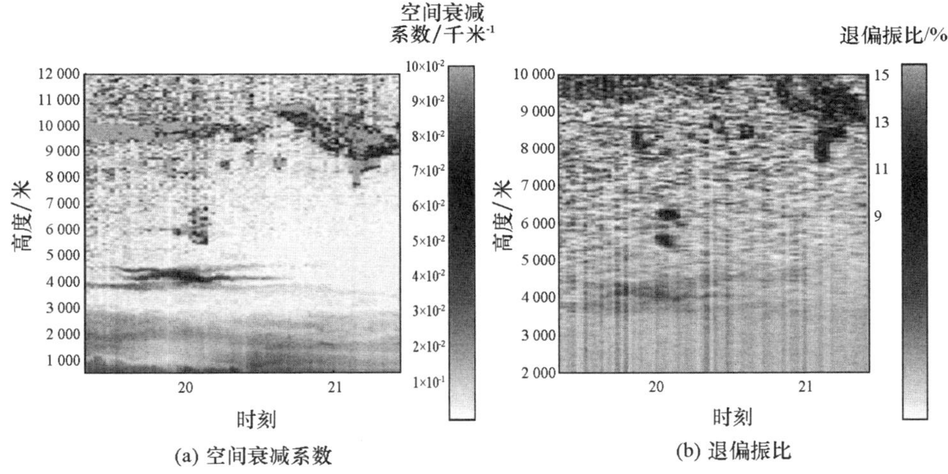

图 11.9　在大气中受时间和高度的影响

微芯片激光技术的发展使得制造新型紧凑、可移动的气溶胶激光雷达成为可能。这种激光雷达可以探测距离大于 10 千米的气溶胶物质。由法国 LEOSPHERE 公司开发的便携式气溶胶激光雷达 EZ LIDAR 外观如图 11.10（a）所示，工作波长为 355 纳米，可探测到距离远至 15～20 千米的气溶胶物质。这种激光雷达的主要技术特征参数见表 11.2。

需要特别提到的是微脉冲激光雷达，例如 Sigma Space Corporation 公司生产的 MPL 激光雷达，其外观如图 11.10（b）所示，工作波长为 532 纳米，输出能量小于 10 微焦，可探测到距离远至 10～20 千米的气溶胶物质。

(a) EZ LIDAR　　(b) MPL

图 11.10　激光雷达的外观

表 11.2　EZ LIDAR 雷达的技术特性参数

探测距离/千米	0.05～20
更新探测数据/秒	1/30
空间分辨率/米	1.5/15
角分辨率/度	0.2
扫描速度/（度/秒）	8
温度模式/摄氏度	－20～＋50
湿度/%	0～100
防尘防水等级	IP65
重量/千克	48
安全等级	IEC60825－1 2001

对地球大气的气溶胶成分进行研究的激光雷达不仅可以安装在地面上，

也可以安装在包括太空平台在内的空中载具上。从太空进行探测可以研究平流层和对流层的上部。2006 年由 CALIPSO 航天器携带进入太空轨道的激光雷达（云气溶胶激光雷达和红外探路者卫星观测）可在532 纳米和1 064 纳米这两个波长下工作。这颗卫星的设计目的是研究云和气溶胶对全球气候形成的影响。其激光发射系统是两个相同的 Nd：YAG 二极管泵浦激光器，每个激光器都有一个扩束透镜组，从而减小所发射激光束的发散角，使得其传输到地球表面上的光斑直径为 70 米。激光器装有被动冷却式的散热面板。该激光雷达的主要特性参数如表 11. 3 所示。

表 11. 3　CALIPSO 航天器上安装的激光雷达技术特性参数

1 064 纳米输出能量/毫焦	100 ~ 125
532 纳米输出能量/毫焦	100 ~ 125
脉宽/纳秒	15 ~ 50
脉冲频率/赫	20
光束质量（束散积，对于两种波长）/（毫米·毫弧度）	10
1 064 纳米激光线宽/皮米	150
532 纳米激光线宽/皮米	35
532 纳米激光偏振度	100∶1
r 轴的抖动	10% 的输出光束发散角

图 11. 11 是太空激光雷达的接收系统，其由安装在同一块光学平板上的发射望远镜、光束传输元件、探测器、电子放大器及线性滑台组成。接收望远镜的主镜和次镜采用铍材料制成，从而减小温度梯度而使得温度的影响最小。碳复合材料遮阳罩可防止反射镜遭受阳光直射。望远镜与光学平板间采用热绝缘连接。表 11. 4 给出了接收系统的主要参数。

图 11.11　组装好的太空激光雷达的接收系统

表 11.4　CALIPSO 航天器上激光雷达接收系统的参数

望远镜直径/米	1
望远镜视场角/毫弧度	130
532 纳米通道探测器	光电放大器
1 064 纳米通道探测器	雪崩光电二极管

图 11.12 给出了激光雷达接收通道的简化光路。激光雷达获得了云层和气溶胶的垂向特性数据，其水平分辨率为 5 千米。图 11.13 给出了测量数据的质量指数，其中 532 纳米波长接收通道的光路可探测后向散射光的两个偏振方向分量。

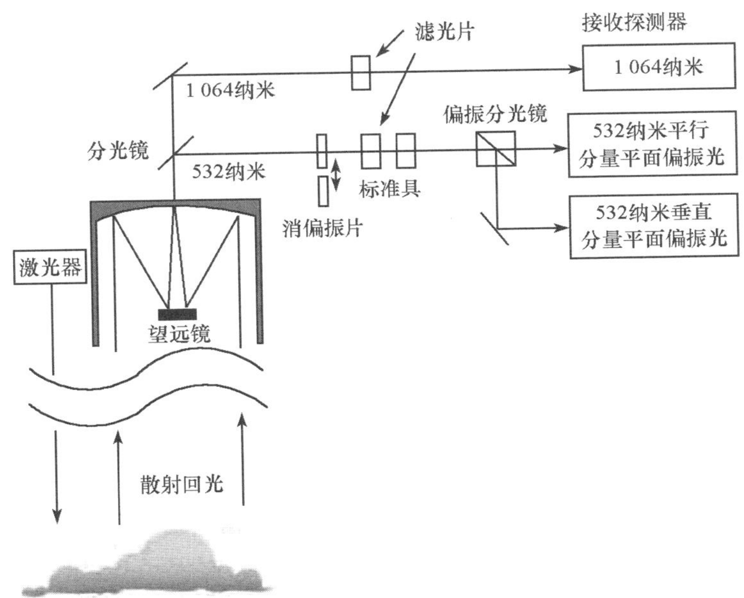

图 11.12　CALIPSO 激光雷达接收通道的简化光路图

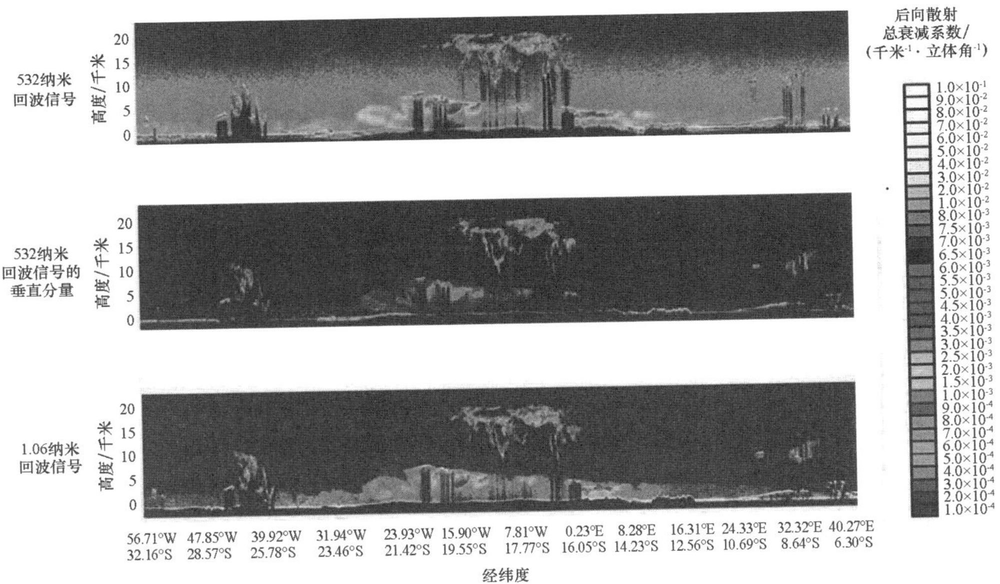

图 11.13　2006 年 6 月 CALIPSO 激光雷达接收信号的图像，大气数据涵盖 0 ~ 30 千米海拔（见彩插）

结 论

大气中的气溶胶成分在水平方向和垂直方向上均不断变化，变化范围从几百米到几十千米，因此需要对大气状态进行持续监测。气溶胶激光雷达使用的激光器主要是固态激光器，这是因为固态激光器输出的探测脉冲能量大，且接收器在激光器输出波长处的灵敏度高。气溶胶激光雷达所获取的数据既可以进行实时处理，也可以经过一系列测量后在远程服务器上进行处理。

思考题

1. 激光雷达采用什么类型扫描仪可以扫描整个上半球？
2. 在航天器上安装激光雷达是否可能？
3. 太空激光雷达接收到的信号有什么特点？
4. 激光雷达使用哪种类型散射来绘制云层图像？

参考文献

1. Межерис Р. Лазерное дистанционное зондирование. – М.: Наука 1987. –550 с.（《激光遥感》）

2. Горелик Д. О., Конопелько Л. А., Панков Э. Д. Экологический мониторинг: Оптико- электронные приборы и системы. Т. 1. СПб., 1998. –734 с.（《环境监测：光电仪器和系统（第一卷）》）

第 12 章　大气中的化学污染物检测

目前，有许多技术正用于远距离检测环境中的化学污染物，以探测和识别不同时间段分布在大气中的危险化学品。空气中化学污染物的检测方法分为主动和被动两种类型。被动检测法利用下垫面或污染物本身的自然辐射来探测，因而不会对研究对象造成影响。主动检测法则需使用具有特定初始特性的激光源。当激光束与大气中的污染物气体发生相互作用时，光束的初始特性会发生定量和定性变化。通过分析所获取的数据，可以确定大气中化学污染物分布的定量特征。

12.1　差分吸收/散射激光雷达

激光雷达大气遥感技术为收集所需大气数据提供了一个很好的手段。功率大、可靠性高且覆盖光谱范围宽的激光器的存在，使得对环境状况进行详细检测分析成为可能，从而可以确定大气中是否存在各种已知的特定物质。现在已有各种灵敏度高且经过充分验证的激光雷达可以用来检测大气中的有害物质，例如，差分吸收（DIAL）和差分散射（DISC）激光雷达可以用来测量工作区和住宅区大气有害物质的最大许可浓度。

差分吸收已被证明是一种高度灵敏、非常有效的检测不同化合物浓度的技术。每种分子的特性及其对探测激光的吸收系数可用于识别气态污染物并确定其浓度。分子吸收的有效截面通常在 10^{-20} 米^2 量级，即比拉曼散射的截面高 6~8 个数量级。

经典的差分吸收激光雷达使用两种波长的激光（这里标记为 λ_{on} 和 λ_{off}），气体对其中一个的吸收比另一个强。不同分子的光谱吸收特性决定了激光工作波长的选择。在窄带吸收的情况下，λ_{on} 波长激光的选择应处于气体分子的窄带吸收谱线上，而 λ_{off} 波长激光则不被吸收或吸收系数极低。图 12.1 给出了甲烷分子窄带吸收光谱对应激光波长选择的例子。如果吸收光谱的范围较宽（如图 12.1 中的臭氧），那么则根据所需吸收差值的大小来选择激光波长。

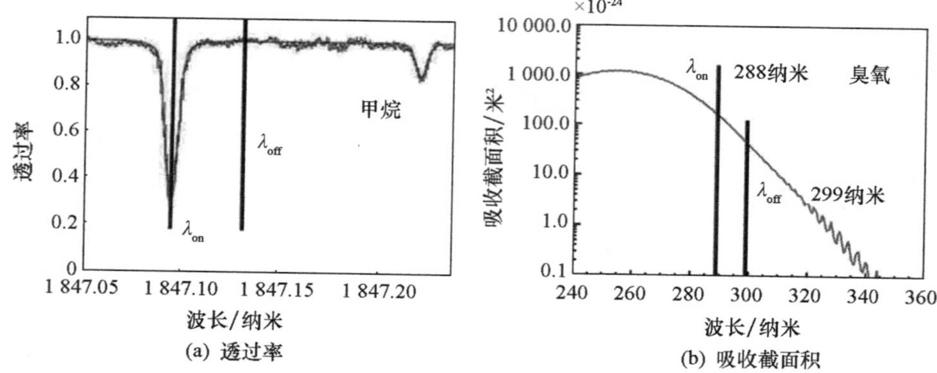

(a) 透过率

(b) 吸收截面积

图 12.1 不同光谱类型的激光差分吸收方法

在紫外波段（220～400 纳米），用激光雷达进行气体分析严重受限于 220 纳米以下 O_2的吸收。紫外波段有多种气体的吸收光谱，包括 SO_x、O_3、NO、NO_2、Cl_2等。在可见波段（400～700 纳米），N_2O、I_2和 H_2O 等几种气体的吸收线适用于差分吸收法。在红外波段（1～25 微米），许多气体具有典型的吸收特性。红外波段的吸收线主要由分子的振动－转动态间跃迁决定，而紫外波段的吸收线则由分子的电子态间跃迁决定。

然而，在红外波段，对大气的远程检测还要受到大气窗口的限制。主要的大气窗口位于小于 2.5 微米、3～5 微米和 8～14 微米的波长范围。在这些波长范围之外，由于水蒸气和二氧化碳的吸收，大气对激光的透过率急剧下降。在远红外波段（25～500 微米），只有水分子的转动态吸收带较为强烈，覆盖了该波段的大部分范围。

在差分吸收激光雷达中，两个波长相近的激光脉冲交替或同时发射。其中，λ_{on}波长的激光被既定物质吸收，λ_{off}波长的另一个激光则不被其吸收。在不同激光波长的条件下，差分吸收激光雷达接收信号的振幅比值仅取决于有效吸收截面的差异及光路上所探测物质的浓度差。差分吸收法需要对激光器进行频率调谐或输出两种波长的激光。考虑到几种气体近似各自单独散射，使用 λ_{on}和 λ_{off}两个波长进行探测时，则两个信号彼此分开，可以采用以下标准激光雷达方程表达式来反算出给定气体的浓度：

$$c_k(R) = \frac{1}{2\Delta\sigma}\frac{\mathrm{d}}{2\mathrm{d}R}\left[-\ln\frac{P_{on}(R)}{P_{off}(R)} + \ln\frac{\beta_{on}(R)}{\beta_{off}(R)}\right] -$$

$$\sum_{i=1, i\neq k}^{n} c_i(R)\Delta\alpha_i(R) - \Delta\alpha^{\mathrm{sct}}(R) - \Delta\beta^{\mathrm{ext}}(R) \tag{12.1}$$

其中，Δ 表示 λ_{on}和 λ_{off}波长对应的系数差。通常，大气分子的后向散射、分子散射和气溶胶衰减系数在两个相近的波长处是相同的，因此可不考虑这些系数，它们的比值等于 1，差值为 0。如果存在其他的吸收成分，那么必须考虑探测波长的选择，或者所选取的探测波长必须能够消除它们的影响。

在距离为 ΔR 时，气体的平均浓度可表示为：

$$\begin{cases} N(R) = \dfrac{1}{2\Delta\sigma\Delta R}\left[\ln \dfrac{\dfrac{P_{\mathrm{on}}(R+\Delta R)}{P_{\mathrm{on}}(R)}}{\dfrac{P_{\mathrm{off}}(R+\Delta R)}{P_{\mathrm{off}}(R)}}\right] - \dfrac{\alpha_{\mathrm{on}}^{R} - \alpha_{\mathrm{off}}^{R}}{\Delta\sigma} + B + E \\ B = \dfrac{1}{2\Delta\sigma\Delta R}\ln\left[\dfrac{\beta_{\mathrm{on}}(R+\Delta R)}{\beta_{\mathrm{on}}(R)}\dfrac{\beta_{\mathrm{off}}(R+\Delta R)}{\beta_{\mathrm{off}}(R)}\right] \\ E = \dfrac{-(\alpha_{\mathrm{on}}^{A} - \alpha_{\mathrm{off}}^{A})}{\Delta\sigma} \end{cases} \tag{12.2}$$

其中，上标 A 和 R 分别代表气溶胶散射过程和瑞利散射过程对应的数值。

从式（12.2）可知，差分探测时选取的激光波长必须使大气气溶胶和分子的散射系数、吸收系数相同，此时只有被研究气体的吸收会导致激光雷达信号的变化。

使用激光雷达对含有被研究气体的气团云层进行探测时，由于被研究气体对 λ_{on}波长的激光吸收较大，因此散射脉冲的激光功率将减小。图 12.2 给出了差分吸收激光雷达的测量示意图，图 12.3 给出了差分吸收激光雷达所探测到的相应信号变化曲线。图 12.3 说明了在 λ_{on}和 λ_{off}波长下，激光雷达探测器可获取较为理想的信号曲线，这些信号依赖于探测路径上的被测物浓度分布。

但是，在根据激光雷达方程反算气体的浓度时，除大气中气体和气溶胶在工作波长处的性质之外，方程中每个波长还存在一个对应激光雷达几何因子。当通过仔细调整光学系统或校准试验来测量并进一步定量分析所获取的数据时，必须考虑几何因子的差异。此外，在进行长时间测量，即当信号的记录时间比大气条件改变的时间更长时，反算出的数据有可能严重失真。图 12.4 是 NO_2 在强风条件下排放时，在大约 800 米距离处测量所接收到的 30 多秒信号曲线图。

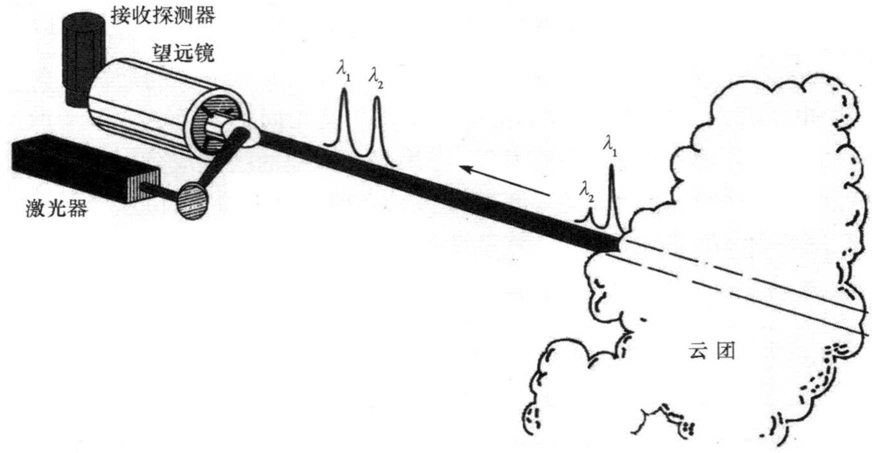

图 12.2　差分吸收激光雷达的测量示意图

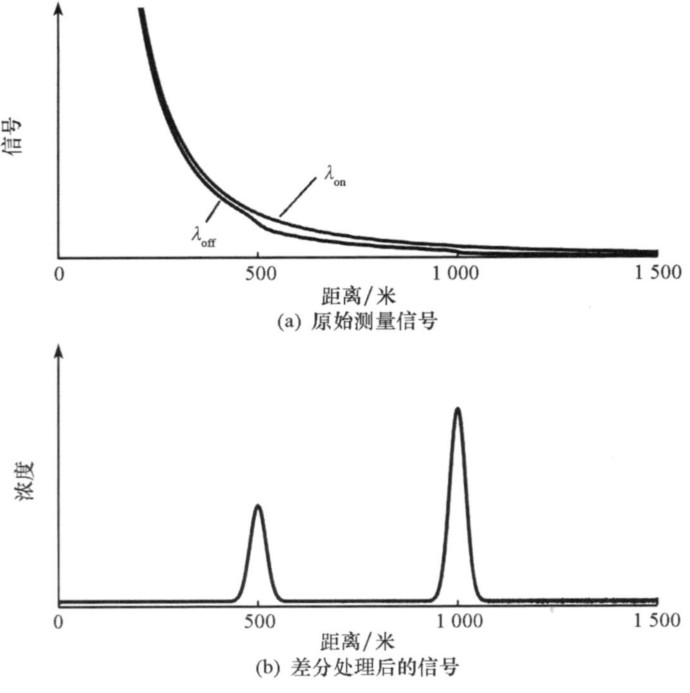

图 12.3　差分吸收激光雷达所探测到的信号

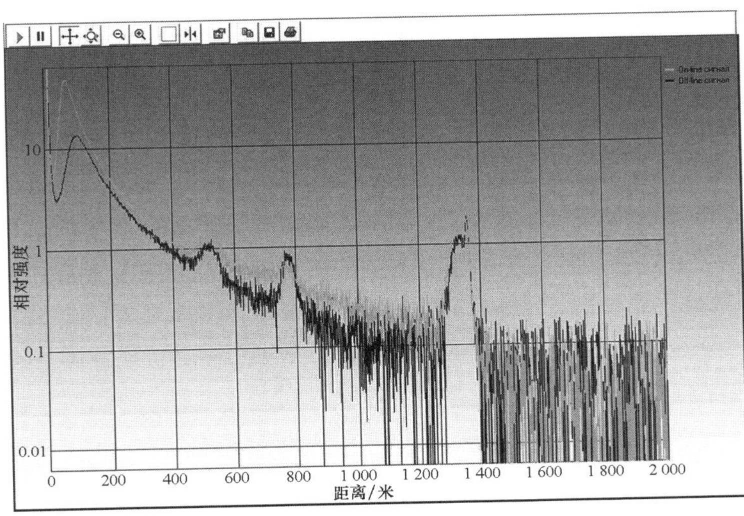

图 12.4 差分吸收激光雷达信号

从图 12.4 中的信号可以看出，λ_{on}和λ_{off}波长对应的几何因子是不同的，而且在测量过程中，750 米距离处的气溶胶物质发生了变化。对数据进行直接处理所得到的图像（如图 12.5 所示），并不能可靠地识别污染物以及检测其浓度。

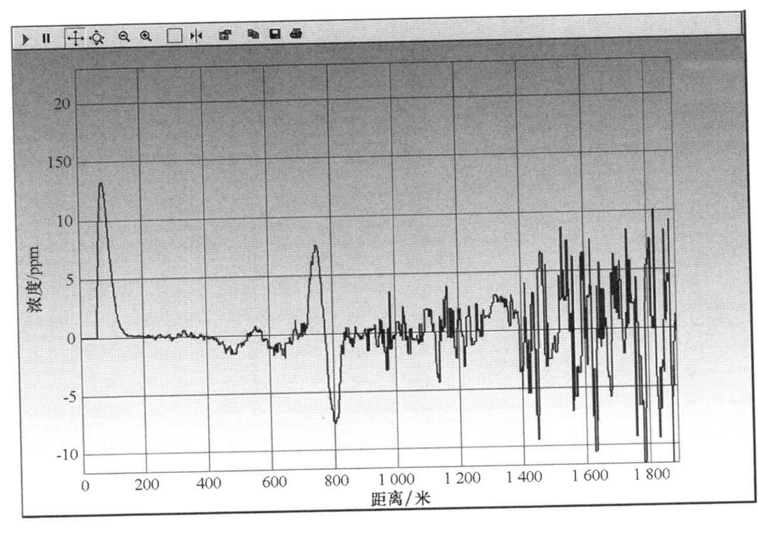

图 12.5 反算出来的 NO_2 浓度

目前，已知有100多台固定式和移动式地基和空基差分吸收激光雷达用于确定大气中的各种气体浓度和检测大气中的有害杂质。差分吸收激光雷达的遥测范围、空间分辨率及可探测的最小浓度取决于所用激光器的类型、能量参数、激光波长、检测方法等因素。对环境有重要影响的分子包括：几乎所有的碳氢化合物、氮氧化物（NO，NO_2，N_2O）、氨（NH_3）、SO_2和碳氧化物（CO，CO_2）等。

表12.1中给出了部分气体探测所用的激光波长及其吸收系数。

表12.1　部分气体探测所用的激光波长及其吸收系数

气体	波长/纳米		吸收系数			
	λ_{on}	λ_{off}	σ/（大气压·厘米）		σ（$\times10^{-19}$）/（厘米^2/毫克）	
			λ_{on}	λ_{off}	λ_{on}	λ_{off}
NO_2	448.25	446.83	16.73	11.2	3	2
Cl_2	383.90	393.00	1.23	0.77	0.44	0.27
SO_2	308.50	307.60	17.8	4.6	6.62	1.73

图12.6给出了由短波差分吸收红外通道（图12.6（b））和9～11微米波段差分吸收红外通道（图12.6（c））组成的双通道激光雷达方案示意图(图12.6（a）)。

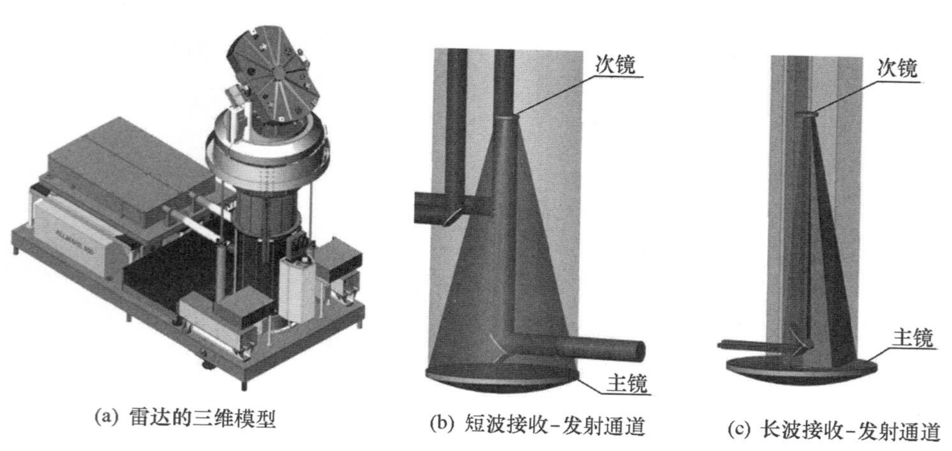

(a) 雷达的三维模型　(b) 短波接收-发射通道　(c) 长波接收-发射通道

图12.6　双通道差分吸收激光雷达方案

外差式长波差分吸收激光雷达（LW-DIAL）可在9～11微米波段内的CO_2分子的60条振动－转动态间跃迁谱线中的任意一条上工作。CO_2激光是波长位于9.2～10.8微米波段内的一系列窄线宽谱线，谱线属于9R、9P、10R和10P四个激射支，每支的谱线均对应一系列偶数转动量子数，如图12.7所示。因此，CO_2激光器的输出谱线可采用数字和字母的组合来表示，例如：9R30或10P18。这些谱线对应于严格定义的激射波长，它们已被制作成表格，可以用来计算特定气体的吸收。激射谱线的数量取决于激光器中介质的增益大小以及谐振腔的损耗（Q值）。在一个大气压的条件下，加宽后的谱线宽度为5吉赫，在不采取特殊措施时，CO_2激光器激射输出的谱线数量通常约为60条；采取额外措施时，谱线的数量可增加至80条。

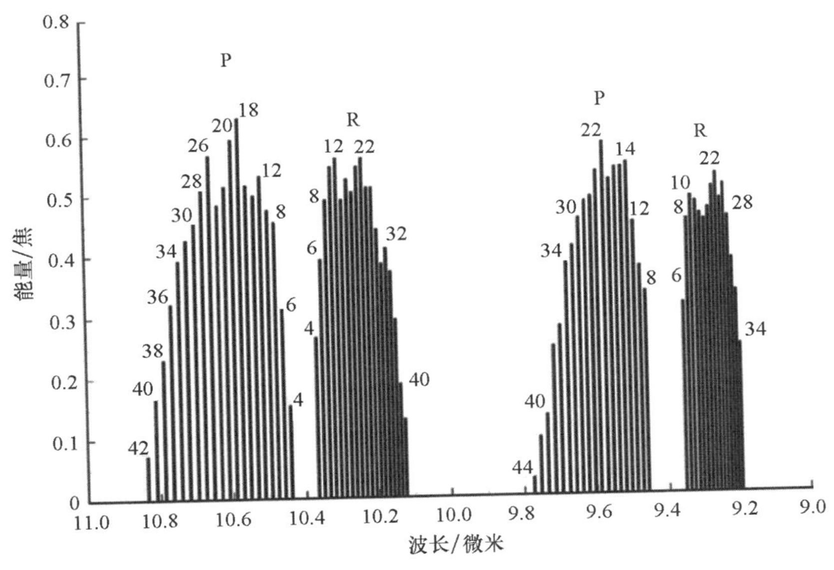

图12.7　可机动激光雷达外差通道CO_2激光器的输出谱线波段（Laser Systems 公司）

化学武器作战部队所使用的主要毒气，如塔崩、沙林、梭曼和VX气体，在CO_2激光器的激射波段内具有特征吸收线，因此CO_2激光可用于检测大气中的上述气体物质。图12.8为上述气体物质的吸收光谱和对应的CO_2激光器激射光谱范围。

长波激光雷达光路的一个重要特点是，实现差分吸收方法的双通道激光系统与碲镉汞（MCT）面阵探测器在外差模式下工作。

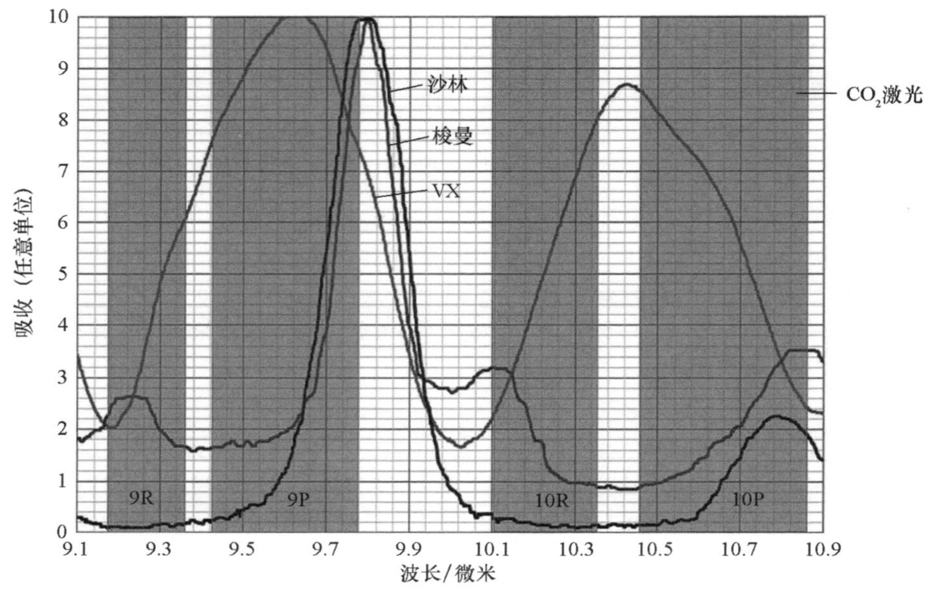

图 12.8　主要毒气的吸收光谱和 CO_2 激光器的激射光谱范围

光谱分析表明，为探测沙林、梭曼及其他主要毒气，激光器的激射输出波长应在 9.8 微米附近，该波长对应于 9P 支的边缘。

将被探测区域的实时测量结果标注在地形图上，使得被污染区域的确定成为可能。在风向信息已获知的情况下，则有可能利用扩散模型对毒气云团的进一步发展区域进行预测，然后采用连续或周期性（按编程的顺序）两种不同的时间模式对待探测区进行扫描。

图 12.9 给出了城市条件下测得的 NO_2 浓度分布图。该图是利用可移动激光雷达系统，在与地平线 10 度夹角的路径上，通过短波差分吸收激光雷达测得的。以一定规律重复出现的最大浓度值可能和城市地图上的某些物体相关联。

通过激光雷达扫描可在任何方向上进行测量，从而实时监测空气中的污染物。图 12.10 给出了间隔 2 分钟对某运输船所排放废气中 SO_2 浓度的测量结果。

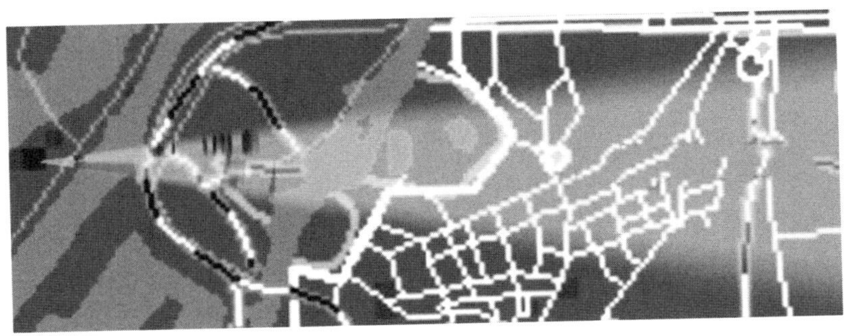

图 12.9　圣彼得堡市的 NO_2 浓度分布测量结果（有颜色的部分表示浓度为 0～1ppm）

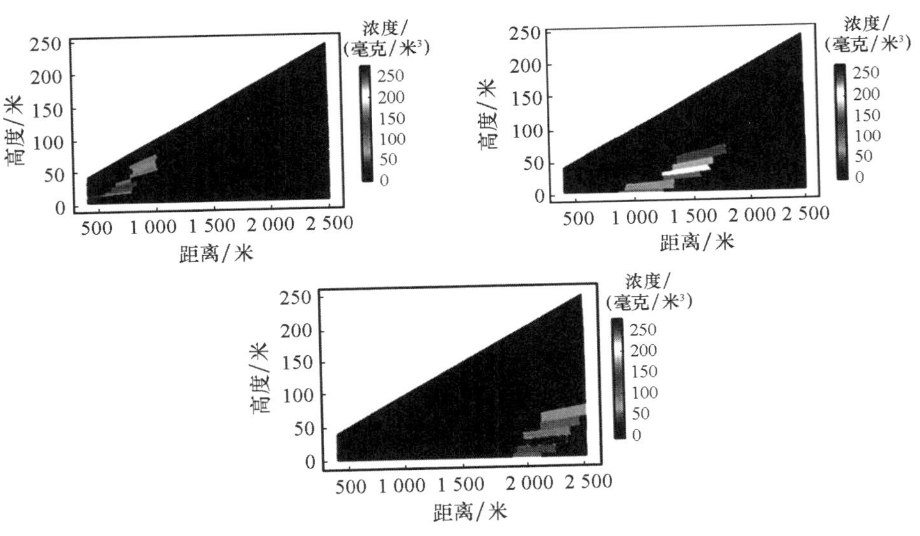

图 12.10　某船舶排放废气中 SO_2 浓度间隔 2 分钟的测量结果

12.2　可调谐半导体激光吸收光谱测定法

检测大气中化学物质的方法之一是基于可调谐半导体激光吸收光谱（TDLAS）的半导体激光光谱测定法。该方法可检测的物质范围广泛，还适用于检测浓度非常低的气体。由于半导体激光器的尺寸小，因此，基于半导体激光器可制造出相当紧凑小巧的分析仪器。

半导体激光光谱测定法是以探测激光束在均匀吸收介质中传播时的衰减现象为基础。光的吸收可以用布格－朗伯（Bouguer-Lambert）定律描述，其表达公式为：

$$I(l) = I_0 e^{-xCl} \tag{12.3}$$

其中，I_0为探测激光束的入射光强度，l为吸收物质的厚度，x为物质在特定波长下的单位吸收系数，C为物质的浓度。如果知道吸收物质的厚度（探测路径的长度）、入射光和出射光的强度、特定波长下的单位吸收系数，就有可能确定物质的浓度。

物质的吸收光谱决定了物质在特定波长下对光的单位吸收系数这个特性参数。在环境参数（空气温度、探测通道长度、压力）已知的情况下，空气中的气体浓度可以通过分析指定波长范围内的透射曲线凹陷深度来确定。例如，图 12.11 给出了一定大气条件下不同浓度甲烷的透射光谱。

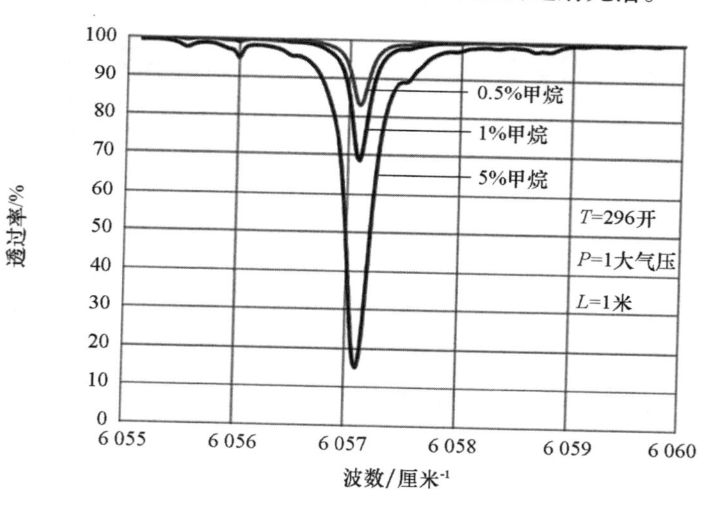

图 12.11　不同浓度甲烷的透射光谱

TDLAS 方法使用中心波长接近被测气体吸收线的窄带半导体分布式反馈（DFB）激光器来确定吸收量。在稳定的温度条件下，激光器通过电流在给定的范围内变化来实现其工作模式（扫描模式）。激光器电源通过输出锯齿波形对电流进行调制，同时，电流按给定频率在两个数值之间变化，不会变为零。由此实现激光器功率输出的按比例调制和中心波长的偏移调谐。

激光器波长的重复偏移调谐实现了检测空气中气体吸收峰值所需的扫描

模式。重复频率可以在不同范围内变化，这取决于测量方法的特点、测量仪器的设计及激光器本身的参数。通常，调制频率为几千赫到几十千赫。

DFB 激光器输出的一部分光束通过分光镜被送到参考光电接收器上（可内置集成于激光器的结构中），另一部分光束通过光纤送到发射光学组件后再传输到待检测区域，然后通过待测区域的气体反射，回光通过接收器到达信号光电接收器，光电接收器实时检测光信号并转换为电信号，电信号被放大并输出到信号显示器上，之后经过处理即可计算出气体浓度。相关的激光器扫描模式和信号处理过程如图 12.12 所示。

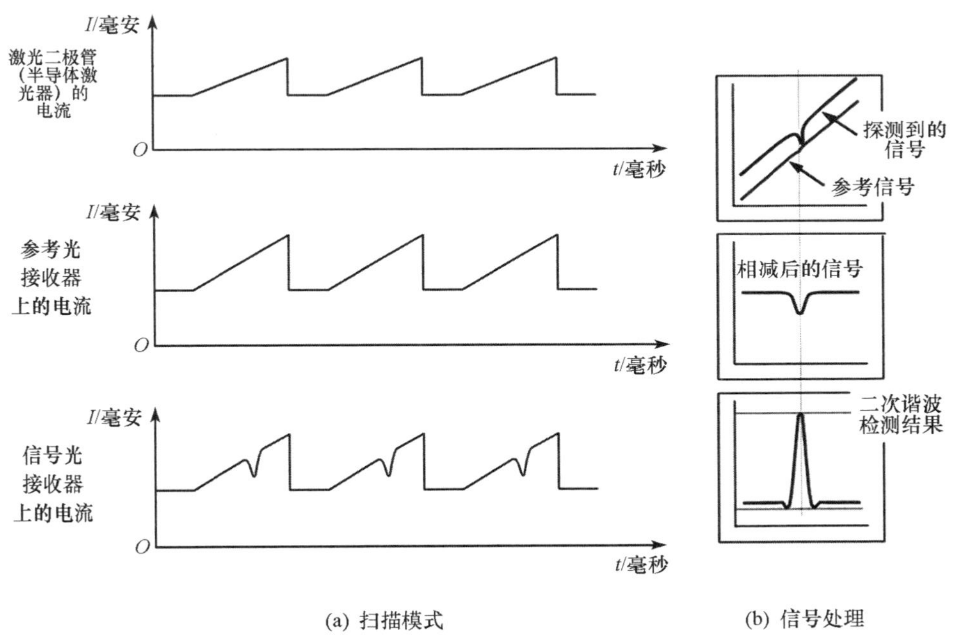

图 12.12　激光器的扫描模式和信号处理

其他条件相同的情况下，光电接收器电流曲线上的下沉深度取决于空气中的气体浓度，如图 12.13 所示。

DFB 激光器的温度稳定性可通过使用珀耳帖（Peltier）元件和内置温度传感器来控制。控制单元可将激光器晶体的温度保持在 10 ~40 摄氏度范围内，精度可达 ±0.01 摄氏度。

采用 TDLAS 方法来检测气体浓度的一个应用例子是 Laser Systems 公司制

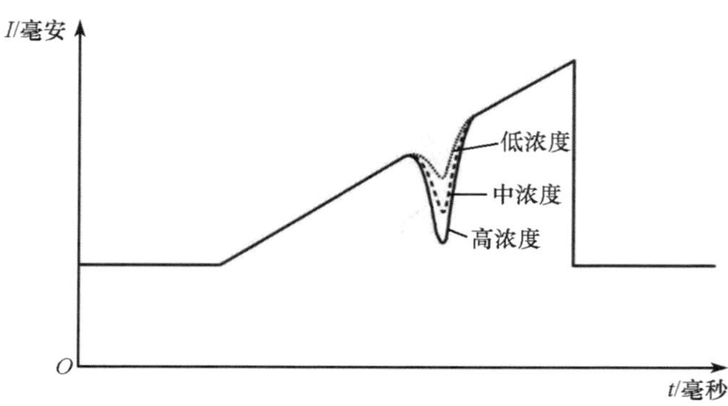

图 12.13　测量区域内不同气体浓度对应的光电接收器电流曲线下沉深度

造的非接触式快速醉酒检验装置——框架式酒精浓度检测仪。该设备可设计用于测量人呼出的酒精蒸气，并快速通报检测结果。

框架式酒精浓度检测仪由一个框架和一个电子模块组成。框架中装有光学部件和接收光电探测器，框架提供了测量的限定范围，并记录光信号。电子模块位于仪器的底部，包括 DFB 激光器（其输出光束由光纤传输至框架内）、控制计算机、辅助操作面板和其他元件。该仪器的总体外观和光路布局如图 12.14 所示。

被测试者向框架内呼气，DFB 激光器输出的探测光束经框架侧面反射镜多次反射，确保了探测所需的路径长度，探测光束经过测试区域后进入接收光电探测器，接收器将信号传输给控制计算机处理后获得呼出的酒精蒸气含量。一次测量的时间不超过 1 秒，浓度的测定阈值为 150 微克/升（对应的血液中酒精浓度为 0.3‰）。

这种系统不需要使用特殊的个人卫生用品，具体来说，是不需要各种各样的烟嘴和喷嘴，从而降低操作成本。此外，测试是全自动的，不需要维护人员，因此其可以集成到企业门禁系统（如旋转门系统）中，从而对人员进出进行全自动控制。

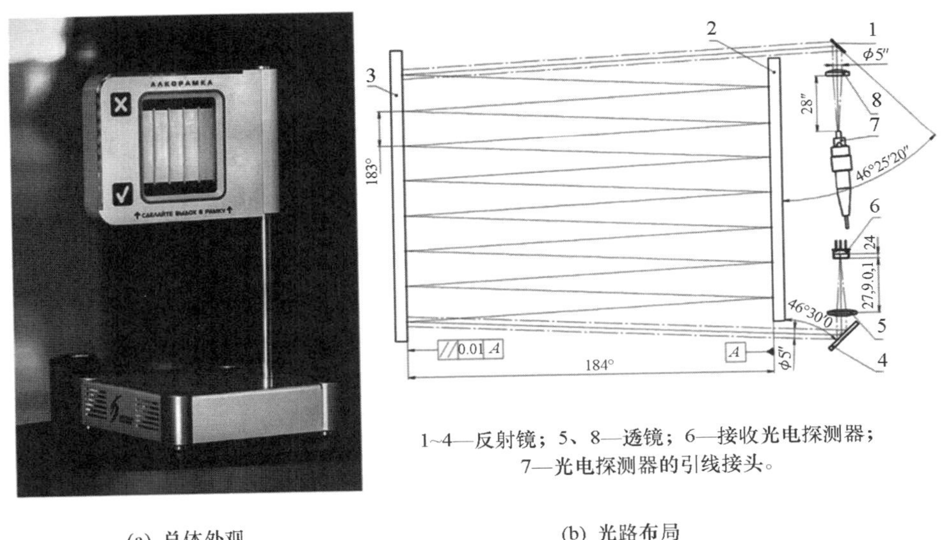

(a) 总体外观　　(b) 光路布局

图 12. 14　框架式酒精浓度检测仪

结论

大气中的不同气体具有不同的吸收光谱特征，从而使得采用多种不同的方法来确定不同气体的相对浓度成为可能。可以使用从紫外到红外波段的各种激光器来检测特定气体的存在并确定其浓度。除遥感技术外，还可以使用可调谐半导体激光吸收光谱技术来确定局部空间范围内的有害物质。

思考题

1. CO_2激光器可在哪个光谱波段内进行调谐？
2. 差分吸收激光雷达的工作原理是什么？
3. 可调谐半导体激光吸收光谱测定技术的原理是什么？

参考文献

1. Межерис Р. Лазерное дистанционное зондирование. М.: Наука, 1987. 550 с.(《激光遥感》)

2. Горелик Д. О., Конопелько Л. А., Панков Э. Д. Экологический мониторинг: Оптикоэлектронные приборы и системы. Т. 1. СПб., 1998. 734 с.(《环境监测：光电仪器和系统（第一卷)》)

3. Лебедева В. В. Техника оптической спектроскопии. М.: Изд-во Московского университета, 1986. 344 с.(《光谱技术》)

4. www. cfa. harvard. edu/hitran.

第 13 章　大气的气象参数测量

风速测量对于某些应用科学领域尤其重要，例如气象学和空气动力学。当存在不可控和随机波动时，例如在计算由飞机飞行产生的湍流时，以及在风力发电机根据风向将转轴调整至最佳方向时，风的精确测量（风速和风向）就变得非常重要。

全球风，例如海洋上的风，是通过卫星来观测的；较小尺度的风是通过当地传感器来测量的。

风杯式风速计和超声波风速计是测量安装点风速所用的主要当地传感器，如图 13.1 所示。当地传感器的主要缺点是其无法安装在难以到达的地方，例如高海拔地区。

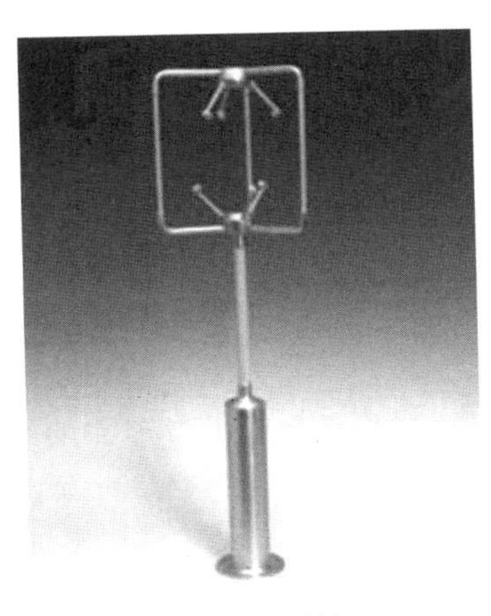

(a) 超声波风速计

(b) 风杯式风速计

图 13.1　两种常用的当地风速测量设备

另一种测量风速的方法是使用远程传感器，可以测量距离仪器很远的风的参数。远程传感器包括雷达、声雷达、激光雷达等。

13.1 风场测量激光雷达

激光测风雷达的工作原理和声雷达相同，其所测得的数据是在狭长空间范围内沿探测光束区域的风速。通过激光雷达测量，可以得到三维风速矢量和湍流数据。

与声雷达不同的是，激光雷达使用一种空间和时间高度相干的细激光束对大气进行探测。激光束在大气中始终存在的气溶胶颗粒上发生散射。在非常干净的大气中，基于气溶胶散射的测量也能有效进行，因此，数据的可测得性接近100%。

13.1.1 风速测量原理

由于多普勒效应，后向散射的激光频率会发生变化，多普勒激光雷达即利用这一物理现象来测量径向（沿探测光束的光轴方向）风速。对于多普勒激光雷达，接收到的信号沿相反方向发生散射，因此，频移公式可表示为：

$$2\pi\Delta f = 2\frac{2\pi}{\lambda}V_{\mathrm{r}} \tag{13.1}$$

其中：λ 是探测激光波长；V_{r}是径向风速，即探测方向上瞬时矢量 $\boldsymbol{V}=(\boldsymbol{v}_x,\boldsymbol{v}_y,\boldsymbol{v}_z)$ 的投影。

$$V_{\mathrm{r}} = \frac{\Delta f\lambda}{2} = \frac{\lambda}{2}f_{\mathrm{D}} \tag{13.2}$$

其中，$\Delta f = f_{\mathrm{D}}$是频率表达式中直接测量到的多普勒频移，也可表示为：

$$\Delta f = \frac{-2V_{\mathrm{r}}}{\lambda} \tag{13.3}$$

13.1.2 测量风速的方法

当前，利用激光雷达测量风速的方法主要有两种：多普勒法和相关法。多普勒法用于远距离探测风速，分为相干和非相干（直接）后向散射两种激光检测法。相干检测法则测量大气散射光束与当地激光束（本征光）之间的拍频。直接检测法使用具有高光谱分辨率的光学元件，可直接测量后向散射的光束频率。

相关法测风雷达则是利用大气光学参数的自然不均匀性（主要是气溶胶颗粒浓度和尺寸不均匀），并基于大气中气溶胶散射回的激光雷达的信号（强度）波动的分析来测量风速。对于所研究的每个高度，需要向空中发射几个相互分散且间距确定的（相等且已知）激光束来同时探测几个测量区域。大气色散的非均质性在各测量区域之间的传输时间对应风速的相关分量。在各测量区域之间，当大气中的气溶胶团随风穿过激光束时，不均匀分布的气溶胶将对后向散射信号强度有所调制。由此散射信号可以得到空气流动的转移时间。根据光束间距和光束间的气溶胶转移时间就可以求解得到相应的风速风量。在信号有噪声和气溶胶非均匀性不明显的情况下，可以通过互相关函数最大值的位置来求得转移时间的最佳估计值。

为了测量风速廓线，采用相关法测量风速时，至少需要收集三条探测路径上风的信息。从技术上讲，这是通过用一束激光对三个方向进行连续扫描来实现的。

为了得到风速和风向矢量，需要对所得到的激光雷达数据进行相关处理。相关函数基于快速傅里叶变换算法，对待处理的数组进行标准化的初步处理。

作为相干接收基础的光学外差与无线电波段内的外差类似。相干探测法的测量精度很高。在近地层含有一定数量气溶胶的大气中，测量精度可达0.1米/秒。因此，大气垂向相干探测仅适用于近地层，其上边界高度为离地2~3千米。

如上所述，通过测量后向散射光束的多普勒频移，可以计算出气团的速度。测量激光束多普勒频移的方法有两种：相干法和非相干法。

相干法是在接收机位置直接测量来自大气散射的光束与来自当地外差光束的干涉信号，进而得到散射光束的频率，因此，会有一个从太赫兹频率到无线电频率的转变。其接收示意如图13.2所示。

在光电探测器的接收区，信号光束和外差光束的相互干涉是相干（外差）法区别于直接检测法的一个显著特征。

总光场与光电探测器光敏区材料的相互作用，导致光电探测器的输出电流中除其他成分外，还将出现差频成分。

总体上，光电探测器接收区的光功率可用下式描述：

$$P = P_s + P_h + 2\sqrt{P_s P_h}\cos\left[j2\pi(f_s - f_h)t + (\phi_s - \phi_h)\right] \qquad (13.4)$$

其中，P_s 是由大气层散射并由接收望远镜收集的信号光束功率，P_h 是接收机

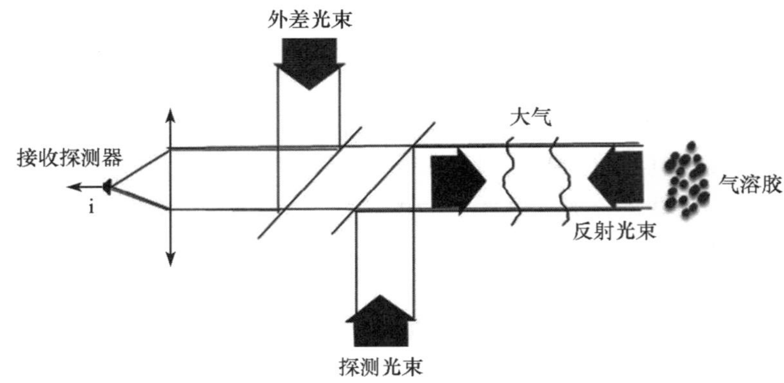

图 13.2　相干激光雷达中的外差接收示意图

上外差光束的功率，f_s、f_h、ϕ_s、ϕ_h 分别代表信号光束和外差光束的频率和相位。

对上述接收机信号进行低频滤波处理，可以滤掉前两项，滤波后的信号表达式为：

$$P \approx 2\sqrt{P_s P_h}\cos\left[j2\pi(f_s - f_h)t + (\phi_s - \phi_h)\right] \tag{13.5}$$

由于外差光束和信号光束的频率之差落在无线电波段，即几十兆赫，因此，可以使用通过带宽为几兆赫的技术来采集信号，从而增加信噪比。信噪比通常定义为信号光束的功率与所有组件噪声功率的比值。

与直接检测相比，相干法的外差接收实施方案要复杂得多，但由于外差接收可通过增加参考信号的强度，在接收机自身热噪声背景下检测出非常微弱的光信号，因此这种方法得到了广泛的实际应用。相干性、单色性和方向性好的光源是激光外差高效率的首要前提。在此要求下，激光线宽应小于多普勒频移光谱的湍流加宽，且在不同条件下，湍流加宽线宽在2～3 兆赫范围内。对于脉冲激光雷达，外差光束的激光线宽选择通常受到傅里叶变换限制（脉冲体制相干测风激光雷达的距离分辨率和频率分辨率相互约束，且受到发射光束的脉宽限制）；而对于连续激光雷达，外差光束的激光线宽则为数千赫。

利用大气气溶胶组分的后向散射光可以对风进行探测。因为在这种情况下，散射光的频谱即为激光束的频谱，此时，接收到的信号是不均匀的。如上文所述，无论是在水平路径还是在垂直路径上，气溶胶的分布都有显著变化。

现在，用来测量风速分布的多普勒激光雷达已经成为各气象部门的标配设备。例如，国际民航组织规范性文件要求所有机场都要安装涡流安全监测系统，除机载设备外，还需安装一套复杂的地面激光雷达设备。

13.2 相干多普勒激光雷达

目前，已经有数种测风激光雷达被研制出来，可用于探测不同距离的风场、风切变、涡流迹线。其中已经量产的包括：法国 Leosphere 公司生产的 Windcube，英国 Qinetiq 公司生产的 ZephIR，英国 SgurrEnergy 公司生产的 Galion 和美国 CTI Lockheed Martin 公司生产的 WindTracer。关于 Optical Air Data Systems 公司研发 Windicator 也有一些相关报道。

13.2.1 Windcube 激光雷达

Windcube 激光雷达由法国 Leosphere 公司研发（如图 13.3 所示），是一种脉冲式单站相干测风激光雷达。该激光雷达被制造成密封式模块，垂直输出探测光束。为了提高信噪比，输出光束聚焦在大约 200 米处。激光源为掺铒－镱光纤激光器，输出脉冲的功率约为 10 微焦，脉宽为 200 纳秒，重复频率为 20 千赫。在空间分辨率为 30 米的情况下，要测定 45～250 米距离的风速，平均需要10 000次脉冲。

图 13.3　Windcube 激光雷达的外观

Windcube 激光雷达是一种焦距固定的激光雷达，其内部的棱镜将光束从垂直方向偏转 30 度。光束在空间中进行扫描的规律是：棱镜在某个位置保持不动，只要完成5 000～10 000 探测脉冲的累积循环后，棱镜就旋转90 度到下一个方位角。就这样，激光雷达在四个方位角完成探测。棱镜旋转一周并测定出各个速度矢量大约需要 6 秒。

测量风速廓线是基于多普勒光束摆动（DBS）算法，且激光束以相同的仰角定向发射到空间中。径向风速（风在探测视线光轴上的速度投影分量）可以通过以下公式来表示：

$$v_r = u\cos\theta\cos\varphi + v\sin\theta\cos\varphi + w\sin\varphi \tag{13.6}$$

其中，u、v 和 w 是风速分量，θ 和 φ 是速度矢量的方位角和仰角。

Windcube 激光雷达在 $\theta = 0$ 度、90 度、180 度、270 度四个方位角测量风速。求解方程组后，就可以求得风速参数。

比较风速计和激光雷达读数时，可以使用不同的方法来确定误差。激光雷达和风速计读数在一定时间内平均后，采用传统的线性回归处理后可以得到读数的斜率和偏差，如图 13.4 所示。读数偏差说明存在与风速非线性相关的误差，并且可以在一定程度上识别风切变。因此，风速计和激光雷达比较试验的结果表明：当线性回归系数在 0.98～1.01 范围，激光雷达读数没有偏差。

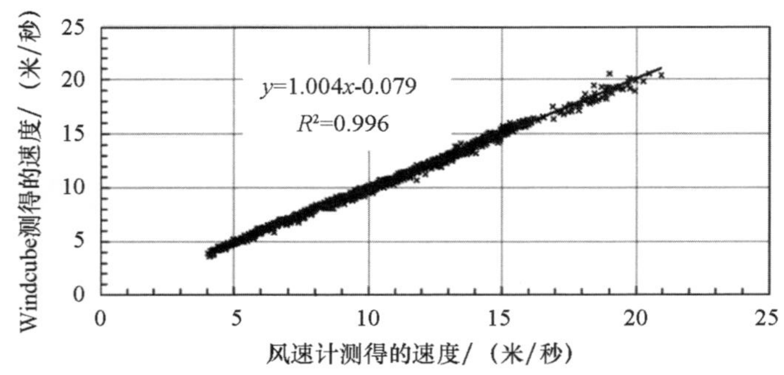

图 13.4　Windcube 激光雷达测量数据的线性回归结果（高度为 99 米）

13.2.2　ZephIR 激光雷达

在生产并测试了几种测风激光雷达样机后，英国 Qinetiq 公司于2006 年推出了风速测量领域的第一款商业化产品 ZephIR，如图 13.5 所示。

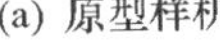
(a) 原型样机

(b) 商业化产品

图 13.5 ZephIR 激光雷达的外观

此类激光雷达采用的连续波激光器输出波长为 1.57 微米，处在人眼安全的波长范围。该激光雷达可通过改变光束聚焦距离来完成不同高度上的风速探测，可选取五个高度来测量各个风速矢量。在每个高度上做圆周运动扫描 3 秒，扫描完成后，改变所选序列的焦距。

激光束通过一个连续旋转的棱镜发射到大气中，该棱镜可将光束相对于垂直方向偏转 30 度。棱镜的速度旋转是 1 转/分，如图 13.6 所示。

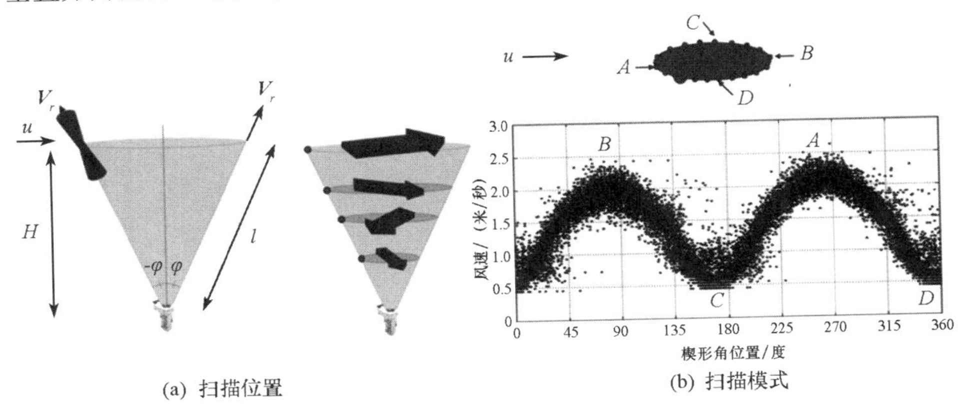

(a) 扫描位置 (b) 扫描模式

图 13.6 ZephIR 激光雷达的扫描位置和扫描模式

后向散射光束与当地激光器的光束混合后以 100 兆赫的频率进行数字化。嵌入式工业计算机通过 A/D 模数转换器能够实时将接收到的信息转换为 512 个读数的数组，再通过快速傅里叶变换得到频谱。4 000 组频谱数据通过取平均值来消除干扰影响，得到一个包含由径向风速引起的多普勒频移的频谱。通过搜索质心，计算出某一点处的速度值，进而创建由 50 个速度值组合成的数组，在方位角上的角度分辨率为 360 度/50 = 7.2 度。

与脉冲系统不同，连续波激光雷达不包含有关散射区域位置的准确信息。激光雷达的工作基于散射粒子沿光束路径均匀分布的假设。基于该假设，通过洛伦兹函数就可以足够精确地描述灵敏区域，其中心位于焦距，如图 13.7 所示。

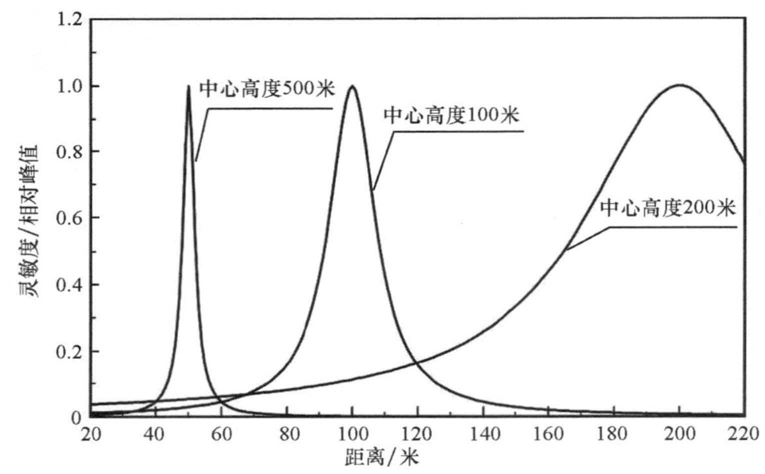

图 13.7　测量空间内的空间分辨率和归一化强度

沿光轴上的后向散射系数均匀的假设并不总是成立，尤其是当云层低于 1 500 米时。在这种情况下，来自云层的散射超过了来自聚焦区域的散射，从而带来测量误差。多普勒频移的频谱包括两个分量，其中一个来自聚焦区域，另一个对应较大速度的分量来自云层。相关的测量结果示例如图 13.8 所示。

为消除低云覆盖对测量结果的可能影响，激光雷达在有云时采用校正算法，该算法包含在一定高度上再进行一轮测量；激光雷达的读数通过风杯式风速计的读数来校正。图 13.9 给出了有云情况下，校正和未校正的结果对比。

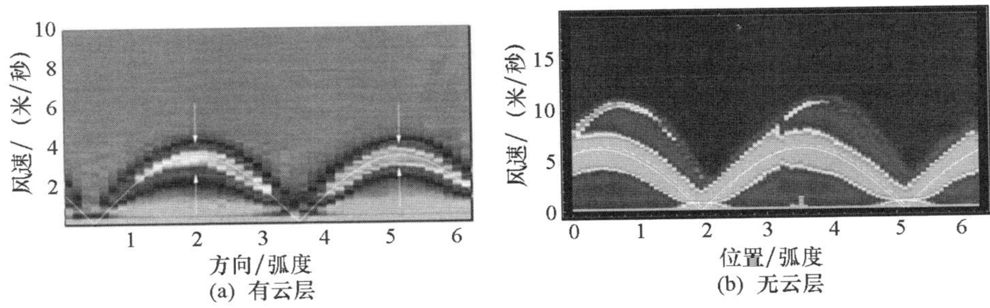

图 13.8 在激光雷达所在区域上方有云层和无云层时测得的风速图

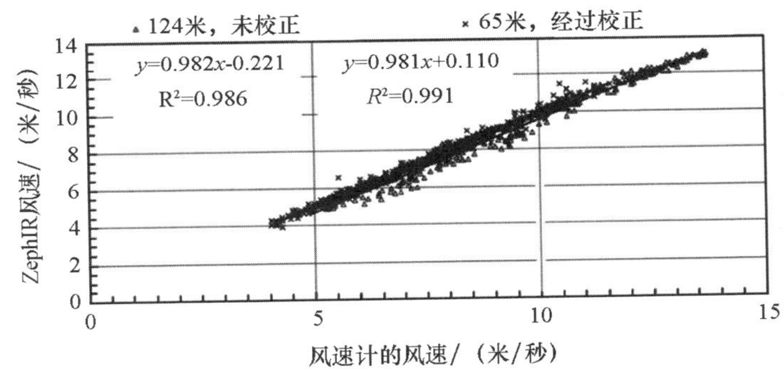

图 13.9 激光雷达 ZephIR 测量结果的准确性

由于该激光雷达光学方案未提供基准外差光束的额外频移，所以无法确定径向速度的方向，这通常会影响风向的最终结果，测量精度误差为±180度。因此，激光雷达的外伸支架上装有一个超声波风向传感器。在测量的高度上，如果风向变化显著，那么应该采用超声波风标测得的方向作为风向结果。

13.2.3 Galion 激光雷达

SgurrEnergy 公司生产的 Galion 激光雷达是一种带两轴旋转架的脉冲激光雷达，能够对上半球的任意一点进行测量，如图 13.10 所示。

遗憾的是，目前还没有关于其结构和工作模式的详细数据，但与其他类似产品相比，其主要性能参数很有竞争力。其风速测量精度可达±0.1 米/

秒，取决于气溶胶浓度；可测风速 0～50 米/秒；该激光雷达传输的信息有水平风速、垂直风速、风向矢量、散射强度、安装现场的温度、湿度、压力；其典型空间分辨率约为 20 米，且不随测量距离变化而变化（因为该雷达是脉冲式的）。

(a) 扫描器

(b) 外观

图 13.10 Galion 激光雷达

13.2.4 WindTracer 激光雷达

20 世纪 90 年代初，美国空军和美国航空航天局（NASA）研发了一种用于检测涡流的脉冲激光雷达，如图 13.11 所示。该雷达使用相干技术有限公司（CTI）开发的激光器作为光源，并于 1996 年至 1998 年安装在纽约肯尼迪国际机场，从 2000 年开始安装在达拉斯机场。为了确定涡流轨迹，NASA 开发了自己的算法，CTI 公司基于美国空军和 NASA 的数据开发出了一套替代算法，并于 2000 年首次在达拉斯机场进行了应用测量。在世界各地的机场，特别是香港、东京、纽约、巴黎、法兰克福和许多其他机场，已经安装了十多台该型激光雷达。

该脉冲激光雷达的空间分辨率为 60 米，激光脉冲的频率为 750 赫。每个空间窗口都能实时计算频谱。为了提高信噪比，计算中对每 50 个脉冲频谱求平均频谱。垂直平面上的角度分辨率由扫描速度决定，需要确保对涡流的探测精度达到 3 米。涡流的搜索算法是基于多普勒频谱中最大速度的峰值，与激光雷达的空间分辨率相比，可以更好地确定涡流的位置。

激光雷达可以在几种标准扫描模式下工作，主要有量程高度指示、平

图 13.11　WindTracer 激光雷达的外观

面位置指示、速度方位角显示及其多种组合，也可以编程进行非标准模式扫描。

（1）量程高度指示（RHI）模式。在该模式下，方位角保持不变，仰角在一定范围内变化。当以该模式垂直于跑道进行扫描时，可以测量横风。因为这种扫描建立了径向风速与高度的关系，当仰角较小时，实际测量的就是横风。

（2）平面位置指示（PPI）模式。在该模式下，仰角保持不变（通常小于 10 度），方位角可在全量程（360 度）变化或在选定扇区内变化。

（3）速度方位角显示（VAD）模式。在这种模式下，仰角保持不变，激光雷达选几个（通常为 8 个）不同的方位角进行测量。然后，将在激光雷达上方测得的垂直风速廓线记录在单独的文件中，以便进一步分析。

每种激光雷达都有优点和缺点。在测量风速，特别是风切变时，有必要了解各个机场及地区的特点。上述各种激光雷达的主要参数见表 13.1。

表 13.1　各种激光雷达的主要参数

参数	ZephIR	Windcube	WindTracer
工作模式	连续	脉冲	脉冲
波长/微米	1.57	1.54	2.02（1.6）
测量距离/米	10~150	40~200	15 000
扫描锥角/度	30	30（15）	任意
测量高度的数量	5	10	120
空间分辨率/米	1（h=20 米）； 25（h=110 米）	26	60
测量速度范围/（米/秒）	2~70	0~60	0~40
风向	否	是	是
测量全部速度矢量的时间/秒	3（同一高度）	6（所有高度）	取决于扫描类型
工作温度/摄氏度	−25~40	−10~40	−25~40
功耗/瓦	100（0~25 摄氏度）； 250（其他温度）	120	（3~5）×10^3
尺寸	1340×ϕ550 毫米 （无气象杆）	800 毫米×550 毫米× 550 毫米	2.9 米× 2.3 米×2.4 米
质量/千克	134	45	2 730

13.3　俄罗斯相干多普勒激光雷达

在俄罗斯，基于 CO_2 激光器、半导体激光器和光纤放大器已开发出了几种激光雷达样机。近年来，Laser Systems 公司基于半导体激光器和光纤器件开发出了一系列的相干多普勒激光雷达，它们能够进行24 小时不间断测量。

相关的激光雷达外观如图 13.12 所示，它们的主要参数见表 13.2。

(a) PLV-300

(b) PLV-2000

图13.12 俄罗斯Laser Systems公司开发的测风激光雷达（见彩插）

表13.2 PLV-300和PLV-2000测风激光雷达的主要参数

激光雷达类型	测量距离/米	风速测量范围/（米/秒）	风向测量范围/度	激光波长/纳米	空间分辨率/米	风速和风向数据更新时间/秒	扫描模式	重量/千克	外形尺寸
PLV-300	5~300	1~40	0~360	1 550	±10%×聚焦距离	4	VAD	70	450毫米×900毫米×1 300毫米
PLV-2000	60~2 000	1~55	0~360	1 550	60	1~10	VAD、DBS、RHI、PPI、LOS	150	885毫米×1 005毫×1 745毫米

PLV-300和PLV-2000相干多普勒激光雷达的工作原理基于多普勒效应。为求得多普勒频移（风速）的频率，需要对来自接收机的信号实时进行傅里叶变换。为了确保信噪比处于可接受的范围内，需要累加一定数量的傅里叶频谱后求平均频谱，其中包含与大气散射信号对应的峰值，然后再根据平均频率即可计算出多普勒频移的频率值。

PLV－300 和 PLV－2000 都是相干多普勒激光雷达，它们的主要区别在于激光器的输出模式不同。PLV－300 中的激光器是连续波输出，而 PLV－2000 中激光器是脉冲输出。图 13.13 是这两种激光雷达的工作原理：带光纤输出端的分布式反馈（DFB）激光器输出的激光被光纤分束器分开成出射激光和本振光，占大部分的出射激光进入声光调制器。该声光调制器可使本振光（DFB 光束频率）产生值为 *Fi* 的频移。对于不同类型的激光雷达，声光调制器的工作模式既可以是连续式的（PLV－300），也可以是脉冲式的（PLV－2000）。接下来，频移后的光束进入掺铒－镱光纤放大器（EYDFA）。循环发射/接收器将功率放大后的激光束传输到接收－发射望远镜，并进一步传输到扫描系统。激光器的另一部分光束被用作外差接收的参考光束。来自接收器的信号由高速模数转换器 A/D 进行数字化，PLV－300 对应的频率为 100 兆赫，PLV－2000 对应的频率 320 兆赫。数字信号通过现场可编程门阵列（FPGA）进行实时处理。

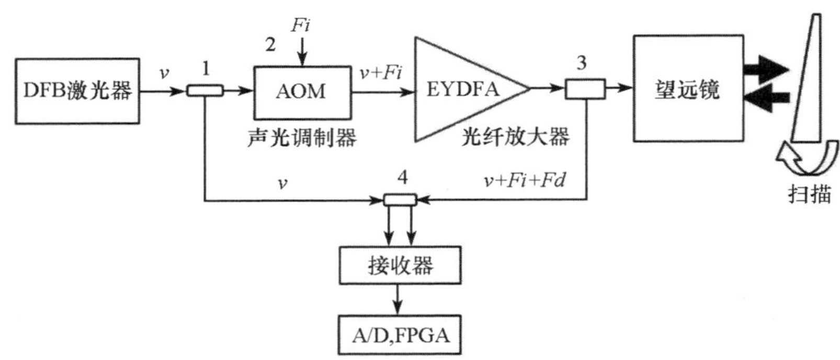

1—光纤分束器；2—声光调制器；3—循环发射/接收器；4—参考光/频移光合束器。

图 13.13　PLV－300 和 PLV－2000 外差多普勒雷达的工作原理示意图

利用多普勒频移的最大检测距离由信噪比决定。信噪比取决于系统所接收到的后向散射光功率和噪声特性。对于单站激光雷达来说，在连续波探测模式下，后向散射光功率的大小与距离无关，而是由激光雷达的输出光功率和大气参数决定。连续多普勒激光雷达探测到的光功率由下式确定：

$$P_{\mathrm{CW}} = \left(\frac{\pi}{2}\right)\eta P_0\beta\lambda \tag{13.7}$$

其中，η 为接收系统的效率，P_0为激光束的输出功率，β 为大气的后向散射系数，λ 为探测激光器的波长。

对于脉冲系统，后向散射光功率参数由激光雷达方程确定。

风的测量精度与空间和时间分辨率有关。对于不同类型的激光雷达，空间分辨率由激光脉宽（脉冲系统）或焦深（连续系统）确定。高斯光束的焦深由瑞利长度 $Z_r(f)$ 决定。

$$Z_r(f)=\frac{4\lambda f^2}{\pi(2\omega_0)^2} \tag{13.8}$$

其中，λ 是波长，f 是焦距，ω_0 是从激光雷达输出的光束半径。

对于连续作用的激光雷达，空间分辨率可按照洛伦兹函数对应的半高宽进行计算。宽度与焦距之间成平方关系。图 13.14 给出了 PLV－300 空间分辨率与焦距间的关系曲线。

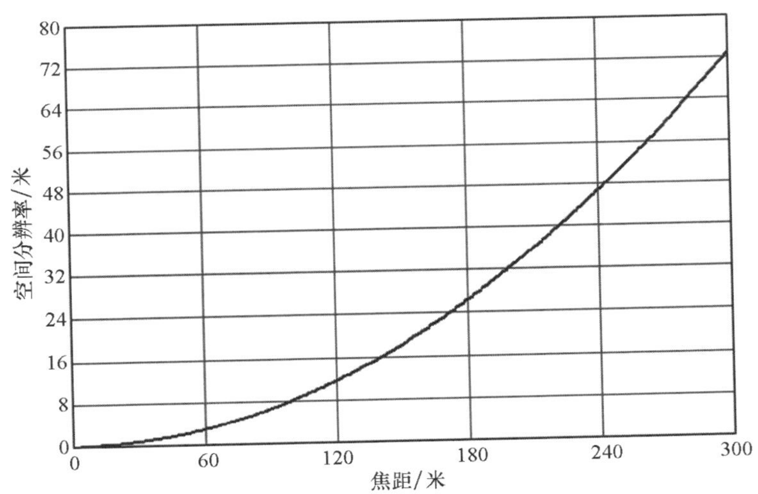

图 13.14　PLV－300 激光雷达的空间分辨率（输出光束的直径为 70 毫米）

更准确地说，连续激光雷达的空间距离分辨率由洛伦兹加权函数决定，该函数确定了焦点处的散射效率：

$$F_n(f,r)=\frac{1}{\pi}\frac{Z_r}{Z_r^2+(r-f)^2} \tag{13.9}$$

其中，f 是焦距，r 是沿光束的距离。

PLV－2000 的空间分辨率由激光脉宽决定，在所有探测高度处都是恒定的。PLV－2000 的激光脉冲半高宽对应的脉宽约为 400 纳秒，相应的空间分辨率为 60 米。图 13.15 给出了测量距离在 50 米、100 米、200 米和 300 米处，

PLV－300 和 PLV－2000 激光雷达空间分辨率的归一化函数图。当测量距离小于 200 米时，连续激光雷达具有更好的空间分辨率。这使得 PLV－300 成为检测低空风切变和（或）微阵风不可或缺的工具。与此同时，由于 PLV－2000 激光雷达具有固定的空间分辨率，因此更适合在高度超过 300 米的地方进行测量。

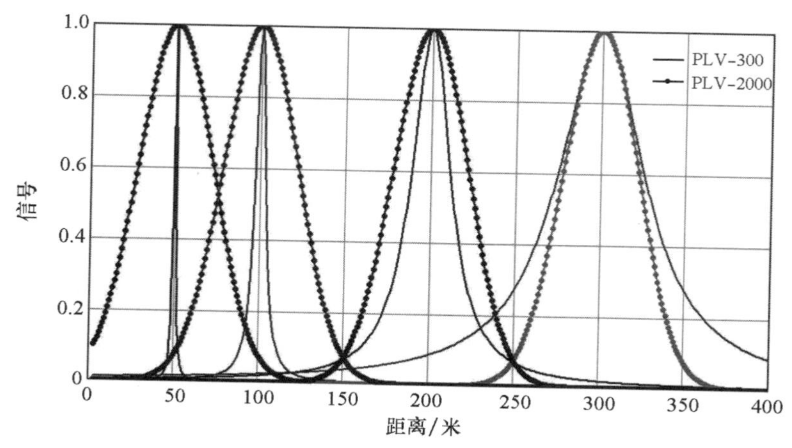

图 13.15　PLV－300 和 PLV－2000 的空间分辨率函数

当探测光束的光轴位置固定时，多普勒激光雷达只能测量风速矢量的径向分量，即风速在视线光轴上的投影。为了获得风速和风向信息 $\boldsymbol{V}=(\boldsymbol{V}_z, \boldsymbol{V}_x, \boldsymbol{V}_y)$，探测光束至少需要测量三个不同空间位置时的相关信息。

PLV－300 激光雷达采用圆形扫描方法——速度方位角显示（VAD）来获取风速信息。光轴与垂直方向的夹角为 22 度，可通过调控光束聚焦距离来改变测量高度。接收和发射望远镜将输出光束聚焦在一个给定的距离上，在空间中形成一个测量区域，并在该区域中测量出径向风速（风速的径向投影）。

如图 13.16 所示，进行圆周扫描时，径向速度可以用下式表示：

$$\boldsymbol{V}_r=(\boldsymbol{u}\sin\theta+\boldsymbol{v}\cos\theta)\cos\varphi+\boldsymbol{w}\sin\varphi \tag{13.10}$$

其中，u、v 和 w 为瞬时速度矢量的分量，θ 为激光束的方位角 $[0, 2\pi]$，φ 为仰角。当激光束沿方位角不断旋转时，可得到一个超定方程组。该方程组可通过最小二乘法求解。

PLV－2000 有一个双镜扫描模块，可探测整个上半球的风场，能通过不

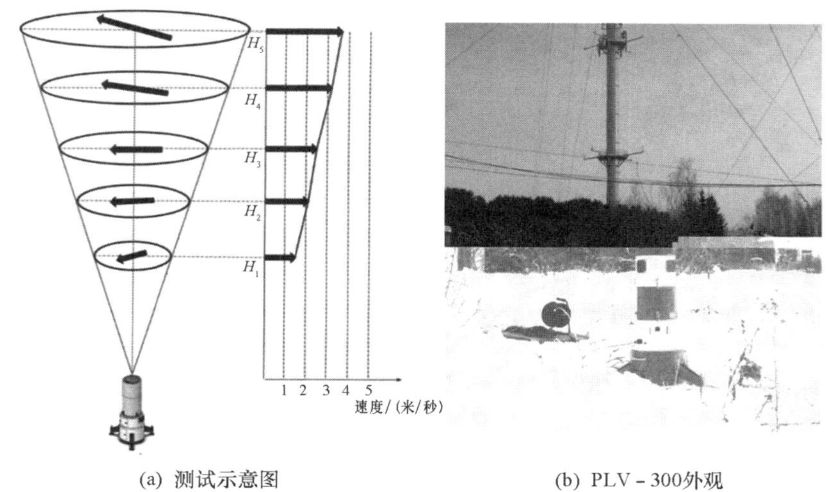

(a) 测试示意图　　(b) PLV－300外观

图 13.16　PLV－300 在俄联邦国有企业台风公司的测试认证

同的方法获得风场分布的三维图像。该激光雷达主要有以下扫描模式:

（1） 平面位置指示（PPI） 模式;

（2） 量程高度指示（RHI） 模式;

（3） 速度方位角显示（VAD） 模式;

（4） 多普勒光束摆动（DBS） 模式;

（5） 单个位置扫描测量（LOS） 模式。

为了验证测量风速和风向的准确性，PLV－300 在俄罗斯国有企业台风公司试验场的气象观测高塔 VMM－310 上进行了认证测试。通过比较安装在 VMM－310 气象杆各个工作高度上的风速计数据，对 PLV－300 在相应高度上风速测量结果进行了验证。

在一年中不同时期、各种气象条件下都进行了验证实验，图 13.17 给出了在 121 米高度上、一次实验中所记录的风速和风向随时间变化的数据曲线(2011 年 8 月 9 日 19 时 30 分至 8 月 10 日 10 时)。图 13.18 给出了 PLV－300 测得的风速和风向值与高塔风速计所测得数据间的相互关系。

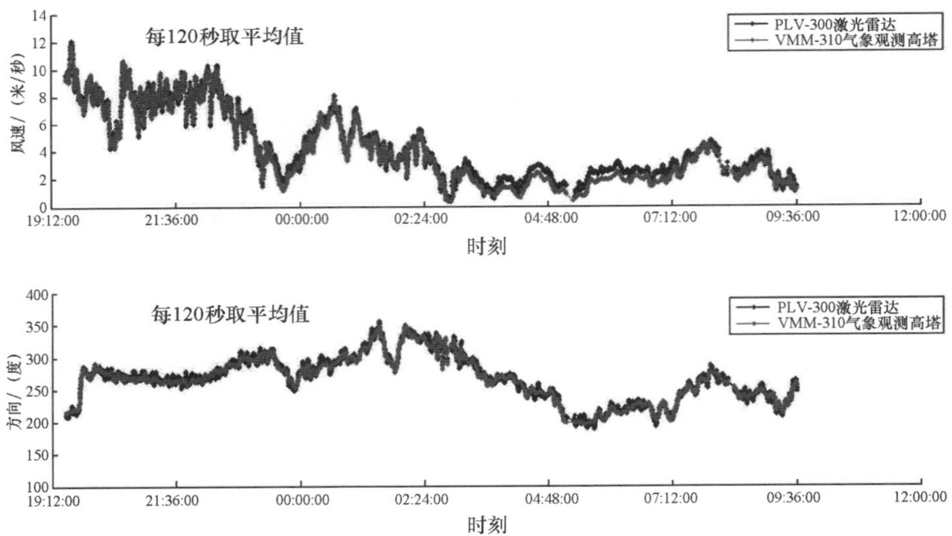

图 13.17　在 121 米高度上，PLV－300 激光雷达和高塔风速计所记录数据（每隔 120 秒取平均值）随时间的变化曲线

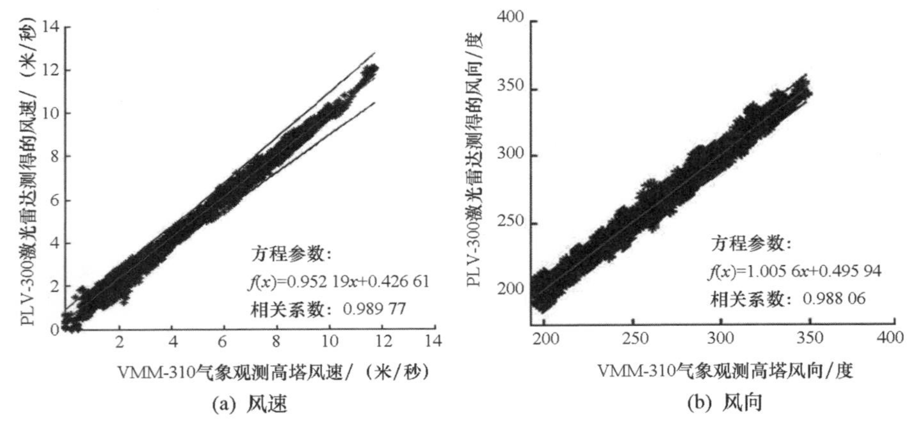

图 13.18　PLV－300 激光雷达测得的参数值与高塔风速计数据间的关系

根据验证试验结果，国际航空协会中负责机场和设备认证的委员会为 PLV－300 激光雷达发放了第 544 号设备认证证书。

13.4 直接探测式多普勒激光测风雷达

与外差检测法不同，直接测定风速的方法是基于空气分子对光束的散射，而不是气溶胶对光束的散射。这些空气分子在高度和区域的分布不像气溶胶那样不均匀。

直接探测式多普勒激光雷达能够在洁净空气中检测风速，从而可以采用这种方法对距地面 5 千米以上的空中、飞机上或太空中的风场进行研究。

分析表明：分子对波长 355 纳米（Nd：YAG 激光器的三次谐波）光束的后向散射系数比对波长 532 纳米光束要高一个数量级，比对波长 1.55 微米光束高两个数量级。因此，利用分子散射效应工作的多普勒激光雷达常常使用可见或紫外激光器作为光源。在发生气溶胶后向散射的情况下，波长 355 纳米光束对应的后向散射系数比波长 1.5 微米光束高一个量级，比波长 10 微米光束高数个量级。

气溶胶颗粒的质量和尺寸决定了其热运动的速度较慢，因此，在发生米氏散射时，波长分布是由激光器的谱线宽度决定的。通常，激光器的谱线宽度可用高斯分布来表示，所以，在发生分子对光束的后向散射时，由分子运动引起的多普勒加宽的后向散射光波长分布可以通过高斯关系式表示如下：

$$W(\lambda)=\frac{1}{\sqrt{2\pi\sigma_r^2}}e^{\frac{-\lambda^2}{2\sigma_r^2}} \tag{13.11}$$

图 13.19 表示在分子散射（瑞利散射）和气溶胶散射（米氏散射）情况下，波长 355 纳米激光的后向散射光谱线宽度的计算结果。为了提高图表的可读性，光谱强度已经归一化为常数。在多普勒频移为零的标准大气条件（101.325 千帕，0 摄氏度）下，大气中分子后向散射的总光谱强度分布如图 13.20 所示。

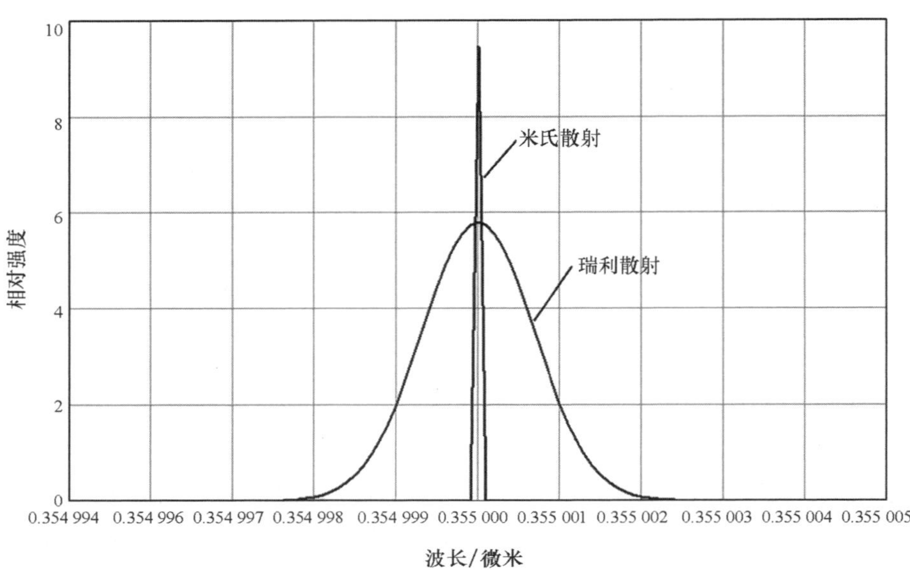

图 13.19　米氏散射和瑞利散射对应的光谱宽度

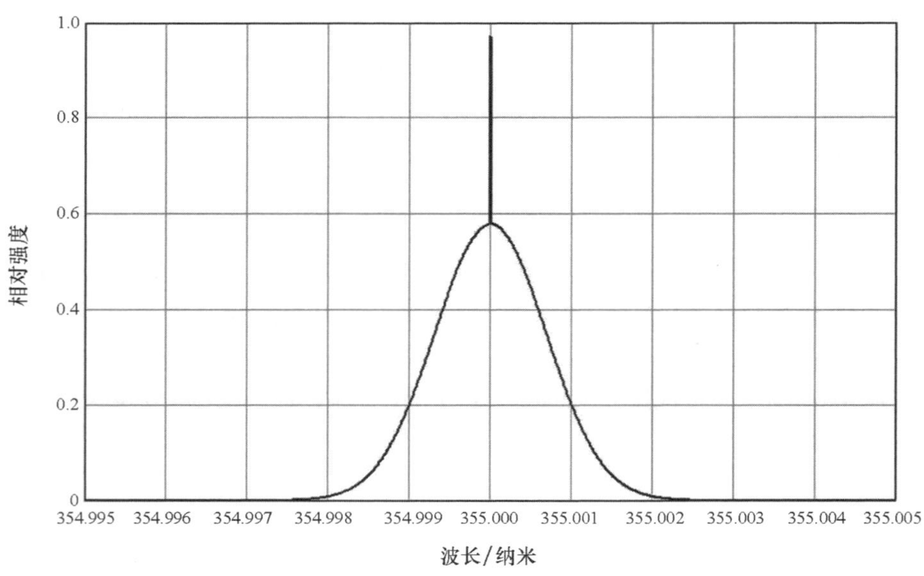

图 13.20　波长为 355 纳米时海平面上标准大气的后向散射的总光谱强度分布

图 13.21 给出了实施直接探测式多普勒激光雷达探测分子和气溶胶后向

散射的测量方案示意图。Nd：YAG 脉冲激光器的光束被发射到大气中。接收望远镜收集到的后向散射光通过带宽为 0.5 纳米的干涉滤光片进入接收探测器。此外，光束由分光片分成强度比例为 50/50 的两条光束，其中一条进入气溶胶通道，另一条进入分子通道。在上述两条通道中，光束先传输经过法布里 – 珀罗标准具，然后借助分光片再将每条光束分成两条光束。

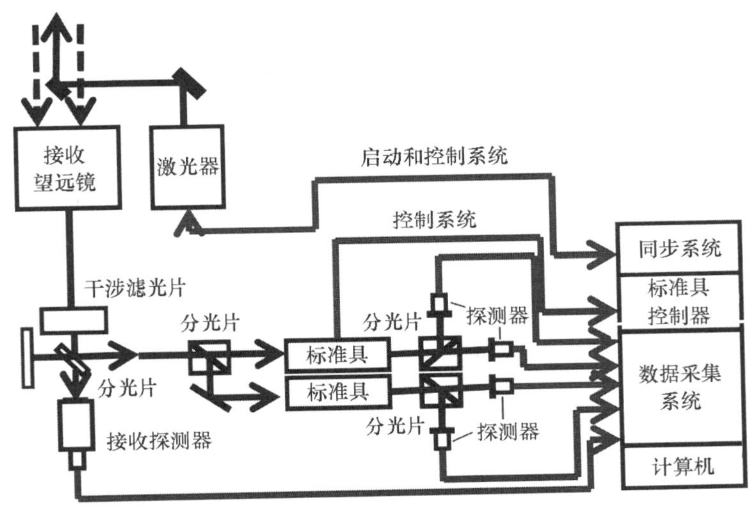

图 13.21 直接探测式激光多普勒雷达的测量方案示意图

在直接测风时，测量多普勒频移常用的有条纹技术和边缘技术两种方法，即测量多单元接收探测器上的干涉条纹宽度和测量瑞利散射的边缘光强。这两种方法均已在不同的系统中进行风速测试验证，显示出很高的测量精度。测量干涉条纹宽度时须使用菲索标准具，而测量瑞利散射的边缘光强则须使用两个法布里 – 珀罗标准具。

通过分析干涉图像来测量多普勒频移的示意如图 13.22 所示，接收望远镜收集到来自大气的散射光并将其传输到一个孔径与测量系统的孔径匹配的光学系统中，采用面阵（CCD、ACCD、ICCD 等）或线性探测器接收。为了在面阵探测器获得同心环干涉图像，应使用法布里 – 珀罗标准具。

随着法布里 – 珀罗标准具镜子的反射率从 0.6 增加到 0.95，干涉环的宽度降低到 1/9。相应地，光谱分辨率也增加 8 倍。透过率的大小不影响分辨率。由于法布里 – 珀罗标准具的镜子可以镀制高反射率的多层介质膜，其透过的光功率损失很小，因此可以高效使用这种标准具。

干涉带（环或条纹）的位置取决于接收到的光波长。通过确定面阵探测器接收到的干涉环直径 D_1 或确定线阵探测器接收到的条纹位置 X_1，可以计算出所接收到的光波长，进而根据探测光波长的对应位置（D_0 和 X_0）知道相应的多普勒频移。如图 13.22 所示。

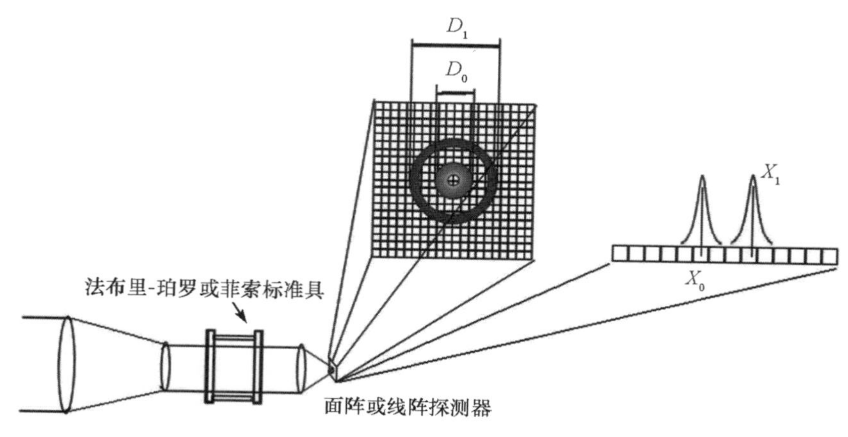

图 13.22　在多单元接收探测器上测量风速的方案示意图

当使用测量干涉条纹图像的方法时，宽带瑞利散射是一个干扰，因此，须使用线性尺寸足够大的标准具来分离信号中的气溶胶成分，并滤除宽带分子散射。

图 13.23 是对大气后向散射光束光谱的模拟结果。模拟时考虑了分子散射、气溶胶散射以及高分辨率标准具透射光谱的影响。

当光未发生多普勒频移时，处于标准具通过频带内，在接收线性探测器上的分布符合其通过函数，光强的最大值处于中心像素上，而当接收到的光发生多普勒频移时，探测器上的光强分布将发生移位。利用基于质心法、模型分布相关法或概率方法等光强分布偏转算法，可以在偏转小于 1 个像素时确定风速，从而可以以 1 米/秒的分辨率来确定风速。

为了测量大气分子散射，并确定分子散射占主导时对应海拔上的风速，需要使用双标准具测量方法。该方法的本质在于使用两个法布里 - 珀罗标准具，其通过频带相对于输出光波长按照一定方法进行调节，可使得通过标准具（滤光片）的光强与未发生多普勒频移时相同。

图 13.24 是使用两个法布里 - 珀罗标准具采用边缘技术测量风速的方案示意图。与气溶胶通道不同的是，该方案使用单元探测器接收，简化了光学

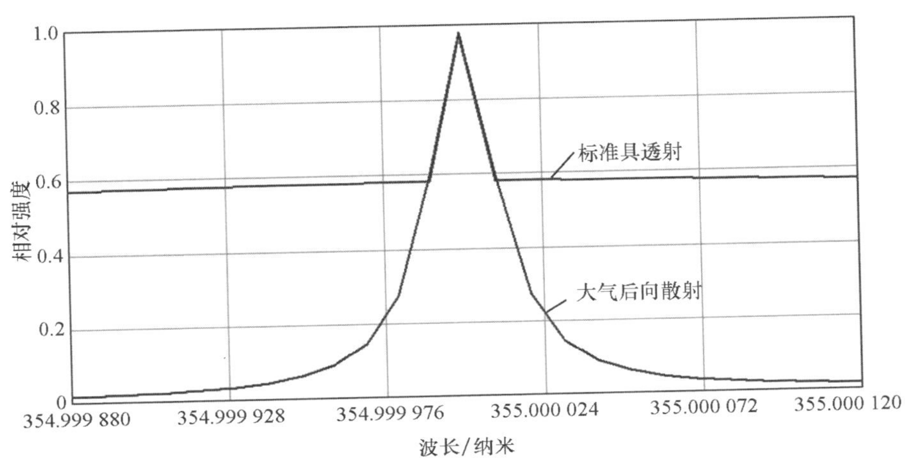

图 13.23　**高分辨率干涉型滤光片（标准具）的光谱**

方案、信号采集和处理系统。两个标准具的间隔长度通过机械方式、压电致动器或温度调节来保持稳定。

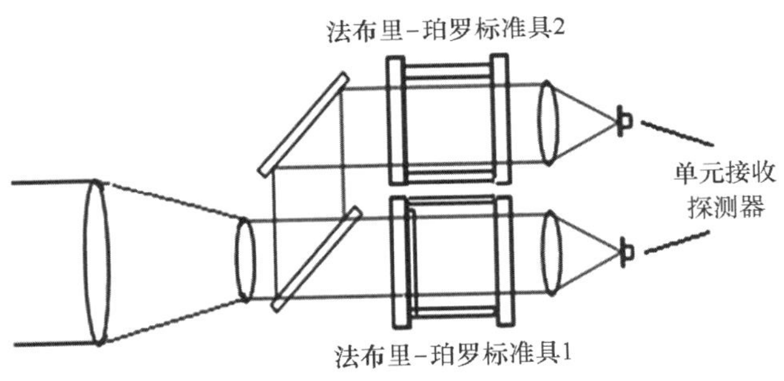

图 13.24　**采用边缘技术测量风速的方案示意图**

法布里－珀罗标准具 1 和法布里－珀罗标准具 2 的间隔长度相差数微米，以确保它们的通过频带与分子的散射带重叠，同时将其相互影响降到最低。

图 13.25 给出了分子和气溶胶散射光谱（β_{all}），以及两个标准具在无多普勒频移情况下的透射光谱。标准具在这种情况下的间隔长度约为 9 毫米，第二个标准具与第一个标准具的间隔长度差约为 30 纳米。在此参数条件下，自由光谱宽度为 16.63 吉赫。这确保了不同级数干涉环的透射频带没有重叠，从而可以准确地校准激光束的频率。两个标准具最大透过率间的频率差为 3.33 吉赫。

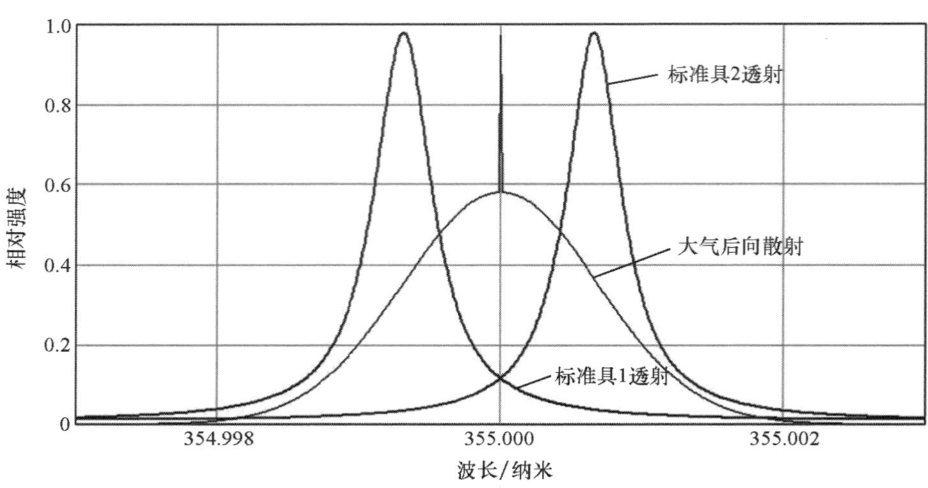

图 13.25　两个标准具的透射光谱以及分子与气溶胶的散射光谱

如上所述，当波长为355 纳米时，径向速度为1 米/秒时的多普勒频移约为5.63 兆赫。考虑到最大测量速度 ±50 米/秒的要求，对应的频移范围为 ±300兆赫或0.12 皮米，图13.26 给出了这种频移导致大气中激光束散射光的

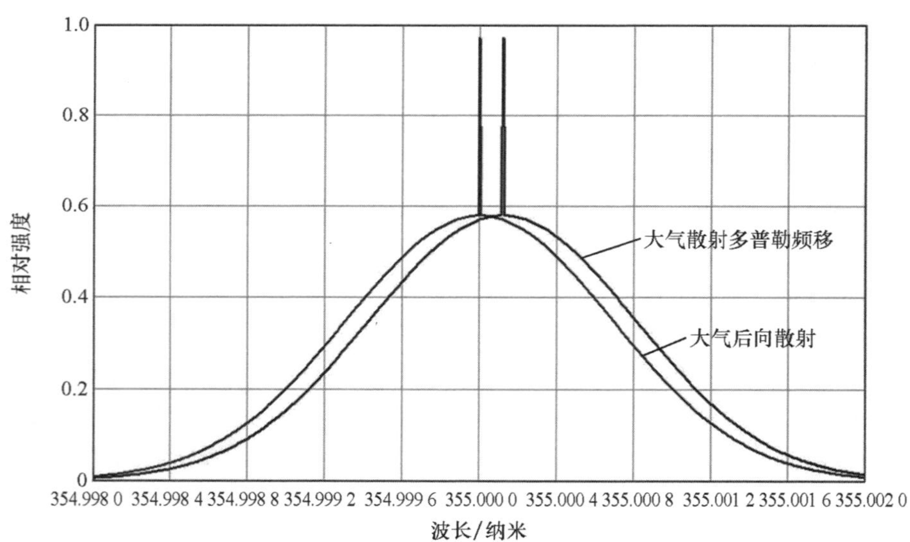

图 13.26　波长355 纳米时，50 米/秒径向风速对应的大气散射光谱

光谱偏移，图上显示了多普勒频移β_{all}为零和β_{all_D}（对应的径向风速为50米/秒）时的大气（分子和气溶胶）散射光光谱。

图13.27给出了大气散射强度和两个法布里－珀罗标准具透射带的光谱分布图。法布里－珀罗标准具透射的半高宽取决于自由光谱范围（FSR）和标准具的品质因数，各标准具的透射峰值处于彼此自由光谱范围的中心以及相对于激光波长对称分布时最为理想，如图13.25所示。两个标准具的间隔长度通过稳定系统与探测光波长联系起来。

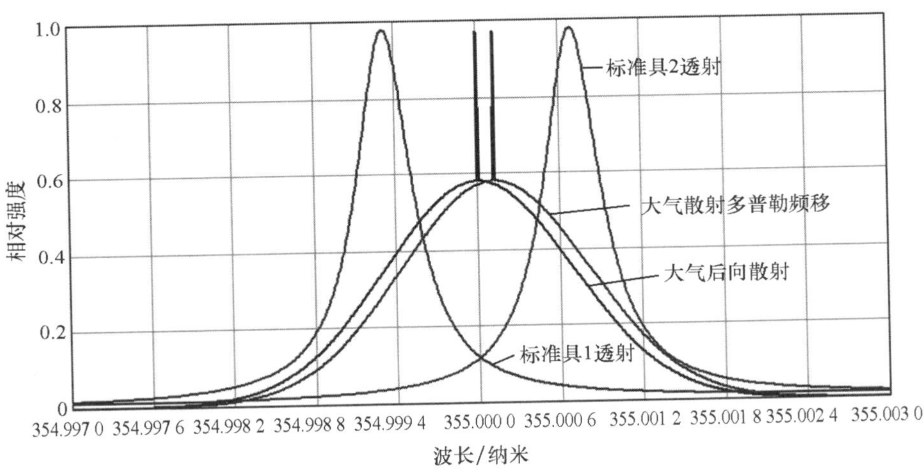

图13.27　大气辐射散射光谱的多普勒频移和标准具的透射光谱

在有多普勒频移的情况下，来自大气的信号强度通过标准具1和标准具2的变化与多普勒频移成比例，但总光子数不变，因此可以利用分子散射来计算风速。接收探测器检测到的强度由后向散射光的光谱分布和安装在接收探测器前的硬件性能决定。

对于径向风速为50米/秒时的多普勒频移，图13.28给出了测量通道1（P1）和测量通道2（P2）中传输光谱强度的模拟结果。

表13.3给出了基于分子和气溶胶散射的多普勒频移直接检测法的主要特点。应该指出的是，原则上也可以使用多单元接收探测器来检测分子散射。

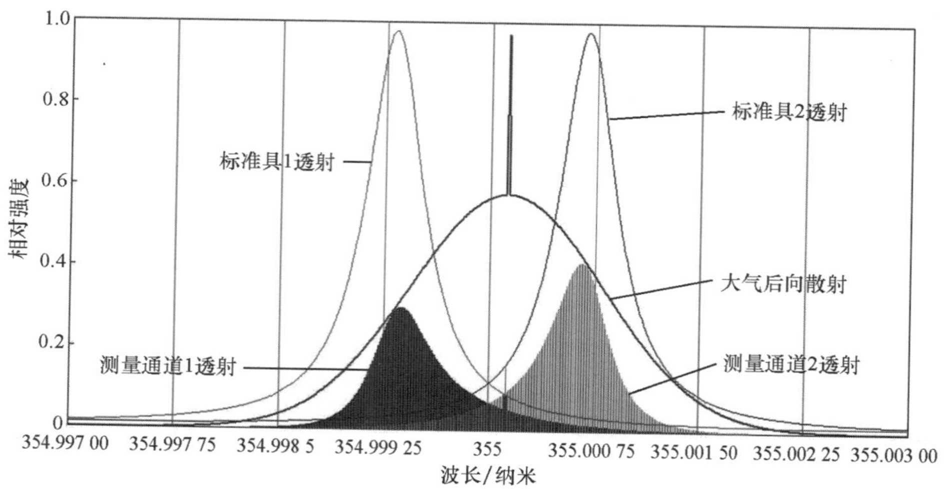

图 13.28　通过测量通道传输的光谱强度

表 13.3　多普勒频移直接检测方法的主要特点对比

双边缘法	干扰条纹图像法
(1) 在相对于零频移的两个光谱范围内检测后向散射光谱。 (2) 使用标准具的同一个干涉级。 (3) 雪崩光电二极管或光电倍增管既可在模拟模式下，又可在光子计数模式下检测信号。 (4) 需要预先知道相应高度上的温度和压力分布信息。 (5) 边缘滤光片的零频移位置决定了风速测量的灵敏度。	(1) 后向散射光传输（同时包括分子和气溶胶的散射）要被分为数个通道。 (2) 根据接收探测器的类型，需使用几个标准具的几个或一个干涉级。 (3) 在接收通道中使用线阵或面阵多单元传感器。 (4) 测量过程中不需要温度和气溶胶分布的信息。

13.5　用于云及其动态变化监控的激光雷达

利用激光雷达探测气象场（主要是温度场和风场）的垂直结构，为此类结构的气候特征研究和各种应用提供了重要的机会，例如，空气污染预报和航空气象保障。然而，要获得上述信息，就必须要知道雾、浓烟（霾）、连续低云是否存在，以及这些大气现象随时间的动态变化。测量大气中气溶胶成分的垂直分布廓线可以确定云层的下边界和除云以外的高密度气溶胶区域。

在大气中，由于水蒸气的凝结，形成了水滴和晶体的积聚物，这些积聚物被称为云。组成云的水滴和晶体很小，可以随空气流动。如果空气的相对湿度降低，云就会蒸发。在一定条件下，云的组成成分变得如此之大，以至于它们以降水的形式从云中掉落。当水蒸气在地球表面直接发生冷凝时，形成的冷凝产物被称为雾。云和雾在结构上没有根本区别，但在密度和边界清晰度上有所不同。

云是一种气象现象，对飞机的飞行有很大影响。许多威胁飞机安全并加大飞行员飞行难度的现象都与云有关。其中包括：可引起飞机颠簸的湍流；导致飞机剧烈颠簸的垂直阵风；增大飞机着陆难度的雷雨、暴风、积冰、冰雹、暴雨以及低云等。

云是一种典型的气象要素，有了云的信息，飞行员就可以正确地评估空中的气象情况，了解大气的状态，并对近期的天气情况做出判断。

激光定位器（激光雷达）是获取不同高度上大气气溶胶和云层的光学和微物理特性分布信息的有效手段。脉冲激光定位的空间分辨率很高，因此可以利用其来研究大气中气溶胶成分空间不均匀的结构和动态变化。

利用垂直朝上的固定激光雷达（又被称为测云仪）可获得气溶胶的分布及其特征、云层是否存在、根据高度确定的云底下边界和云层数量等信息。

气溶胶散射和衰减比通过所谓的激光雷达比相联系。后向散射系数和衰减系数的比值取决于气溶胶颗粒的尺寸大小分布、折射率以及颗粒的成分和形状。激光雷达比 $g_1=\beta_1/\alpha_1$ 的正常值处于 0.01～0.10 球面度$^{-1}$的范围内。对于 1.5 微米波长来说，该比值约为 0.03 球面度$^{-1}$，但会随大气湿度的变化而变化。

对于给定的气象能见度范围，假设激光雷达比等于 0.03 球面度$^{-1}$，则后向散射系数$\beta=$ 0.000 6～0.006 1（米·球面度）$^{-1}$=0.6～6.1（千米·球面度）$^{-1}$。

由于降水或有雾情况下的气象能见度也很低，因此进一步分析 β 分布对可靠地探测云层是必要的。进一步分析包括对 β 微分求导、确定 β 分布的极值和后向散射系数的增加速度。图 13.29 给出了具体的处理结果。

天气状况的测量和预报，包括机场附近的云量，是确保航空安全的一个重要措施。厚厚的云层，特别是在较低高度的情况下，对飞机的起飞和着陆会有不利影响，甚至威胁到其安全。因此，研发用于远程探测近地层危险气

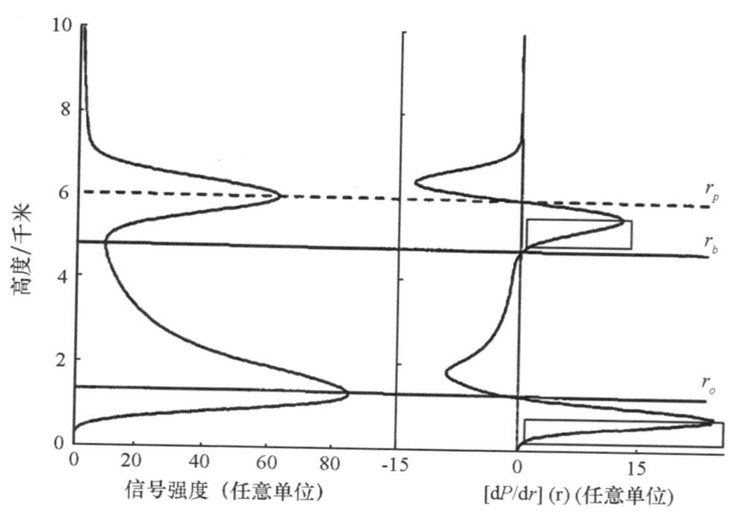

图 13.29 测云激光雷达的信号处理

象生成物的系统是欧洲和美国资助的重点研究项目。图 13.30 给出了欧洲地区目前的激光雷达网络，该网络用于监测近地层的当前情况和特征，以便进行天气预报来保障航空安全。

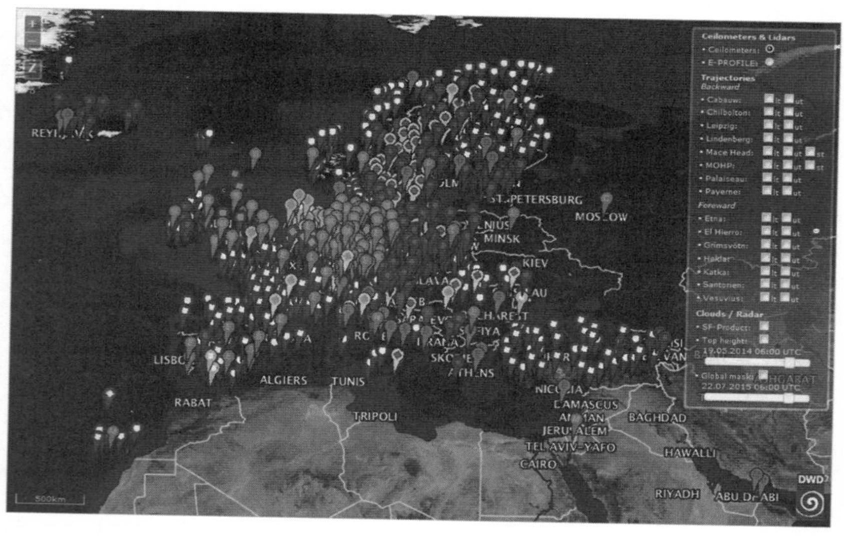

图 13.30 欧洲地区用于探测近地层大气的激光雷达分布图（见彩插）

目前，国外已经研发并制造出多款用于探测和监控近地云层的激光传感器。其中一些已经开始批量生产，主要包括：

（1）芬兰 VAISALA 公司制造的 CL31；

（2）德国 JENOPTIK 公司制造的 CHM15K“NIMBUS”；

（3）英国 CAMPBELL SCIENTIFIC 公司制造的 CS135；

（4）美国 All Weather Inc 公司制造的 Model 8339；

（5）法国 DEGREAN HORIZON 公司制造的 ALC30。

值得一提的是，俄罗斯 Laser Systems 公司和 LOMO 公司研发的测距仪也属于同类产品。其中，LOMO 公司的产品为 DOL－2。

上述激光系统各有其优缺点。在对近地层进行监测时，必须考虑各地的地形特征以进行后续预测。各系统的主要参数见表 13.4。用于探测云层和监测近地层的激光装置的外观如图 13.31 所示。

CL31 使用金属有机物化学气相沉积工艺制造的铟镓砷（InGaAs/MOCVD）半导体激光器，即脉冲激光二极管，其输出激光波长为（905±10）纳米。

(a) 外观　　(b) 安装在普尔科沃机场的位置

图 13.31　VAISALA CL31

表 13.4　用于近地层监测的激光系统主要参数

系统	波长/纳米	安全等级	测量范围/米	测量时长/秒	测量精度/米	电源	能耗/瓦		使用条件/摄氏度	尺寸
							（不加热）	（加热）		
Laser Systems（俄罗斯）	1 535	1 级	0 ~ 7 500	2 ~ 120	±5	187 ~ 264 伏，50 赫	80	380	−50 ~ 50	φ530 毫米 ×860 毫米
VAISALA（芬兰）CL31	910	1M 级	0 ~ 7 500	2 ~ 120	±5	~110/115/230(1 ±10%)伏	15	310	−40 ~ 60	335 毫米 ×325 毫米 ×1 190 毫米
LOMO(俄罗斯) DOL −2	910		10 ~ 2 000	15	±10(h=10 ~ 100 米)；±(0.05h +5)(h =100 ~ 2 000 米)	187 ~ 242 伏，50 赫	100	500	−50 ~ 50	530 毫米 ×860 毫米 ×960 毫米
DEGREAN HORIZON（法国）ALC30	1 535	1 级	15 ~ 7 500	15	±7.5	230(1 ±10%)伏，45 ~ 65 赫		450	−0 ~ 60，40 ~ 70	663 毫米 ×360 毫米 ×1 462 毫米
All Weather Inc（美国） Model 8339	905(±10)		0 ~ 7 500	30，60，120	±6	95 ~ 240 伏，47 ~ 64 赫	100		−40 ~ 60，50 ~ 70	410 毫米 ×510 毫米 ×690 毫米
JENOPTIK（德国）CHM15K “NIMBUS”	1 064	1M 级	10 ~ 15 000	12 ~ 3 600	±5	230(1 ±10%)伏，5 ~ 65 赫		250（正常值）800(最大值)	−40 ~ 55	500 毫米 ×500 毫米 ×1 550 毫米
CAMPBELL SCIENTIFIC（英国）CS135	905	1M 级	5 ~ 10 000	2 ~ 120	±0.25%；±4.6	110(1 ±10%)伏/115(1 ±10%)伏/230(1 ±10%)伏，50 赫		470	−40 ~ 60	450 毫米 ×450 毫米 ×1 200 毫米

单脉冲输出能量为1.2（±20%）微焦，重复频率为8.192千赫，脉宽为110纳秒。CL31发射和接收激光是基于同一组透镜的单站共轴光路方案，使用该方案可对长达10米的盲区进行测量。

CL31可通过探测并监控云层动态变化来确定近地层和气溶胶物质的边界。图13.32给出了对近地层进行24小时探测的实例，并给出确定的云层边界。

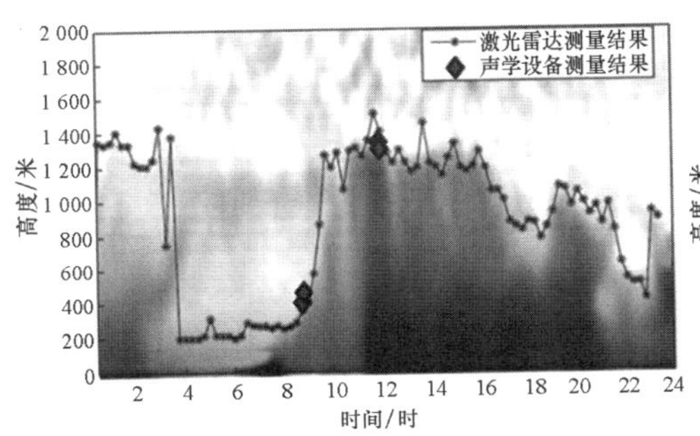

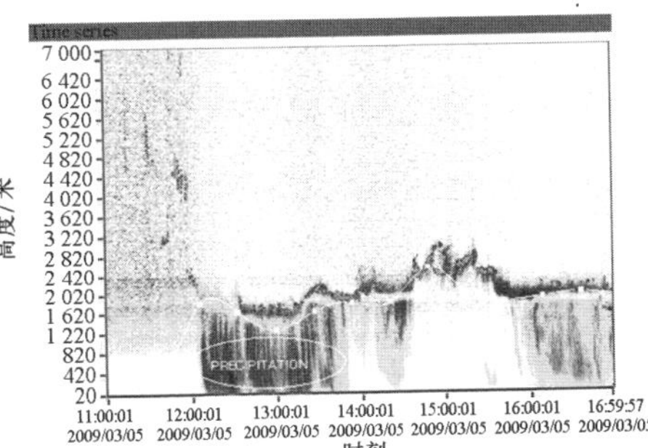

图13.32　CL31软件界面的截图示例

CL31系统的主要技术指标和特点：

测量范围0~7 500米；

测量间隔2~120秒；

激光波长910纳米；

脉宽100纳秒；

脉冲频率8千赫；

空间分辨率5米；

测量精度（固体目标）±5米；

可同时探测3层云；

与垂直方向的倾角12度。

与之类似的常见激光传感器还有德国JENOPTIK公司开发的CHM15K，是一种基于双站模式的系统。图13.33给出了该系统的外观。它使用两个望远镜：发射望远镜用于生成探测激光束，另一个望远镜用于接收大气的后向散射光束。

CNM15K“NIMBUS”采用固态Nd：YAG激光器作为其探测发射光源，输出波长为1 064纳米。

图 13.33　CHM15K“NIMBUS”系统的外观

由于该系统的单脉冲输出能量相对较高，其探测高度可增加至 15 千米。它的主要技术指标和特点如下：

测量范围 10～15 000 米；

测量间隔 2～3 600 秒；

激光波长 1 064 纳米；

脉宽 1～5 纳秒；

脉冲频率 5～7 千赫；

脉冲能量 8 微焦；

空间分辨率 5 米；

测量精度（固体目标 10 千米）±5 米；

可同时探测 5 层云；

双层外壳；

模块化结构，通路；

自动探测，镜面清洁系统。

使用 CHM15K 系统接收到的信号如图 13.34 所示。通过对信号进行分析，可以得到以下信息：

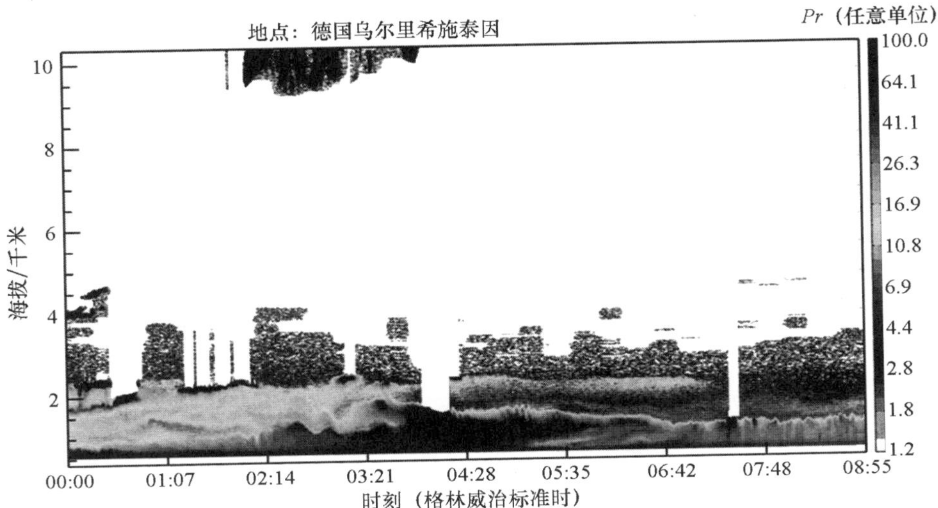

图13.34　CHM15K“NIMBUS”系统接收到的后向散射强度信号示例
（2015年7月23日，SNR>1）

（1）云层边界从3级到9级；

（2）云层厚度（如果可能的话）；

（3）云层总体情况；

（4）垂直能见度；

（5）近地层高度；

（6）气溶胶分布廓线。

法国公司DEGREAN HORIZON开发的ALC30系统的一个显著特点是使用了输出波长为1 535纳米的固体激光器，其光学方案是双站结构。该系统的外观如图13.35所示。主要特点如下：

测量范围15~7 500米；

测量间隔15秒；

激光波长1 535纳米；

脉冲能量6微焦；

空间分辨率15米；

测量精度±7.5米；

可同时探测3层云；

自动探测；

与垂直方向的倾角可达 90 度；

镜面清洁系统。

图 13.35　ALC30 系统的外观

俄罗斯制造商生产的同类产品中，已知的有 LOMO 公司开发的 DOL－2 样机。该系统的主要特点如下：

测量范围 10～2 000 米；

测量间隔 15 秒；

激光波长 910 纳米；

空间分辨率 7.5 米；

绝对测量误差 ±10 米（$h=10\sim100$ 米）或 ±（$0.05h+5$）米（$h=100\sim2\ 000$米）；

可能偏离垂线；

镜面清洁系统。

遗憾的是，该系统的数据格式和实验结果尚未公开，没有相关资料。

另外，俄罗斯 Laser Systems 公司研发出了一种测云仪，用来监测近地层的大气参数。该测云仪采用人眼安全的 1.5 微米波长红外激光束来进行探测，主要为空中导航提供气象保障，其外观如图 13.36 所示，主要特性参数参见表 13.4。

因此，在国民经济活动中，使用此类光电系统来测量和监控近地层的大气参数，可以为空中导航提供气象保障，可及时获取 24 小时的气象信息，从而预报天气并防止可能带来的危险事件，及时采取措施，防止影响飞行安全

图 13. 36　Laser Systems 公司研发的测云仪外观

的重大天气情况。

对于市政和公共服务部门、建筑部门、农业、铁路、航空和公路运输部门、飞行保障部门、紧急情况部（应急管理部）等来说，此类天气信息很有价值。

结 论

机场附近的风速测量与预报是确保航空安全的一个重要措施。如果风速存在很大梯度，如风切变、涡流或湍流，会威胁到飞机的安全起飞和着陆。因此，基于激光雷达开发出相应系统来对上述风场现象实施远程探测是一项紧迫的任务。借助测云仪来确定气溶胶和风的垂直分布廓线，可以提高飞机飞行的安全性和天气预报的准确性。

测试题

1. 采用 1.5 微米波长激光雷达探测径向速度 1 米/秒的风速时，对应的多普勒频移是多少？

2. 多普勒激光雷达的直接探测与外差探测有什么区别？

3. 确定云层边界的测云仪有哪些主要特点？

参考文献

1. Тришенков М. А. Фотоприёмные устройства и ПЗС. Обнаружение слабых оптических сигналов. – М., Радио и Связь, 1992 г. – 400 с.（《光电接收器和电荷耦合器件——微弱光信号探测》）

2. Протопопов В. В., Устинов Н. Д. Лазерное гетеродинирование/ под. ред. Н. Д. Устинова. – М.: Наука. 1985 г. – 288 с.（《激光外差作用》）

第五篇

激光技术在医学中的应用

Н. Ю. Малькова（Н. Ю. 马尔科娃），А. В. Морозов（А. В. 莫洛佐夫）

由于激光具有独特的性能，因此在诊断、内科和外科手术中均有着广泛的应用。激光束易于操控，而且借助光纤可以很方便地进行定向传输。对应各种不同的波长范围（从紫外光至远红外光），激光器的功率或能量密度也将发生很大的变化。这意味着，人们可以根据人体组织对不同波长激光的吸收强弱以及特定的治疗需求选择最佳的激光疗法。因此，激光可用于诊断和治疗多种疾病。

医学领域中，通常使用的是半导体、气体、固体、准分子激光器以及染料激光器。在现代医学实践中，几乎所有专业都需要使用激光进行手术或理疗，包括眼科、口腔科、妇科、泌尿科、耳鼻喉科、心脏病科、神经科、皮肤科、整形美容以及麻醉科等。

本篇中，将探讨光和生物组织之间相互作用的一些机制，医用激光设备的主要类型以及激光疗法相比于其他疗法的主要优点。

第 14 章　光对生物组织的影响

14.1　物理过程

光对生物组织的影响伴随着各种物理过程，包括吸收、发光（包括荧光和磷光）、散射（包括弹性散射和非弹性散射）等。

在吸收光的过程中，生物组织中可能会出现无辐射跃迁、产生荧光和磷光等现象。如果辐射密度足够高，也可能出现多光子吸收。例如，如果跃迁能量达到 1.0 电子伏特，那么可能有两个能量为 0.5 电子伏特的光子参与吸收过程。

发光即激发态电子的光子辐射，包括荧光过程和磷光过程。

荧光是电子从最低激发能级跃迁到基态的辐射过程，该过程遵从自旋守恒法则。这种激发态寿命为纳秒量级。荧光的跃迁可以发生在与基态相关的不同振荡能级上，所以荧光光谱有多个峰值。当电子从基态被激发到任意一个处于激发态的振动能级上时会发生吸收，而电子从激发能级跃迁到基态时会产生荧光。发荧光时，波长较短的光子（高能量光子）被吸收并且几乎同时释放出波长更长的光子（低能量光子）。

发磷光时，处于激发态电子对的总自旋与基态电子对的总自旋不同。这些激发态是无辐射跃迁过程中激发电子自旋重组的结果。由于这种跃迁是内部组合转换，不同激发态之间便会产生磷光。这种激发态称为三重态。从激发态到基态的跃迁过程是自旋禁戒的，因此三重态的寿命可能非常长（数微秒）。从医学诊断的角度来看这是非常重要的，因为这使得在自然条件下测量组织中的氧气浓度成为可能。

图 14.1 为吸收、荧光和磷光过程的总体示意图，还说明了上述三种类型的跃迁过程及各种可能的跃迁模式（雅布隆斯基图）。不同的状态按照能级垂直分布并随着多重态（表征分子自旋的量）进行水平分组。

辐射跃迁包括吸收跃迁和辐射迁移。无辐射跃迁则发生在各种不同的反

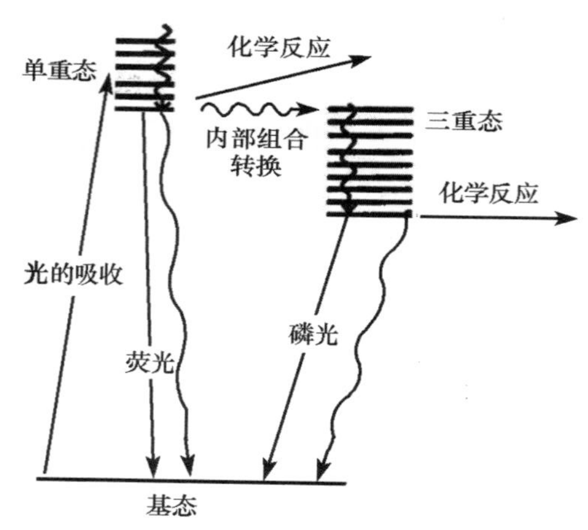

图 14.1　能级示意图和有机分子的跃迁

应过程中，主要有三类。第一类是由于分子向周围空间辐射能量，从激发态弛豫至最低振动能级的跃迁。第二类是内部转换，其实质是从一个振动激发态跃迁到另一个能量更低的激发态。第三类是一种内部组合转换。在这种情况下，不同的多重态之间会发生跃迁。

散射机制主要有两种：弹性散射和非弹性散射。发生弹性散射时，散射光的频率与入射光的频率相同；发生非弹性散射时，散射光的频率不同于入射光的频率。

由于入射电磁辐射施加的力导致生物组织中电子的运动速度加快，因而产生了弹性散射。在这种情况下，散射光的频率等于入射光的频率。当粒子的尺寸比波长小得多时，弹性散射的主要形式是瑞利散射；而粒子的尺寸和波长差不多时，则主要形式是米氏散射。

均匀介质中不发生散射，只有入射光。在折射率随不同位置而变化的介质中会出现散射光。生物组织的折射率随着辐射所通过结构的尺寸变化而变化，即随亚微米级细胞器到毫米级多细胞生物体的尺寸而变化。

如果粒子处于运动状态或者在下降期间电磁辐射激发了分子振动，则会产生非弹性散射。如果散射是由运动的粒子引起的，则散射光的频率将不同于入射光的频率（多普勒效应），其频率差称为多普勒频移。对于一组运动的粒子，与粒子速度分布相关的辐射光谱即为多普勒效应的结果。在医疗中，这种散射机制最常见的一种应用是测量组织中的血流量。

分子振动所产生的非弹性散射可分为两种类型：斯托克斯拉曼散射和反斯托克斯拉曼散射（详见《激光器：器件与运用》第11.3节）。拉曼光谱测定法就是基于上述散射效应的。由于其具备区分个体特征的能力，可选择性地检测并识别生化成分，因此常用于检测和识别某些细菌和真菌细胞。

激发辐射的波长选择起着至关重要的作用。受激辐射的不同波长使得激光束可作用于细胞内部的各种分子成分。可见光和近红外范围内的辐射作用于同质细胞组分时，可提供研究对象的表型特征。紫外辐射可引起脱氧核糖核酸（DNA）、核糖核酸（RNA）和芳香族氨基酸的活化。组合（拉曼）光谱涵盖了活性细胞组分的所有组合光谱，因此，可以利用其研究细胞的代谢状态。利用拉曼散射光谱可以分析细胞代谢的变化。相关数据可以用来诊断癌症和其他病理异常。

14.2 光作用于生物组织的不同类型

充满血液的生物组织可视为双组分介质，其第二组分是血液。血液中还有大量的大分子，在可见光范围内这些大分子的吸收截面很大。此类大分子包括血红蛋白、各种内源性卟啉、胡萝卜素、含金属酶、环核苷酸、酶和氧化还原反应的辅酶。从光学角度来看，生物组织是可以吸收和散射光的不均匀介质，其折射率大于1。

大多数有机分子吸收紫外线的能力都很强。从紫外光谱区到黄色光谱区（约0.6微米），含氧血红蛋白均可大量吸收光。黑色素在整个可见光谱范围内均可吸收光（如图14.2所示）。

根据菲涅耳定律，当激光束从空气进入生物组织时，部分光在分界处被反射回来，其余的渗入生物组织中被散射和吸收。图14.3为不同波长下，激光束在各种生物组织中的透射深度。

表皮组织主要由角蛋白组成，反射发生在表皮组织的表层。在很宽的光谱范围内，载色体均可强烈地吸收光线，表皮组织最深层所含的黑色素即为一种主要的载色体。真皮组织是一种纤维结构的密集组织，位于表皮组织下方。真皮组织包含胶原蛋白，其上发生强烈的光散射。由于真皮组织中有发达的血管网络，血红蛋白（Hb）、氧合血红蛋白（HbO_2）和氧合肌红蛋白（MbO_2）的分子也是吸收光的中心。在真皮组织中激光束经过多次散射进而加宽和衰减。

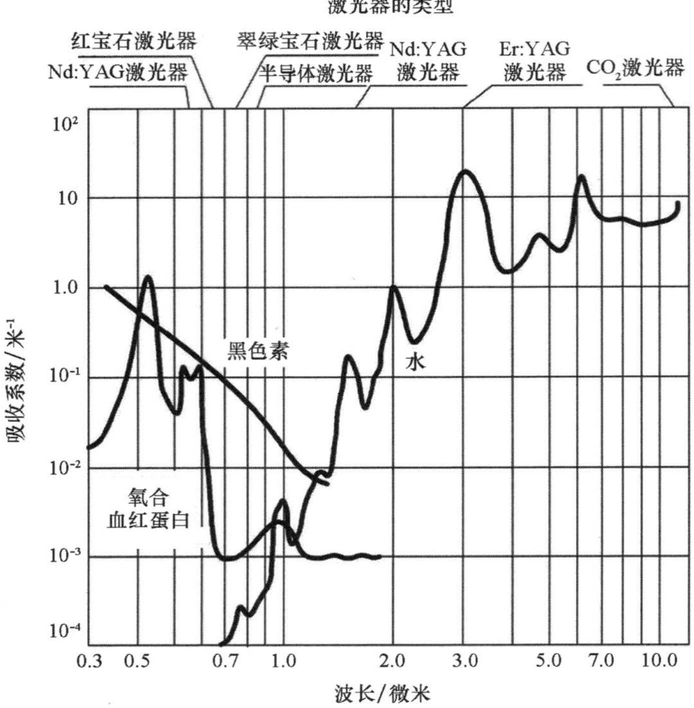

图 14.2　生物组织中的主要载色体对激光束的吸收

在很多生物组织中，色散主要发生在细胞器上，例如线粒体。吸收光的生物分子称为载色体。吸收的光能量被光化学反应消耗，以荧光的形式再次辐射出来，剩余的能量则变成热量被耗散。

光在生物组织中的传播主要取决于波长以及生物组织的吸收和散射系数。对于不同的材料类型和测量位置，吸收系数的变化范围可能跨越好几个数量级。与吸收系数不同的是，散射系数仅随波长缓慢变化。在紫外和红外波段内，散射系数对能量密度的分布影响不大，但在可见光和近红外范围内，散射系数的影响则较为显著。

光在生物组织中的传播对完成下列任务时有非常重要的应用：实施治疗时预测功率密度的分布，解读诊断结果，以及构建可优化诊断、内科和外科手术实践的模型。

激光作用的效率则由生物结构（细胞器、细胞、组织或器官）和激光特

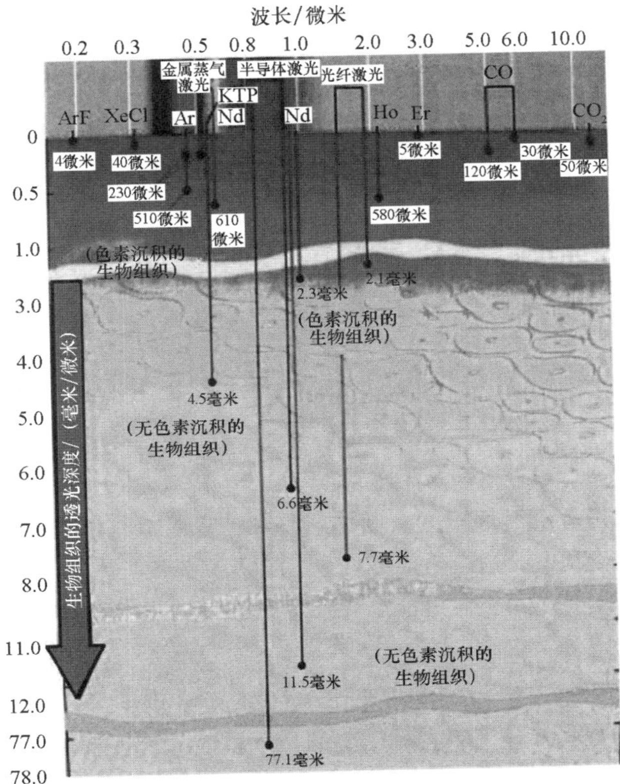

图 14.3　不同波长激光在生物组织中的透射深度（见彩插）

性（波长、连续波功率、脉冲能量、脉宽及其他因素）决定。

激光束作用于生物材料主要有三种类型（如图 14.4 所示）：

（1）非扰动性效应：在与光相互作用的过程中，生物物质不改变其性质。散射、反射和渗透等效应均属于这一类。此类效应可用于激光诊断。

（2）光物理和光化学效应：在该效应下，被生物组织吸收的光，激发其中的原子和分子，引起光化学和光物理反应。此类效应可用于激光内科治疗。

（3）光致破坏效应：在该效应下，热力、流体力学和光化学效应破坏组织结构。此类效应可用于激光外科手术。

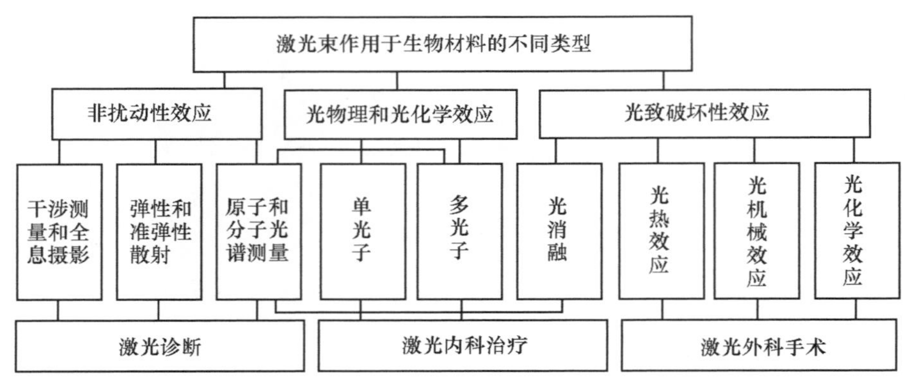

图 14.4　激光束作用于生物材料的类型

对生物体进行诊断时，确保辐射尽可能少地作用于研究对象，以获取一个客观的诊断图像是很重要的。而如果在激光束作用下生物组织发生了明显变化，则治疗流程便开启了。

激光束治疗的作用机制可能是光化学、光热（热力）或光机械（流体力学）效应。

14.3　激光束对生物结构的作用

由于激光特性不同，组织对激光照射的反应也不相同。

光刺激。激光内科治疗中使用低强度激光来实施光刺激。激光内科治疗中所用的激光器有特定的能量参数，所施加的作用不会损坏生物系统，但其能量又足以激活机体的生命活动过程，例如促进伤口愈合。

光促反应。其原理如下：特定波长的光（自然光或人为照射的光）作用于光敏剂，对病变组织施加细胞溶解效应。在皮肤病学中，光促作用可用来治疗痤疮、牛皮癣、红斑扁平苔藓、白癜风、色素荨麻疹等。

光热解和光机械吸收反应。生物组织吸收激光时，激光束的能量在含有载色体的那部分皮肤中转化成热量。如果激光束的功率足够大，将会对目标造成热损坏。选择性光热解可用于消除表层血管的发育缺陷、皮肤上的一些色素沉着，以及祛除毛发和文身。

可以通过三个参数来分析激光束对生物结构的影响：相互作用机制、生物结构和作用时间。图 14.5 中以立方体的形式给出了激光束作用于生物结构的示意图。

X 轴是相互作用机制（化学、热力和机械作用），*Y* 轴是受影响的生物结构，*Z* 轴是时间轴。这里的时间代表任意物理效应或者生物反应随时间的变化。

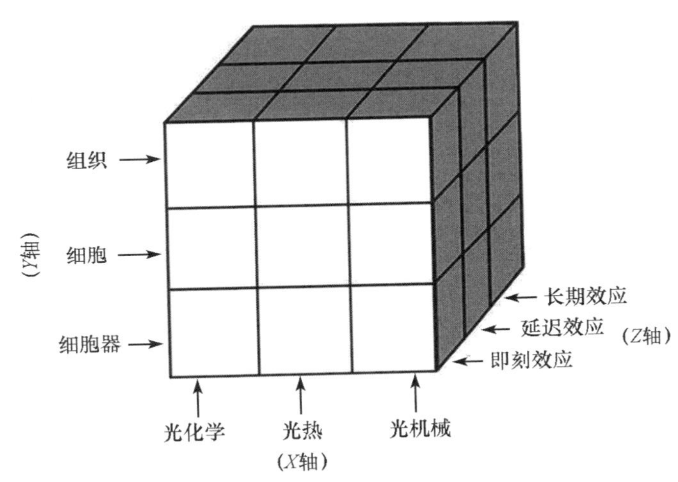

图 14. 5　激光束作用于生物结构的示意图

14. 3. 1　光化学效应

在自然界中，光化学反应非常常见。例如，植物中的叶绿素吸收太阳光，并最终将水和二氧化碳合成糖的过程中，即发生了光化学反应。在医学中的很多领域，包括肿瘤学、皮肤病学和眼科学等，光化学作用是治疗各种疾病的基础。

紫外、可见和近红外波段内的激光束均可激发涉及电子能级转换的光化学反应；中、远红外激光可用于激发涉及分子振动和转动能级转换的光化学反应。光化学反应的速率与照射强度、光敏分子的吸收系数和反应过程中的量子效率成正比。

14.3.2 光热效应

生物组织吸收照射的激光能量而引起的光热效应是激光在各种医学应用的基础。通过组织凝固治疗视网膜脱落是最常见的例子。激光凝固也是治疗肿瘤的有效手段。

输入热量时，材料的反应由其热扩散系数 χ 决定，单位为平方米/秒。利用这一系数可确定厚度为 δ 的一层物质升温至所需温度所花时间：

$$\tau_{温升} = \delta^2/\chi \tag{14.1}$$

也可以解决相反的问题：对表面进行脉冲加热的时长为 $\tau_{脉冲}$ 时，确定热量渗透的深度。

$$\delta = \sqrt{\chi \cdot \tau_{脉冲}} \tag{14.2}$$

χ 的值取决于材料密度 ρ、等压比热容 c_p 和材料的导热率 a：

$$\chi = \frac{a}{c_p \cdot \rho} \tag{14.3}$$

一些生物材料的热扩散系数 χ 的值及其他热物理和光学性质如图 14.2、图 14.3 和表 14.1 所示。

表 14.1　一些生物材料的热物理性质

材料	ρ/(千克/米^3)	c_p/(千焦·千克$^{-1}$·开$^{-1}$)	a/(千瓦·米$^{-1}$·开$^{-1}$)	χ/(米^2/秒)
人体的生物组织	$(1.2\sim1.6)\times10^3$	0.36~0.37	0.21~0.27	
表皮组织	$(1.0\sim1.2)\times10^3$	0.32~0.38	0.45~0.53	
皮肤		0.29~0.34	0.45~0.5	$(0.8\sim1.0)\times10^{-6}$
血液	$(1.02\sim1.06)\times10^3$	0.36~0.39	0.53~0.55	
脂肪组织	1.74×10^3	0.22~0.23	0.2	
大脑		0.33	0.401	
心肌		0.37		
软组织和肌肉		0.34	0.5	
肝脏、肾脏			0.43	

使用激光连续照射或者脉宽（$\tau_{脉冲}$）满足关系式$\tau_{脉冲}>\tau_{温升}$时，将发生常规的加热。在第二种情况下，可以用经典的热传导理论来评估激光束照射的影响。

利用光热效应实施治疗时，温度作用对组织造成的损害是非常重要的。组织的可控损伤也是将激光应用于医疗的目的。

预测激光束照射对生物组织的热损伤包括模拟光的传播过程及其在组织中的分布，进而评估组织长时间受高温作用的热损伤结果。如果温度低于一定的阈值，即低于临界温度时，损伤累积的速度会很慢。在诊断和光化学疗法中，温度均保持在低于临界温度的水平。

一旦组织的温度超过临界值，便可观察到组织热损伤的第一种形式，即凝结（凝固）。凝固源于细胞和组织蛋白质的变性（分子空间结构损坏导致化学性质的丧失）。变性增加了散射系数，导致组织中散射的光看起来是白色的。在凝固时，富含胶原蛋白的组织（如肌腱和皮肤）由于散射系数降低而变得透明。

如果加热模式达不到消融作用，则凝结性将显著降低。如果继续升高温度并超出凝结范围，其结果将是蒸发。大多数组织中都含有大量的水。水在100摄氏度时蒸发。如果功率密度仍然很高，则会产生无法通过扩散而释放的大量蒸汽。过量蒸汽进入由各层组织形成的阱，随后经过度加热将形成蒸汽泡或膨胀的组织腔（空化）。这将进一步导致组织腔壁的破裂并在组织中形成孔隙。

凝固可用于治疗视网膜脱落和小肿瘤，光热效应可用于治疗皮肤病。

14.3.3 光机械效应

在脉冲作用模式下，当$\tau_{脉冲}<\tau_{温升}$时会产生光机械效应，包括热膨胀、气蚀、蒸发和等离子体生成。

热弹性形变是热能累积引起温度升高的结果。在中等强度的连续照射下，形变产生的张力或压力被周围组织吸收。如果使用的是脉冲激光，则压力以声速在组织中传播。激光诱导的压力波并不是对所有治疗都适用，但它们很重要，因为其是空化现象的基础。

热弹性形变引起的应力超过一定限度时就会出现空化现象。超过阈值时，组织将被撕裂。对于固体物质，这将导致空泡的形成，之后这些空泡一般都会沿着裂缝所在的平面而扩大。这个过程称为剥离。对于液体，其中则会产生气泡且随后气泡会变大。可利用空化作用去除组织上的薄层，而且不会对生物材料表面造成显著的热损伤或使其发生形变。

组织中水分的蒸发是温度升高带来的另一种影响。蒸发过程可能有三种形式：表面蒸发、爆炸式下表层蒸发和过热液体的爆炸式蒸发。

当蒸汽在表面上形成时，发生的是表面蒸发。这种现象常用于对组织表层进行脱水。

当蒸汽在表面下形成时，发生的是爆炸式下表层蒸发。在这种情况下，蒸汽的量是有限的。随着温度的进一步升高，蒸汽压力也会增大。当蒸汽压力超过将组织连接在一起的结构性力时，组织将会被破坏，蒸汽撕裂组织向外逸出。

当温度显著超过开始生成蒸汽所需的数值时，发生的将是过热液体的爆炸式蒸发。在这种情况下，组织中的水被爆炸式地抛出。这一现象常用于去除大的肿瘤，如肺阻塞或脑肿瘤。该方法特别适用于去除难以接近的肿瘤。

如果脉冲非常短暂（$\tau_{脉冲} \ll \tau_{温升}$），当组织表面上的激光功率密度大于10^{10}瓦/米^{2}时，将爆炸性地形成向辐照表面移动的蒸气团（等离子体蒸气团）。这种现象称为光消融或激光消融。如果将激光导入组织内部，则将会有气泡生成。气泡膨胀至最大直径后破裂，产生可撕裂组织的极限压力。等离子体生成最常见的应用之一是白内障治疗之后的术后干预。激光聚焦在植入的人造晶状体附近，以去除干扰正常视力的不透明膜。这种机制也可用来粉碎肾脏中的大块石头。

结 论

1. 光和组织相互作用的基本机制包括吸收、发光（包括荧光和磷光）和散射（包括弹性散射和非弹性散射）。

2. 利用不同波长的激光束可作用于细胞内的不同分子组分：

（1）可见光和近红外波段内的激光作用于均质细胞成分时，可获得研究对象的表型特征；

（2）紫外激光可以活化脱氧核糖核酸（DNA）、核糖核酸（RNA）和芳香族氨基酸。

3. 复合（拉曼）光谱聚集了活性细胞组分的所有复合光谱，因此可以利用其研究细胞的代谢状态。

4. 激光作用的效率由生物结构（细胞器、细胞、组织或器官）以及激光特性（波长、连续功率、脉冲能量、脉宽等）决定。

5. 从医疗角度来看，光和生物组织的相互作用可能是光化学、光热或光机械效应。

思考题

1. 光和生物组织的相互作用伴随着哪些基本的物理过程？

2. 研究光散射时主要区分哪两种机制？弹性散射的主要形式及其产生条件是什么？什么情况下会产生非弹性散射？

3. 在分析激光束照射对生物结构的影响时主要区分哪些效应？它们适用于哪些领域？

参考文献

1. Тучин В. В. Оптическая биомедицинская диагностика. Под ред. В. В. Тучина. В 2 т. М.：Физматлит，2007. 368 с. –560 с.（《光学生物医学诊断》）

2. Александров М. Т. Лазерная клиническая биофотометри（теория，эксперимент，практика）. –М.，2008. –584 с.（《激光临床生物光度法（理论、实验和实践）》）

3. Бочкарев Н. Н. и др. Взаимодействие фемтосекундных лазерных импульсов с биологическим веществом. –Томск，2007. –122 с.（《飞秒脉冲激光与生物物质的相互作用》）

4. Рубникович С. П.，Фомин Н. Ф. Лазерно-оптические методы диагностики и терапии в стоматологии. –Минск：ИТМО НАН Белоруси，2010. –361 с.（《牙科中的激光诊断与治疗方法》）

5. Шахно Е. А. Физические основы применения лазеров в медицине. –СПб：НИУ ИТМО，2012. –129 с.（《激光应用于医疗的物理原理》）

第 15 章　激光医疗诊断

15.1　体内和体外诊断

生物软组织的光学特性取决于组织和器官的生理、机能和病理状态，这也是激光诊断方法的基础。不同的光谱特征，如组织、血液的吸收系数、反射系数、荧光系数和散射系数，在机能和病理方面的作用是不同的。因此，如果已知器官或组织的临床状态，即可获得原位（在实施测量的位置）测量参数。

虽然激光诊断通常取决于激光与内源（在机体内）成分的相互作用，但也可以通过引入外源因子来实施。

诊断方法主要分为两大类：体内诊断（IN VIVO，在自然条件下或直接在生物体上）和体外诊断（IN VITRO，在试管中或通过研究实验室条件下获得的样品）。

体内诊断法包括 X 光片成像、核磁共振成像（MRI）、计算机断层扫描（CT）、心电图（ECG）和脑电图（EEG）等监测方法。

体外诊断法包括从活体生物体中抽取血样、唾液和组织等样品，在受控的实验室环境中进行检查。体外诊断所需的诊断设备相对简单、价格低廉。除测试组件（试剂）之外，体外诊断还需要用于分析结果的设备。

在活体内进行光学诊断过程中均使用低强度光束照射生物组织。光束与组织相互作用，后向散射的光束由光电探测器记录。光和组织的相互作用是一个复杂现象，可引发许多线性和非线性物理过程，如吸收、散射、荧光和多普勒频移。光电探测器所记录激光的光谱分布和空间分布包含大量关于诊断对象生物化学和结构组成的信息。激光诊断法及普通光学诊断法的空间分辨率比任何其他体内诊断技术可达到的分辨率都要高得多。这是由于激光的波长与所研究细胞结构的尺寸具有相同的数量级。

吸收光谱可用于确定组织中的水分、脂质和黑色素含量。利用弹性散射光谱可获得有关生物组织形态结构的信息。组织的反射能力与其中氧气饱和度的相互关系可用于评估血液中血红蛋白的氧合水平（血氧饱和度）。多普勒血流仪可用于测量血流量的变化情况。

15.2　激光诊断的优点

生物组织的分子结构对紫外、可见和近红外波段内的光相当敏感，而且组织的光学特性显示了组织的生理、机能和病理状态，这是光学诊断的另一个特征。

激光诊断法及普通光学诊断法的空间分辨率比任何其他体内诊断技术可达到的分辨率都要高得多。这是由于激光的波长与所研究细胞结构的尺寸具有相同的数量级。

激光诊断的另一个典型特征是，可利用光学标记来获取通过其他方法难以获得的分子、生理或遗传信息。例如，可以将荧光染料与抗体或DNA片段结合然后进行荧光成像，因为这些荧光染料可像生物活性剂一样结合到所研究的细胞结构中。在根据患者的个体特征改进治疗手段方面，光学标记将发挥越来越重要的作用，因为借助光学标记可获得关于疾病的分子或遗传原因的准确信息。

兼容性好是激光诊断的一个重要优点，即激光诊断法可以与其他诊断方法同时使用。

15.3　体内光学诊断的方法

在体内，当光入射到所研究的组织区域时会发生各种相互作用。所有的光学诊断方法均须借助一种或多种类型的相互作用。相互作用结束之后，载有诊断的信息光子可能以透射光或反射光的形式离开生物组织。

输出光由检测器系统进行测量。检测器系统可能只包含一个光电检测器，也有可能由非常复杂的成像系统和相应光学仪器构成。必须全面分析输出光以获取所需的诊断信息。由于相互作用机制可分为多种不同类型，因此需要根据临床任务所使用的一个或多个相互作用机制，采用多种体内成像法。

最常见的诊断方法有：白光成像法、扩散光谱法、相干 X 射线体层照相中的弹性散射光谱法、拉曼光谱法、共聚焦成像法和荧光光谱法。此外，还有发展中的光学临床诊断法，如光声光谱法、光热光谱法、相关荧光光谱法、散斑干涉法以及血流量的激光多普勒测量法。

15.3.1 光波段内的成像

白光成像最为常见，白光成像诊断基于组织在可见光范围内的光谱和三维外观。以前的光学诊断法在很大程度上取决于医生的判断、知识和经验。现在所用的光学仪器具有更宽的光谱范围和更高的灵敏度，医生双眼的辨别能力也因此得到了扩展。此外，现代光学仪器还使人们可以辨别之前人眼看不到的内部结构。

使用宽视场的检眼镜来检查视网膜就是这样一个例子。图 15.1（a）为典型的手持检眼镜。该设备可用于眼底、眼睛前部以及眼球的回声检查。图 15.1（b）为遭受了不可逆损伤的视网膜照片，损伤图像是在白光下成像生成的。

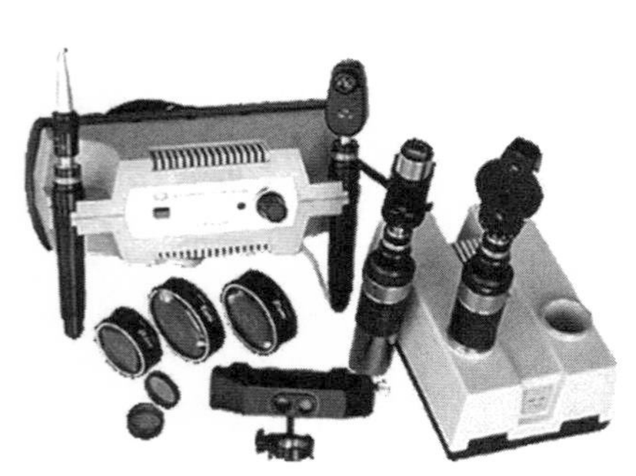

(a) OP-3Б-08型手持检眼镜（俄罗斯扎戈尔斯克光学机械厂）

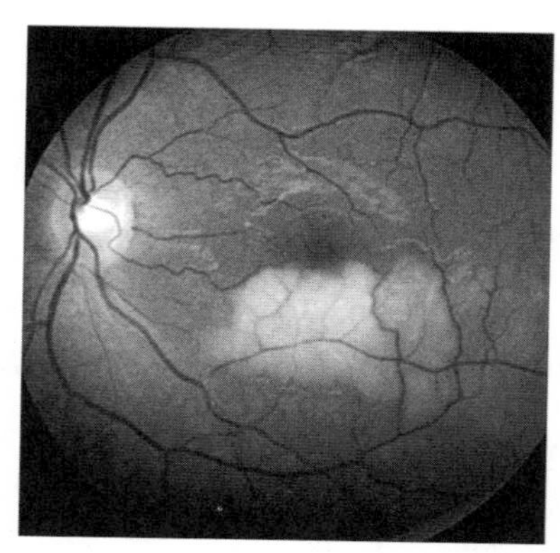

(b) 遭受不可逆损伤的视网膜（视网膜破裂）

图 15.1 手持检眼镜及受损伤的视网膜

白光内腔镜检法用于诊断胃肠道、膀胱、子宫颈或支气管的内壁。现在，白光内腔镜检法所使用的仪器和相关诊断能力都有了重大变化。

光纤传输设备和微型彩色相机（位于光纤内窥镜的末端）已经取代了装

有相应透镜的空心管及其他光学元件和外部相机。图 15.2 为光纤内窥镜，包含白光光源、光纤电缆和安装在探针末端的彩色照相机。利用光纤内窥镜可以接收并处理高分辨率的图像，获取数字信息。

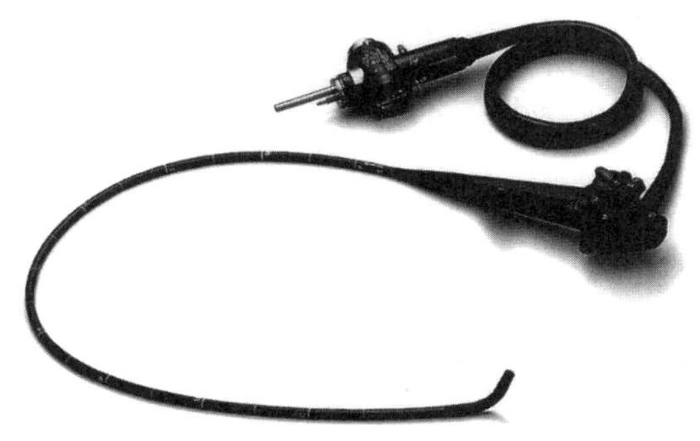

图 15.2　光纤内窥镜

使用造影剂（例如吸收染料）可生成更清晰的病理结构图像。在内窥镜检查中利用这一特征并结合图像放大，可以看清组织表面的细微特征。

使用不同波长下生成的图像来提高病理诊断质量是体内光学诊断的一个新趋势。红外光对人眼是不可见的，因此需要使用红外成像仪（温度记录器）进行观察。红外成像仪可以捕捉、测量红外光并将其转换成人眼可见的图像。红外光在红外成像仪中被转换成电信号，该电信号经放大和自动处理后被还原为目标热场的可视图像，以进行目测和定量评估。

图 15.3 显示的是利用红外成像仪在波长 3~5 微米的红外波段内生成的图像，温度灵敏度约为 0.02 摄氏度。

15.3.2　光学相干断层成像

自 1996 年以来，光学相干断层成像（OCT）领域的成果非常丰硕。利用 OCT 法还原不均匀物体和介质（具有显著的散射特性，例如生物组织）的内部微观结构时，空间分辨率很高（可达数微米）。OCT 法使得人们得以建构所研究介质中的三维密度分布（折射率）。光与组织相互作用时会发生后向散射。在微观水平上，这与分界处折射率的局部变化有关。这也是 OCT 的基础。利用该技术可生成高分辨率图像，且成像深度可深入物体内部几毫米。OCT 法与高分辨率的超声检查法类似，只不过 OCT 法使用双光束迈克尔逊

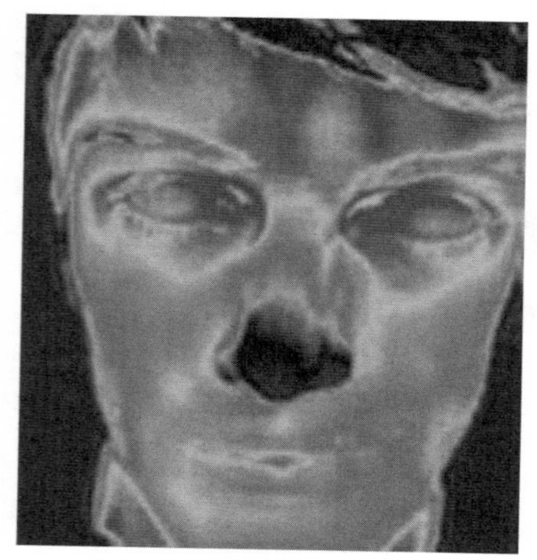

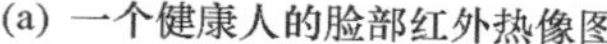

(a) 一个健康人的脸部红外热像图

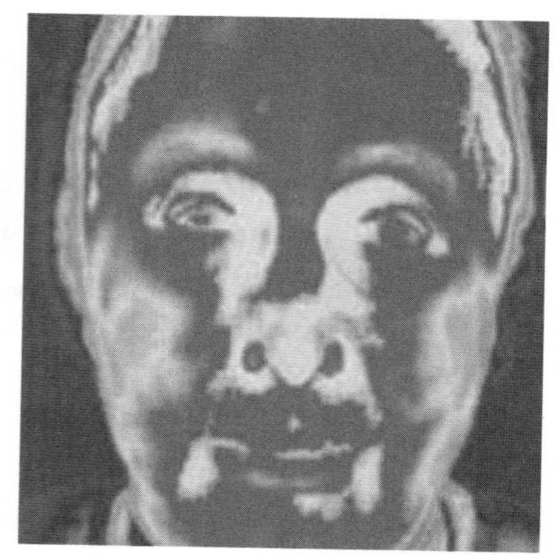

(b) 一个因急性呼吸道疾病高烧的男性脸部红外热像图

图 15.3 不同颜色区域对应不同温度的人脸红外热像（见彩插）

干涉仪对微观不均匀处的深度分布进行空间定位，而不是像超声波检查中利用声波回声定位。图 15.4 显示了 OCT 的工作原理。

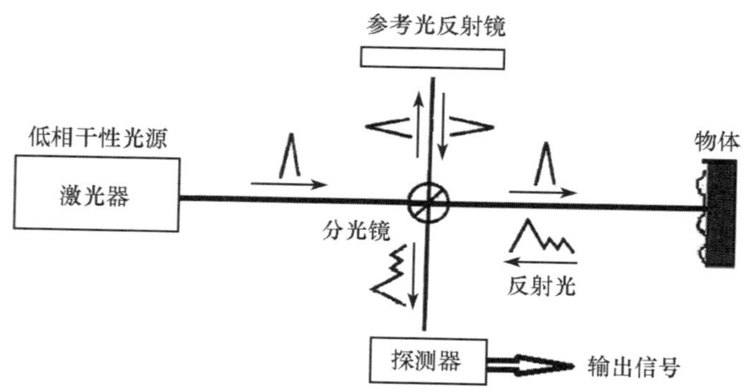

图 15.4 OCT 的工作原理

在 OCT 中，当使用具有一定相干性的光照射物体时，需根据所研究介质的深度来确定探测激光束的反射程度。只有处于相干长度范围内的光相互叠加时，这种光才会发生干涉。也只有在这种情况下才有可能确定探测光束发生反射时的深度。

超连续谱发光半导体激光器（辐射波长的范围为 800～1 500 纳米）和掺

钛蓝宝石激光器（辐射波长约为800纳米）就是这种激光源。现在，人们正在积极开发的光源包括光子晶体光纤激光器和超连续谱光纤激光器。

干涉仪中的激光束被分成用于照射物体的测量光束（对象光束）和参考光束，后者的光路长度可随着参考光反射镜的受控移动而变化。当物体被照射时，光束穿透介质，深度可达数毫米。为了获得有关介质内部微观结构的信息，需要确定每一层的反射程度。

在相干光的长度范围内，当测量光束和参考光束的光路长度相等时，可观测到低相干性的干涉带。干涉带最为清晰时，参考光反射镜所在的位置可表征反射镜与反射面或介质的内反射层边界的距离。当测量光束和参考光束的固定光程差不等于零时，干涉仪输出端的光强度取决于相干长度内波长的数值，即上述差值范围内的波长数量。当波数在光束的光谱范围内变化时，可观察到相同色阶的光谱带，其频率与光程差成正比。如果光束在不均匀的介质发生空间反射，介质各层的光将叠加，且总光谱包含不均匀性的信息，即有关光束在不同深度上的反射信息。光谱干涉测量法的特点是：有关光束在介质不同深度上反射程度的信息以周期性组分的形式包含在总光谱中，其中每一个组分的频率对应该层在介质中分布的深度。而且有关整个物体的信息被同时记录下来，因此不需要移动干涉仪的参考光反射镜来选择不同深度上的反射层。

图15.5为生物组织在不同深度上的二维图像。该图像表明，可以通过OCT法来映射介质的内部结构，并据此进行医疗诊断。当在不同深度进行二维扫描时，物体结构的三维图像被还原。该图还显示了OCT法所研究对象及其各个区域的特征几何尺寸。

目前，OCT有三种不同的应用方式：低放大倍数时的宏观结构成像；放大倍数很高时生成显微图像；较低和中等放大倍数时的内窥镜成像。由于眼球介质具有透明性，因此眼科是OCT最重要的应用领域之一。近红外范围内的波长使得红外设备应用于高度散射的分子成为可能。活体内的光学组织检查是OCT面临的最复杂的新任务之一。

OCT法的分辨率高、穿透深度大而且可进行相应的功能性成像，因此可以用于实施高质量的光学活检。这将有助于原位评估组织和细胞的状况、功能和形态。图15.6（a）显示了发生年龄相关性黄斑变性的视网膜，而图15.6（b）显示了正常眼睛的视网膜。

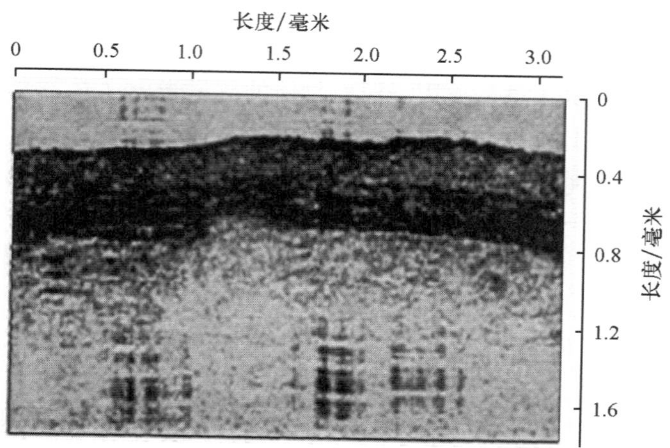

图 15.5 通过 OCT 法生成的口腔黏膜截面图

(a) 发生了年龄相关性黄斑变性的视网膜

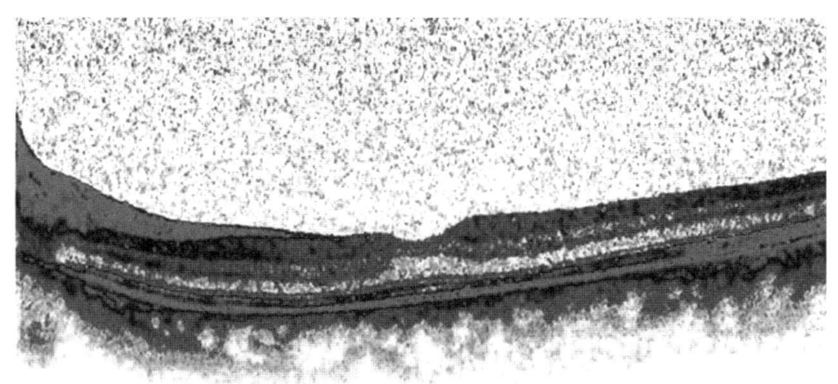

(b) 正常的视网膜

图 15.6 借助 OCT 获取的视网膜图像

15.3.3 共聚焦成像

共聚焦显微技术以及基于该技术的共聚焦激光扫描显微镜是光学显微技术的一个全新发展方向。共聚焦激光扫描显微检查法的出现，使得人们可以通过分层扫描来查看立体标本在某些深度上的细节。由于光在非均匀样本片段上会发生散射和折射，因此使用一般的方法，即使是最先进的显微镜也无法达到上述要求。

共聚焦显微技术的发展和完善使得现在可利用其对很多疾病实施无创诊断，还可用于直肠科、皮肤科和眼科等。在这些领域，对于所要研究的生物组织，无法通过定量照射来实施实时显微检查一直是一个主要问题。像 OCT 一样，共聚焦成像也可用于生成组织次表层结构的高分辨率图像。

图 15.7 显示了共聚焦成像法的基本原理。当激光束通过微孔光阑时，会产生点光源。之后经扩束系统扩束，扩展的光束经过分光镜反射并聚焦在组织内的一个点上。透射光束遵循相同的光程，从相对的分光镜表面反射之后，通过第二微孔被引导至光电探测器。通常使用光电倍增器作为探测器，以保证探测的高灵敏度。决定点光源和探测器的两个微孔彼此共轭。这意味着后向反射的离焦光被检测到的概率极低，只有从组织下的衍射极限点收集到的信号才有很高的检测概率。激光束可以在聚焦平面上扫描以创建 2D $X-Y$ 图

像。通过连续扫描 Z 平面也可以创建 3D 图像。共聚焦成像通常用于体内诊断。手术切除皮肤肿瘤时的成像即为其应用实例之一。

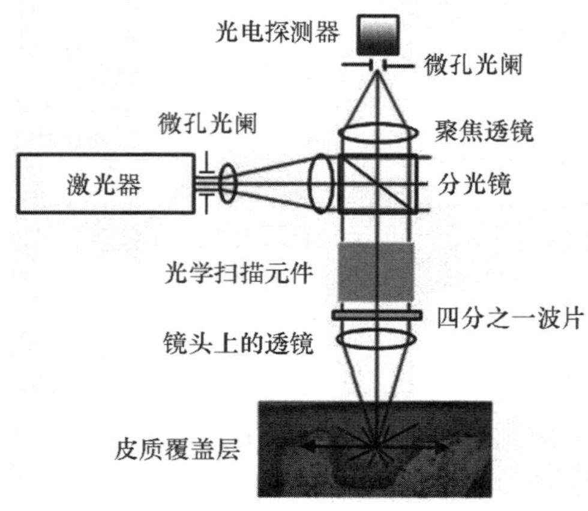

图 15.7　共聚焦成像法

共聚焦显微技术的另一个常见应用是利用其生成高分辨率的眼睛图像。这一应用通常被称为共焦激光扫描检眼镜检查法。图 15.8 为激光扫描检眼镜各组件的分布图。共聚焦成像技术还被用于内窥镜共焦成像，这是一种发展中的内窥镜检查新方法。

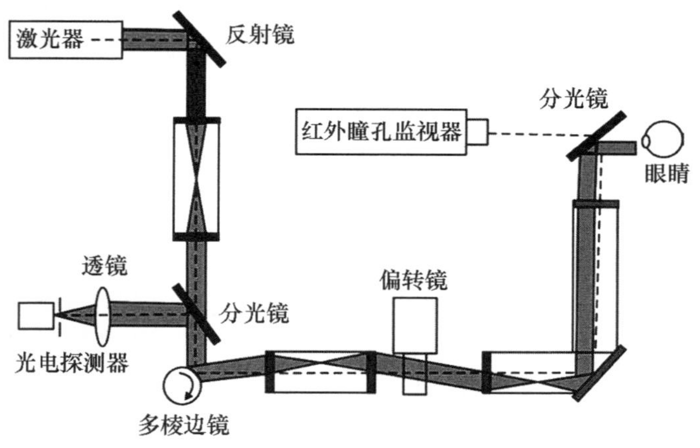

图 15.8　激光扫描检眼镜各组件的分布图

15.3.4 荧光光谱测定和成像

当组织中的载色体被蓝光或紫外光波段内的短波激光照射激发时，会产生荧光，荧光光谱测定和成像基础上的诊断即基于该原理。荧光发生在波长较长的光波段（波长500~800纳米）。基于荧光的诊断可以通过两种方式来实现：

(1) 进入组织中的分子被直接激发而产生的自发荧光；

(2) 当荧光团的必要分子被专门导入（口服，静脉注射，或在皮肤病变的情况下局部注射）体内时产生的外源荧光。

自发荧光时的荧光分子是结构蛋白，如胶原蛋白、弹性蛋白和各种代谢化合物。疾病改变了这些天然荧光团的浓度或空间分布。当给药时，诊断信息取决于外源荧光团在异常组织中的吸收或保留。

图15.9为荧光光谱测定装置的示意图。从激光器输出所需波长的光经光学元件（通常包括滤光片和聚焦透镜）和单模光纤进入分光器，然后进入双包层光纤，并进一步传输至待测样品。中性密度滤光片可调整最终到达目标的激光束强度，仅能通过主激光波长的滤光片还可消除背景噪声。双包层光纤的内包层可收集荧光辐射并将其传送至分光器，此后辐射的荧光沿多模光纤入射到光谱仪，低频滤波器可阻挡样品的后向弹性散射的主激光波长。共焦显微镜检查法可以更准确地确定荧光团的空间分布，借助共焦显微镜检查法将荧光光谱测定和成像结合起来的诊断效果最好。

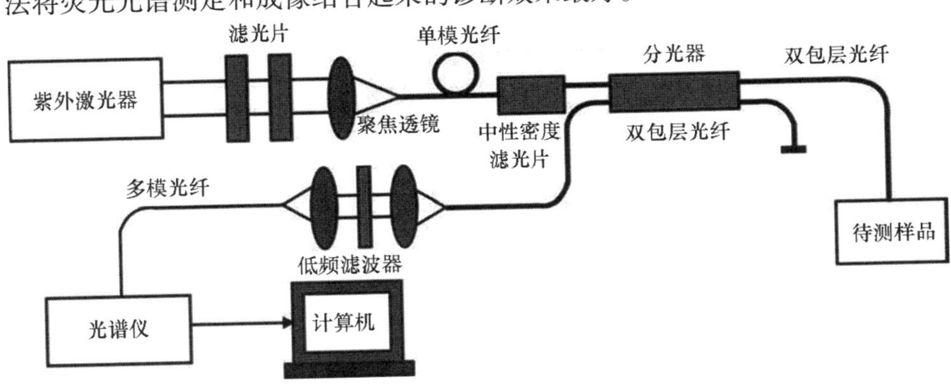

图15.9 荧光光谱测定装置的示意图

图 15. 10 为通过常规和共聚焦显微镜获得的人体细胞荧光显微照片。

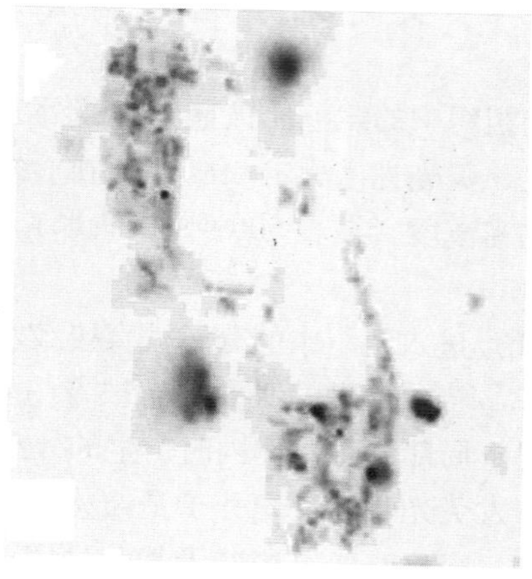

(a) 常规显微照片　　(b) 利用共聚焦显微镜测定技术生成的照片

图 15. 10　细胞的荧光成像

基于荧光现象的诊断方法非常适合研究活体内的组织表层（如中空器官的膜，包括肺、胃肠道、膀胱、口腔和子宫颈）的生化、生理学和结构特征。这一点很重要。因为在癌症及组织癌前病变的早期诊断中，上述器官是最为重要的。

荧光光谱测定技术除了可用于癌症的早期诊断，还可在实施手术时帮助准确确定肿瘤的边界。另一个可能的应用区域是在血管内部实施手术，如血管成形术、清洁阻塞的动脉等。

图 15. 11 是激光电子光谱仪 LESA－01 的照片，对于患者身上光纤探针可触及的任意一个器官，该仪器均可测定其光敏剂的累积水平。

15. 3. 5　拉曼光谱测定法

在医学诊断中，光的组合散射光谱测定法（拉曼光谱测定法）取决于光和组织的相互作用而产生的散射。散射包括瑞利散射（弹性散射，光频率不变）与拉曼散射（非弹性散射，光频率改变）。拉曼散射又分为斯托克斯散射与反斯托克斯散射。这种相互作用导致分子的振动和转动状态发生相应变化。即使存在背景荧光（这种现象正好可用于诊断），斯托克斯散射的光信号还是

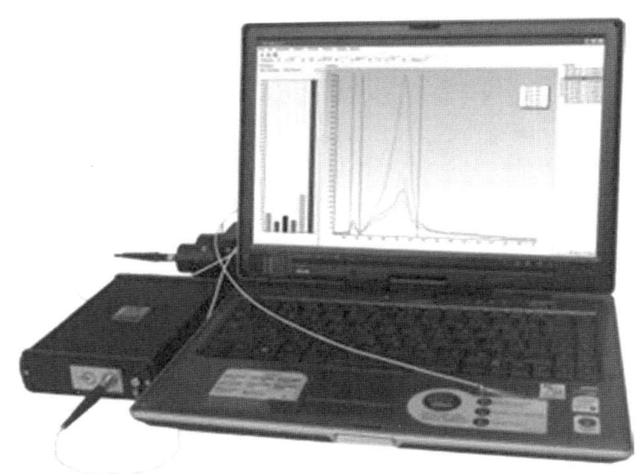

图 15.11　激光电子光谱仪 LESA－01（俄罗斯生物圈公司）

会比反斯托克斯散射的光信号强一些。发生拉曼散射时，拉曼光信号是分子的一个特征，因此可用于分子识别。

与自发荧光光谱相比，拉曼光信号非常弱。这一点常常妨碍将拉曼光谱实际用作体内诊断的成像方法，但对于研究组织和细胞却是相当方便的。

图 15.12 为拉曼光谱仪的光学示意图和设备照片。

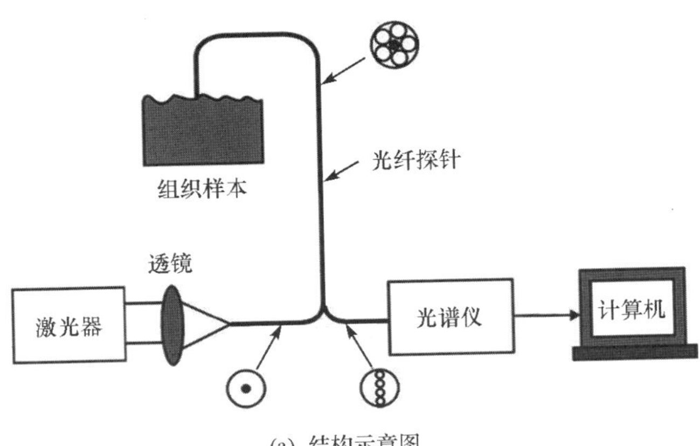

(a) 结构示意图

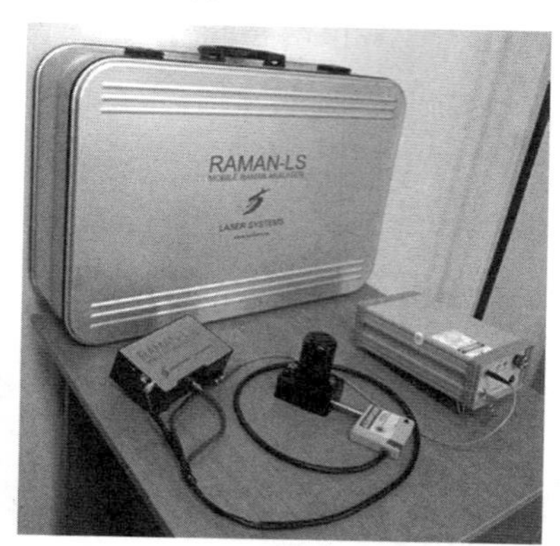

(b) LS拉曼光谱仪（俄罗斯Laser Systems公司）

图 15.12　拉曼光谱仪

结 论

1. 紫外、红外或近红外波段的光在穿过组织或被组织反射的过程中，由于光子和组织结构及分子发生相互作用，所测的一个或多个光学参量将发生变化。激光诊断或光学诊断即基于这种变化。

2. 诊断方法主要分为两大类：体内诊断和体外诊断。体内诊断可能是无创的，也可能是微创性的，而且都是在活体上进行。体外诊断则是在活体外的受控介质中实施。

3. 白光成像是诊断的一种类型，基于对可见光范围内组织图像的光谱和三维空间分析。

4. 散射光谱测定法是一种无创光学诊断方法，可量化组织的吸收和散射系数。弹性散射和吸收机制是光和组织相互作用的基础。大多数诊断方法均基于这些机制。当光与组织相互作用时将发生后向散射，该散射与分界面处折射率的局部变化有关。这是 OCT 技术的基础，利用该技术可生成高分辨率的组织结构图像。与 OCT 技术一样，共聚焦显微镜测定技术也可以用于获取高分辨率的组织结构图像。

5. 荧光光谱测定和成像技术则基于某些载色体被短波长（通常在蓝光或紫外线范围内）激光照射时激发的荧光。

6. 拉曼光谱诊断法取决于非弹性散射的散射光和组织相互作用的非线性光学效应。

思考题

1. 诊断方法可分为哪两大类？它们都有什么特点？
2. 光学诊断和激光诊断的特点和优点是什么？
3. 什么是白光成像诊断法？如何使用？
4. 光学相干断层成像的基础是什么？有哪些应用领域？
5. 共聚焦成像诊断的主要特点是什么？如何使用？
6. 荧光光谱测定、成像的原理和设计图是什么？有哪些应用领域？
7. 拉曼光谱测定法的诊断依据是什么？

参考文献

1. Тучин В. В. Оптическая биомедицинская диагностика/Под ред. В. В. Тучина. В 2 т. –М.：Физматлит，2007. 368 с. –560 с.（《光学生物医疗诊断》）

2. Александров М. Т. Лазерная клиническая биофотометрия（теория，эксперимент，практика）. –М.，2008. –584 с.（《激光临术生物光度法（理论、实验和实践）》）

3. Серебряков М. А. Лазерные технологии в медицине. –СПб.，ГУИТМО，2009. –266 с.（《医学中的激光技术》）

4. Рубникович С. П.，Фомин Н. А. Лазерно – оптические методы диагностики и терапии в стоматологии. Минск：ИТМО НАН Беларуси，2010. –361 с.（《牙科中的激光诊断与治疗方法》）

5. Лазерная доплеровская флоуметрия микроциркуляции крови/Под ред. А. И. Крупаткина，В. В. Сидорова：Руководство для врачей. –М.：Медицина. 2005 –256 с.（《血液微循环的激光多普勒射线测定法》）

第 16 章　激光治疗技术

16.1　低强度激光照射物理疗法

低强度激光照射物理疗法是一种利用特定光谱范围内的激光束照射进行治疗的方法。其光束特点是有一个固定的波长（单色光）。以连续或调制模式工作的理疗激光器，激光功率通常在 1～100 毫瓦的范围内。当激光脉宽为 100～130 纳秒（约为 10^{-7}秒）时，脉冲激光器的脉冲（峰值）功率为 5～100 瓦。相应地，当脉冲频率为 80（最低频率）～10 000 赫（脉宽为前述值时的最大频率）时，平均功率为 0.04～100 毫瓦。

激光器刚刚出现不久，即在 20 世纪 60 年代初，人类就已经开始研究低强度激光束照射对各种生物体的影响。

在激光疗法的现阶段发展中，通过扩大所使用的波长范围来优化激光疗法发挥着非常重要的作用。半导体激光器是毫无疑问的首选激光器，因为它们具有诸多优点，如尺寸小、重量轻且具有非常宽的波长范围，涵盖紫外光谱（365 纳米）到红外光谱（3 000 纳米）的广阔范围等。此外，一些半导体激光器（波长 904 纳米和 635 纳米）可以以脉冲模式工作，从而确保其治疗效果和通用性。

自 20 世纪 80 年代以来，科学界对低强度激光束照射对生物组织的治疗作用机制进行了广泛讨论，但是有关激光束照射的治疗效果仍未形成统一的理论。

只有特定波长的激光束才能引发相应的生物学效应，即在特定波长下，激光被分子或细胞各种结构组分中的光感受器吸收时，才会引发生物学效应。长久以来，人类一直在寻找光感受器和光受体。现代生理学的数据还无法证明动物和人类的皮肤上是否存在特定的光感受器。但是，一些研究人员认为它们是可能存在的。

对于光波波段内的电磁辐射光受体，学者们的观点存在分歧：有人认为对于某些特定波长的激光存在特定的受体，而另一些人则认为激光的吸收是由非特异性光感受器实施的。这些非特异性光感受器可以分成两大类：

（1）生物聚合物（蛋白质、酶、生物膜、色素等）；

（2）生物流体（淋巴液、血液、血浆、细胞内液）。

激光束一般通过照射人体的皮肤发挥作用，而皮肤也以不同的方式透射光波波段内的电磁波。在0.6～1.2微米的波长范围内，可以观察到所谓的生物组织的光透明；在近红外区域，光实际上可以穿透组织深达数厘米。

激光束照射的治疗机制可以分成数个阶段。第一阶段是激光束照射的吸收。在这个阶段，所发生的过程可以表述为物理过程。

当一种物质吸收光量子时，分子中的一个电子跃迁到更高能级，分子则进入激发态。通过机体内的一系列物理化学过程，并发生能量的进一步转化。

虽然使用低强度激光治疗的适应症还未明确，治疗效果的机制尚不清楚，但现有证据表明，需要进一步开展这方面的实验和临床研究。

在临床实践中，使用激光治疗期间，一般采用下列方法将激光束传送至身体的组织：

（1）在体外或静脉内对血液施加激光作用；

（2）借助内窥镜将激光束照射到病灶；

（3）经皮肤作用于器官的疼痛点或投射区；

（4）对针灸的反应点施加激光作用。

图16.1为新型激光治疗仪器。

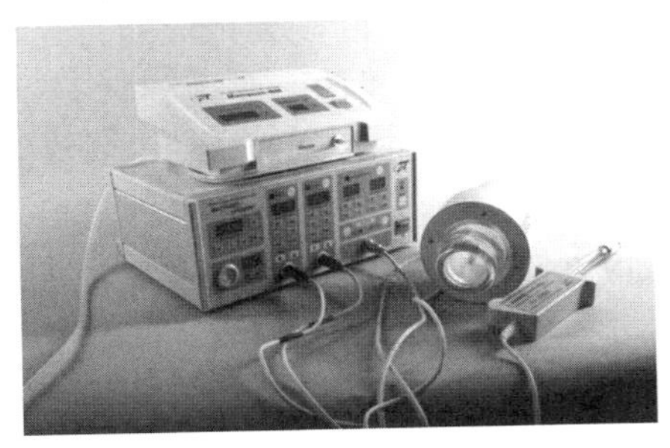

(a) “基质-泌尿科医师”（商用仪器制造公司）

(b) 野马（专业设备公司）

图16.1 激光治疗（理疗）设备

16.2 光动力疗法

光动力疗法（PDT）涉及使用光敏剂制剂。当光敏剂被相应波长和强度的光激活时，遇到氧气即能够产生可破坏患病细胞和组织的光化产物。这种制剂通常通过静脉注射。对于皮肤疾病，则使用局部制剂。一段时间内，光敏剂在目标组织中累积，持续时间从几分钟到几天。然后，激光束被引导到目标组织并激活光敏剂，在产生光化产物之后将破坏细胞或组织。目前用于治疗大型肿瘤、中空器官的肿瘤、组织的癌前态、黄斑变性和某些皮肤损伤的光敏剂已得到临床批准许可。这些制剂包括发光蛋白、氨基乙酰丙酸和原卟啉。对于临床实践中所用的或处于研发阶段的大多数光敏剂来说，其活性光化产物是处于激发单重态氧分子（$^1O_2$）。

16.2.1 影响因素

光动力疗法的效用取决于多种因素，包括光敏剂的性质、传输机制的激光源特性、细胞和组织的光生物反应以及治疗的光学监测方法。对于辐射源，重点是光强、波长及其空间分布。光强和波长应在可接受的处理时间内有效地激活光敏剂，而其空间分布需符合组织的几何形状。当前使用的各种光源包括配备有相应滤光片的高亮灯、发光二极管阵列、连续波和频率很高的脉冲激光器。在这个系列中，激光器具有许多优点，它们的光束可以通过光缆进行有效传输。光纤传输装置极大地方便了光束进入人体。要做到这一点，需使用内窥镜，或使用针头将光纤光缆直接插入组织。激光器输出光束的波长范围为630～800 纳米，输出功率为1～5 瓦。

传输系统将光输送至目标组织的效率以及光相对于二维或三维生物组织结构的分布，是对传输系统的一个重要要求。一般情况下，将多模光纤与一个固定在光纤末端的简单透镜结合起来使用，以达到所需的空间分布。若采用光动力疗法对视网膜进行治疗，则需使用激光束扫描。另一个重要的要求是监测光动力疗法的过程。

16.2.2 应用

光动力疗法主要利用光化学作用，在肿瘤学领域有着广泛的应用。例如，治疗中空器官壁上较小的肿瘤、中空器官中的癌前病变、实体器官的局部肿瘤、皮肤肿瘤，以及在外科手术中作为辅助手段清除残余的病变组织。

光动力疗法是一种有氧情况下，通过事先注入光敏剂来治疗局部肿瘤的方法。这种治疗方法的一个重要特点是：治疗过程并不会显著影响组织的连接成分，如胶原蛋白和弹性蛋白，进而保持了空心体结构的完整性。此外，接受光动力手术治疗的组织再生性良好，相应地，留下的疤痕很少。虽然通过静脉注射光敏剂时，光敏剂可到达全身的各个部位，但光动力疗法仍被视为局部疗法，因此可认为是安全的。但如果光敏剂和光不相互配合使用，它们都不会产生任何效果。这就使得在确定将要接受治疗的组织边界时，可以做适当程度的选择。

目前，光动力疗法常被用于治疗中空器官的肿瘤（包括癌前病变区域）和实体器官内的肿瘤（包括皮肤肿瘤）。光动力疗法特别适用于治疗中空器官的局部癌症（未超出器官壁）。例如，利用光动力疗法和卟啉钠可有效地治疗局部口腔癌。

光动力疗法适用于因某些原因不能接受手术干预的患者。由于正常骨骼对光动力疗法具有很高的抵抗性，所以使用光动力疗法也可以在不损害正常骨骼的情况下治疗侵入上颌或下颌的口腔癌。

对于胃肠道和主要呼吸道患有局部肿瘤疾病的患者，如果其无法接受手术，光动力疗法也可作为一种替代疗法。

表面皮肤肿瘤，如基底癌，可以借助 ALA 光敏剂（α－氨基丙酸）和光动力疗法对其进行有效治疗。ALA 是一种天然物质，可生成光敏剂原卟啉。它可被转化成血红素，即血红蛋白的非蛋白质组分，细胞核中的重要物质。ALA 可以口服，它在 3～6 小时内可达到临床有用的治疗水平，并在 24 小时内从体内排出。

光动力疗法更多用于治疗中空器官和皮肤癌，但它也可用于治疗器官的病变。由于光动力疗法并不会显著影响结缔组织，所以这种疗法可以用于治疗一些常见的癌症，例如肺癌、胰腺癌和前列腺癌。如果各个呼吸道上有小肿瘤，可以用柔性内窥镜来传输激光。如果呼吸进气道对于内窥镜来说太窄，则可使用间质性激光动力疗法进行治疗。在这种情况下，可使用遥测技术装置将光纤通过皮肤导入患病区域。

前列腺和胰腺中的肿瘤可用光敏剂治疗。此外，光动力疗法还可用作常规手术的辅助疗法，以破坏那些外科医生难以处理或与重要器官相关且不能被摘除的少量去除。

图 16.2 和 16.3 展示了对于不同类型的癌症，光动力学疗法的治疗效果。

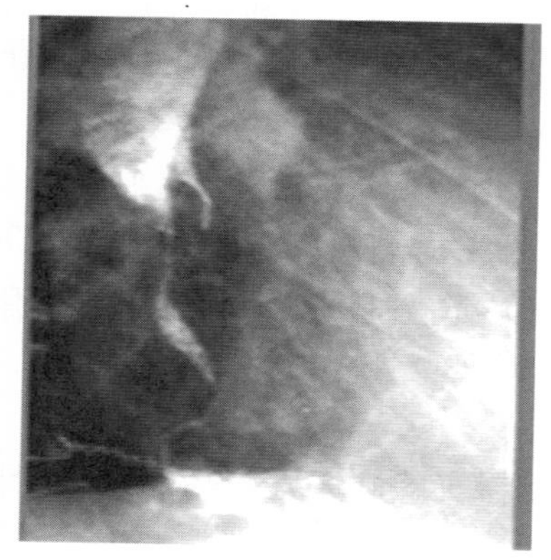

(a) 治疗前，食管丝状内腔的狭窄长度为12厘米，患者甚至无法吃流食

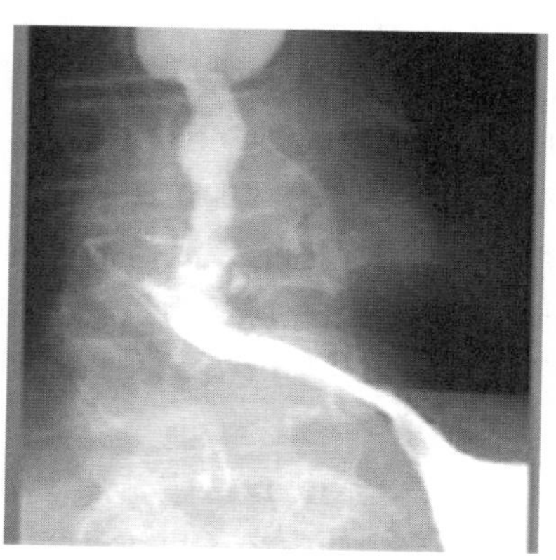

(b) 用光动力疗法治疗一个疗程后，食管腔恢复，食物可正常通过

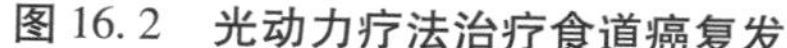

图 16.2　光动力疗法治疗食道癌复发

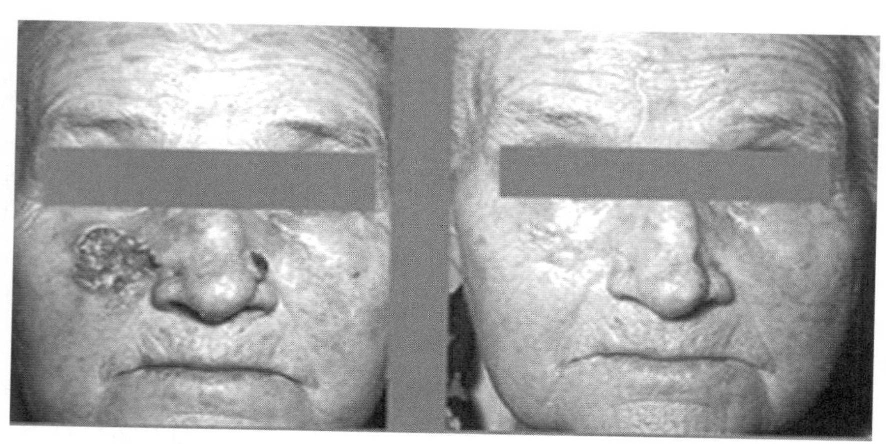

(a) 治疗前，面颊皮肤广泛肿胀，伴有溃疡

(b) 使用光动力疗法治疗之后

图 16.3　光动力疗法治疗局部扩散的皮肤基底细胞癌

16.2.3 工具和设备

对于不同的光动力疗法，有各种各样的光导工具附件（如图16.4）。使用不同类型的光导工具附件可对病变组织实施外部和腔内照射。光导工具附件可以通过光纤光缆连接到激光器上。

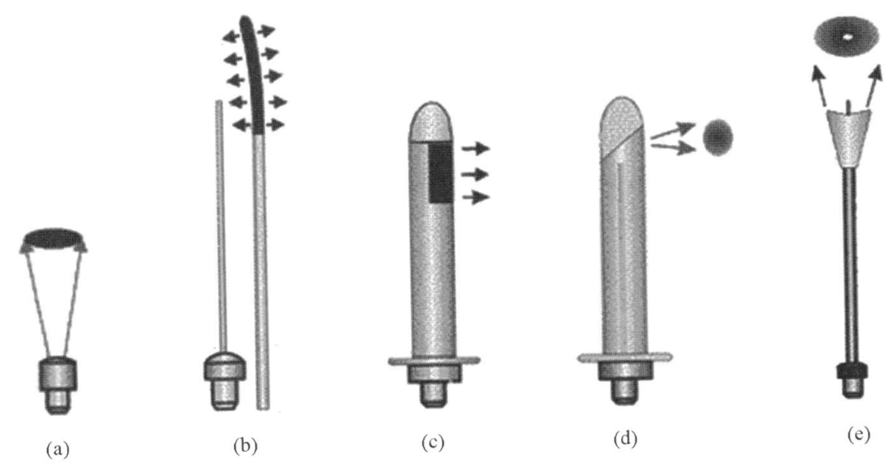

图16.4 外部和内部光动力疗法所用的光导工具附件

在图16.4中，（a）是用于从外部照射组织的光导工具附件；（b）是带柔性可更换无菌吸头FCU－4的扩散型光导工具附件FU－4，长度150毫米，直径2毫米，激光束输出端呈圆柱形，长度9毫米；（c）是用于腔内照射的光导工具附件FR－2，直径14毫米，长度105毫米，激光束输出端呈半圆柱形，长度20毫米；（d）是用于腔内照射的光导工具附件FR－1，直径14毫米，长度105毫米，侧向光束输出呈90度角；（e）是用于腔内照射的光导工具附件FG－1，直径20毫米，长度160毫米，激光束输出为直接散射。

16.3 常规手术和血管手术

16.3.1 胃肠道手术和止血

由热能吸收引起的光热效应在手术中广泛用于治疗良性和恶性肿瘤。最终效果取决于在目标组织中传递的热量、热能作用的持续时间以及吸收该能量的组织体积。除治疗肿瘤之外，光热效应的另一个常见用途是防止手术切口边缘出血。

热作用在普通外科手术中的应用非常广泛，可在不出血的情况下对组织进行清理，可治疗溃疡性出血、胃肠癌、肺癌和食道癌，也可用来治疗外阴的病变。为此，需分别使用 CO_2 激光器、Nd：YAG 激光器和半导体激光器，其辐射波长分别为 10.6 微米、1.064 微米和 630 ~ 900 纳米。Nd：YAG 激光器和半导体激光器配合光纤装置共同使用，可将激光束传送至待治疗区域。

热凝结是内镜止血最常用的方法，可分为接触式和非接触式两种操作方法。接触式内镜止血中使用热探针或电凝法，非接触式内镜止血则基于激光止血。

激光诱导的凝结是基于组织蛋白对激光束的吸收，这将引发快速加热。对于直径为 0.25 毫米的动脉来说，激光直接诱导凝结是非常有效的，但是对于直径较大的动脉而言，其效果较差。激光束聚焦在出血部位，引起组织快速升温，导致血管凝固。

16.3.2 激光治疗肿瘤疾病

激光内窥镜疗法是一种简单的治疗手段，有助于减轻患者的疼痛和痛苦。激光内窥镜疗法使用的是 Nd：YAG 激光器。治疗食道癌时，Nd：YAG 内窥激光可在肿瘤肿块中形成通道以减小肿块，特别是减小使用常规方法难以接近的位置中的肿块重量。它也可以用来蒸发肿瘤的突出部分或凝结小结节。激光束的深入渗透可防止邻近组织出血。激光照射治疗可以用来延长保守治疗期。

对于肿瘤已波及主要呼吸道的肺癌患者，特别是在无法进行手术干预时，

Nd：YAG激光疗法对于延长保守治疗的时间起着积极作用。使用激光疗法治疗肺癌时，须通过硬质内窥镜插入柔性内窥镜。与治疗食管癌一样，治疗肺癌时的激光照射疗法可作为大型呼吸道再通情况术后观察及延长保守治疗时间的一种手段。

CO_2激光器和Nd：YAG激光器也可有效地用于治疗外阴的病变，如阴茎疣和浅表性阴茎癌。内窥镜法也可用来治疗膀胱肿瘤。与激光凝结法一样，电凝法也可用于治疗此类疾病，但激光疗法的精确性更高且可控性更好。

16.3.3 静脉腔激光凝固

使用高能激光实施治疗的技术是传统手术方法的替代方法，也是治疗静脉曲张的最先进、最有效的方法。对于内窥镜激光凝固手术，医生实施起来非常容易，而且不会给患者带来疼痛，因此，在医学文献资料中它常被列入内科疗法。在大多数情况下，借助激光就可以治愈静脉曲张且没有切口。

激光器对血管壁施加热作用是静脉曲张腔内激光治疗（EVLT）的本质。静脉壁烧灼和无菌性炎症很容易导致静脉管腔闭合。

使用径向光导管可均匀地“密封”任意直径的静脉且没有任何副作用。光导管的末端有一个被盖子覆盖且可散射激光能量的微透镜。光导管输出端的激光能量在光导周围环360度散射。这使得激光对静脉的作用是非点状的（使用普通的端面光纤时激光的作用是点状的），而且激光能量可沿所治疗的静脉壁均匀分布，如图16.5（a）。使用这种技术治疗静脉曲张正变得越来越简化，输出功率较低时即可达到治疗结果，由静脉壁穿孔和邻近组织灼伤带来的疼痛和副作用也更低。

在多普勒成像的辅助下将光导管插入静脉，激光束也沿着光导管传送。人体对激光凝固的耐受性良好，可同时在两条腿上实施激光凝固。可以在不进行手术的情况下，利用激光消除病理性静脉废弃物。其对静脉营养性溃疡的治疗效果也优于硬化疗法。

双波长激光手术刀（LSP）是用于实施静脉腔激光凝固治疗的最好设备之一。这种手术刀由俄罗斯临床内分泌学专业研究所制造。所用激光的波长为1.56微米和0.97微米，可以很好地被血液和静脉壁中所含的水吸收，如图16.5（b）。

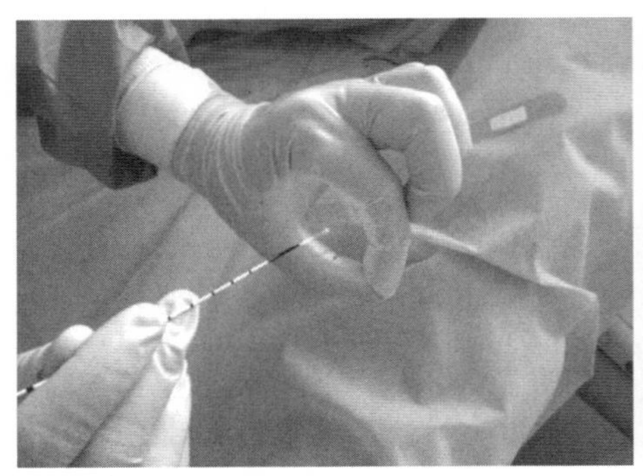

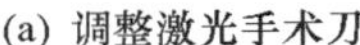

(a) 调整激光手术刀

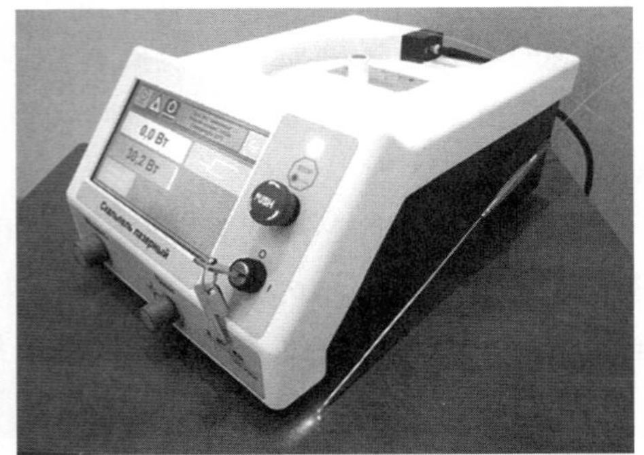

(b) 双波长激光手术刀-0.97/30-1.56/15（临床内分泌学专业研究所制造）

图 16.5　内窥镜激光凝固

16.3.4　激光血管成形术

激光血管成形术是借助光纤探针传送的激光能量打开堵塞动脉的过程。激光血管成形术是清理堵塞动脉的一种替代方案，精确度非常高。

传统的治疗方法是通过气囊移动附着在血管壁上阻塞动脉的斑块。与之不同的是，激光血管成形术可彻底清除血管沉积物。使用这种方法可以治疗先前无法治愈的病变，并且显著降低再狭窄（即先前已经通过手术消除狭窄的地方，血管再次收缩变窄）的发生率。在利用激光血管成形术进行治疗的过程中，光纤导管被引导通过整个冠状动脉循环并蒸发沿动脉壁的所有动脉粥样硬化斑块。

激光血管成形术与球囊血管成形术相似，但导管末端的气囊被激光头所取代。将柔性导管插入腹股沟区域的动脉中。通过 X 射线照相术控制导管的方向。导管进入阻塞的冠状动脉。激光束经过多根光纤进入导管。在准分子激光器的短脉冲激光照射作用下，斑块被蒸发掉。使用紫外光降低了损伤周围组织的风险。图 16.6 显示了激光在血管成形术中的应用。

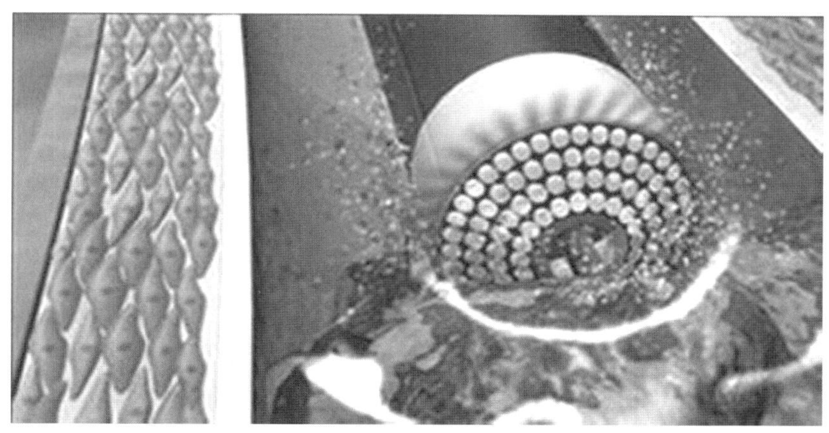

图 16.6　利用准分子 ArF 激光消除血管闭塞

一些冠心病患者在接受血管成形术治疗后的几年时间里，可能出现新的冠状血管狭窄。二次血管成形术的风险有所增加。在这种情况下，可以使用激光直接作用于心肌（如图 16.7 所示）。这被称为激光心肌血运重建术（TMLR）。借助最大脉冲辐射功率为 1 千瓦且与心脏节律同步的准分子氯化氙（XeCl）激光器，在心脏中可形成 15～40 个直径为 1 毫米的心肌通道。随后在这些通道周围将形成微血管网络。

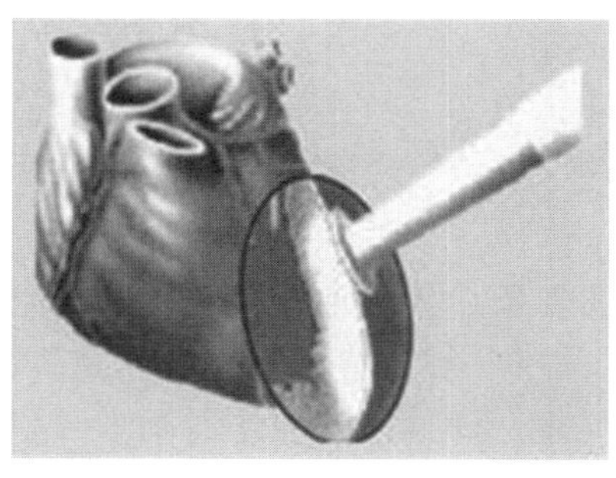

(a) 手术区域

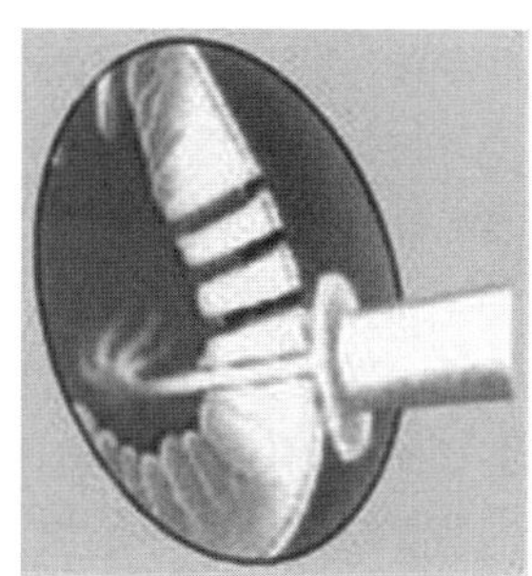

(b) 形成通道

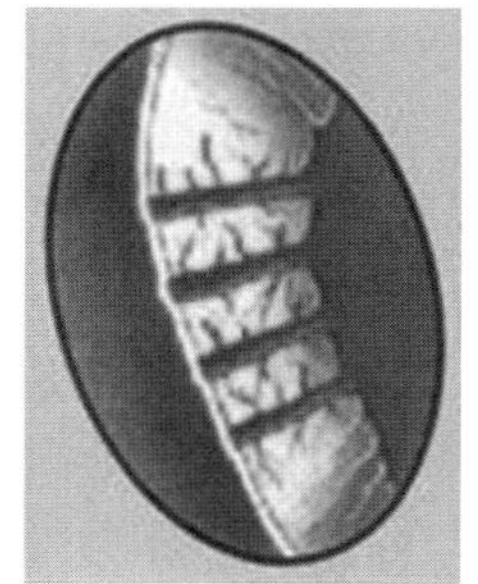

(c) 手术后

图 16.7　激光心肌血运重建术

激光心肌血运重建术具有正面治疗效果，但其确切机制尚未完全研究清楚。大多数患者在接受手术后心脏疼痛消失且身体承受压力的能力更强，生活质量得到了提升。

16.4 皮肤科激光疗法

与人体的其他组织相比，皮肤是最常使用激光手术进行治疗的组织。这首先是因为皮肤问题和各类容貌缺陷异常多样且极为普遍；其次，由于需要治疗的部位在人体表面，使用激光进行治疗相对简单。

光与组织相互作用的光热机制在皮肤病学中尤为重要。皮肤病学中的大部分临床手术均基于光热作用。通过选取相应的激光束波长、脉宽和功率，光热分解即可有选择性地破坏生物组织。

当激光能量被组织吸收时，会导致温度升高，而组织的加热会引起分子结构的变化，特别是蛋白质、DNA 和 RNA 中分子结构的变化。接着，结构改变会导致其功能改变 ——组织变性或严重的结构性干扰，即凝固。凝固会导致坏死和蒸发，进一步导致组织脱落和炭化。激光束的能量密度、波长和持续时间是确定组织中所产生光热效应的关键参数。

光热效应又构成选择性光热解的基础。选择性光热解可通过具有相应波长、持续时间和能量密度的光束对目标生物组织施加精准的热作用，而不损坏邻近的组织。选择合适的脉宽可限制目标组织中的热能水平，并将其保持在低于目标组织中热时间常数的水平上。正是这种精准作用的能力在很大程度上决定了激光在皮肤科治疗领域的广泛使用。皮肤科治疗中的激光手术包括治疗皮肤血管病变（例如酒斑）、去除色素斑和文身、脱毛。

16.4.1 去除酒斑

酒斑是一种血管痣——常现于脸上的皮肤现象，其颜色与宝石红色的红酒类似。酒斑是由毛细血管的不正常聚集而引发的一种血管病变。

激光治疗酒斑所依据的是选择性光热解原理，即通过减少毛细血管中红细胞的数量并降低其尺寸，进而使斑点变小。与其他组织结构不同，波长为 577 纳米的激光束穿透皮肤毛细血管，可被血红蛋白选择性地吸收。对于不同的激光脉宽和热弛豫时间，结缔组织可能遭受非选择性热损伤，进而形成疤痕。为了达到平衡，需要使用脉宽足够短的脉冲以确保选择性吸收，同时脉宽又必须足够长，可以对血管造成永久损伤，从而使斑点褪色。

如果患者的肤色较深，则需要使用功率更高的激光束。这是因为其中一部分激光被吸收色素沉积的表皮吸收了，导致一小部分能量到达血管，引起不良炎症的增加。加强对表皮的冷却可以部分消除这一缺陷。图 16.8 为激光治疗脸部酒斑之前和之后女孩的照片。从照片可以看出来，斑点几乎完全消失，这也显示了激光治疗酒斑的良好效果。

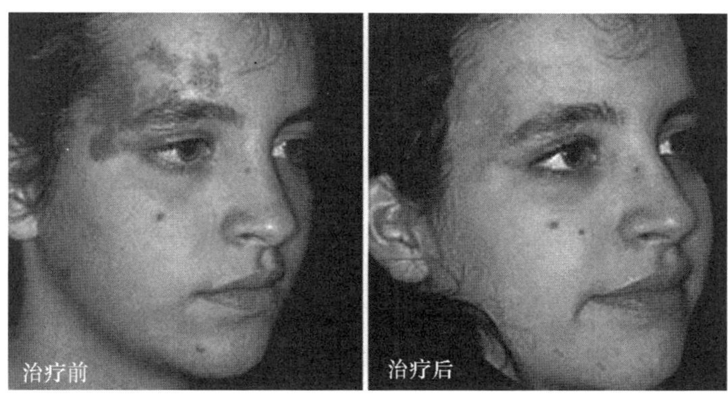

图 16.8　激光治疗酒斑前后对比

16.4.2　去除色素斑和文身

利用激光治疗色素性病变和去除文身是激光治疗在皮肤病学中的另一个常见应用。激光治疗色素性病变时，目标载色体（黑色素）在细胞中以黑素体的形式存在，而用于去除文身时目标则是皮下和细胞内的不溶性颜料颗粒。

治疗过程所依据的原理也是选择性光热解。所用激光脉宽低于黑素体的热弛豫时间，其范围是 100 纳秒到 1 微秒。

虽然黑素体可以强烈地吸收波长 200～1 200 纳米这一光谱范围内的激光束，但激光器的工作波长选在 630～1 100 纳米的长波光谱范围内。这降低了载色体对激光束的吸收，如可见光谱中的血红蛋白和红外光谱中细胞间液对激光束的吸收。此外，长波辐射穿透组织更深。用于黑素体选择性光热解的激光脉宽小于 1 微秒。热效应和因组织快速热膨胀而引起的冲击波都能引发损伤。一般使用 Nd：YAG 激光器来治疗色素沉着及去除文身。图 16.9 中展示的照片显示了激光去除文身的效果。然而，不同的文身墨水吸收激光能量的方式也不相同，因此激光并不一定能够完全去除文身。

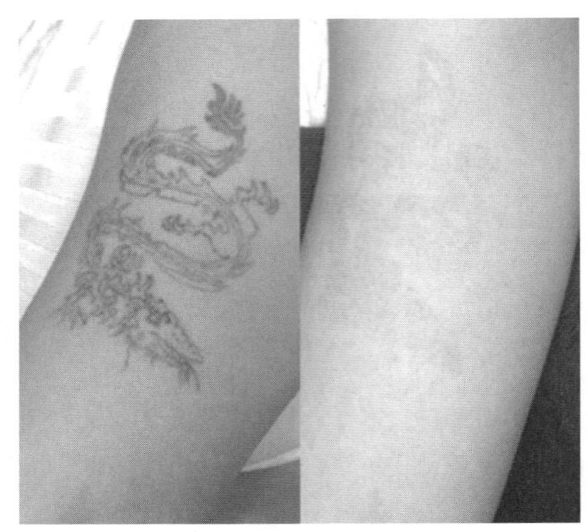

图 16.9　激光去除文身

16.4.3　脱毛

激光脱毛是利用激光去除毛发，也是基于选择性光热解原理，此时毛囊中的黑色素为目标载色体。由于待去除的毛囊位于皮肤表面以下 2～7 毫米处，因此需使用红光和红外光谱区域的波长所对应的激光来去除它们。

输出波长约为 800 纳米的半导体激光器和输出波长为 1 064 纳米的 Nd：YAG 激光器符合相应要求。由于毛囊的热弛豫时间处于数毫秒至 100 毫秒的范围内，所以所选取激光的脉宽通常为 1～50 毫秒。表皮中也含有黑色素，这是毛囊选择性光热解需要考虑的一个重要因素。

其中一种治疗方法是利用黑色素含量的差异：黑色毛发的毛囊中黑色素的含量高，而苍白皮肤中黑色素的含量低。另一种方法是根据热弛豫时间的不同，选取合适的激光脉宽：毛囊的热弛豫时间可达 100 毫秒，而表皮的热弛豫时间仅为 50 毫秒。图 16.10 展示了激光脱毛的效果。

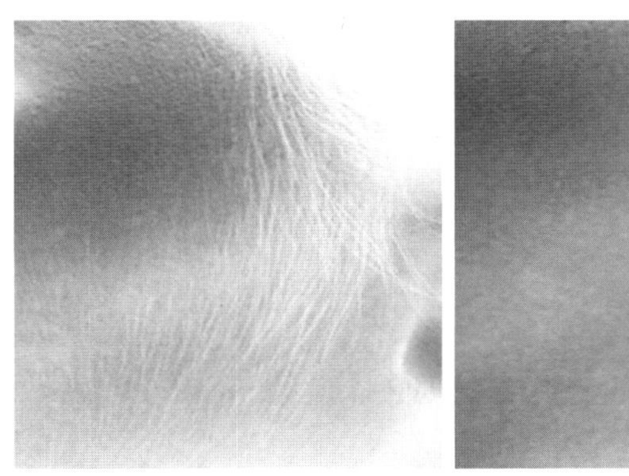
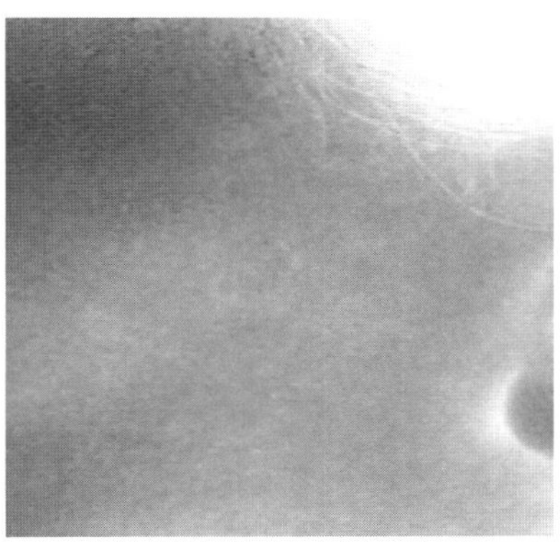

图 16.10 利用激光去除多余毛发

16.4.4 皮肤科用激光器

皮肤科使用的有 CO_2激光器、Nd：YAG 激光器、Er：YAG 翠绿宝石激光器、半导体激光器和氩离子激光器。

水可以很好地吸收 CO_2激光器的辐射（10.6 微米），因此 CO_2激光器的辐射既可采用聚焦模式，也可采用散焦模式。聚焦模式可用于治疗痤疮疤痕、水痘疤痕和皱纹（包括由阳光引起的皱纹）。散焦模式可用于去除乳头瘤、疣状皮肤病、疣、红细胞、痣、脂溢性角化、痤疮和脂肪增生。

L′Med－1 即为现代手术中所用的一种 CO_2 激光设备，如图 16.11（a）。这是一种紧凑型台式激光设备，可用于无血剖切、凝结和组织蒸气疗法。

调 Q Nd：YAG 激光可用于去除蓝色和深色的刺青、皮肤的色素沉着。倍频（波长 532 纳米）Nd：YAG 激光可用于去除表面烧伤疤痕、着色斑、雀斑和红色（橙色）文身。

输出波长为 2 940 纳米的 Er：YAG 激光可用于去除皱纹、痤疮疤痕，治疗癌前病变，如图 16.11（b）。工作波长为 755 纳米的翠绿宝石激光可用于去除文身，治疗良性肿瘤。使用长脉冲翠绿宝石激光可去除毛发，如图 16.11（c）。

通常，优先选用半导体激光器去除棕色和黑色毛发。输出波长为 810 纳米的半导体镓铝砷（GaAlAs）激光器在深色皮肤上非常有效。现在，还有一些输出波长处于其他光谱范围的半导体激光器，如图 16.12。

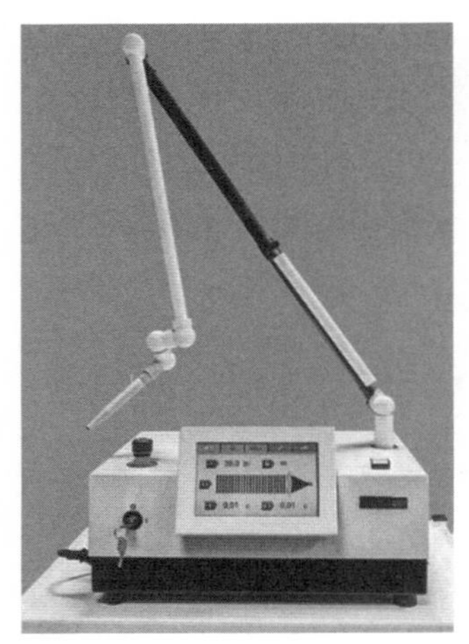

(a) L'Med-1 CO_2激光设备（俄罗斯工程俱乐部公司）

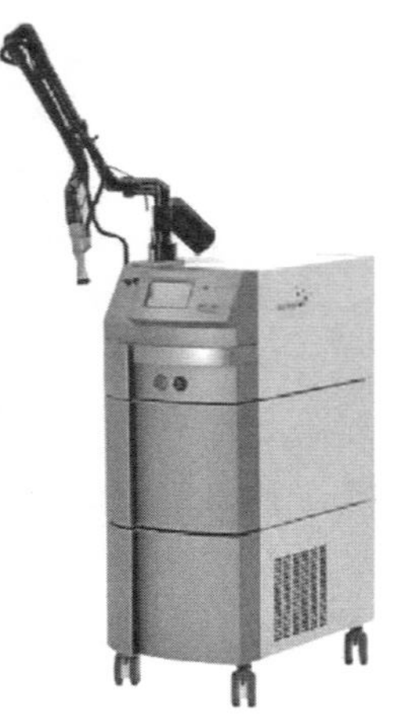

(b) 新一代MCL30铒激光设备（德国Asclepion公司）

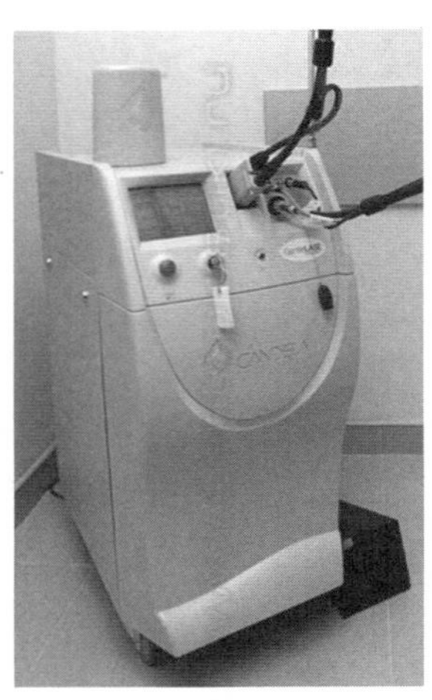

(c) 翠绿宝石激光设备CANDELA（美国CandelaGentleLASE公司）

图 16.11　皮肤科常用激光器

对于输出波长为 488 纳米和 514 纳米的氩离子激光器，由于血红蛋白和黑色素等物质对其光束具有良好的吸收性，因此这种激光设备常用于治疗动静脉畸形、血管瘤、浅静脉炎、蜘蛛痣和粉刺。

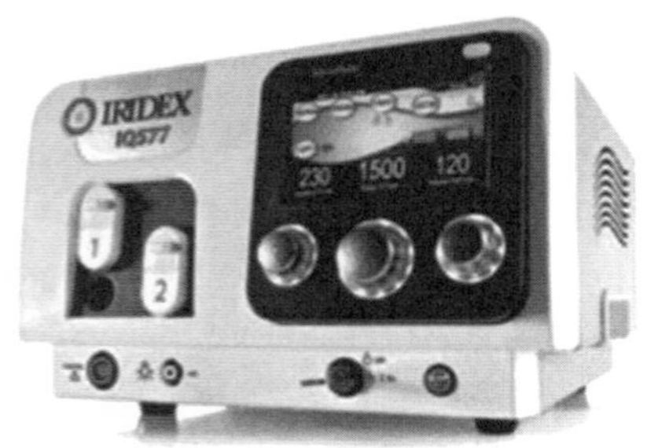

(a) 输出波长为577纳米的IQ 577激光设备（美国Index公司）

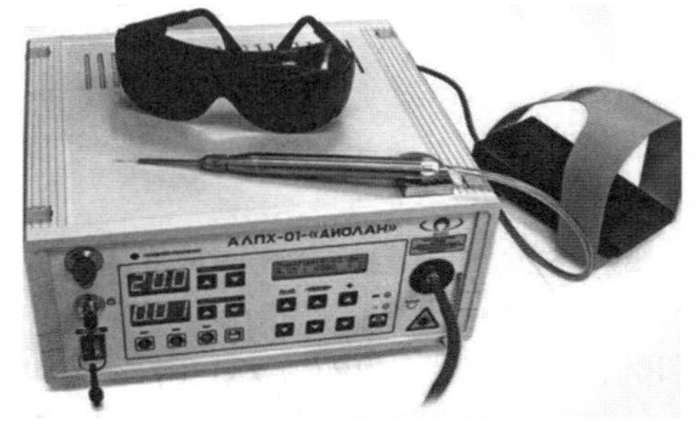

(b) 输出波长为810、940、980纳米的ALPH-01激光设备（俄罗斯VOLO公司）

图 16.12　半导体激光设备

16.5 眼科激光疗法

毫无疑问，在医学中，激光应用最广泛的领域是眼科。激光常被用来治疗各种眼疾。激光具有方向性，因此激光束可被传送至指定位置，而不对相邻区域产生负面影响。实际上，对于光谱中的可见光波段来说，眼睛的许多介质都是透明的，这使得激光器成为眼科医生的绝佳工具。

一些眼科临床手术中很常用且没有其他替代方案的治疗方法包括视网膜光凝术、光蚀刻、手术摘除白内障后的光破坏和光动力疗法治疗年龄相关性黄斑变性。屈光性角膜激光眼科手术可矫正屈光不正，如近视、远视和散光。这也是各种眼科中心经常实施的一个临床疗法。

光凝术主要用于治疗肿瘤，可见波段的绿色波长的激光可被血红蛋白、红细胞中的色素选择性地吸收，进而对受损血管进行止血。光凝术在眼科（可用于治疗视网膜脱落、消除视网膜中的异常血管）和肿瘤治疗方面的应用非常广泛。

光蚀刻即通过激光紫外光束使组织蒸发。光蚀刻可用于准分子激光辅助角膜原位磨镶术（LASIK）——一种用于视力矫正的眼科手术。使用该疗法时，激光可改变角膜表面的形状，即将激光能量传送到目标区域，再通过蒸发除去组织。角膜成形术对矫正眼睛的屈光能力是必不可少的。

光破坏即利用激光束诱发的分子快速电离来破坏组织。实施白内障手术后，可利用该方法去除囊膜。

16.5.1 屈光手术

人眼中的屈光不正导致视力变差，即近视、远视或散光。进入正常眼睛的光线聚焦在视网膜上，形成一个图像传输到大脑。如果眼睛患有屈光不正，视网膜上就无法形成清晰的图像，将导致视力变差。

屈光不正可分为三种类型：近视、远视和散光。在近视的情况下，图像形成在视网膜前，看远处的物体就会模糊，如图 16.13（a）所示；在远视的情况下，图像形成在视网膜后方，看近处的物体就会模糊，而且随着时间的推移看远处的物体也会模糊，如图 16.13（b）所示；在散光的情况下，所看到的近处和远处物体图像都是失真的，如图 16.13（c）所示。如果视力正常，图像应该形成在视网膜上，视力异常的人员则可通过佩戴适当的眼镜、隐形眼镜或通过屈光手术来进行矫正。

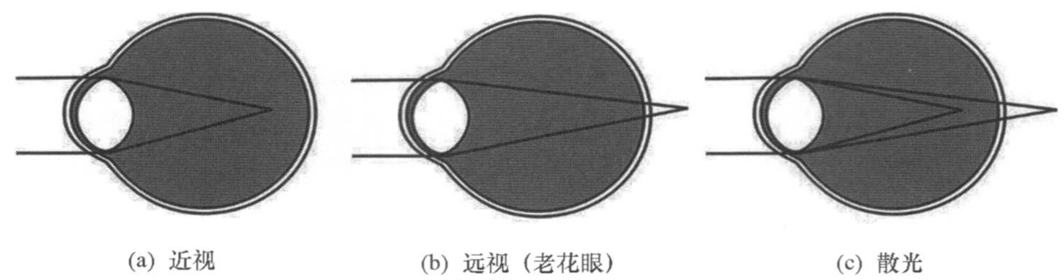

图 16.13　不同类型的屈光不正

在眼科中，激光最常用于屈光手术。治疗的主要目的是恢复眼球长度及其光学介质屈光能力之间的正确关系（如图 16.14 所示）。屈光手术干预通常使用 ArF 准分子激光器（波长 193 纳米）。脉宽为 10 ~ 20 纳秒的脉冲激光穿透角膜至 1 微米的深度，进而对组织进行光烧蚀。

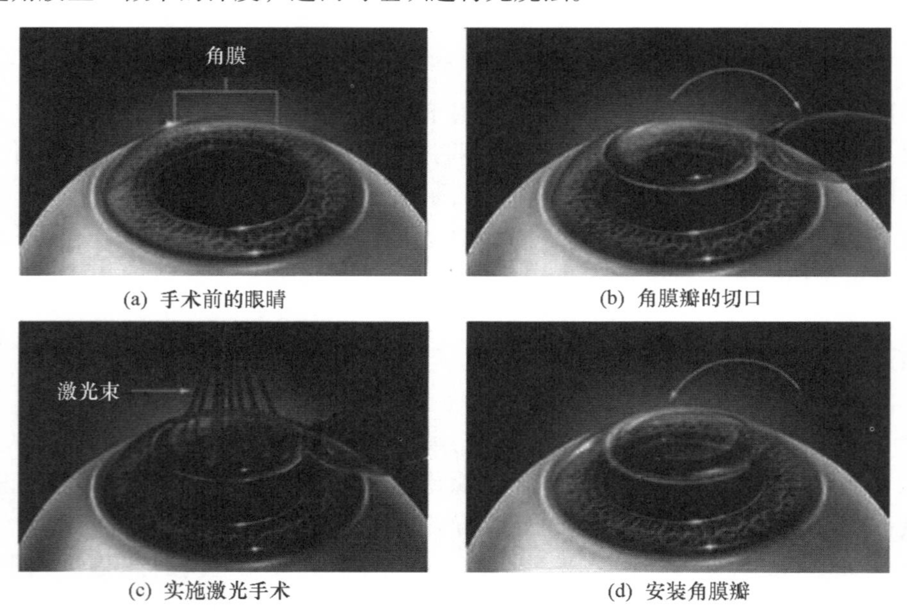

图 16.14　LASIK 的各阶段

图 16.15 是准分子激光眼科设备的照片，利用该设备可实施手术矫正各

种类型的屈光不正。

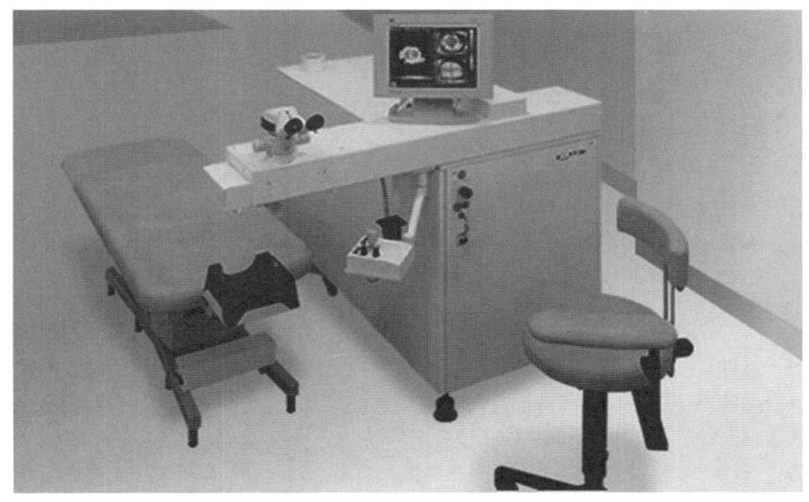

图 16.15　准分子激光眼科装置“微扫描”（Laser Systems 公司）

16.5.2　治疗青光眼

青光眼是一种视神经受损的眼部疾病。青光眼的病因是眼压升高，导致视神经萎缩，视野变窄。如果青光眼不受控制地发展下去，可能导致患者不可逆转的失明。对这种疾病进行早期诊断和治疗非常重要，可以避免视力严重受损。

青光眼也可分为开角型青光眼和闭角型青光眼。如果是开角型青光眼，疾病的恶化及与之相关的视力受损发生得较为缓慢；而如果是闭角型青光眼，病情会发展得非常迅速。

选择性激光小梁成形术（SLT）是一种有效的青光眼治疗方法。这是一种激光手术方法，可降低开角型青光眼患者的眼压。当使用 SLT 法进行治疗时，所用的激光器为倍频调 Q Nd：YAG 激光器。波长 532 纳米的脉冲激光被黑色素强烈地吸收并且可以有选择性地作用于小梁格状结构的色素细胞，而不会破坏或凝结周围的组织，如图 16.16（a）。

连续波氩离子激光小梁成形术（ALT）（波长 488 ~ 512 纳米），是利用激光治疗青光眼的第二种方法。该方法旨在矫正眼睛房水的导流。对于开角型青光眼患者，其眼睛的局部导流不正常，并且隔膜被小梁格状结构所包围。导流不够充分也就造成了眼压增高。在使用 ALT 治疗期间，激光束被引导至小梁格状结构体，进而增加房水的流出。SLT 疗法可以在眼睛的同一区域重复进行，而 ALT 疗法则只能在一个给定的区段实施一次。

激光周边虹膜切除术（LPI）（剖切虹膜）是另一种可降低眼内压的疗法，即利用激光在虹膜上钻孔以建立房水流出旁路，如图 16. 16（b）。

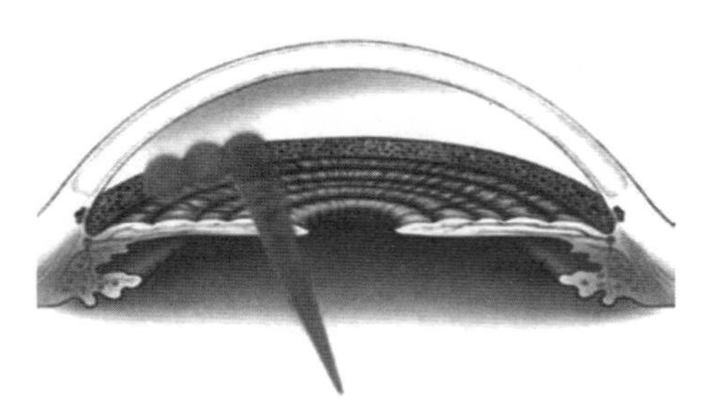

(a) 选择性激光小梁成形术

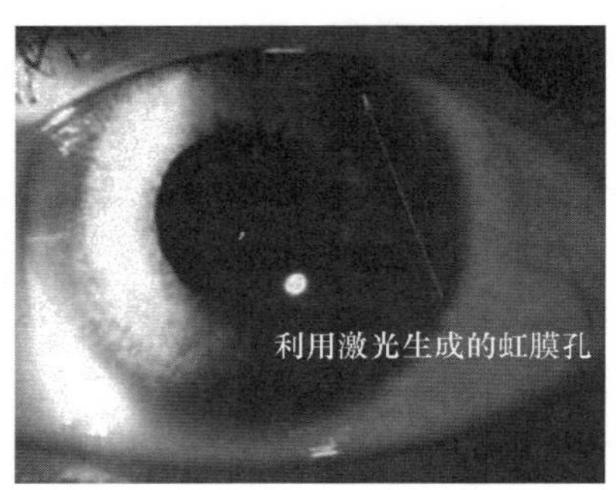

(b) 激光周边虹膜切除术

图 16. 16　激光治疗青光眼

16. 5. 3　治疗白内障

白内障是导致视力受损的最常见原因之一。如图 16. 17 所示，白内障是由眼睛晶状体的浑浊引起。

最常用的外科白内障治疗方法是白内障超声乳化术。使用这种疗法时，晶状体的核被粉碎成乳液（乳化），然后用冲洗液通过特殊的排液系统将乳液排出。白内障手术包含白内障囊外摘除术（ECCE）和白内障囊内摘除术（ICCE）。

使用 ECCE 疗法时，被移除的只有晶状体核和皮质，晶状体的后囊膜和用于后续植入人工晶状体的弹性透镜仍留在眼睛中。当白内障已经发展到成熟阶段时，通常使用这种方法。使用 ICCE 疗法时，晶状体及其周围的囊均被移除。取下晶状体后，植入人工合成材料制成的晶状体。

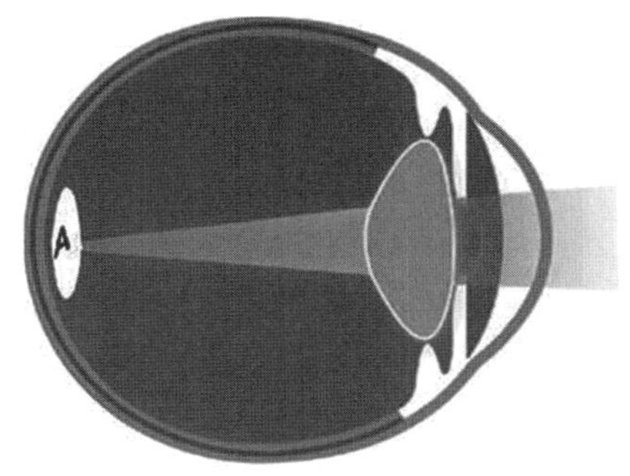

(a) 正常的眼睛

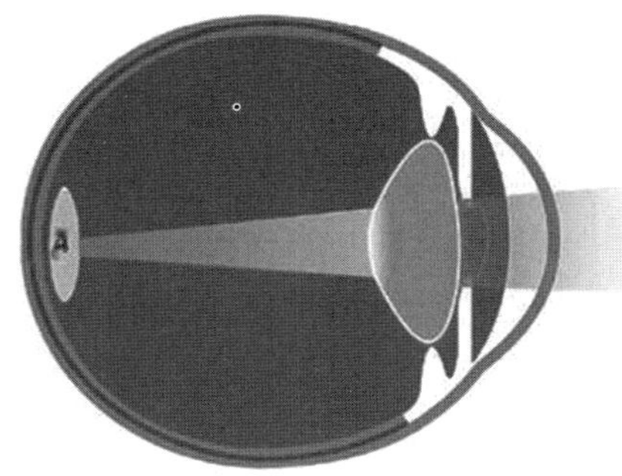

(b) 患有白内障的眼睛

图 16.17　患白内障时的视力受损机制

激光外科手术是当今最流行的白内障治疗方法之一。激光束被用来消除白内障。使用 Er：YAG 激光乳化晶状体是一种非常有效的治疗方法，即利用上述激光器输出的光照射在眼球上（其晶状体的核较软或为中等硬度）切一个小口。使用上述疗法实施治疗的过程中，激光消融的区域很小，有助于防止对眼睛周边结构的损害。Er：YAG 激光实施的是低能量消融，不会导致热创伤。调 Q Nd：YAG 激光器的脉宽为数纳秒，输出能量约为 1 毫焦，可用于去除术后残留的薄膜。

激光眼科设备“最佳”（如图 16.18）是一种脉冲钕激光设备，在调 Q 模式下工作。利用该激光设备的聚焦光束可在眼睛前部和晶状体囊腔中实施微创外科手术。该设备也是一种典型的通用激光白内障治疗设备。借助“最佳”设备，可以对开角型青光眼、闭角型青光眼、混合型青光眼及各种类型的白内障进行手术治疗。

16.5.4　治疗视网膜脱落

视网膜是一层覆盖在眼睛内部的薄薄的光敏膜，附着在眼球的内表面。角膜和晶状体将进入眼睛的光聚焦在视网膜上，视网膜将其转换成视觉影像，并经由视神经传送到大脑。视网膜从血管膜（位于视网膜后面的一层物质）获得营养。如果发生视网膜脱落，视网膜将与血管膜分离并漂浮在位于眼睛中心的玻璃体中。视网膜的部分或完全脱离将导致视力受损，最终导致完全

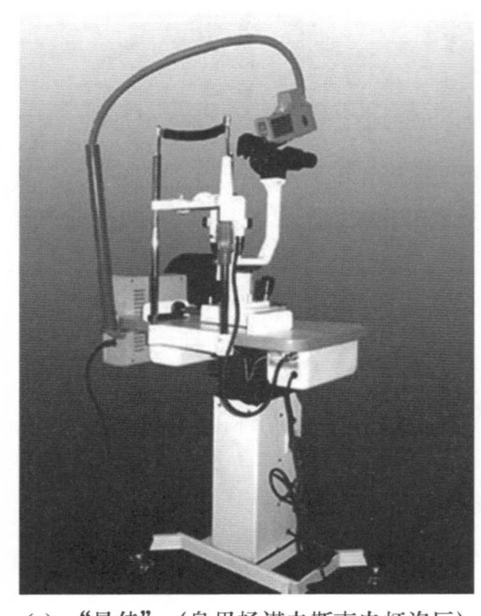

(a) “最佳”（乌里扬诺夫斯克电灯泡厂）

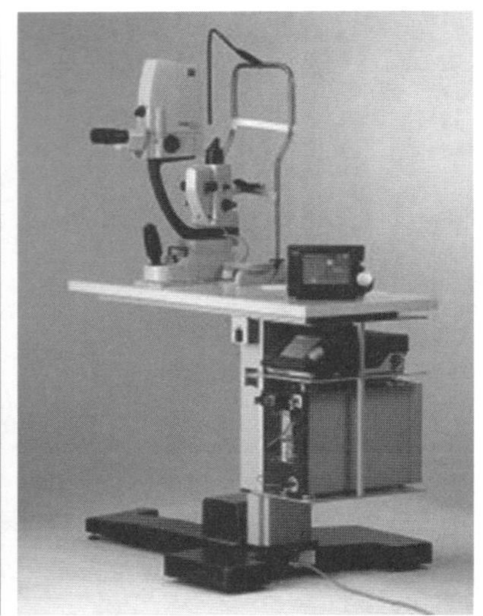

(b) Visulas YAG Ⅲ Combi（卡尔·蔡司）

图 16.18　眼科手术设备

失明。

许多外科疗法均可用来治疗视网膜脱落。这些方法包括激光光凝术、低温视网膜修复术、巩膜（眼睛的外膜）拉伸术、气性视网膜固定术、玻璃体切割术（一种外科手术，其目的是从玻璃体腔和视网膜表面除去改性玻璃体和瘢痕组织，以消除其拉伸和脱落）。

在视网膜的激光光凝过程中，激光束聚焦在视网膜上。视网膜色素上皮的黑色素和血管膜所吸收的激光被用于受控损伤，由此在愈合过程中形成疤痕。疤痕在视网膜神经和血管膜之间形成机械连接，以防止视网膜脱离。治疗时通常使用 ArF 准分子激光器，其辐射波长为 193 纳米，输出功率为 100～400 毫瓦，在视网膜上的光斑直径约为 0.5 毫米。一般来说，激光光凝常作用于数个不同的部位。

16.5.5　治疗增殖性糖尿病视网膜病变

激光凝固疗法也广泛用于治疗增殖性糖尿病视网膜病变。糖尿病性视网膜病是由糖尿病引起的视网膜疾病，其病因是眼睛后部小血管的损伤。当疾病进入增殖期时，新生血管即开始生长。如果不接受治疗，这些新生血管可能会破裂并引发眼底出血，导致视力模糊，最终可能导致视网膜完全脱落而失明。

可使用全视网膜光凝疗法（包括视网膜中间外围的激光光凝，以及视网膜附近非危险区中新生血管的直接烧灼）治疗增殖性糖尿病视网膜病变。使用这种方法进行治疗时所用激光点的数量（1 000～2 000 个）要远远高于治疗普通视网膜病变所用的激光点数量。这些激光点覆盖中间和外周视网膜 20%～30% 的区域。图 16. 19 为治疗普通视网膜病变和糖尿病性视网膜病变的激光光凝照片。

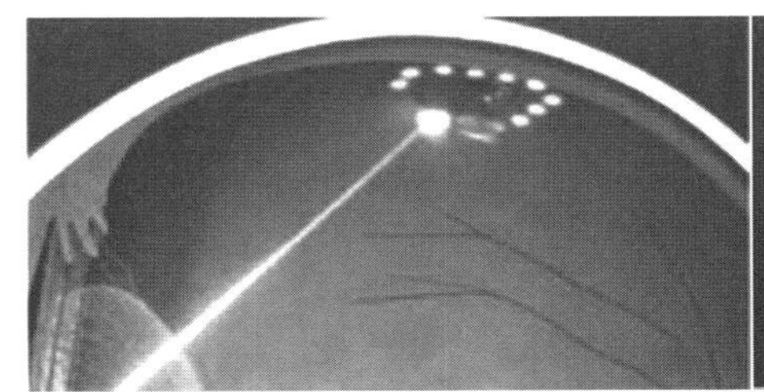

(a) 普通视网膜病变

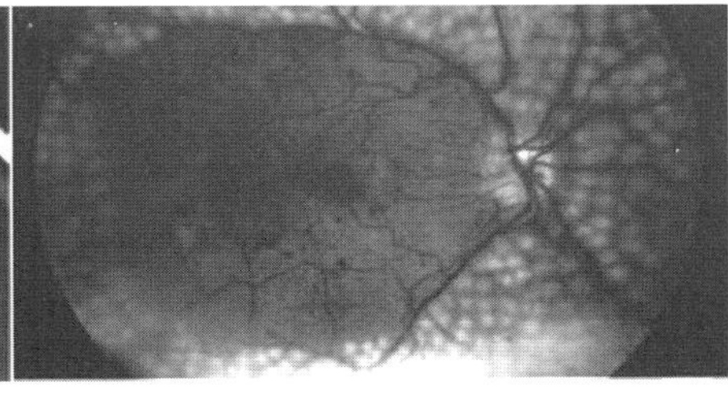

(b) 糖尿病性视网膜病变

图 16. 19　视网膜的激光光凝

可以使用图 16. 20 的设备来凝固组织。这些设备利用的是 Nd：YAG 激光器的二倍频激光束（波长为 532 微米）的热作用。这种激光束对治疗眼睛的血管病变有显著的效果。

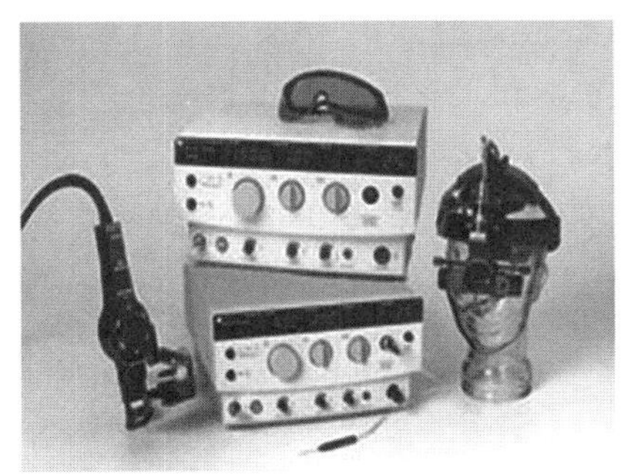

(a) OculightGL/GLx (Iridex)

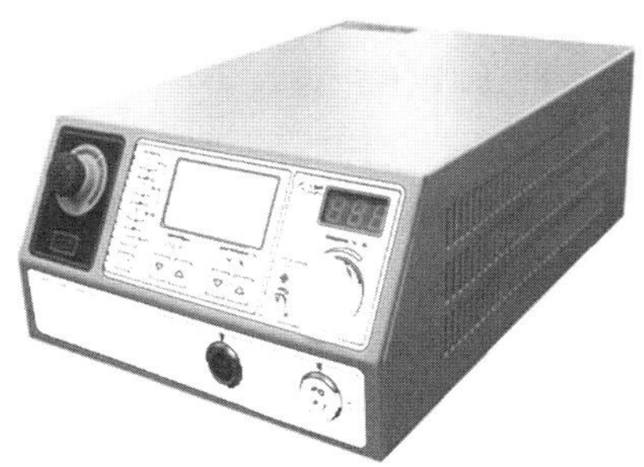

(b) “翡翠”（阿尔科姆医疗公司）

图 16. 20　用于组织凝固的激光设备

16.6 牙科激光疗法

牙科激光疗法可以使很多痛感很强且极不舒服的牙科手术变得不那么难以忍受。在牙科中，激光常用于预防龋齿、制备龋洞、制备根管并消毒（牙髓炎）、去除牙结石（牙周炎），实施各种软组织手术及消毒（可杀死细菌且不会对组织造成太大伤害）。

牙科中还常使用激光结合根管来对植入物进行消毒处理，还可以对软组织进行各种手术。激光可通过选择性消融来去除难以治疗部位的龋齿且不会影响周围的组织。

16.6.1 治疗龋齿

龋齿的治疗过程包括去除病变组织并用人造材料代替。在治疗龋齿的过程中，利用激光能量聚焦到极窄的区域可精准地去除病变组织（就像钻头一样），而不会产生噪声、振动，也不会对牙组织过分加热，大多数情况下甚至无须麻醉。但是，为了使激光治疗过程尽可能无痛，需要把热和力的作用降到最小。因此，组织对激光束的吸收必须足够高，这样才能把组织的加热限制在其表面。在可接受的消融速率下，激光束的功率密度也应高于微爆炸消融的阈值，且低于产生冲击波和相关干扰所需的值。

利用激光进行治疗时，通常还会使用冷水喷射，为的是轻轻地去除牙齿组织而不会对其进行加热，同时也不发生振动或冲击。图 16.21 为一台牙科激光设备的工作图。该设备配有可将激光束和水流输送至手术部位的系统。

利用激光去除龋齿的技术使得人们可以对口腔中那些难以接近的部位进行治疗（如图 16.22 所示）。当龋蚀的消融阈值低于周围健康组织时，即可利用激光的内部选择性消融效应实施治疗。

16.6.2 牙科用激光器

牙科中所用的激光主要有：Er：YAG 激光（2.94 微米）；Er：YSGG 激光（波长 2.97 微米）；Er，Cr：YSGG 激光（波长 2.78 微米）；Ho：YAG 激光

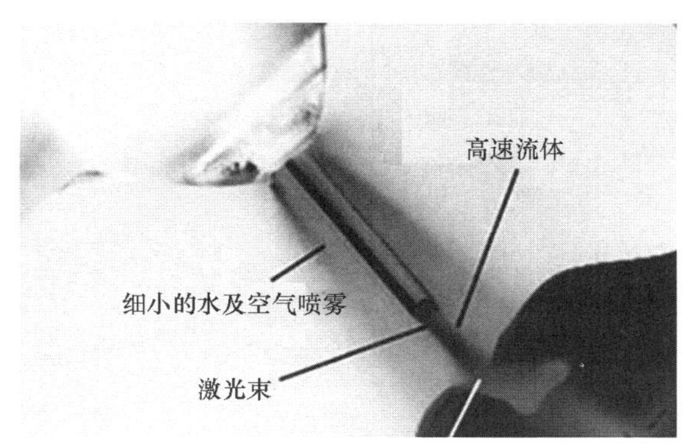

图 16.21　激光束和水流输送系统

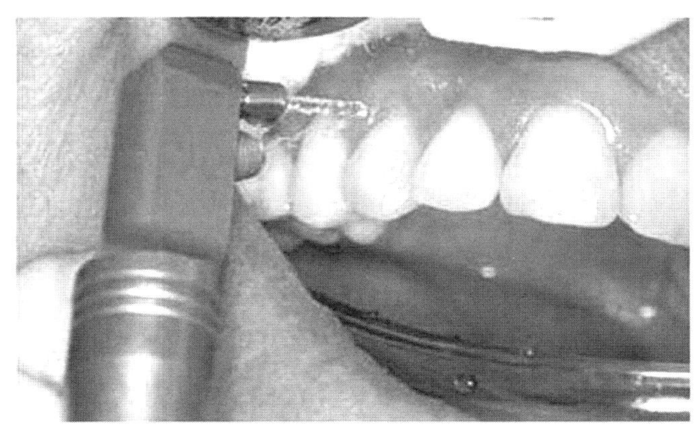

图 16.22　利用激光进行牙科治疗的例子

（波长 2.1 微米）；CO_2激光（波长 9.6 微米）；准分子激光（波长 193 纳米）。

Er：YAG 激光器的输出波长恰好与水分子的吸收峰重合。因此，牙科中使用的是自由振荡模式下的 Er：YAG 激光器，其脉宽为 0.3 微秒，脉冲能量约为 100 毫焦。使用这种激光器的目的是热机械消融。由于牙质的强度相对较高且含水量较少，该过程可在口腔壁中留下粗糙部位，而不会影响牙釉质下面的牙质。

使用 Er：YSGG 激光器所产生的效果与 Er：YAG 激光器差不多。

CO_2 激光器的工作波长为 9.6 微米。该波长与无机微晶体（主要是羟基磷灰石）的红外吸收光谱的中心波长重合，因此也可用来去龋。羟基磷灰石决定了骨骼硬组织、牙本质和牙釉质的稳定性及强度。

羟基磷灰石和水决定了组织的吸收特征。ArF 准分子激光器也可以用于牙科治疗。其输出波长为 193 纳米，而该波长下的激光可被羟基磷灰石充分吸收。皮秒和飞秒激光器在牙科中也有广阔的应用前景。

图 16.23 为几种现代牙科激光设备的图片。

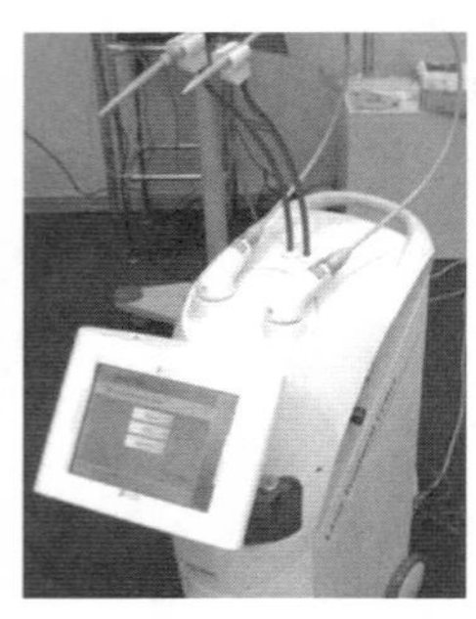

(a) OpusDuo（英国罗斯林医学）

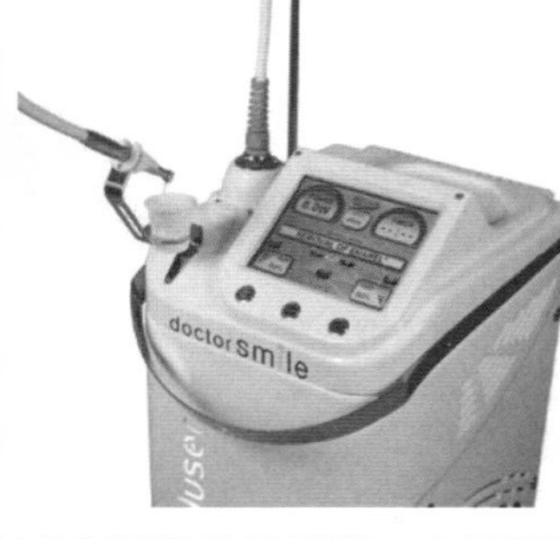

(b) DOCTER SMILE™PluserLAEDD00 1.1（意大利LAMBDA Scientifica）

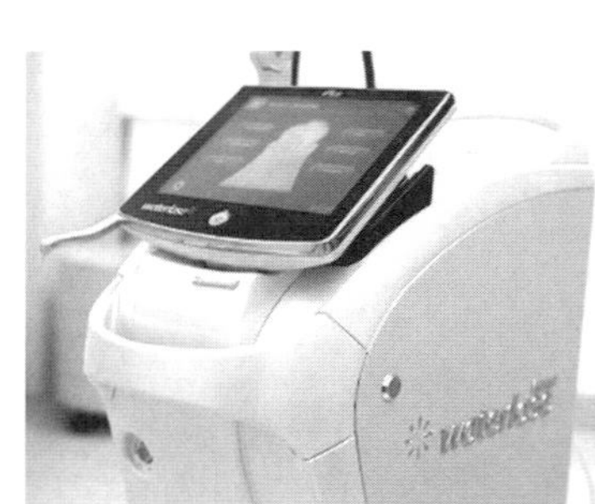

(c) Waterlase iPlus（美国Biolase Technology）

图 16.23　现代激光牙科设备

英国罗斯林医学公司（Rosslyn Medical）独特的激光治疗中心 Opus Duo 包含两种激光——巨脉冲（MegaPulse）Er：YAG 激光和超脉冲（SuperPulse）CO_2 激光，可无痛、温和地清理龋洞，且不会损害牙釉质。

DOCTORSMILE™PluserLAEDDOO 1.1 包含 Er：YAG 激光（2.94 微米）和半导体激光（810 纳米），可用于牙齿美白和治疗。

Waterlase iPlus 配有两套激光系统：Er，Cr：YSGG 激光（2.78 微米，用于对硬组织和软组织进行手术）和半导体激光（940 纳米，可自动处理软组织）。

结 论

1. 激光在医疗领域的主要应用包括临床上的低强度激光束理疗、光动力治疗、普通外科手术、血管手术、皮肤科、眼科和牙科。

2. 学界一直在研究低强度激光对生物组织治疗作用的相关机制，但仍没有形成一个普遍的理论。

3. 使用低强度激光治疗的适应证尚未最终确定，而且治疗效果的机制尚不清楚。现有资料表明，有必要进一步开展这方面的实验和临床研究。

4. 光动力治疗涉及光敏剂的使用。使用波长和强度均适宜的光激活光敏剂即可产生光化产物，其在有氧条件下可破坏病变的细胞和组织。

5. 光动力治疗的有效性受多种因素制约，包括光敏剂的性质、光源的特性、激光传输机制、细胞和组织的光生物学反应、治疗的光学监测方法等。

6. 当利用激光的光热效应时，激光是作为治疗良性和恶性肿瘤以及预防手术切口边缘出血的能量源。

7. 采用激光凝固法治疗肿瘤时，可见光波段的绿色激光束被红细胞中的血红蛋白和色素选择性地吸收，同时阻止血管出血。

8. 激光血管成形术是一种通过光纤探头输送的激光能量打开阻塞动脉的治疗方法。激光血管成形术是一种不通过手术清理阻塞动脉的方法，精准性和效率都非常高。

9. 皮肤科中的激光手术利用的是光热效应。在皮肤科中，激光可用于治疗皮肤血管病变（如酒斑）、去除色素斑和文身、脱毛。

10. 激光在眼科治疗中的各种相互作用机制包括光凝、光烧蚀、光致破坏。

11. 激光在眼科中的应用包括治疗视网膜脱落、消除视网膜中的异常血管和治疗肿瘤。

12. 光烧蚀即利用深紫外光波段的激光束将能量转移到目标区域而使组织蒸发，主要用于矫正性眼外科手术。角膜成形术主要用于矫正眼睛的屈光度。

13. 光致破坏即利用激光束诱发的分子快速消融来破坏组织，可用于白内障治疗后清除残留的囊膜。

14. 在牙科中，激光器主要用于去除龋齿及与之相关的消毒、密封和治疗操作。激光在牙科中的其他应用领域有治疗牙髓炎（包括制备根管和消毒）、治疗牙周炎（包括去除牙结石）、对植入物进行消毒及各种类型的软组织手术。

思考题

1. 低强度激光束物理治疗中所用的激光器有哪种类型？其主要特点是什么？

2. 光动力治疗的原理是什么？影响其效果的主要因素是什么？

3. 光动力治疗有哪些应用?

4. 普通外科手术中广泛使用的激光利用的是什么效应?哪种激光器最常使用?

5. 静脉腔激光凝固疗法的本质是什么?

6. 什么是激光血管成形术?在实践中是如何操作的?其优点是什么?

7. 皮肤科中,最常用的是哪一种激光与组织的相互作用机制?激光束的主要参数应如何选取?

8. 利用激光治疗酒斑、去除色素斑和文身、脱毛所依据的原理是什么?

9. 皮肤科中最常用的是哪种激光器?

10. 眼科中最常见而且没有其他替代方案的临床激光手术都有哪些?其治疗方法是什么?

11. 屈光手术的目的是什么?所用的激光器有哪些?

12. 利用激光治疗青光眼的方法是什么?所用的激光器有哪些?

13. 什么是白内障?如何用激光进行治疗?

14. 哪种激光手术可用来治疗视网膜脱落?所用的激光器有哪些?

15. 哪种激光手术可用来治疗增殖性糖尿病视网膜病变?所用的激光器有哪些?

16. 牙科激光疗法利用的是什么效应?其优点是什么?所用的激光器有哪些?

参考文献

1. Москвин С. В., Ачилов А. А. Основы лазерной терапии. Тверь, 2008. –256 с.(《激光治疗的原理》)

2. Москвин С. В. Эффективность лазерной терапии. Серия Эффективная лазерная терапия. Т. 2. –М. –Тверь: Издательство Триада, 2014. –896 с.(《激光治疗效用》)

3. Серебряков В. А. Лазерные технологии в медицине. СПб., ГУИТМО, 2009. –266 с.(《医学中的激光技术》)

4. Рубникович С. П., Фомин Н. А. Лазерно-оптические методы диагностики и терапии в стоматологии. Минск: ИТМО НАН Беларуси, 2010. –361 с.(《牙科中的激光诊断与治疗方法》)

5. Гейниц А. В. , Москвин С. В. Лазерная терапия в косметологии и дерматологии. М. , 2010. – 400 с. (《美容和皮肤科中的激光疗法》)

6. Невротин А. И. , Введение в лазерную хирургию. Учебное пособие для вузов, СПб: СпецЛит. – 2000. – 175 с. (《激光手术导论》)

7. Костенев С. В. , Черных В. В. Фемтосекундная лазерная хирургия. Принципы и применение в офтальмологии. – М. , Наука, 2012. – 142 с. (《眼科中飞秒激光手术的原理及应用》)

8. Щуко А. Г. Лазерная хирургия сосудистой патологии глазного дна. – М. , Изда-тельство Офтальмология, 2014. – 254 с. (《眼底血管病变的激光手术》)

9. Шевченко Ю. А. , Стойко Ю. М. , Мазайшвили К. В. Лазерная хирургия варикозной болезни. М. , Боргес, 2010. 198 с. (《静脉曲张的激光手术》)

10. Агеева С. А. , Кутовой В. С. , Агеева О. А. Лазерная хирургия в оториноларинголо-гии. – М. , 2007 – 34 с. (《耳鼻咽喉科激光手术》)

11. Баграмов Р. И. , Александров М. Т. , Сергеев Ю. Н. Лазеры в стоматологии, челюст-но-лицевой и реконструктивно-пластической хирургии, М. : Техносфера. – 2010. – 608 с. (《颌面部及整形外科中的激光器》)

12. Привалов В. А. , Крочек И. В. , Лаппа А. В. , Евневич М. В. , Полтавский А. Н. , Мина-ев В. П. Лазерная остеоперфорация в лечении остеомиелита. – М. , 2007. – 30 с. (《激光骨穿孔治疗髓炎》)

第六篇
激光在军事上的应用

В. А. Борейшо (В. А.巴列绍), Д. В. Клочков (Д. В.克柳奇科夫),
М. А. Коняев (М. А.科尼亚耶夫), Е. Н. Никулин (Е. Н.尼库林)

在第一个量子发生器（激光器）诞生之后，人们立即对激光在军事上的应用产生了兴趣。激光具有良好的方向性、单色性、相干性、超短脉冲振荡以及很高的能量密度，这些独一无二的特性已被证明是各种武器系统的理想选择。激光器早期主要用于辅助解决的两类任务。

第一类是使用激光束直接作用于目标，对目标进行摧毁、造成不可逆损伤或阻滞其遂行战斗任务（此类激光系统属于定向能武器）。第二类是支持常规武器系统的设备和辅助系统：测距；目标指引和目标照射；支持火控系统及相关设备，如接近传感器；高精度三维定位，包括小型目标；监测大气以探测和识别化学、生物和爆炸性物质；测量大陆架和海洋表层的水深。激光测距仪、陀螺仪和激光雷达在国民经济各领域中的应用更为广泛，前文中已经分别对其进行了详细探讨。本篇主要探讨军用激光系统。

激光仪器是用于实施测量的系统或功能传感器。在军事领域，此类激光系统主要用途包括：制导或瞄准，远程测量（确定目标距离），作战方式控制（接近传感器），探测、跟踪目标及目标成像，对抗敌方光电设备，对海底大陆架实施激光三维测深，远程探测并识别大气中的化学、生物和爆炸性物质。

第 17 章　激光辐照效果评估

17.1　激光辐照对航天火箭部件的影响

激光辐照对结构部件的影响取决于激光脉冲的脉宽 $\tau_{脉冲}$ 和材料的热扩散系数 χ（量纲为米^2/秒）。有了这个系数，就可以确定厚度为 δ 的物质升温至所需温度需要的时间：

$$\tau_{温升} = \delta^2/\chi \tag{17.1}$$

也可以求解反问题：脉冲激光对表面加热时长为 $\tau_{脉冲}$ 时，则加热到的深度 δ 为：

$$\delta = \sqrt{\chi \cdot \tau_{脉冲}} \tag{17.2}$$

χ 的值由材料密度 ρ、等压比热容 c_p 和材料的导热系数 a 确定：

$$\chi = \frac{a}{c_p \cdot \rho} \tag{17.3}$$

表中 17.1 给出了一些材料（包括用于导弹装备的结构材料）的热物理性质的数值。

表 17.1　一些材料热物理性质的数值

材料	ρ/（千克/米^3）	c_p/（千焦·千克$^{-1}$·开$^{-1}$）	a/（千瓦·米$^{-1}$·开$^{-1}$）	χ/（米^2/秒）
铝	2.7×10^3	0.92	0.21	8.4×10^{-5}
钛	4.5×10^3	0.53	0.02	9.3×10^{-6}
钢	7.8×10^3	0.50	0.03	1.2×10^{-5}
碳	2.5×10^3	0.75	0.34	2.2×10^{-4}

续表

材料	ρ/（千克/米^3）	c_p/（千焦·千克$^{-1}$·开$^{-1}$）	a/（千瓦·米$^{-1}$·开$^{-1}$）	χ/（米^2/秒）
镁	1.74×10^3	1	0.1	5.7×10^{-5}
铜	8.9×10^3	0.38	0.401	1.1×10^{-4}
苯酚甲醛树脂	1.73×10^3	0.8	1.6×10^{-4}	1.2×10^{-7}
碳纤维复合材料	$(1.3\sim1.9)\times10^3$	0.6～1.5	$(0.75\sim0.90)\times10^{-3}$	$(5.0\sim8.0)\times10^{-7}$
玻璃钢	$(1.6\sim2.2)\times10^3$	0.7～4.2	$(0.21\sim0.33)\times10^{-3}$	$(0.3\sim1.0)\times10^{-7}$

在评估破坏阈值时，为了简单起见，飞机部件和导弹系统设计的激光辐照可以只用薄板来进行研究。

对于厚度为 δ 的板，激光辐照使其熔化的单位面积的比能量 E_s（单位为千焦/米^2），可使用下式来估算：

$$E_s = [c_p \cdot (T_{熔} - T_0) + L_{熔}] \cdot \rho \cdot \delta \tag{17.4}$$

其中，T_0 是初始温度，$T_{熔}$是熔点温度，$L_{熔}$是熔化热。

如果再考虑激光辐照时间，则板被破坏所需激光辐照的功率密度 I（单位为千瓦/米^2）为：

$$I = E_s/\tau \tag{17.5}$$

其中，τ 是激光辐照的作用时间。表 17.2 中给出了一些结构材料的热力学特性参数。

表 17.2　一些材料的热力学特性参数

材料	$T_{熔}$/开	$L_{熔}$/（千焦/千克）	$T_{沸}$/（开）	$L_{汽}$/（千焦/千克）
铝	933	393	2 772	1.09×10^4
钛	1 941	315	3 560	1.00×10^4
钢	1 720～1 790	205	3 135	0.64×10^4
碳			4 300	5.92×10^4

利用这些数据，可以估算不同情况下的激光器能量要求。

激光最初很自然地被视为对抗大规模杀伤性武器的最通用解决办法——在高空摧毁洲际弹道导弹（ICBM）的弹头。应该牢记的是，这种导弹飞行弹道的主要部分在距离地面数千千米的太空中。弹头以每秒几千米的速度冲向地球，在此过程中被加热至非常高的温度。为防止导弹战斗部和控制系统过热，导弹需要使用厚度为数厘米的特殊高温热保护层。

初步估算表明，要使激光对物体造成有效损伤，表面破坏区域的直径至少应该是15厘米。

在导弹飞行时已经被加热到几乎要损坏的温度基础上，对于把1厘米厚的碳隔热保护层来说，完全将其摧毁（汽化）需要的激光辐照需要的能量E可使用下列表达式来确定：

$$E \approx \rho \frac{\pi d^2 \delta}{4} L_{汽} \tag{17.6}$$

其中，$L_{汽}$为材料的汽化热，d为光斑直径。对于碳保护层，$E \approx 2.6 \times 10^7$焦 = 26兆焦，即全部采用上面给出的材料数值来估算的。

上述结果数值只是对材料所吸收能量的估计，考虑到激光器在传播路径上损失的能量，激光器的实际输出能量应该要大很多倍。

当激光功率密度超出$I_{击穿}$值（约10^{15}瓦/米^2）时，大气会发生光击穿。根据这一数值可以确定上述能量值对应的激光仍然能在大气中传输的$\tau_{脉冲}$最小值为：

$$\tau_{脉冲} > \left(E \middle/ \frac{\pi d^2}{4}\right) / I_{击穿} \approx 10^{-6}秒$$

如果洲际弹道导弹还处于助推阶段便对其进行早期打击，那么对激光器能量的要求要低一些。但在这种情况下，激光系统应置于太空中且能直接捕捉到飞行中的导弹。

洲际弹道导弹球形燃料箱或推进系统的铝质外壳厚度不超过0.5厘米。在这种情况下，将其摧毁破坏（熔化穿透）所需的能量阈值显著降低：

$$E \approx [c_p \cdot (T_{熔} - T_0) + L_{熔}] \cdot \rho \frac{\pi d^2}{4} \cdot \delta \approx 2.0 \times 10^5 焦 = 0.2 兆焦 \tag{17.7}$$

用于摧毁导弹运载火箭部件的能量阈值比摧毁弹头所需的能量阈值低两个数量级。但必须注意的是，在这种情况下，激光器与目标之间的相对运动速度很快，激光束要从移动平台发出，从很远的距离（数百或数千千米）就开始对目标进行打击。

虽然利用激光实施反弹道导弹防御存在明显的技术困难，但这并不能阻止战略激光反导系统的研发。预计此类系统能探测和攻击的目标包括：巡航导弹、非制导导弹、无人航空飞行器以及汽车、水平距离 8 ~ 25 千米范围内的导弹发射装置等地面目标。这个距离要比美国机载激光（ABL）系统的 300 ~ 400千米打击距离近几个量级。

17.2　激光辐照对无人机结构部件的影响

战术激光系统的重要打击目标之一是各种无人机（UAVs），尤其是小型的迷你无人机和微型无人机。

无人机通常按照质量、时间、航程和飞行高度等相关参数进行分类，主要区分为以下几种类型：

（1）微型无人机（约定俗成的名称）：质量可达 10 千克，飞行时间约 1 小时，飞行高度可达 1 千米。

（2）迷你无人机：质量可达 50 千克，飞行时间为数小时，飞行高度可达 3 ~ 5千米。

（3）中型无人机：质量可达 1 000 千克，飞行时间 10 ~ 12 小时，飞行高度可达 9 ~ 10 千米。

（4）重型无人机：飞行高度达 20 千米，飞行时间可达 24 小时及以上。

从经济角度来看，使用激光摧毁这种军事目标似乎是最佳选择。重型和中型无人侦察机及武装无人机，在尺寸和其他特性（包括成本）上与载人飞行器相似，可以通过制导导弹等先进的防空技术来打击。但是，使用如此昂贵的手段对抗迷你特别是微型无人机在技术上和经济上都是低效的。

表 17. 1 和表 17. 2 中所列的数据可以用于激光打击无人机的能量消耗估算。通过这些数据足以估算出战术激光系统要对微型无人机造成足够伤害所应具备的能量特性。例如，当微型无人机的重量为 2 千克、机翼载荷为 40 克/分米^{2}时，机翼表面积至少为 50 分米^2。假设滑翔部分（机翼）的质量约为无人机总质量的四分之一，则铝机翼的平均壁厚约为 0. 37 毫米。

对无人机造成足够强破坏的一个重要条件是毁伤区域的尺寸。一般认为，对于不太大的目标，当毁伤区域的尺寸不小于 15 厘米（面积约 2 分米^2）时即可对其造成不可接受的损害。即使只破坏机翼表面的一小部分也能显著改变飞行器的空气动力学特性并导致其失控。

在几千米的短距离上，对一个快速运动的目标，激光能照到目标上同一位置的合理时间是几秒（假定约为1秒），由此可以估算出足以破坏1毫米厚（小型无人机结构组件的典型尺寸）铝壁所需的激光功率密度。

利用前述表格数据可以算出破坏1毫米厚铝壁对应的目标表面功率密度值 $I \approx 125$ 瓦/厘米^2。在这种情况下，即使是短距离，当激光持续照射时间为1秒时，能破坏目标的激光器功率应该约为25千瓦。同时，如果要破坏由钛、钢和复合材料构成的结构部件，则激光输出功率（或照射时间）必须增加。

从抗强激光辐照的能力来看，迷你和微型无人机可归类为“软”目标，激光功率密度大约为100瓦/厘米^2 就足以摧毁此类目标。

17.3 激光辐照对地雷和炮弹的影响

地雷和炮弹可以通过将高功率激光束聚焦照射在弹药的外壳来进行销毁，即利用激光加热直到炮弹后壁温度达到填充炸药的爆燃点。炸药被引燃并开始燃烧，燃烧过程并不依赖于炸药熔化的类型。因此，这是所谓的低水平爆轰或爆燃，而不是完全意义上的爆炸。表17.3给出了现代地雷的技术特征参数。

表17.3 现代地雷的技术特征参数

地雷类型	壳体材料	地雷质量/千克	炸药	炸药质量/千克	雷管质量/千克	直径/毫米	高度/毫米	适用的温度范围/摄氏度
TM-89	金属	11.5	TT-40/60	6.7	0.15	320	132	-30~50
TS/6.1	塑料	9.8	TNT	6.15		270	185	-20~40
ΠMH-4	塑料	0.3	TT-40	0.05	0.095	42	90	-40~40
VS50	塑料	0.185	TNT/RDX	0.042~0.045	0.009	45	35	-20~20

地雷内装满了烈性炸药，如TNT（三硝基甲苯），RDX（环三甲基三硝基胺，黑素金），TEN（四硝基季戊四酯，用于雷管）及其混合物。

地雷壳体通常使用金属或基于酚醛树脂、电木、玻璃纤维的塑料制成。考虑到雷管质量≈150克，我们由表17.3可以得到：TM-89反坦克地雷壳体质量为4.65千克，ΠMH-4反人员地雷壳体质量约为150克。已知钢的密度为7 800千克/立方米，电木的密度为1 270千克/立方米。为便于估算，我们假设地雷壳体为等厚圆柱环体，则可以得到塑料壳体的厚度约为4毫米，而钢壳体的厚度约为2毫米。

炸药表面的受热面积是根据炸药的尺寸大小来确定的，为便于后续计算，我们将辐射光斑直径取定为5厘米就足够了。

激光辐照加热炸药壳体直至壳体内壁升温达到炸药爆燃点，然后炸药开始自行燃烧而销毁，激光破坏炸药所需能量阈值的估算公式如下：

$$E_{阈值} \approx c_p \cdot (T_{爆燃} - T_0) \cdot \rho \frac{\pi d^2}{4} \cdot \delta \qquad (17.8)$$

大多数炸药的爆燃点$T_{阈值}$在220～270摄氏度范围内。那么金属壳体内的炸药销毁对应的能量阈值$E_{阈值}$大约是4千焦，而塑料壳体内的炸药销毁对应的能量阈值$E_{阈值}$约为2.5千焦。

因此，输出功率1～2千瓦连续波激光系统处理一枚小尺寸弹药只需要几秒。

17.4 激光辐照对视觉器官的影响

根据《禁止或限制使用某些可被认为具有过分伤害力或滥杀滥伤作用的常规武器公约》的附加议定书Ⅳ（第四号议定书，维也纳，1995年10月），禁止使用军事行动特别设计的激光武器对未使用光学设备的人造成视觉器官的永久性失明。

这项禁令不适用于可造成暂时失明的激光武器。其用途之一是镇压针对内务部成员、履行保护法律和秩序职责的执法人员或负责抓捕罪犯的单位成员的犯罪行为。使用这种武器自卫，对防卫者自身的健康和生命几乎不构成危险。然而，在距离较近的时候，激光的作用效果会增强，并导致短暂的视力丧失，但这种视力丧失是可逆的。

如图17.1所示，蓝绿波段的光对人眼作用效能更强，是激光致盲应该选择的波长范围。按照国际电工委员会（IEC）的安全标准，激光源的功率应该处于“两个界限”的范围内。其中，上限规定了激光不会灼伤眼睛和对眼睛产生不可逆后果的最大功率密度（2.5毫瓦/厘米^2），下限规定了足以达到临时致盲效果的最小功率密度（不超过1毫瓦/厘米^2）。

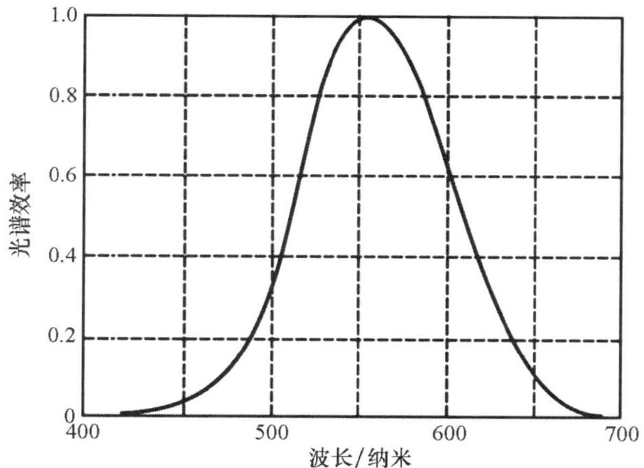

图 17.1　不同波长激光辐照对人眼视力的影响程度

激光辐照的最大许可水平（MPL）取决于激光波长和照射时间。当波长 532 纳米的激光照射时间分别为 0.25 秒和 10 秒时，允许的最大功率密度分别为 2.5 毫瓦/厘米^2 和 1 毫瓦/厘米^2。这些激光器产生频率为 10 ~ 20 赫的随机激光脉冲，以提高激光照射的综合效果。在夜间，激光器最远工作距离是白天的 3 ~ 4 倍。

为了保护视网膜免受损害，可在激光发射系统中配备测距仪，以便在短距离自动降低照射功率或停止照射。

17.5　激光辐照的瞄准精度

如前所述，假定激光束聚焦在运动物体表面的光斑最佳尺寸 $d \approx 0.15$ 米，则瞄准的线性精度 $\Delta d \approx d/2$，而瞄准的角精度 $\Delta\varphi \approx \xi\ (\lambda/D)$ 弧度 $\approx \xi\ (\lambda/D) \times 2 \times 10^5$ 角秒。基于现有技术水平，1 角秒（全角）已经是实际激光系统能达到的极限精度。据此可以估算出激光束的发射孔径，当 $\lambda \approx$ 1 微米时，发射孔径 $D_{max} \approx 0.5$ 米。

这一估值是在假设激光束的光束质量因子 $M^2 = 1$ 的条件下得出的。在实际激光系统中，发散角总是大于衍射极限角，所以为了确保非理想条件下的发射光束聚焦以后能够达到所需小尺寸光斑，将需要按比例地增加激光束的发射孔径。

对于相同的假设，还可以根据光束的光束质量和目标表面聚焦光斑的精度参数 Δd（$\Delta\varphi$）估算出激光最大照射距离：

$$R \approx \frac{d \cdot D}{\xi\lambda} \approx 2\left(\frac{\Delta d}{\Delta\varphi}\right) \tag{17.9}$$

由此可以算出 $R_{max} \approx 60$ 千米。

上述估算表明，当激光波长 λ 约为 1 微米时，在不超过 60 千米的照射距离上，为使目标上的聚焦光斑尺寸达到最佳（不小于 15 厘米），激光系统发射孔径 D 不能大于 0.5 米。当照射距离超过 60 千米时（光斑增大，超过 15 厘米），为保证目标上的激光照射达到既定功率密度，则有必要在增大光斑尺寸（这等于要增加激光总功率）和降低瞄准精度之间做出选择，后者也可以通过增加激光功率来补偿。

应当注意的是，上述所有估算都没有考虑到激光束通过非均匀介质时的传输情况（会恶化），仅说明了光束质量和衍射对激光输出的作用。在某些情况下，激光束在传输路径上发生的变化可能会对目标照射特性产生决定性影响。

17.6 激光束在大气中的传输发散

为了从目标处的辐照评估过渡到激光发射孔径处总功率的评估，需要考虑激光束在大气中的实际发散情况。

当激光束通过折射率（空气的温度和风速）分布不均匀的大气时，就会产生与初始传输方向的偏离，偏离程度取决于激光束的相对尺寸和大气温度分布的不均匀性。

大气湍流的影响取决于光束直径 D_n 和不均匀区域 s 的相对大小。当 $D_n/s \ll 1$ 时，湍流的主要影响是导致光束的整体偏离；当 $D_n/s \approx 1$ 时，湍流将起到透镜的作用；而当 $D_n/s \gg 1$ 时，光束的各个小区域彼此之间将独自发散传输使光束波前发生畸变。图 17.2 给出了不同尺寸的湍流引起光束波前畸变的区别。

激光束的总发散角 Θ 由光束衍射、抖动和光束质量以及大气湍流（湍流发散）引起的发散来决定：

$$\Theta^2 = \Theta_D^2 M^2 + \Theta_T^2 \tag{17.10}$$

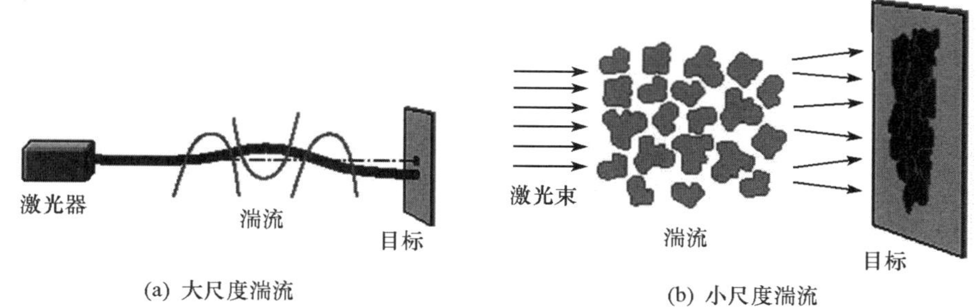

图 17.2　湍流类型及其对光束传输的影响

其中，Θ_D是衍射发散角（单位为弧度），M^2是光束质量因子，Θ_T是湍流发散角（单位为弧度）。

湍流发散角可以用如下公式进行估算：

$$\Theta_T \approx 2 \times 2.016\lambda^{-0.2}\ (C_N^2 L)^{0.6} \tag{17.11}$$

其中，L 是激光到物体的照射距离，C_N^2 为大气折射率结构常数，取决于海拔、当日时间和地理位置。对于地表附近的平均大气条件，$10^{-15} < C_N^2 < 10^{-14}$（米$^{-2/3}$）。对于平静的夜间大气，地球表面上方 C_N^2 随海拔的分布如图 17.3 所示。

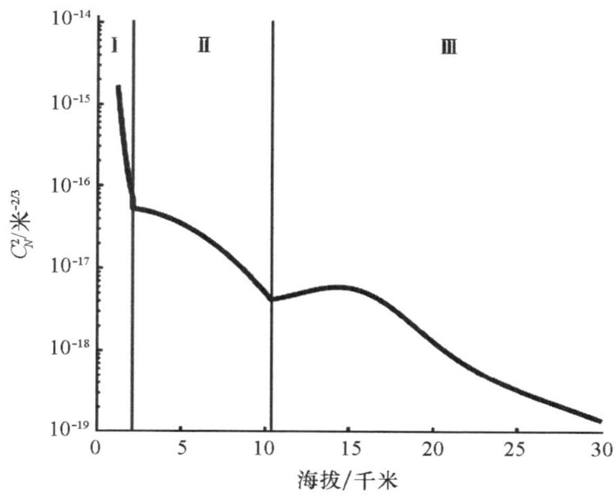

图 17.3　大气折射率结构常数与海拔的关系曲线（晴朗夜晚湍流模型 Clear-1 Night）

因此，对于 0.5 米发射孔径、50 千瓦输出功率的激光系统，实现 $I =$ 100 瓦/厘米^{2}功率密度来打击无人机的最远距离约为 7 千米。

在垂直路径上，激光束沿湍流吸收大气路径传输的发散情况要比其沿水平方向好得多。从技术角度来看，地面和作战区域内的无人机保持相对适中的速度飞行有助于提高激光照射效果。

如果激光束通过“地面—太空”垂直路径的大气（针对“战略”系统）问题可以忽略不计，则对于“空中—太空”的垂直路径的大气问题更不用考虑。但在近地水平光路上，大气状态和天气状况发挥着关键作用，决定了激光的衰减程度。受区域地形地貌的影响，特别是在水平传输的情况下，激光束的作用距离不超过某一值（5 ~7 千米）。

在稠密的大气层中，空气介质的光学不均匀性（折射率分布）起着重要作用。这些不均匀是由气象条件造成的。即使激光功率密度处于中等水平，光束传输也会受到天气的显著影响。

所有能衰减激光束的大气参数都随着离地面高度的增加而迅速减小，这些大气参数组合很大程度上取决于激光束的传输路径。光束传输路径可以分为表 17.4 中的 9 种类型。

表 17.4　激光通过大气的 9 种路径

目标位置	激光系统位置		
	地面	空中	太空
地面	地面→地面：水平近地路径	空中→地面	太空→地面
空中	地面→空中：激光系统在地面，目标在海拔为 1 ~2 千米或以上，光束与地面夹角≥20 度	空中→空中	太空→空中
太空	地面→太空：激光系统在地面，距离≥200 千米的垂直路径	空中→太空	太空→太空

当激光沿近地路径水平传输时，大气和天气对激光衰减起着决定性的作用。特别是在这种情况下，由于受区域地形地貌的影响，所考虑的距离不超过 5 ~7 千米。如图 17.4 所示，对于光束质量因子 $M^2 \approx 2$ 的短波激光（波长 1 ~2微米），环形光斑（放大倍率为 1∶5）在理想天气条件下，选取目标上 50% 功率密度水平（目标上最大功率密度的 40%）作为有效照射区域，可以估算出其在目标上的光斑尺寸为 1 厘米左右。但在不利天气条件下，光斑尺

寸将增大一个量级以上（大于14厘米）。对于现代激光技术来说，将激光束发散角控制在2~3倍衍射极限（在3千米的距离上约为4角秒）是很容易实现的。

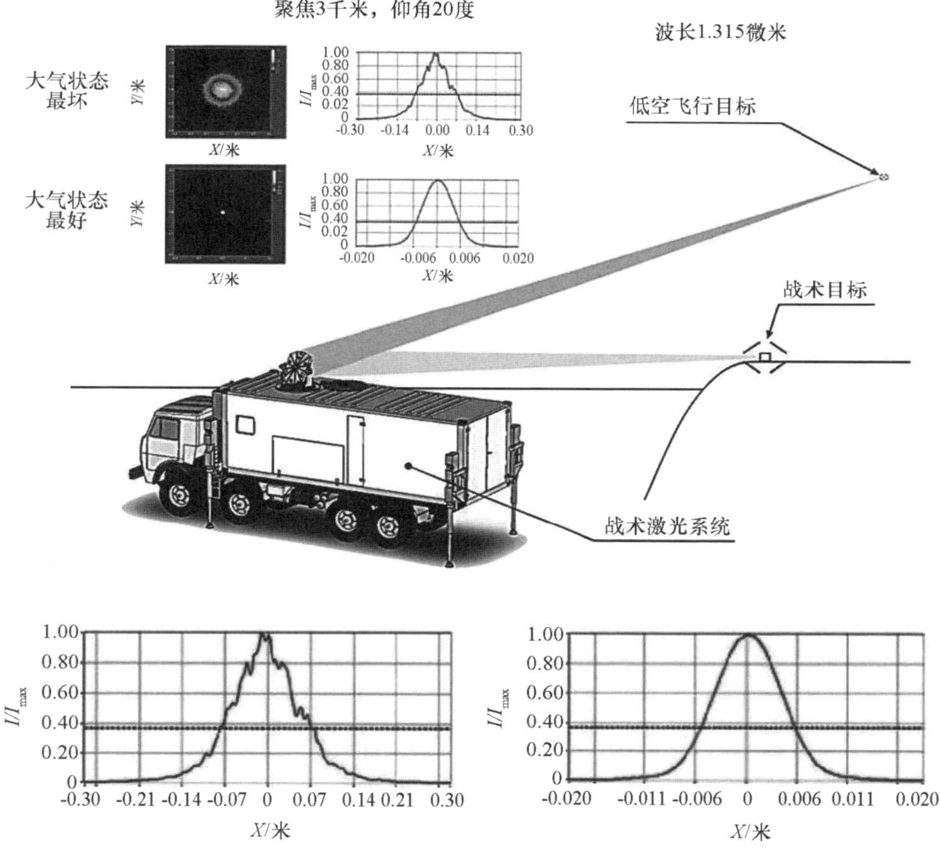

图17.4 激光沿近地路径传输时的大气对目标上光斑尺寸的影响（Laser systems公司）

此外，大气湍流对发散角分量影响与波长的关系为 $\lambda^{-1/5}$，而光束衍射对发散角分量影响与波长的关系为 λ^{-1}。这意味着在强湍流条件下，当距离较近时，长波激光有一定优势。例如，在大气中含水量很低、湍流很强且有霾（$C_N^2=10^{-13}$米$^{-2/3}$，冬天，雪尘）的恶劣的天气条件下，CO_2 激光对目标的照射效果（到靶功率密度）比短波固态激光和连续波化学激光好很多。

当激光束沿倾斜路径传输时（20～30 度倾角），近地面大气对激光传输的影响会变小。相应地，短波长激光的优点就会愈加明显。对于远距离传输激光，在使用现代自适应光学器件的情况下，光束聚集能力极限仅由衍射发散角决定。在长距离的垂直路径上，衍射发散角也起着主要作用。

“地面→太空”路径的激光传输也取决于天气，所以激光源最好放置在天文气候好的地区。

将激光光源置于海拔 1～2 千米处就能极大地改变这种情况。此时气溶胶含量急剧下降，大气湍流几乎没有影响。“空中→空中”和“空中→太空”路径的激光传输不受天气状况的影响，主要问题是飞机平台的剧烈振动和激光系统输出窗口周围的湍流引起的动态瞄准误差。

对于“空中→地面”和“太空→地面”两种斜程传输路径，近地面大气不会造成太大不利影响。

计算结果表明，基于波长约 1 微米、功率 20～30 千瓦的连续激光器和直径 30～50 厘米发射望远镜的地基激光系统，可在很广泛的大气条件下打击硬目标及软目标。聚焦光斑的大小主要由大气条件决定。然而，即使在恶劣的天气条件下，也可能在 5 千米的距离内获得不超过 20 厘米的激光光斑。

对于硬目标（到靶功率密度 $I \geqslant 200$ 瓦/厘米^2），地面激光系统的最远打击距离限制在 2～3 千米较为合理，而对于软目标（到靶功率密度 $I \leqslant 100$ 瓦/厘米^2），该距离限制在 5～6 千米较为合理。这样即使把大气吸收和散射造成的实际损失考虑在内，也能确保到靶功率密度达到所需的水平。如果只是从打击远距离空中目标的角度来看，这一距离限制确实减少了激光系统的使用概率。但是，对于远距离空中目标，使用其他类型的防空系统却很容易打击此类目标。为激光系统设定 6 千米以内的打击距离，一方面是考虑到地形的实际特点，另一方面也足以覆盖大部分可能要打击的目标。

将激光光斑偏离中心位置的最大距离定为 ±5 厘米，可以计算出来，当打击最远距离（6 千米）目标时，激光光斑在目标上的瞄准维持精度值约为 ±2 角秒。虽然需要一些努力，但这个要求在现代技术水平下是可以实现的。

结 论

1. 激光系统的使用局限性在于：需要将目标锁定在其直接可见区域（视场）内，激光光斑在目标壳体上的（稳定瞄准）定位时间有相关要求、大气衰减和湍流问题等。

2. 战术激光系统的重要打击目标之一是无人机，尤其是迷你无人机和微型无人机。

3. 使用1~2千瓦的连续波激光系统，只需要几秒就可以处理一个小尺寸的弹药。

4. 按照国际电工委员会的安全标准，激光源的功率应该处于“两个界限”的范围内。其中，上限规定了激光不会灼伤眼睛和对眼睛产生不可逆后果的最大功率密度（2.5毫瓦/厘米^2），下限规定了足以达到临时致盲效果的最小功率密度（不超过1毫瓦/厘米^2）。

5. 当激光波长λ约为1微米时，在不超过60千米的照射距离上，为使目标上的聚焦光斑尺寸达到最佳（不小于15厘米），激光系统发射孔径不大于0.5米。当照射距离超过60千米时（光斑增大，超过15厘米），为保证目标的激光照射达到既定功率密度，则有必要在增大光斑尺寸（相当于要增加激光总功率）和降低瞄准精度之间做出选择。后者也可以通过增加激光功率来补偿。

6. 激光束的总发散角由光束衍射、抖动和光束质量以及大气湍流（湍流发散）引起的发散来决定。

7. 短期内，在大气中使用激光定向能武器，最可能有效的目标将依然是迷你无人机和微型无人机等软目标、武器控制系统中灵敏的传感器、视觉器官（人眼）。

计算题

1. 采用直径10厘米、功率1千瓦的激光束照射金属表面，求出该激光束可烧熔2毫米厚的钛板和3毫米厚的铝板分别需要多长时间？

2. 请求出持续时间为（17±2.5）纳秒的激光脉冲的能量在碳纤维增强塑料层中传播的距离（加热厚度）。

3. 要在3秒内损坏厚度为2毫米的钢板，请计算出目标表面上所需连续波激光功率密度是多少？

4. 请估算150兆焦和500兆焦激光能量可从初始温度为290开的钛制目标上蒸发掉多少材料？

5. 针对功率为100千瓦的激光连续照射1.5秒和50秒求解第4题。

6. 当光束质量因子 $M^2=2.5$，目标距离 10 千米，衰减系数 $k_\lambda=-10^{-4}$ 米$^{-1}$，大气湍流 $C_N^2=5\times10^{-14}$ 米$^{-2/3}$时，若目标上的光斑大小为 15 厘米，求 Nd：YAG 激光系统的发射孔径。

7. 若使用 CO_2 激光，$k_\lambda=-10^{-5}$ 米$^{-1}$，求解第 6 题。

思考题

1. 激光辐照对结构部件的影响是由什么决定的？
2. 若要对目标造成不可接受的毁伤，目标上毁伤区域的最佳尺寸是多少？
3. 请列举使用激光进行导弹防御的主要问题。
4. 请对现代无人机进行分类。哪一类无人机最好使用激光武器进行摧毁？
5. 如何估算处理弹药所需激光照射的能量阈值？
6. 非致命激光武器工作的波长范围是多少？请阐述应用非致命激光武器的目的和任务。
7. 请从军事应用的角度，阐明激光束发散角考虑的基本原则。

参考文献

1. Борейшо А. С., Ивакин С. В. Лазеры：устройство и действие. –СПб., «Лань». –2016.（《激光器：器件与运用》）
2. Maini Anil K. Lasers and Optoelectronics：Fundamentals，Devices and Applications. –John Wiley and Sons Ltd., London –Delhi，2013.
3. Энциклопедия XXI век «Оружие и технологии России». Том XI，Оптикоэлектронные системы и лазерная техника. – М.：ИД «Оружие и технологии»，1999. –720 с.（《俄罗斯的武器和技术》）
4. Делоне Н. Б. Взаимодействие лазерного излучения с веществом：Курс лекций：Учеб. руководство. –М.，Наука. Гл. ред. физ. мат. лит.，1989.（《激光与物质相互作用》）

第 18 章　激光毁伤武器系统

相传两千多年前，阿基米德利用镜子聚集太阳光摧毁敌人舰队，这个故事被认为证明光能可被用作毁伤武器的第一次尝试。

随着激光的出现，人们对将激光作为武器自然产生了极大的兴趣。但是，这项新技术发展需要大量的物质资源，在当时，这只能通过军事规划项目来实现验证。

第一台激光器是在 1960～1961 年发明的。到 1966 年，人们已在实验室里造出了脉冲能量为 10 焦的固态激光器以及输出功率为 1 千瓦的连续波 CO_2 激光器，如图 18.1 所示。

(a) 10焦红宝石激光器（以国家光学研究所的С.И.瓦维洛夫命名，1963年）

(b) 10焦调Q红宝石激光器（苏联科学院物理研究所，1963年）

(c) 1千瓦CO_2激光器（应用物理研究所，1966年）

图 18.1　苏联早期制造的激光器

18.1 战略激光武器系统

激光武器开发者面临的首要任务之一是对抗大规模毁灭性战略武器——弹道导弹的战斗部，后来则考虑打击处于助推段飞行的导弹本体，因为当时没有其他替代对抗手段。只有如此雄心勃勃的作战目标才能集中足够的资源，以快速推进研发工作，进而开发出强大的激光武器系统。

在最初阶段，军用激光所需能量被定在 1 ~ 10 兆焦范围。这都快比得上地空导弹战斗部碎片的总动能了，相当于 5 千克 TNT（烈性炸药，爆炸能量约 4.176 兆焦/千克）爆炸所产生的能量。而且当时就已经清楚的是，要制造出具有这种特性的激光需要非同寻常的解决方案。

1963 年 12 月，时任苏联科学院物理研究所副所长的 Н. Г. 巴索夫给苏联科学院主席写了一封信（现已解密），信中回应了苏联国防部的请求：

“利用常规炸药产生的能量作为能源，制造出能量为 10^6 ~ 10^7 焦的发生器（激光器）是可能的……显然，要制造出能量为 10^9 ~ 10^{10} 焦的发生器（激光器），唯一的方法是以核爆炸所产生的能量作为能源……”

这个日期似乎可以被认为是苏联高能激光研究工作的起点。

18.2 激光武器系统的研发与试验

爆炸闪光泵浦脉冲光解激光器的研发工作推进最为迅速。早在 1969 年，苏联就已经对兆焦级脉冲光解激光器进行了成功试验，如图 18.2 所示。

(a) 组装脉冲能量大于10^6焦的光解激光器

(b) 全俄实验物理研究所的试验平台（1969年）

图 18.2 苏联兆焦级脉冲光解激光装置

同时，在位于苏联国防部所属哈萨克斯坦的萨雷－沙甘靶场的防空试验场，还筹备并建成了“特拉－3”（Terra－3）科研与试验复合体项目，如图18.3所示。

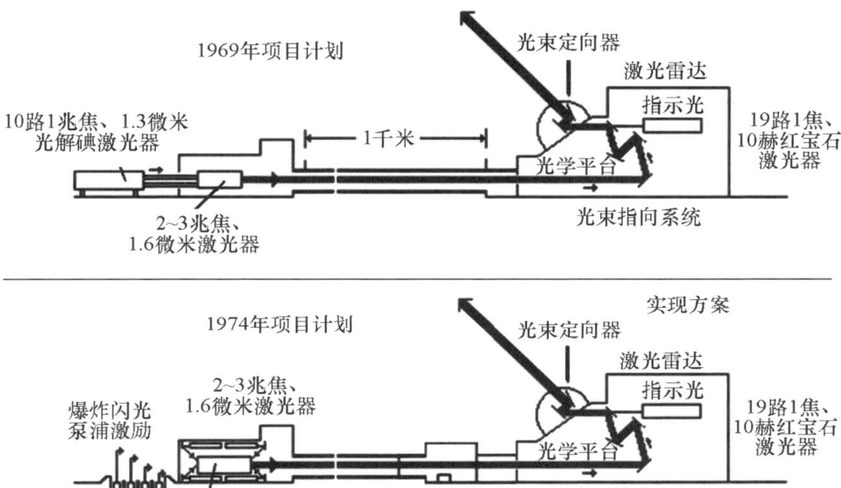

(a) 结构布局示意图

(b) 光束定向器的圆顶和望远镜

图18.3 “特拉－3”科研与试验复合体

特拉－3复合体的核心是8台1兆焦的脉冲光解激光器，经合束形成单光束，然后由光束定向器聚焦照射高速飞行的目标，包括太空目标。

此时，美国也展开了大功率激光器的研究，但与苏联不同的是，他们主要在利用碳氢燃料燃烧驱动的连续波气动 CO_2 激光器（GDL－CO_2）领域取得了成功。这种激光器的泵浦源是一种基于火箭发动机开发的燃气发生器。美国对大功率激光器的研究可能已经进行了好几年，但直到 1969 年，AVCO-Everet 公司的E. 杰瑞的一份报告才首次解密披露相关研究结果。报告中称美国研制出了功率超过 100 千瓦的连续波气动 CO_2激光器，如图 18.4 所示。

图 18.4　AVCO-Everet 公司 135 千瓦燃烧驱动气动激光器试验台

因此，到 20 世纪 60 年代末期，即第一台激光器发明不到 10 年时间，单脉冲能量输出达兆焦级和连续波输出超过 100 千瓦的激光系统都已出现。这些激光系统已经可以被认为是激光（射线）武器或定向能武器（DEW）的主要组成部分。

虽然光解激光器的波长（1.315 微米）令人满意，但将这种激光器应用于移动武器系统却面临着几乎不可克服的技术难题，而且脉冲激光束的峰值功率密度太高，存在大气中无法传输（大气会发生光击穿）的基本限制。

因此，在 20 世纪 70—80 年代，开发者的兴趣转向了研发可机动（至少从长远来看，最终需要实现可机动）连续波激光器。在这个阶段，苏联研制出可安装在地面载车上的兆瓦级放电 CO_2激光系统，如图 18.5 所示。美国空军研制出 400 千瓦气动 CO_2激光器，并将这台激光器与光束定向器和光束控制系统集成为机载激光实验室（ALL）装置，如图 18.6 所示。这些系统首次允许人们实际测试和评估激光武器的规模尺寸和技术问题的复杂性。

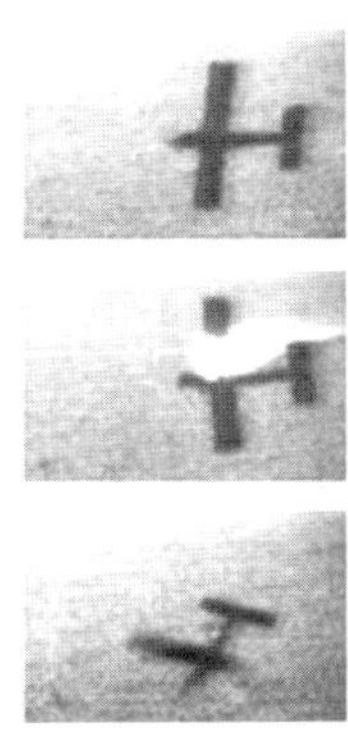

(a) 实物外形照片　　(b) 激光辐照毁伤无人机的照片

图 18.5　苏联基于放电 CO_2 激光器研制的可机动车载激光系统

图 18.6　美国空军波音 KC－135 飞机上的 400 千瓦气动 CO_2 激光器

然而，由于波长长（10.6 微米）、光束发射角大以及激光器的能量效率低，在几十千米的距离内作战，气动 CO_2 激光系统被验证出具有非常严重的技术障碍，也就无法和传统武器进行竞争。

即便如此，这些项目还是极大地促进了控制系统和信息技术的发展，为它们在今后几十年取得前所未有的进展铺平了道路。

20 世纪 80 年代后半期，美国开始启动战略防御倡议（SDI）计划，对波长更短的连续波化学激光器（CCL）兴趣达到了最大化，这几乎为所有方向的研究进展都打开了通道。这项计划具体目标是利用安装在卫星上的阿尔法（ALPHA）大功率化学激光器，研发天基全球定向能武器系统。这种武器系统旨在摧毁仍处于助推阶段的弹道导弹。

连续化学激光器极大提高了能量效率，并降低了光束发散角。连续波氟化氢（HF）化学激光器（波长 2.7~3.1 微米）的输出谱线能被大气强烈吸收，而连续波氟氘（DF）化学激光器（波长 3.6~4.1 微米）的输出谱线则几乎完全处于大气透明窗口。因此，连续波 HF 化学激光器只应用于不受大气影响的场合，而连续波 DF 化学激光器在地面应用条件下很有吸引力。

美国开发的功率为数兆瓦的激光试验装置，配上大型光束定向器（直径约 1.5 米），已经使开展惊人的测试成为可能，可有效演示验证激光器、光学、电子和信息技术是否成熟，足以解决诸多实际问题，如图 18.7 所示。

(a) 功率2.5兆瓦的连续波DF化学激光器MIRACL（安装在新墨西哥州的美国空军实验室试验台上）

(b) 功率5兆瓦的连续波HF化学激光器阿尔法的综合试验台（位于美国加利福尼亚州）

图 18.7　美国开发的功率数兆瓦大型激光试验装置

为了应对美国开始实施的 SDI 计划，苏联也启动了相关工作，以制造出可对抗美国太空激光武器的系统。苏联开发出机载反卫星激光系统，如图 18.8 所示。苏联也考虑了在地球近地轨道上部署天基激光武器的可能性。

SKIF－D 项目——化学自动化设计局研发的功率为 1 兆瓦连续波气动 CO 激光器，是在非政府组织“天体物理学”项目框架内制造出来的，旨在为空间站 17F19D“SKIF－D”生产天基激光装置（如图 18.9 所示）。

图 18.8 装有反卫星激光系统“猎鹰梯队”的 A－60 飞机（基于伊尔－76 改装）

(a) 激光装置效果图

(b) RD-0600气动激光器

(c) 搭载大功率激光样机系统的待发射“能源”号火箭

图 18.9 苏联空间站 17F19D“SKIF－D”项目的天基激光装置

SKIF－D 首要任务是用来做航天器试验，不仅要测试激光器，还要测试 SDI 规划框架内后续制造的航天器上将会用到的一些常规系统，包括分离和定位系统、交通控制系统、电气系统、星载综合控制系统。

17F19D 也被计划用来演示构建太空系统摧毁近地空间目标的基本可行性。为了试验 SKIF－D 上的激光器，项目中计划设置专门的靶标，来模拟敌方的导弹、弹头和卫星等目标。该项目还打算使用一种大功率激光器，其工作原理是高温气体通过超音速喷嘴列阵非平衡热膨胀而产生增益介质，进而把热能转换为波长为 10.6 微米的激光。气动激光器 RD－0600 在带光学轨道的专用试验台架上通过了全部的试验测试。

继 SKIF－D 之后，化学自动化设计局还计划制造一种“SKIF－短剑”

17F19S 装置，这也是一种针对采用“能源”号运载火箭发射而设计的重型设备，该设备上计划安装由非政府组织“天体物理学”开发的特殊星载 1K11“短剑”系统。这是工作波长为 1.06 微米“十管”红外激光系统，可以用来反卫星。

然而，这些激光器的实际可机动原型样机演示从未达到预期的阶段，这可能是受技术、环境和资金不足等问题的综合影响。显然，需要拿出作战目标更有限但却更合理的解决方案。

自 20 世纪 90 年代中期以来，另一种连续波化学激光器——化学氧碘激光器一直在积极发展。化学氧碘激光的波长为 1.315 微米，处于大气透明窗口，且可使用光纤来进行传输。这意味着在不同大气环境和大气层外使用该激光没有基本的限制。其波长短，减小了衍射极限光斑尺寸；其谐振腔中的低密度增益介质，则保证了高光束质量。

机载激光武器（ABL）项目基于功率为几兆瓦的连续波化学氧碘激光器，用来摧毁带核弹头的助推段弹道导弹，系统安装在波音 747 – 400F 宽体飞机上，如图 18.10 所示。该项目可能是利用激光定向能武器实施反导防御的最后一次尝试，其另一个可能的作战目标是摧毁近地轨道上的卫星。

ABL 项目进行了实际试验，试验结果被认为是“部分成功”。2011 年 12 月底，美国国防部宣布终止 ABL 项目。这一激光研发项目持续开展了 16 年，投入资金总额为 50 亿美元。据称，之所以终止 ABL 项目，主要是因为其成本太高、技术成果的实用性低、国防预算开支需要削减。

迄今为止，攻击弹道导弹或其弹头的定向能激光武器的发展前途仍是未知的。定向能激光武器开发者的兴趣似乎已经最终转向更小、更紧凑、也更合理的战术激光系统。

18.3 战术激光武器系统

20 世纪 90 年代末，随着对使用高能激光系统进行导弹防御战略任务的兴趣减弱，研究人员开始讨论使用激光系统的有限能力来解决一些规模不那么宏大的任务，提出了先进的战术激光武器概念。起初主要采用化学氧碘激光器来实现，到 21 世纪初，开始使用中等功率的光纤或固态激光器（可达 100 千瓦）来实现，还考虑了各种运载平台及其运用方式。

通过对激光试验装置的广泛实际测试积累，研究人员对激光系统的能力

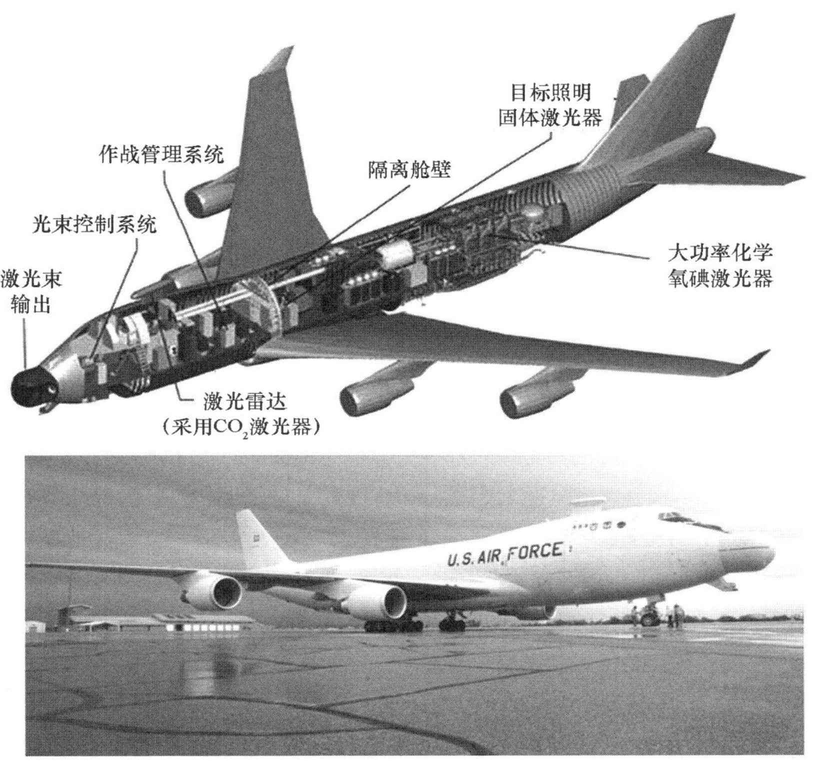

图 18.10 装有连续波化学氧碘激光器的波音 747－400F 机载激光武器系统

有了更深的理解，拓宽了激光可打击的潜在目标清单，增加了有效打击距离范围，增大了选择余地和打击精确度。这些促进了体积庞大的第一代激光系统向更高效、更紧凑的可机动激光系统过渡，新设计的激光系统有着更广泛的应用。

先进战术激光武器（ATL）就是战术激光武器系统的一个实例。该系统基于功率为 50～75 千瓦的化学氧碘激光器，安装在 KC－130H 飞机上，如图 18.11所示。ATL 可用于侦察和破坏行动，以摧毁敌方车辆、通信线路和电力线，可摧毁 8～10 千米范围内的电力基础设施。ATL 的优点在于其可装载在中型飞机上，从而保证了较高的机动性，而且识别目标的分辨率高，对所攻击目标的定位精度小于 1 米。

ATL 采用与 ABL 项目相同的技术，但输出功率比第一代系统低得多。但

图 18.11　装有 50～75 千瓦化学氧碘激光器的 KC－130H 飞机

是，在自主可机动平台上快速释放巨大能量的能力，实际上是化学激光器唯一不可否认的优势。当对功率要求显著降低时，这种优势就不再具有决定性，而设计和技术复杂性、产生增益介质的可消耗性燃料供应受限、危害环境的等主要缺点则严重限制了该类激光器的应用前景。此外，一些紧凑且可靠的固体和光纤激光器现在也能输出几十千瓦的功率，且只需要电力即可驱动（泵浦）。

电驱动激光器的吸引力在于：响应速度快；精度高；可发射次数多，出光仅受能源和冷却限制；与无人机，甚至是非制导导弹、炮弹和地雷等潜在目标相比，使用价格低廉。

用于战场系统的可机动固体激光器和光纤激光器的主要缺点是：高功率输出时的光束质量不够好。

然而，光纤激光器已经演示验证了可达 10 千瓦连续输出功率，相应的光束质量也已接近衍射极限。同时，积极研究了多个激光模块的光束相干合成（锁相），为基于固态激光器制造全新的高亮度激光武器系统开辟了道路。

2009 年，在加利福尼亚州中国湖的海军试验场进行初期试验期间，美国对使用安装在悍马车上的军用激光系统“激光复仇者”（Laser Avenger）支援常规武器来联合摧毁无人机进行测试，如图 18.12（a）所示。在测试过程中，Laser Avenger 被用来加热红外踪迹非常弱的小型无人机，使这种无人机的红外辐射达到“毒刺”导弹可以对其进行捕获、跟踪和摧毁的水平。

波音公司的专家们还开发并测试了可机动高能作战激光系统的原型机

HEL MD（如图 18.12（b）所示）。在测试过程中，10 千瓦的固态激光模块实施了射击。带火控系统和供电系统的 HEL MD 具有输出功率增加到100 千瓦或更高的可能性。

(a) Laser Avenger

(b) HEL MD

图 18.12　波音公司研制的战术激光系统

将 HEL MD 自行式激光武器系统安装在重型四轮卡车 HEMMT 上，用于拦截制导和非制导导弹、炸弹、迫击炮弹、地雷和无人机，还可能用于打击敌人的有生力量和非装甲技术装备。最重要的是，HEL MD 可为军事基地提供保护，使其免受飞机和火炮的打击。波音公司期望验证光束定向器和供电系统的可靠性及效率，以便未来可配合更高功率激光器一起使用。

“激光武器系统”（LaWS）由美国雷神公司和诺·格公司联合开发。在其开发过程中，解决了 LaWS 系统与密集阵防空火炮系统（Mark 15 Phalanx）的雷达及舰载供电单元的集成问题，如图 18.13 所示。

(a) LaWS系统

(b) 舰载Mark 15和LaWS

图 18.13　与 Mark 15 Phalanx 防空火炮系统雷达集成在一起的海基作战激光 LaWS

在海上试验过程中，LaWS 成功执行了分配给海基激光武器的任务：跟踪并摧毁小艇和无人机等小型水面和空中目标。

升级之后，光束定向器可自动把一系列激光脉冲保持在目标上的指定位置，直到完全破坏目标，如图 18.14 所示。

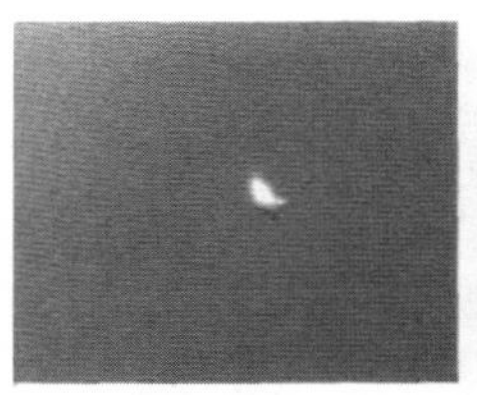
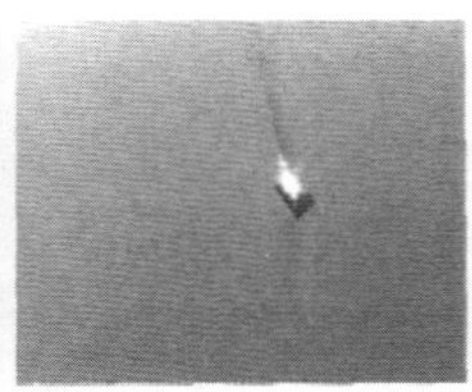
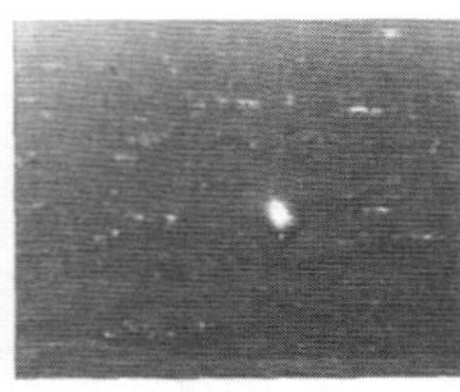
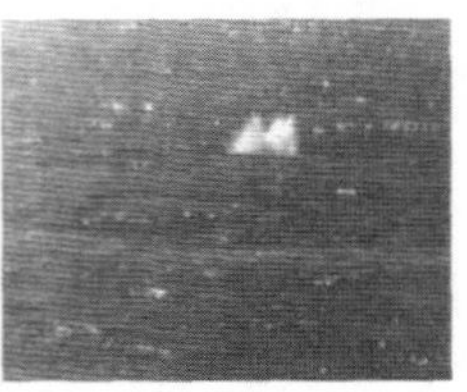

图 18.14　被 LaWS 激光系统击落并燃烧的无人机连拍照片

美国洛·马公司已经开发出一种小型地面激光“区域防御反弹药”（ADAM）系统，用于拦截导弹和无人机。这种移动激光系统使用一台功率为 10 千瓦的光纤激光器，将其安装在一辆可机动拖车上，如图 18.15（a）所示。ADAM 系统能将激光束稳定瞄准在要拦截的目标上数秒，进而将其加热并摧毁。

ADAM 系统的光束定向器可在 5 千米距离上捕获并跟踪空中目标。在试验过程中，ADAM 系统击落了八枚射程为 1.5 千米的小口径导弹。

除了美国，其他一些国家也在开发战术激光系统的原型，以色列拉斐尔军事工业公司建造了一种名为“铁束（Iron Beam）”的导弹防御激光作战系统，如图 18.15（b）所示，设计用于近距离摧毁导弹、迫击炮和炮弹。

(a) ADAM

(b) “铁束”系统

图 18.15　小型地面战术激光系统原型样机

"铁束"可提供最低水平的导弹防御。它由两台固体激光器、一个雷达站和一个控制站组成。该系统可进行机动，能在2千米范围内击中导弹，激光装置安装在货车底盘上的标准货物集装箱内（该系统可根据客户需求安装在任意底盘上）。该系统的作战对象是短程导弹、迫击炮弹和炮弹，利用激光束加热弹药直至摧毁。

德国莱茵（Rhein）金属公司也进行了作战激光的相关测试，在研发过程中，采用了另外一种技术解决方案来提高激光功率，如图18.16所示。激光能量由两个光纤激光模块（20千瓦和30千瓦）提供，其光束被高精度地聚焦瞄准到目标上的一点。现有原型样机首次使用这种解决方案（在目标上非相干叠加），原则上可以达到甚至超过一些专家估计的100千瓦功率。此外，通过多套激光系统发射的聚集光束可以更可靠地对目标进行照射，即使其中一套激光系统停止工作，第二套（第三套、第四套，等等）激光系统也能摧毁目标。在某些情况下，当无须使用大功率激光合束时（例如摧毁微型无人机），激光武器的各模块可以分别打击不同的目标。

图18.16 莱茵金属公司的战术激光系统原型样机

在未来，5～10辆载有高能激光系统的车队即可为一个大型作战分队提供防御"保护伞"，而且在必要情况下可以把所有激光合束，用来摧毁敌人的装甲车辆或飞机。

在测试过程中，验证了德国的这种激光系统将多束激光瞄准到一个目标上的能力。在第一次测试中，功率为50千瓦的激光束点燃了距离1 000米的一根15毫米的钢梁。在第二次试验中，雷达发现了3千米外的无人机并将数据传输给 30 千瓦的激光系统，该系统从 2 千米外精准照射无人机的前部。几秒后，无人机就被摧毁了。除了摧毁装甲目标和无人机，该公司还对一个直径为 82 毫米、飞行速度为 50 米/秒的金属球进行了测试性照射（模拟拦截迫击炮弹）。

18.4　定向能辅助激光系统

在安全距离内利用高功率激光束清除未爆弹药（包括雷场排雷、简易爆炸装置、火箭弹、炮弹、集束炸弹的销毁），是激光定向能系统的一个新应用方向。

排雷问题尤为重要。图 18.17 中给出了最常见的一些地雷。

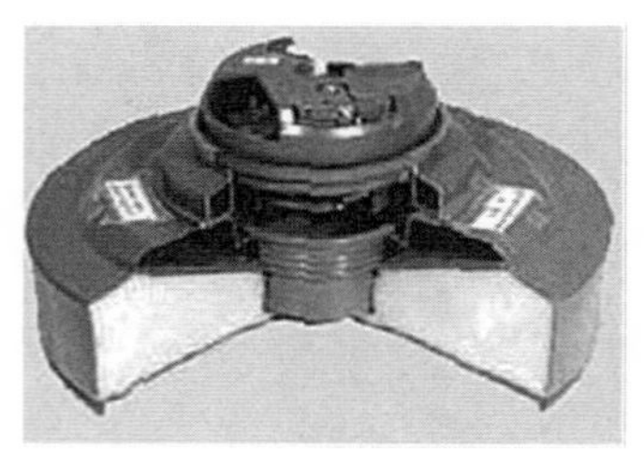

(a) 反坦克地雷

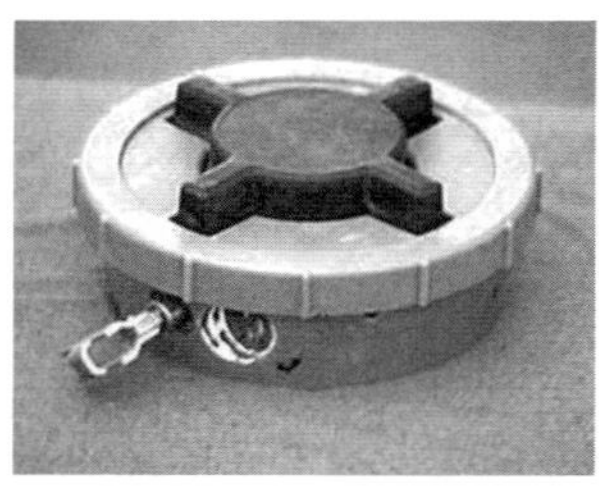

(b) 反人员地雷

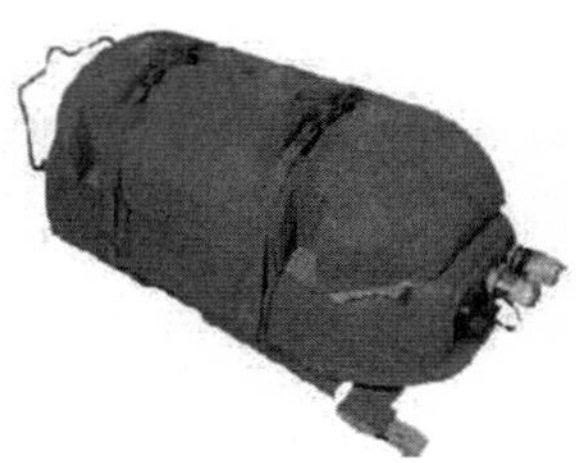

(c) 建筑物爆破地雷

图 18.17　最常见的地雷

这种方法（激光束清除未爆弹药）可以自动、安全、快速地按照设定好的深度打开由各类材料制成的弹药壳体。利用激光能量处理弹药的优点是能够在安全距离以最小的附带伤害快速、精准地处理大量库存武器。

1994 年，在测试一种可机动弹药销毁系统时，人们首次对激光销毁现有弹药进行了演示验证。该系统使用 1.1 千瓦的灯泵浦固体激光器，该激光器安装在装甲运兵车上。宙斯（ZEUS）系统最初使用的是 500 瓦激光器；最新的版本配备了 2 千瓦的光纤激光器，安装在改装的悍马车顶上的光束定向器能把激光束聚焦到 25～300 米距离远的物体上，如图 18.18 所示。

波音公司开发的 Laser Avenger 战术激光系统，其最初设计用途是打击无人机，也用于处理未爆弹药。在距离目标较远的安全位置，在不同的角度和距离等不同工况下，该系统成功地销毁了几种简易爆炸装置、大口径火炮弹药和地雷。即使在功率有限的情况下，这种激光系统也能在危急情况下完成一些特定的任务。

图 18.18　宙斯激光排雷系统

18.5　非致命激光武器

非致命武器可作为一种辅助武器，以增强执法机构在处置和阻止敌对行动时的联合能力。它在以任何理由限制或禁止使用致命武器的情况下特别有效。限制局势升级的装备、暂时瘫痪某些设施和设备的装备都属与非致命武器，例如激光致盲设备——眩目器（dazzler）就是非致命武器，可用来打击暴乱分子、恐怖分子，驱散示威人群，保护基础设施等。

对于执法机构、国内安全部队、边防部队、海岸警卫队、基础设施警卫队及其他许多低烈度冲突场景，激光眩目器已经成为一种替代致命武器的新型非致命武器。

激光眩目器发射的高强度激光束处于可见光波段（通常在蓝绿光区域），可暂时降低人的视力，但不会对人眼造成长期伤害。最常用的是半导体激光器或波长为 532 纳米的 Nd：YAG 倍频激光器。

图 18.19（a）展示的是激光眩目器在近距离战斗中的应用，图 18.19（b）展示的是使用安装在悍马车平台上的激光致盲系统驱散示威人群。

激光致盲系统的激光器功率、目标上的光斑尺寸和功率密度等性能参数的选择由具体任务决定。发射望远镜参数是针对标称距离设计的，在该距离处，作用于目标上的激光功率密度要能达到所需的等级。这些数值不得超过专门的规范性文件中规定的最大许可水平。

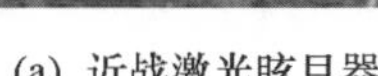

(a) 近战激光眩目器

(b) 可机动平台上的眩目器

图 18.19 激光致盲设备

另外，便携式激光器还可用于发出警告信号和灾难信号。在实施侦察行动时，由于激光器可在远距离发出很细的定向光束，因此可以作为一种交换信息的手段。激光致盲设备被用作非致命武器，它们用于军事目的的最早使用记录在马岛战争中。

对于闯入（故意或无意地）禁飞区的商用客机或军用飞机，激光眩目器也可作为一种向机组人员发出警告的潜在候选手段。由几台联网的激光眩目器和雷达组成的系统，可以有效地用于保护关键的基础设施。

美国、英国和中国都制造出了非致命激光武器，俄罗斯也在批量生产并为内务部配备了此类特种装备。

结 论

1. 激光定向能武器系统的主要优点包括：光速传输、附带损伤几乎为零、可同时打击多个目标或快速重新瞄准、抗电磁干扰、不受重力影响。

2. 虽然研发和制造激光武器的初始成本比动能武器系统的相应费用要高约一个数量级，但是定向能武器系统的使用成本低。这是因为常规武器是一次性的（子弹、炮弹、地雷、导弹），而激光武器的弹药实际上是无限的。

3. 激光系统的使用局限性在于：需要将目标锁定在其直接可见区域（视场）内、激光光斑在目标壳体上的（稳定瞄准）定位时间有相关要求、大气衰减和湍流问题等。

4. 在过去的时间内，大功率激光武器的发展有了很大进步，效能多次得到了提高。可机动兆瓦级激光武器系统的可行性也得到了实际演示验证。然而，激光定向能武器系统目前正在开发和改进，只有未来才能确定它们是否能够成为全面的战斗系统。

5. 激光定向能武器系统漫长的发展历史也揭示了其进一步发展的某些趋势。主要趋势有：

（1）降低任务规模，即选择防护程度较低的目标；

（2）改用输出波长较短的激光器；

（3）降低连续波激光器的功率，同时提高激光器的效率。

6. 利用激光能量处理弹药的优点是能够在安全距离以最小的附带伤害快速、精准地处理大量库存武器。

7. 对于执法机构、国内安全部队、边防部队、海岸警卫队、基础设施警卫队及其他许多低烈度冲突场景，激光眩目器已经成为一种替代致命武器的新型非致命武器。

思考题

1. 战略激光定向能武器系统有哪些发展方向？请指出其优缺点。

2. 列举并简要介绍苏联和美国的战略定向能激光武器系统。

3. 战术定向能激光系统有哪些特点？与传统作战手段相比，请列举战术激光定向能武器系统的优缺点。

4. 请举出非致命激光武器的例子，并列出使用非致命激光武器所对付的主要目标。

参考文献

1. Борейшо А. С. , Ивакин С. В. Лазеры: устройство и действие. – СПб. , « Лань ». – 2016. （《激光器：器件与运用》）

2. Зарубин П. В. Лазерное оружие: миф или реальность? Мощные лазеры в СССР и в мире. Владимир, Транзит-Икс, 2009. – 331 с. （《激光武

器：神话还是现实？苏联及其他国家的大功率激光器》）

3. Maini Anil K. Lasers and Optoelectronics: Fundamentals, Devices and Applications. – John Wiley and Sons Ltd., London – Delhi, 2013.

4. Рубаненко Ю. В. Военные лазеры России. Научное издание. М.: Издательский дом « Столичная энциклопедия », 2013. – 390 с.（《俄罗斯的军用激光器》）

5. Энциклопедия XXI век « Оружие и технологии России ». Том XI, Оптико-электронные системы и лазерная техника. М.: ИД « Оружие и технологии », 1999. – 720 с.（《俄罗斯的武器和技术》）

6. Делоне Н. Б. Взаимодействие лазерного излучения с веществом: Курс лекций: Учеб. руководство. – М.: Наука. Гл. ред. физ. -мат. лит., 1989.（《激光与物质相互作用》）

7. Jan Stupl and Goetz Neuneck. Assessment of Long Range Laser Weapon Engagements: The Case of the Airborne Laser, Scienceand Global Security, 2010, Volume 18, pp. 1 – 60. Оценкавозможностиприменениялазерногооружиябольшойдальностивбоевыхдействиях: вариант лазера воздушного базирования, http://scienceandglobalsecurity.org/ru/archive/sgsr18stupl.pdf.

第 19 章　激光武器系统原理

19.1　可机动激光系统

不论使用何种运载平台，所有旨在打击远距离运动目标的激光武器装置都要有一个能源，以保证装置中所有系统的正常运行。这些系统包括主激光器和照射激光器，光束定向器（确保在打击过程中光束发射并瞄准在目标上），搜索、捕获和跟踪系统，及其他一系列辅助系统。根据具体的任务、运载平台和应用领域不同，激光武器装置可能会有很大的修改并补充配备各种不同的设备，但不管怎样，图 19.1 中所示的激光武器装置基本原理示意图仍可认为是通用的。

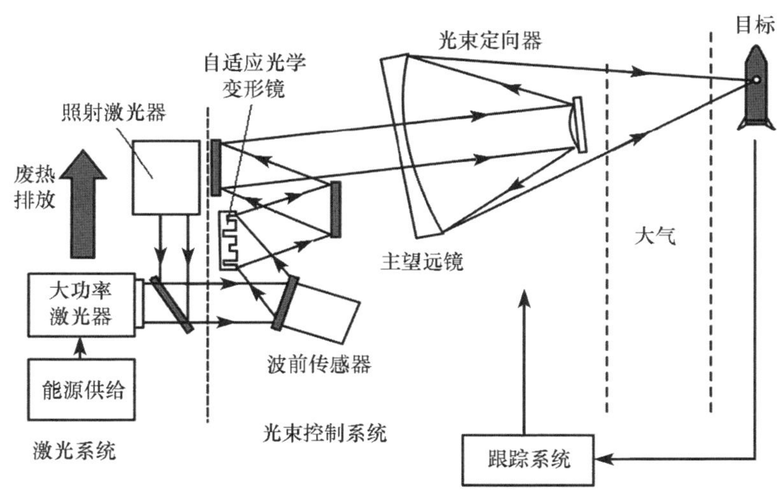

图 19.1　激光武器装置的基本原理示意图

第 18 章给出了兆瓦级大功率气动 CO_2 激光器和连续波化学激光器在宽体

飞机上的布局实例。这类气流激光装置在飞机中占了很大空间，其中大部分空间是燃料存储系统和激射后的增益介质废气排放系统。

利用现代低温吸附技术回收激射后的增益介质废气，可以显著降低激光系统的整体重量和尺寸，从而可以将它们装在一个底盘上。图 19.2 给出了功率为 25 千瓦的连续波化学氧碘激光系统装在卡玛斯汽车底盘上的设计方案图。

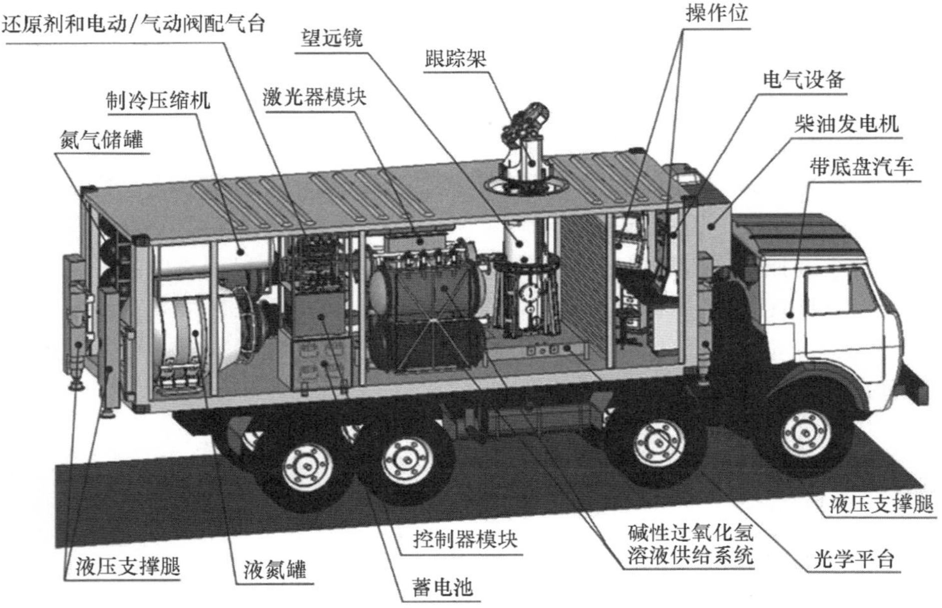

图 19.2　25 千瓦连续波化学氧碘激光系统设计方案（Laser Systems 公司）（见彩插）

此外，带操作员工作位的控制舱也置于同一个底盘上。由于不需要外部供能，这种激光系统甚至比固态激光系统更为紧凑。但是，由于需要清洗并冷却低温吸附剂，其总出光时间不超过 30 秒。

原则上，在卡玛斯汽车底盘上可以放置一个输出功率为 100 千瓦的连续波化学氧碘激光武器系统。然而，在这种情况下，为确保激光器可工作数分钟，需要大幅增加激光系统的尺寸，主要是因为低温吸附剂模块的数量需要增加。如图 19.3 所示，控制系统和操作人员在另一辆车上。

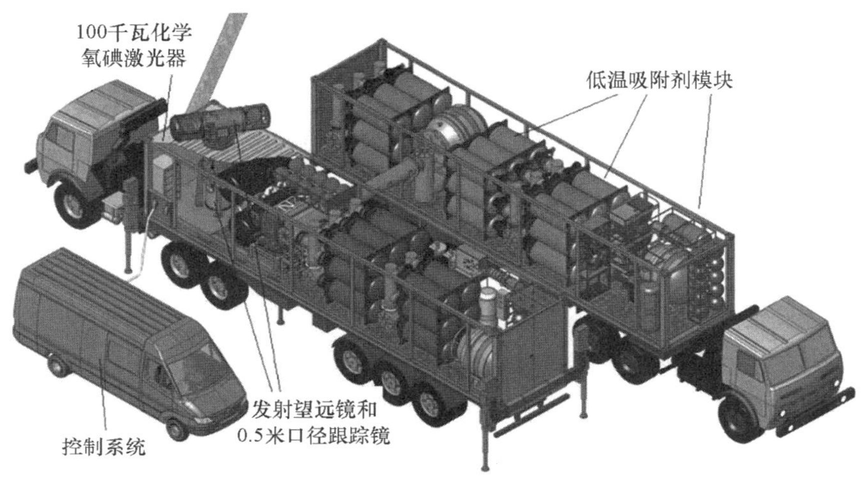

图 19.3　100 千瓦连续波化学氧碘激光武器系统的设计方案（Laser Systems 公司）

激射后增益介质废气采用低温吸附的化学氧碘激光系统也可以安装在重型直升机上，如图 19.4 所示。

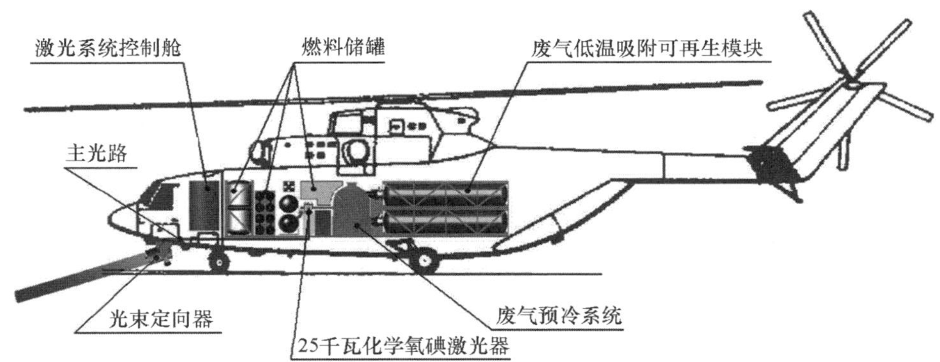

图 19.4　装在米－26 重型运输直升机上的 25 千瓦化学氧碘激光武器系统设计方案（Laser Systems 公司）

人们对基于固态激光器制造大功率可机动激光武器系统也有极大的兴趣。此类系统更为紧凑，可以设计得更坚固、更抗振动。尤其是在实战条件下，基于固体激光器和光纤激光器的武器系统如果被摧毁，也不会对人员和环境构成威胁。固态激光用作军用激光武器系统的一个重要优点是，无须对其补给和加注用来产生增益介质的燃料，因为作为电源的发电机使用普通的汽车燃料驱动。

如图 19.5 所示，基于中等功率固态激光器的战术激光武器系统也能成功安装在汽车底盘上。

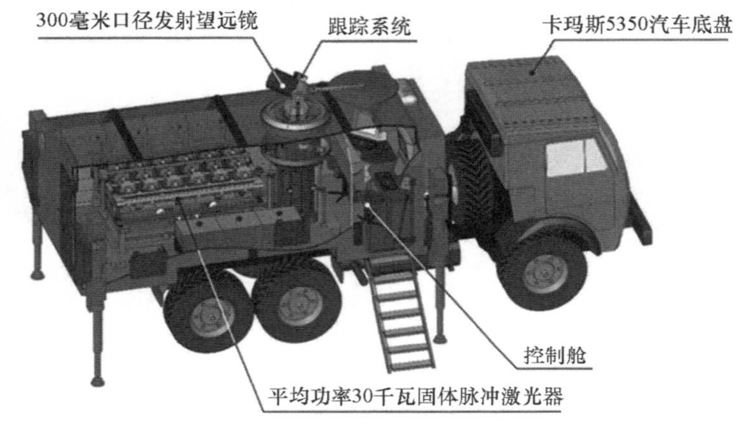

(a) 装载在汽车底盘上的平均功率为30千瓦的脉冲固体激光系统

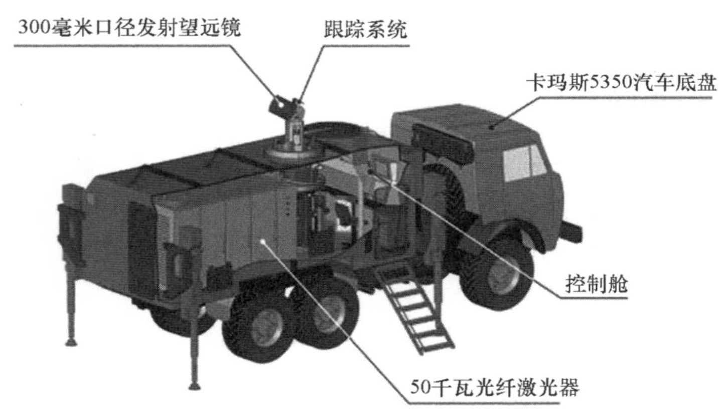

(b) 装载在汽车底盘上的功率为50千瓦光纤激光系统

图 19.5　基于中等功率固态激光器的战术激光系统的设计方案图（Laser Systems 公司）

一个平台上差不多就能放下固态战术激光武器的所有系统，甚至包括带操作员工作位的控制舱。与战术化学激光武器系统不同的是，固态激光系统没有工作燃料和排放废气储存（针对低温吸附排气而言）问题。为了保证固态激光武器所有系统的运行，需要配备一个 150～250 千瓦的独立电源（独立的发电机）。

由内燃机或燃气轮机驱动的上述发电机已经量产并且可以在市场上买到。需要注意的是，应该将其放置在距离战术激光武器系统足够远的单独运载平台上，以防止发电机工作过程中不可避免的振动对其造成影响，如图 19.6 所示。

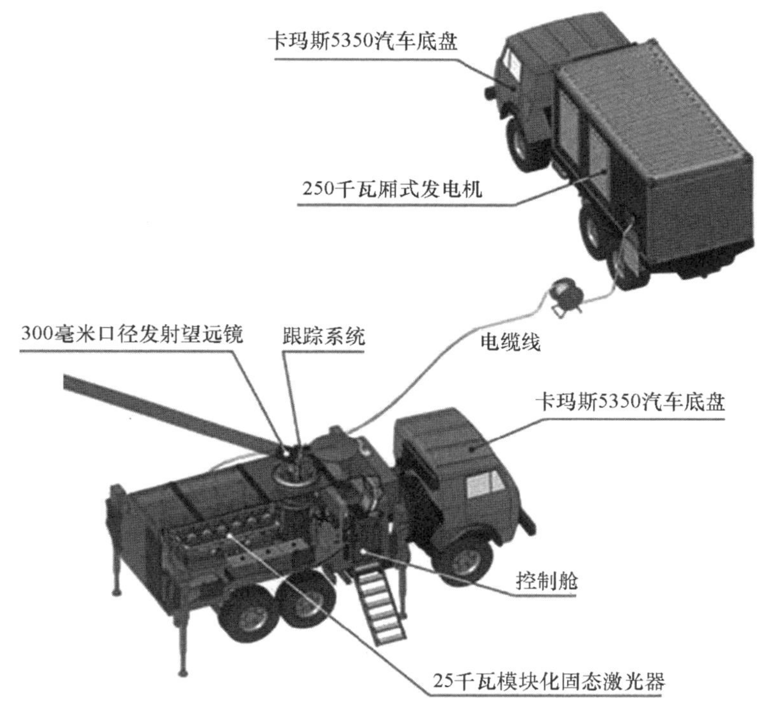

图 19.6　战术激光武器系统和供电系统在工作状态下的相对位置（Laser Systems 公司）

19.2　发射望远镜和瞄准系统

发射望远镜的作用是形成指定口径的光束以便把激光聚集到目标上。主镜口径约 0.5 米的发射望远镜的典型结构设计如图 19.7 所示（以 Laser Systems 公司开发的望远镜为例）。

主镜口径为 0.5 米的望远镜由一个主镜和一个可移动的次镜构成。望远镜主镜穿过镜筒中心的马蹄镜支撑座固定在镜筒底上，镜筒同时也是望远镜的基座，镜筒安装在光学平台上。

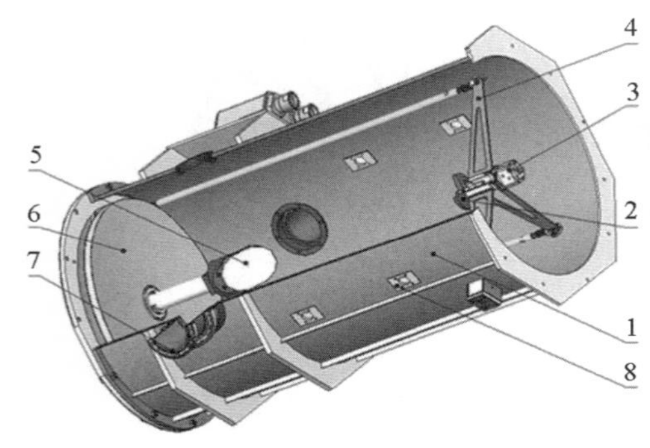

(a) 典型结构设计图

(b) 镜筒实物（马蹄镜）

1—镜筒；2—次镜；3—调焦机构；4—次镜悬翼梁；5—马蹄镜；6—主镜；7—光束输入口；8—元件安装窗口。

图 19.7　发射望远镜（Laser Systems 公司）

长焦主镜按照梅瑟（Mersen）方案制成。次镜组件通过悬翼梁连接到镜筒上，该悬翼梁可提供必要的热胀冷缩距离。在非装配温度条件下，次镜组件相对于镜筒沿中心轴方向移动。

当次镜处于固定位置时，由殷钢棒制成的热稳定器可使主镜与次镜中心之间的距离保持稳定，望远镜焦距可通过移动次镜来调整，当次镜在 0~5 毫米（精度为 ±0.05 毫米）的范围内移动时，焦距范围从 500 米到无穷远变化。

光束瞄准可通过两种方式进行控制，如图 19.8 所示：

（1）转动安装于固定不动的望远镜后部的平面反射镜（定天镜、定日镜）；

（2）转动固定在特殊旋转机架上的整个望远镜。

(a) 定日镜（口径0.5米）

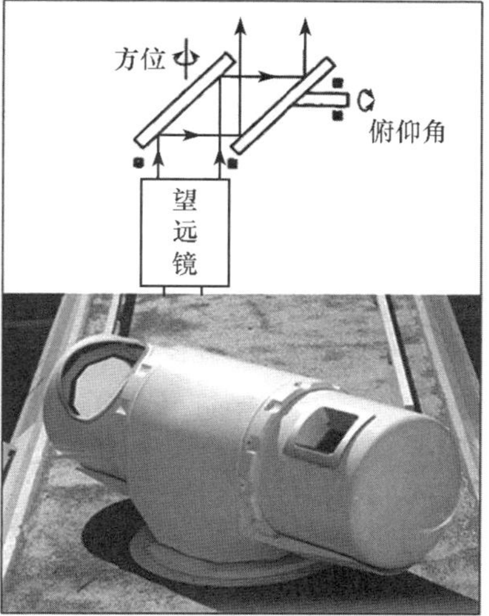

(b) 定天镜（口径0.35米）

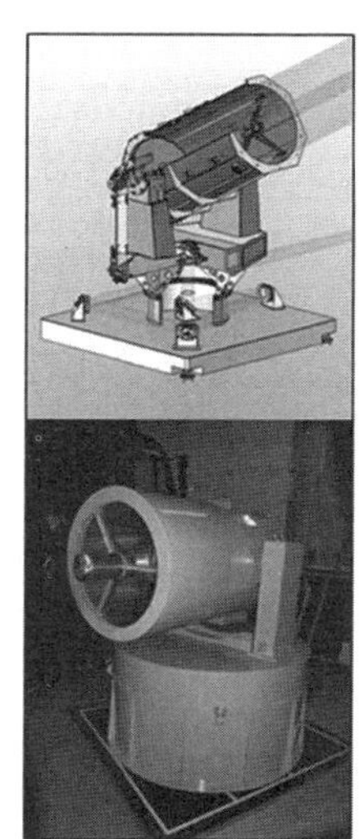

(c) 有独立旋转机架的地平式望远镜（口径0.8米）（Laser Systems公司）

图 19.8 大功率激光束发射望远镜和精确控制（瞄准）的光学系统

每种方法都有其优点和缺点，关键参数是激光器输出的光束尺寸和望远镜主镜所需的口径，如表 19.1 所示。

表 19.1 控制光束瞄准的主要方法

方法	优点	缺点
发射望远镜后部的转动镜瞄准（定天镜、定日镜）	望远镜和光束控制瞄准镜是分开的； 可以是任意形状的通光孔； 将光束导入望远镜需要的高负载反射镜数量少； 望远镜高度不受限制	对瞄准镜的定位精度要求很高，角定位精度要求比地平式望远镜高两倍； 可转动平面反射瞄准镜尺寸很大； 可转动反射瞄准镜的要求苛刻
地平式发射望远镜	瞄准的角度范围很宽； 对望远镜中光束导入镜系统的定位精度和振动要求不严格； 类似方案的研发已经积累了大量技术经验	将光束导入望远镜需要高负载反射镜的数量大； 望远镜的转动惯量大； 只能使用圆形通光孔

当望远镜主镜所需的口径相对较小时，第一种光束瞄准控制的方式（利用望远镜后方的可控反射镜）比第二种要好；当望远镜主镜所需的口径相对较大时，更适合采用第二种瞄准方式来控制光束。

控制方式的最终选择取决于可机动激光武器系统所需满足的各种要求，但表 19.1 中总结的主要特点可以用于初步评估。

由于大功率激光系统的发展最初始于需要使用大口径望远镜的长波长激光器，因此在控制系统中使用地平式望远镜似乎是合理的。然而，固态激光和化学氧碘激光的衍射极限光斑明显小于氟化氢（氟化氘）激光，因此，对于短波长的可移动战术激光武器系统，望远镜只需使用 0.5 米甚至更小的发射口径就足够了。在这种情况下，转镜瞄准的固定式望远镜就变得非常有吸引力。

在使用过程中，当发生运动、撞击和振动时，运载平台上的光学器件会承受很大负载。例如，地面系统承受的加速度可达到 6 倍重力加速度，而空中和太空激光系统所承受的加速度还会更大。在这种情况下，确保大型镜子稳定的几何特性，并保持各类结构元件中最大尺寸的镜面（望远镜主镜或瞄准转镜）在可机动条件下的精度尤为重要。为此，需要尽可能轻量化并安装隔振缓冲元件以确保安全，如图 19.9 所示。

(a) 轻量化大尺寸平面镜

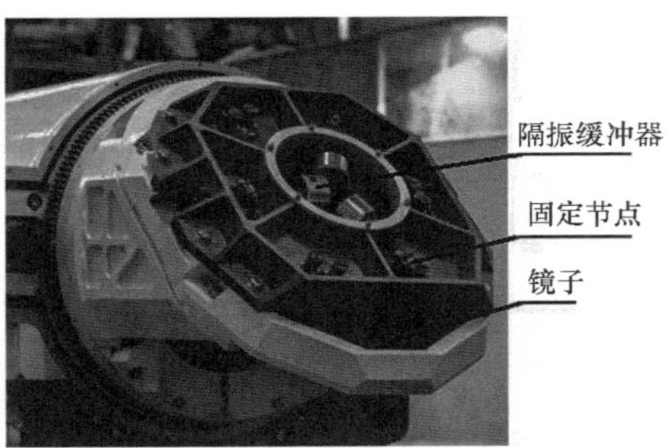

(b) 瞄准转镜装配体

图 19.9　瞄准转镜装配体和轻量化平面镜（Laser Systems 公司）

19.3 光束跟踪和控制系统

探测系统通常位于激光武器系统外部，包括一个雷达站。该雷达站可探测并跟踪处于光学系统能力之外的潜在目标。然而，在某些情况下，也可以把整个跟踪系统整合到一个平台上，如图19.10所示。

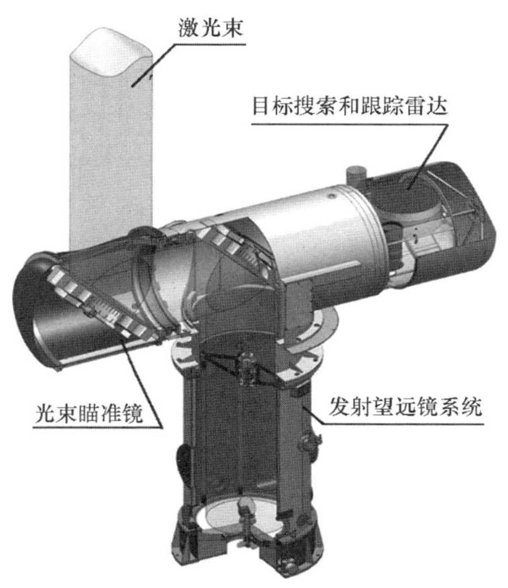

图19.10 配备了雷达设备的激光武器系统光束定向器（Laser Systems公司）（见彩插）

通过光束定向器上集成的雷达站可以扫描整个上半球空间。装有有源相控阵天线的现代机载雷达结构紧凑，能够在能见度较低的情况下探测到数十千米外的目标，并同时跟踪多个目标。有源相控阵雷达最重要的优点是可进行大角度范围电子扫描，一旦发现目标，就可以将其放进（粗电视）视场中，并将其安全地转到目标的光学监视系统中，而光束瞄准转镜无须进行不必要的旋转。

目标的光学监视系统包括粗电视（宽视场电视系统）、热成像仪和精电视（精确瞄准电视系统）。

粗电视的宽视场用于监视目标，并将信息传输到瞄准系统。粗电视相机的视场通常为5~7度（0.09~0.12弧度）范围，其在光束定向器上的位置几乎完全由设计时所考虑的因素决定。对于不同的瞄准方式，粗电视可以固定在转镜瞄准雷达罩上或地平式望远镜筒上。

粗电视的分辨率应满足下列条件：在不低于设计毁伤距离且在直接可见视场内能发现、捕获并识别目标，并保证望远镜轴线与目标方向重合的精度不低于1毫弧度。这一数值是由下列要求决定的，即仅通过精确瞄准系统（快速倾斜镜）来精确控制光束，但又不能降低激光束的指向性和光束质量。同时，大型扫描机构（地平式旋转机架和瞄准转镜）保持不动。由此可知，粗电视的分辨率为1 024 ×1 024像素是足够的。

在光线较弱的情况下，热成像仪可显示所观测的区域。

精电视的最佳位置可直接放在望远镜的光轴上无主激光束的区域。可以使用聚焦望远镜作为精电视的镜头，这样就解决了精电视光轴与望远镜光轴重合的问题并减小了风的影响。

精电视的视场角为7毫弧度，至少是瞄准使用区域所需角度范围的2倍。用512 ×512像素的焦平面阵列应该能记录下目标表面上的激光光斑图像。

精电视用于控制激光束的特性，以确保激光束的指向（瞄准）精度并在目标上达到所需的功率密度。

图19.11给出了光束定向器及其控制系统的光路示意图，其中列出了精确瞄准系统的各个元件，该系统的核心元件是光轴校正的倾斜镜和波前校正（像差校正）自适应光学变形镜。

在上述精确瞄准系统中，设置高速倾斜镜的目的是保证对接激光束光轴的稳定。一般来说，激光器谐振腔和发射望远镜安装在两个空间上隔开的不同平台上。在这种情况下，平台间可能存在的相对位置动态偏差，因此输入激光束的光轴可能会出现不可接受的偏差。高速倾斜镜可修正从谐振腔输出光束可能出现的偏差，从而保证激光束光轴的动态稳定并使其与望远镜视轴保持重合。

通过对发射望远镜精电视图像的分析给出的信号数据，控制系统通过高速倾斜镜支架上固定的压电陶瓷对倾斜镜进行二维倾斜调整，使用高速倾斜镜可将光束的瞄准方向稳定在几微弧度之内。

如有必要，可通过自适应光学变形镜对波前像差进行校正。实际的波前畸变图像由两个波前传感器记录与分析，其中一个分析激光束的波前畸变量（哈特曼传感器），另一个分析从外大气返回的探测光波前畸变量。为了补偿两个传感器测量到的波前总畸变量，关于波前畸变的所有信息由控制系统一并处理。自适应光学校正变形镜通过其表面微移动产生光程差，变换而成的等效反相波前可对波前总畸变量进行补偿。

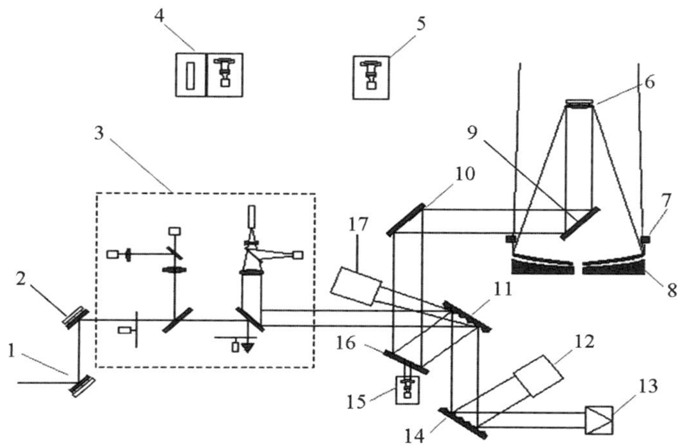

1—对接反射镜；2—高速倾斜镜（激光器光稳）；3—预校正（变形镜）模块；4—测距仪；5—粗电视；6—带角度校正器的望远镜次镜；7—自准直镜；8—望远镜主镜；9—马蹄镜；10—可旋转反射镜（倾斜镜）；11—光束耦合分光光栅；12—波前传感器（哈特曼传感器）；13—功率计；14—弱光光栅；15—精电视；16—中心挖孔镜；17—外大气像差的波前传感器。

图 19.11　精确瞄准系统光路图

结 论

1. 不论使用何种运载平台，所有旨在打击远距离运动目标的激光武器装置都要有一个能源，以保证装置中所有系统的正常运行。这些系统包括主激光器，照射激光器，光束定向器（确保在打击过程中光束发射并瞄准在目标上），搜索、捕获和跟踪系统，及其他一系列辅助系统。

2. 利用现代低温吸附技术回收激射后的增益介质废气，可以显著降低激光系统的整体重量和尺寸，从而可以将它们装在一个底盘上。

3. 可移动战术激光武器系统只需使用0.5米甚至更小的发射口径就足够了。在这种情况下，转镜瞄准的固定式望远镜在某些场合就变得非常有吸引力。

4. 发射望远镜的作用是扩束形成特定口径的激光束并把激光束聚集在目标上。

5. 使用过程中，当发生运动、撞击和振动时，运载平台上的光学器件会承受很大负载。在这种情况下，特别重要的是确保大型镜子稳定的几何特性，并保持各类结构元件中最大尺寸的镜面（望远镜主镜或瞄准转镜）在可机动条件下的精度。

6. 自适应光学校正变形镜通过其表面微移动产生光程差，变换而成的等效反相波前可对波前总畸变量进行补偿。

思考题

1. 请基于结构示意图说明可机动战术激光定向能武器系统的工作原理。
2. 请说明不同类型光束定向器的应用，以及它们的优点和缺点。
3. 简要说明并列举激光武器辅助系统的主要目标和任务。
4. 从军事应用的角度，考虑激光束在大气中的发散角应该制定的基本原则。
5. 请描述大功率激光束的光束定向器类型和精确控制方法。
6. 请描述目标监视系统和精确瞄准系统的组成。
7. 请说出对激光定向能武器系统在战场上应用前景的看法。

参考文献

1. Борейшо А. С., Ивакин С. В. Лазеры: устройство и действие. – СПб., « Лань ». – 2016. (《激光器：器件与运用》)

2. Зарубин П. В. Лазерное оружие: миф или реальность? Мощные лазеры в СССР и – в мире. Владимир, “Транзит-Икс”, 2009. – 331 с. (《激光武器：神话还是现实？苏联及其他国家的大功率激光器》)

3. Maini Anil K. Lasers and Optoelectronics: Fundamentals, Devices and Applications. – John Wiley and Sons Ltd., London-Delhi, 2013.

4. Рубаненко Ю. В. Военные лазеры России. Научное издание. – М.: Издательский дом Столичная энциклопедия, 2013. – 390 с. (《俄罗斯的军用激光器》)

5. Энциклопедия XXI век « Оружие и технологии России ». Том XI, « Оптико электронные системы и лазерная техника ». – М.: ИД « Оружие и технологии », 1999. – 720 с. (《俄罗斯的武器和技术》)

第 20 章　军用激光仪器及附件

军用激光仪器包括用于实施测量的系统或功能性传感器。在军事中，此类激光系统常用于制导或目标指引，测距（测定目标距离），作战装备控制（接近传感器），发现、跟踪及目标成像（激光雷达），对抗敌人的光电设备，以及激光测深以实施海陆架三维（3D）监测、激光雷达远程探测并识别大气中的化学、生物及爆炸性物质。

20.1　精确制导方法

在高精度武器系统中，有三种方法可以精确地将弹头引导到目标上：主动、半主动和被动制导（如图 20.1 所示）。

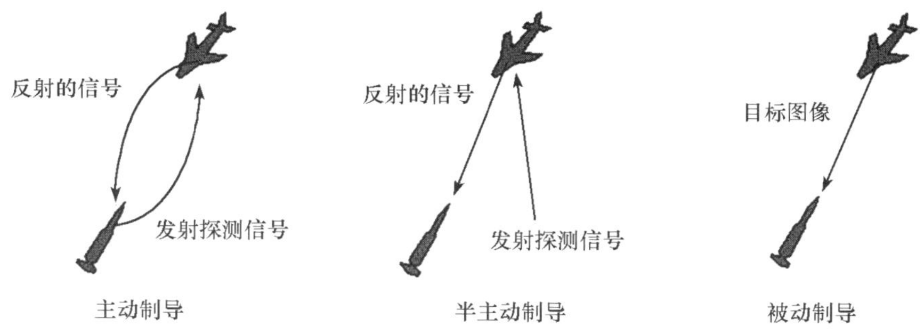

图 20.1　精确制导的三种方法

主动制导是把照射目标需要发射的探测信号激光源和目标所反射信号的接收器都置于弹上的一种制导方法。主动制导炮弹在飞行过程中是完全自主的，制导时无须使用外部系统来照射目标。

半主动制导是使用弹外的激光源发射探测信号对目标进行照射，目标反射的信号由弹上的传感器接收的一种制导方式，弹外的激光源可能位于地面、船上或飞机上。由于半主动制导的激光源（固定装置）功率更高，发射的探测信号比主动制导的探测信号要强很多，因此，半主动系统的制导距离大于主动系统的制导距离。此外，采用半主动制导时，装在弹上的组件更轻便、更简单。所以，半主动制导方法的应用非常普遍。

被动制导是通过安装在弹上的设备接收和分析来自目标本身的辐射而不需要发射探测信号的一种制导方式。被动制导的优点在于安装在弹上的设备相对简单，缺点是制导受目标本身辐射功率和方向的限制。

激光目标指引属于半主动制导。

20.2 轻武器的目标指示器

现代激光目标指示器可数倍提高射击的效率。使用安装在武器瞄准具上的目标指示器可显示子弹射入的终点，激光目标指示器可用于作战、狩猎和运动项目。使用这些设备，即使是非专业人员也可准确地命中目标。在夜间，激光目标指示器可作为辅助照明手段帮助识别物体。

轻武器中所用的激光目标指示器通常采用连续波半导体激光器，处于可见或红外波段，功率5～10毫瓦。最常见的是635纳米或650纳米的红光激光二极管，也可使用波长为532纳米的二极管泵浦固体激光器。瞄准时使用可见光波长激光指示器的好处是裸眼可以看到激光光斑，但也存在行动隐蔽性被破坏的限制。使用目标指示器时需要进行校准，要保证激光束平行于枪管。

由于激光束的发散角很小，因此即使在很远的距离处也能形成非常小的光斑。图20.2给出了图拉的EST公司制造的LCU－OM－3L－4型激光目标指示器。在结构方面，LCU－OM－3L－4型激光目标指示器由圆柱形主体（主体壳刚性固定在安装支架上）、供电电池、后盖、带开关按钮的柔性电缆构成。LCU－OM－3L－4的外壳正面有两个调节螺钉和一个指向标记，后盖是激光目标指示器的供电盒。激光器波长为635纳米，功率不小于4毫瓦，在25米处的光斑直径不超过25毫米。

红外半导体激光器也被用来指示目标，可在目标上生成裸眼看不见的激光光斑。相应地，通常使用安装在枪支上的夜视器材来进行瞄准。

在俄罗斯国内和国际市场上，可买到各种类型轻武器的大量激光目标指示器。

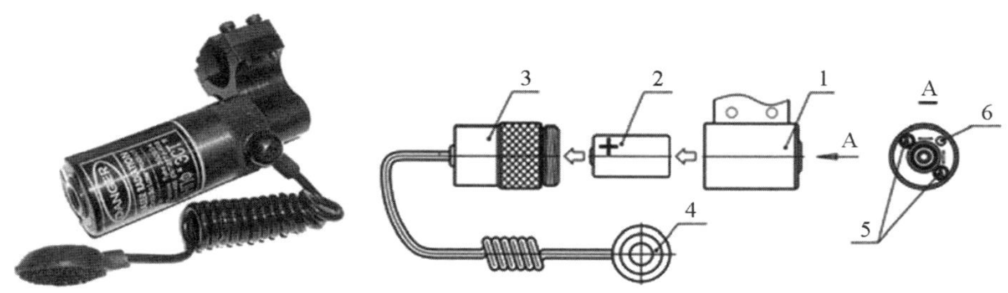

1—主体；2—供电电池；3—后盖；4—柔性电缆；5—调节螺钉；6—指向标记
图 20.2　LCU－OM－3L－4 型激光目标指示器（EST 公司制造）

20.3　精确制导打击弹药

激光制导打击弹药（炸弹、炮弹和导弹）具有精确打击能力，已成为各种陆基、海基和空基平台（如坦克、战车、舰船、喷气式战斗机和攻击直升机）中应用最广泛的精确打击弹药。

这种现代化武器在现代战争中具有很大的实用价值和重要的战术意义。打击弹药的所有光电制导系统均基于光电位置传感器。该传感器可实时监测导弹相对于目标的精确位置并生成控制指令，进而对弹药实施调整，类似控制飞机的伺服驱动系统，可确保弹药保持想定的方向并准确命中目标。

图 20.3 给出了激光制导武器的结构特征。

在发射激光制导弹药时，目标被固体脉冲激光目标指示器照射，该激光器会以一定的重复频率产生峰值功率很高的脉冲，脉冲的峰值功率、脉宽和重复频率通常分别在 5～8 兆瓦、10～20 纳秒和 5～20 赫的范围。激光寻的导引头利用目标散射回来的激光束获取角度误差，并通过该误差生成必要的指令信号，以便将弹头引导至目标散射源，如图 20.4 所示。

一般情况下，使用四象限光电探测器作为光学接收器。在某些情况下，也可以使用二维光电传感器阵列作为光学接收器。图 20.5 是用于定位的四象限光电传感器的工作原理示意图。

四象限光电传感器被放置在弹头前端光学组件的焦平面前。当探测器的焦平面垂直于想定目标所散射激光束的轴线时，焦斑相对于象限光电传感器的中心是对称的。图 20.6（a）对应弹头正好精准瞄准目标时的情况。如果散

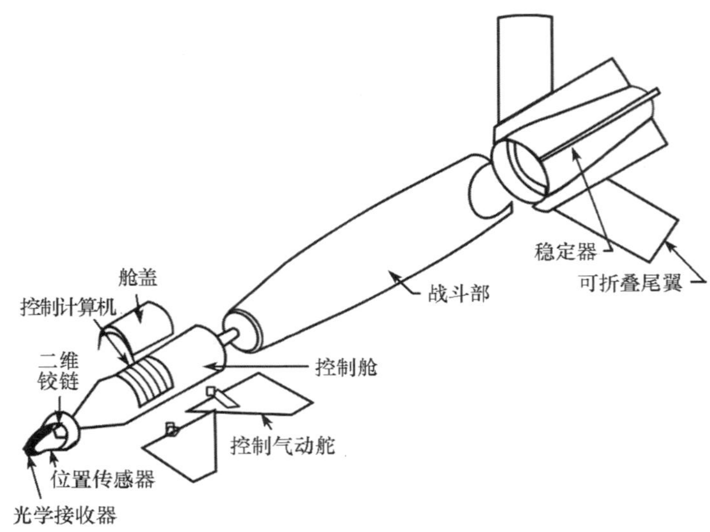

图 20.3 激光制导武器的结构示意图

图 20.4 通过激光目标指示器照射目标并把弹药引导至目标散射源

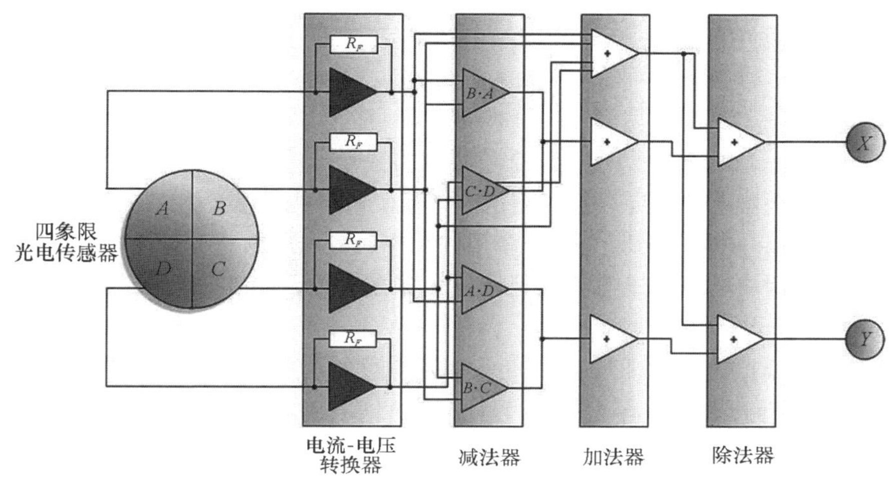

图 20.5　四象限光电传感器的工作原理

射的激光束以一定角度进入激光寻的导引头，这表明弹头没有指向想定目标，聚焦的激光光斑中心将随着角误差、方位和高度的不同而发生移位，形成如图 20.6（b）~（e)所示的截面分布。

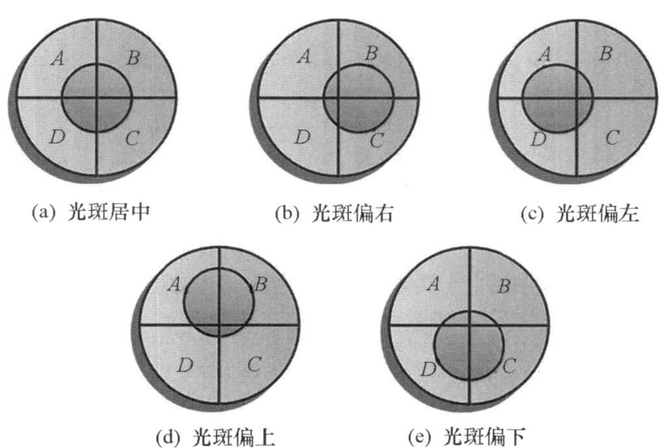

图 20.6　聚焦的激光光斑在光电探测器上的位置

光束在 X、Y 方向上的位置分别由式（20.1）和式（20.2）计算，其中 X 和 Y 分别为方位和俯仰方向上的角度误差值，计算公式如下：

$$X=\frac{(B+C)-(A+D)}{A+B+C+D} \tag{20.1}$$

$$Y=\frac{(A+B)-(C+D)}{A+B+C+D} \tag{20.2}$$

其中，A、B、C 和 D 是与落在四个象限内的激光器功率相对应的电压。

如果弹药准确地指向目标，则这四个象限的激光功率是相等的，相应地，$X=0$ 和 $Y=0$。其中，分母是四个象限内功率对应电压的总和（对应总功率），除以总功率对应的总电压值可确保计算出来的位置误差不受激光器功率波动的影响。

输出的模拟信号大小与落入四个象限的激光器功率成正比，转换为数字信号后再进行处理以计算出 X 和 Y。借助由伺服制动器控制的前水平气动舵调整把误差信号 X 和 Y 归零，即可把弹头引导至正确的位置。

激光自寻的导引头沿着 X 和 Y 方向上视场的最大值与 $\pm R$ 成正比，其中 R 为聚焦激光光斑的半径。更大的光斑尺寸可提供更大的视场，但角度分辨率更低。聚焦的激光光斑的最大半径等于象限有源区尺寸的一半。

在二维传感器阵列的情况下，阵列中的每个传感器（有源单元）均与特定的方位角和俯仰角对应。聚焦光斑在任意时刻都覆盖不止一个传感器（有源单元），对应的方位角误差和俯仰角误差可通过式（20.3）和式（20.4）来进行计算。

$$X=n\cdot\theta+\frac{(B+C)-(A+D)}{A+B+C+D} \tag{20.3}$$

$$Y=m\cdot\theta+\frac{(A+B)-(C+D)}{A+B+C+D} \tag{20.4}$$

其中，θ 是阵列传感器中各个最小基本单元传感器相应视场对应的角度；n 和 m 为常数，与被照到的阵列传感器接收单元相关。图 20.7 解释了这种光学接收器对应的方法。

激光制导弹药的主要参数包括：灵敏度、视场、脉冲重复频率编码的兼容性、响应线性度。在评估激光制导弹药的效能时，其抵制过滤虚假编码的能力以及在有虚假编码的情况下对正确代码的响应也很重要。

灵敏度是自寻的导引头能有效响应入射到正交于其光轴的横截面（焦平面）上的激光光斑的最小功率密度值。灵敏度是前视光学组件和光传感器的一个性能参数。因为当目标反射率、激光目标指示器高度（在使用空基激光指示器的情况下）、自寻的导引头的海拔和天气能见度等激光目标指示器相关

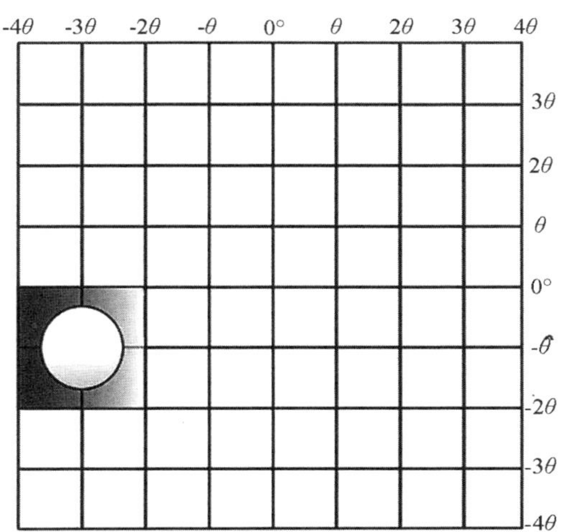

图 20.7 二维阵列传感器接收单元的工作原理

参数值已知时，自寻的导引头的灵敏度就决定了激光制导的最远距离。

视场决定了激光自寻的导引头在干扰背景下选择目标并在最大制导距离内捕获该目标的概率。带有大视场的激光自寻的炮弹准确捕获目标的概率更大，相应地，摧毁想定目标的可能性也更大。

在激光自寻的导引头捕获散射的激光束之前，必须确保激光束是由目标散射的。为此，激光目标指示器和自寻的导引头使用相同的脉冲重复频率编码。脉冲重复频率的兼容性匹配验证是识别照射激光束的基础。通常选取标称值范围在 50～200 毫秒、时间间隔精度为 ±（1～2）微秒的两个连续激光脉冲作为脉冲重复频率编码。自寻的导引头的位置传感器确定了弹药相对于目标的方向。在此之前，自寻的导引头会检查接收到的激光束编码。只有脉冲重复频率编码匹配指定的精度，自寻的导引头才会开始进一步处理，以提取与目标相关的角度位置信息。

脉冲重复频率编码的匹配性是激光自寻的导引头的基本要求，该要求可确保快速比较由目标散射激光束的脉冲重复频率编码和已预先编程的脉冲重复频率编码（在一定的容差范围内）。脉冲重复频率编码是两个连续激光脉冲之间的时间间隔，以毫秒为单位进行测量，精确到小数点后三位。如果两个编码之间的差值小于指定值，则认为两个编码是相匹配的。比较结果的响应线性度主要决定了圆概率误差（CEP）。

激光自寻的导引头如果能够辨别虚假的脉冲重复频率编码并从虚假编码中捕获具有正确编码的目标，则其击中目标的概率将大大增加。自寻的导引头的校准方式如下：先使用不同于已编程编码的实际激光脉冲重复频率编码的激光束来照射自寻的导引头，然后同时使用具有正确和虚假脉冲重复频率编码的激光束来照射自寻的导引头。

激光制导弹药还有其他一些应用场景。例如，图 20. 8 中的激光目标指示器和激光制导弹药分别放置在两架不同的飞机上。可以从地面对目标进行照射，激光制导弹药也可从地面平台进行发射，例如，用火炮发射激光制导弹药，如图 20. 9 所示；也可从同一个平台上进行激光目标指示并发射激光制导弹药，如图 20. 10 所示。

图 20. 8　使用机载目标指示器来照射目标

图 20.9　地面人员指示目标和地面平台发射制导弹药

图 20.10　从同一个平台上进行激光目标指示并发射激光制导弹药

20.4　地面精确制导武器系统的激光目标指示器

地面精确制导武器系统的激光目标指示器旨在为常规火炮、导弹发射激光制导弹药和半主动制导弹药提供目标指示和距离测量功能。

在作战条件下，目标指示器－测距仪设备的主要任务如下：

（1）对地面目标实施光学侦察；

（2）测量弹药打击目标和爆炸的球坐标（距离、方位和位置）；

（3）为火炮发射的激光制导弹药提供目标指示。

现代激光目标指示器使用波长为1 064 纳米的调制调 Q Nd：YAG 激光器。一般来说，目标指示器用来测距的激光波长要么也是1 064 纳米，要么是对人眼安全的1 540 纳米。

一些便携式激光目标指示器可用于手持武器，也可用于地面和空中平台。用于控制弹药的激光目标指示器的典型技术参数为：照射目标的距离为3～7 千米，脉冲能量为50～120 毫焦，脉宽为5～50 纳秒，脉冲重复频率为5～20赫，激光光束的发散角为0.1～0.5 毫弧度。在测距模式下，测量距离可达20～25 千米，测量精度不低于±5 米。图20.11 给出了配合“勇敢者”“厘米”“红土地”“捕鲸者”等火炮系统使用的LCD 1D22 激光目标指示器－测距仪设备的照片。

图20.11　俄罗斯极点研究所研制的LCD 1D22 激光目标指示器－测距仪设备

激光目标指示器及激光制导弹药的应用场景如图 20.9 所示。激光制导弹药从火炮朝着目标方向射出，与此同时，炮弹发射信息传到激光目标指示器–测距仪所在的阵地，该阵地具有直视目标的视场。

当预计接近目标的时间为 1~3 秒（对于“勇敢者”和“厘米”制导炮弹）或 5~12 秒（对于“红土地”和“捕鲸者”制导炮弹）时，目标指示器开始用激光束照射目标，散射的激光束被炮弹的自寻的导引头所感知和接收。

根据所接收的信号，利用特殊的喷气发动机（对于“勇敢者”和“厘米”制导炮弹）或气动舵（对于“红土地”和“捕鲸者”制导炮弹）对炮弹的飞行弹道进行调整。照射时间限制与控制系统以及目标指示器的战斗位置可能暴露等因素相关。

激光制导弹药的外观和结构示意图如图 20.12 所示。

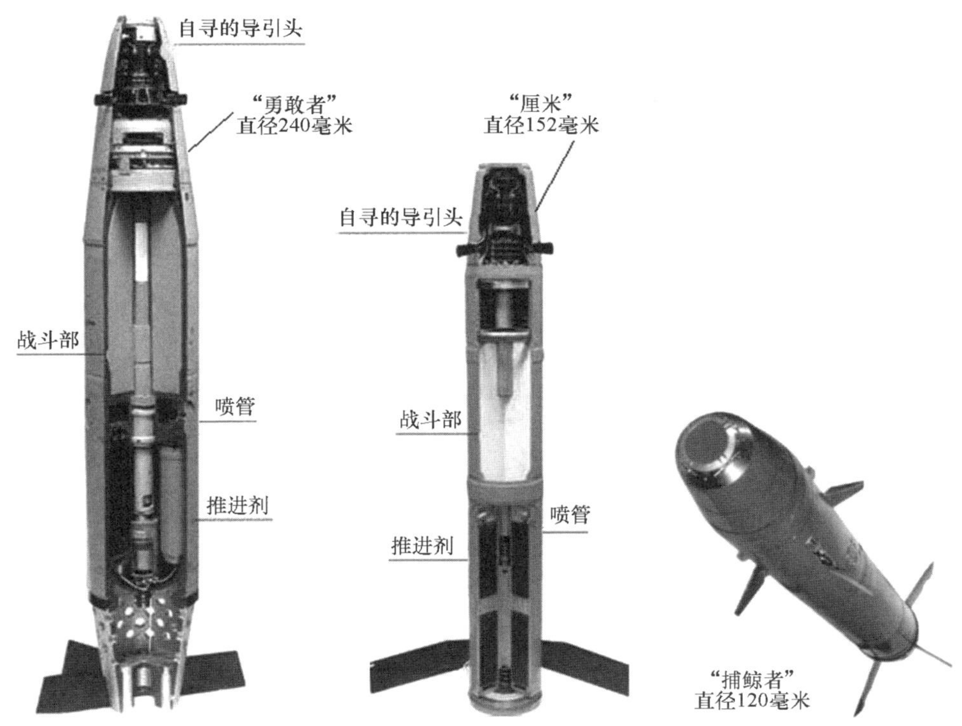

图 20.12　可调节（可控）激光制导弹药

20.5 航空光电系统

随着红外焦平面器件（阵列）的应用，光电瞄准系统的功能也得到了显著提升。内置于光电系统的红外焦平面器件不仅为系统提供了夜视能力，还可以在无源的被动模式下，即没有任何辐射的情况下，监视周围空域和地面的情况。使用红外传感器并不影响定位器、激光测距仪和目标指示器等有源设备的使用。此外，现代人工智能系统中所用的红外焦平面器件能够与机载雷达设备以协调方式同时工作。

现代光电系统是全天候应用的多功能系统，使用了三个信息通道。第一个信息通道是白天用的基于电荷耦合器件（CCD）的可见光电视；第二个信息通道是夜间用热成像仪，工作波长处于长波（8～12 微米）、中波（3～5 微米）红外波段范围；第三个信息通道是远距离目标指示器 - 激光测距仪，工作波长通常为 1.06 微米。带激光照明的光电系统所用的激光器波长为 1.57 微米，不会对人眼视力造成伤害。

图 20.13 展示了俄罗斯的先进米格 - 35 战机的一些光电设备。

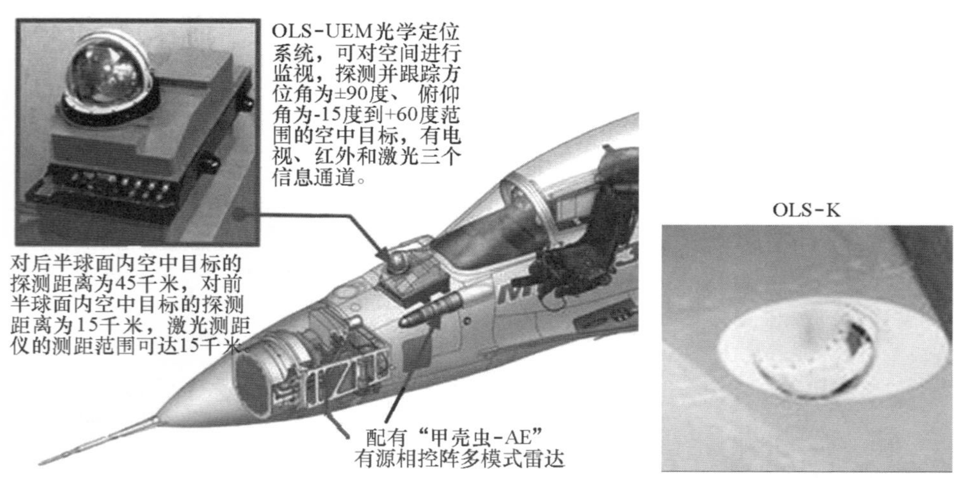

图 20.13　米格 - 35 战机的机载定位设备

下半球面全景的光学定位系统 OLS - K 光电球安装在右发动机吊舱的保形光学窗口内，可提供红外和电视信息通道、激光瞄准仪和激光光斑探测信息通道。

现代光电系统的主要工作模式是在光学红外范围内搜索并跟踪目标。蓝宝石制成的球形整流罩是其典型结构特征，整流罩可保护通道不受气体来流影响。光学定位系统要安装在驾驶员座舱的前方，与中心轴线之间有一定的偏移，以减少飞机壳体结构对其视场的影响。米格－35上安装的光学定位系统OLS－UEM如图20.13所示。

光电系统设备可以放置在未来有可能成为嵌入式系统的特殊容器中。米格－35战机安装的下半球面全景的光学定位系统OLS－K就是这种面向未来的光学定位设备，如图20.13所示。

图20.14给出了机载空对地激光制导导弹X－29L的照片。X－29L导弹采用“鸭”式气动布局，模块化结构设计，由自寻的导引头段、控制模块段、战斗部段、发动机段和尾部段五个组件构成。各个组件可分开密闭存储，在准备作战时用法兰连接组装起来。

(a) 总体外观

(b) 自寻的导引头24H1

图20.14 航空用X－29L激光制导导弹

导弹装有半主动激光寻的系统，被激光束照亮的目标变成二次“发光”辐射源。目标瞄准采取比例接近法，即制导时预先瞄准目标，以便24H1型导弹调整横向过载与自寻的导引头的跟踪协调器测量出的视场轴线的转动角速度成正比。

当导弹接近目标时，需要在一定时间内对目标进行照射以便锁定目标。可以从武器装载平台上的目标指示器，也可以用独立的目标指示器来实施照射。

激光制导武器的缺点是需要不间断地看着目标，而且目标指示器及其平台很容易受到敌方武器的攻击，因为根据照射信号即可锁定指示器位置。

在受保护区域的上方喷洒气溶胶云是一种很有效的保护目标的手段，如图 20. 15 所示。其他一些对抗手段将在后面进行讨论。

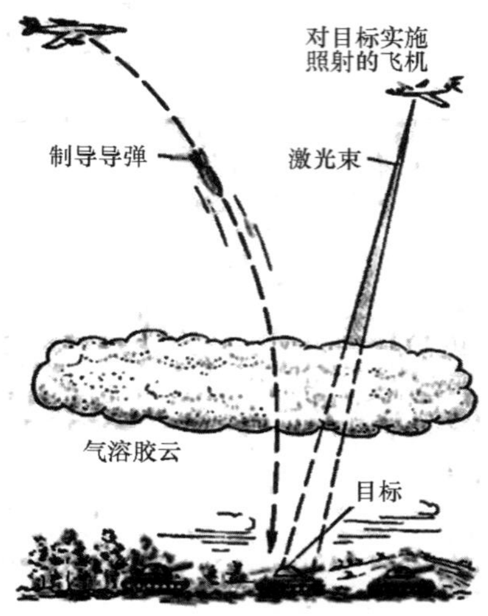

图 20. 15　航空激光制导弹药瞄准系统对抗方法

即便如此，采用激光目标指示的制导弹药仍然是最有效的精确武器系统之一，在各种规模的冲突中被广泛使用。

20. 6　激光近炸引信

激光接近传感器是一种激光测距仪，与用于监视、跟踪和火控用的普通传感器相比，可精确测量相对较小的目标距离。传统的作战激光远程测距仪向观察者显示目标距离信息，而对于激光接近传感器来说，当目标距离在预定值的一定公差范围内时，它就会产生一个指令信号。反过来，指令信号可用于执行各种控制功能。

在军事中，接近传感器最常用作激光近炸引信（激光遥控/远程引信），其中的指令信号用于引爆大型火炮炮弹、航空炸弹和制导导弹。激光测距的主要方法包括飞行时间法、相位法、三角测量法、调频法。

原则上，上述所有距离测量方法都可以用来制作激光接近传感器或激光近炸引信。然而，合理方法的选择取决于预期的测量范围及最大测量精度。

对于激光接近传感器或激光近炸引信来说，使用三角测量法更为合适。虽然该方法的测量精度会随着距离的增加而迅速下降，但是，它可高精度测量长度仅为数米的短距离。图 20.16 中给出了激光接近传感器的基本工作原理图。

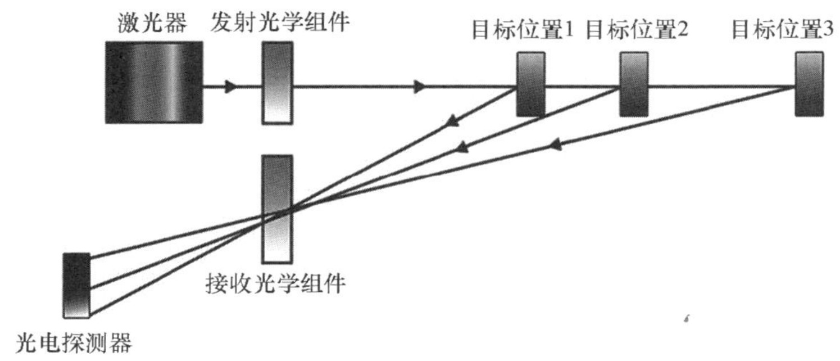

图 20.16　激光接近传感器的光学布局图

使用三角测量法时，利用已知的系统参数，通过三角形的比例来计算需要测量的距离。三角测量法不仅可以测定传感器与目标之间距离的相对变化，还可以测定其绝对值。

三角测量法的工作原理如图 20.17 所示，图中右侧显示了激光器输出光束的高斯分布。

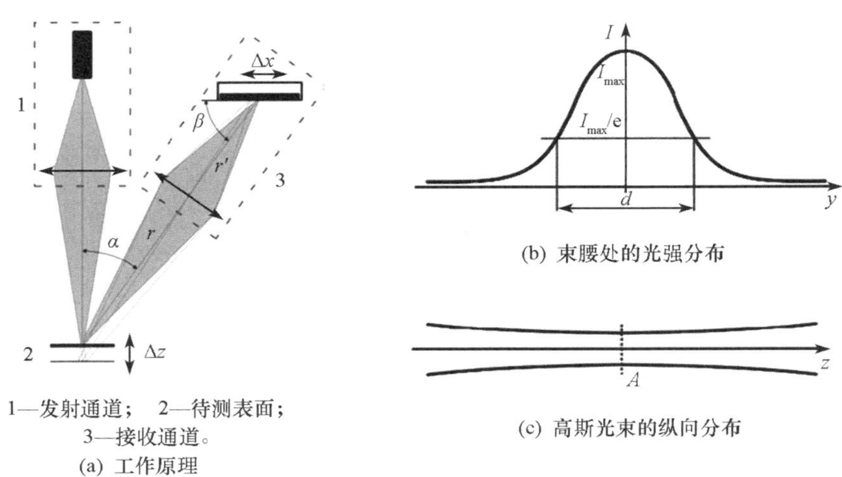

图 20.17　三角测量法的工作原理和光束高斯分布

发射通道由激光源和物镜组成，在待测物体表面形成探测光束。探测光束的宽度 d 是光强为 I_{max}/e 时的两个强度特征点之间的距离。显然，在收缩平面 A（光束传播方向上的束腰位置）上，探测光束的强度达到其最大值。发射通道的设置由物镜和激光源之间的相对位置决定，其目的是将激光束的束腰设置到测量范围的中心并使探测光束居中。

三角测量法的任务是测量从探测光束轴线上的选定点到目标表面上物理点的距离。在三角测量中，反射或散射的激光束是获取选定点到该表面的距离信息的物理基础。

接收通道由投影透镜和接收光电探测器组成。接收光电探测器可在其所在平面位置获得光斑的图像。透镜直径越大，探测器的光照强度越高，换句话说，探测到的光斑图像更清晰、质量更高。

根据具体传感器的不同，线性电荷耦合器件（CCD）和位置敏感接收探测器都可用来实现光斑图像的生成。

三角测量法的原理如图 20.17（a）所示，其工作方式如下：发射通道在待测表面上形成一个光斑，然后，待测表面散射的光进入接收通道。因此，接收光电探测器平面就会出现待测表面上被照亮区域的光斑（光点）。当待测表面偏移 Δz 时，光电探测器平面中的光斑偏移 Δx。待测表面中的光斑偏移量 Δz 与光电探测器平面中光斑的偏移量 Δx 之间的相互关系如下：

$$\Delta z = r \times \sin\varphi / \sin(\alpha - \varphi) \tag{20.5}$$

其中，

$$\varphi = \arctan\left(\frac{\sin(\beta/r') \times \Delta x}{1 - \cos\left(\frac{\beta}{r'}\right) \times \Delta x}\right),$$

r、r'分别为待测表面和接收通道中凸透镜的间距、凸透镜和光电接收器的间距，而且，待测表面位于所测偏移范围的中间位置。

三角测量系统包括光发射通道和光接收通道。光发射通道通常包括半导体激光器或被动调 Q 开关的固态二极管泵浦微片型激光器和相应的发射光学组件。光接收通道通常包括接收光学组件、雪崩光电二极管（APD）和一个数据处理电路。如图 20.18 所示，光发射通道输出的激光束从位于三个不同距离处的目标反射回来，穿过光接收通道的工作区域后可产生光斑图像。

当光电二极管与目标之间的距离为设定值时，可在其有源区域的中心接收到一个聚焦的激光束光斑。当上述距离相对于设定值增大或减小时，焦斑都将偏离有源区域的中心。这一原理是激光接近传感器、激光近炸引信（特例）工作的基础。

通过在轴对称位置的多个孔内安装光电传感器，可以提高激光接近传感器的性能，如图20.18所示。

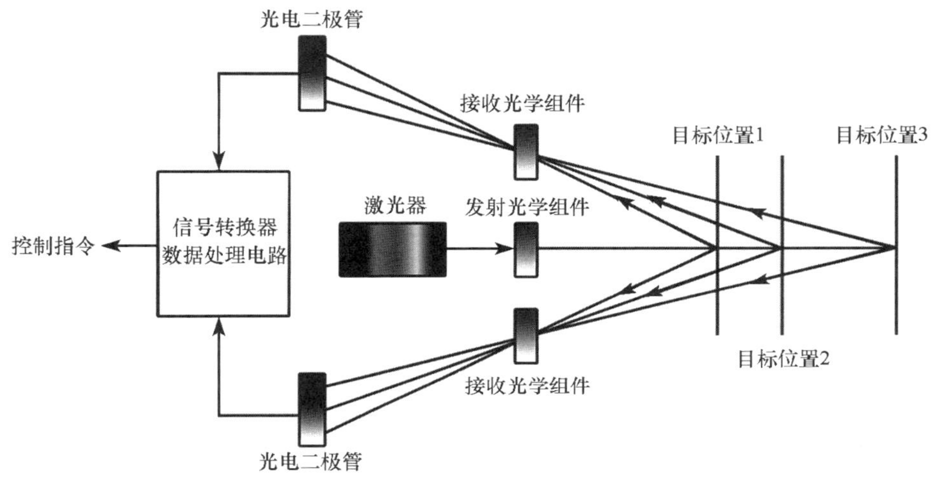

图20.18　轴对称位置多孔安装光电传感器的激光三角测量系统

上述设计通过将重心置于弹药的纵向转轴上，保证了弹道性能的改进，并通过对多个反射信号进行平均得到更高的信噪比。

图20.19（a）为激光近炸引信的外观照片，图20.19（b）为带接近传感器的近炸引信电路原理图。通过设置适当的阈值，就可以选择所需的引爆距离。

20.7　光电对抗设备

当前，部署可有效对抗敌方正在服役的激光和光学系统的设备（光电对抗措施），是一项非常迫切的任务。

所有陆基、机载或舰载武器都有可能遭受激光照射的风险。各种类型的电子设备和光电传感器经常密切监视着上述武器系统的运行。探测到敌方的这些设备和传感器并使其失能，将给战场上的己方部队带来巨大优势。因此，

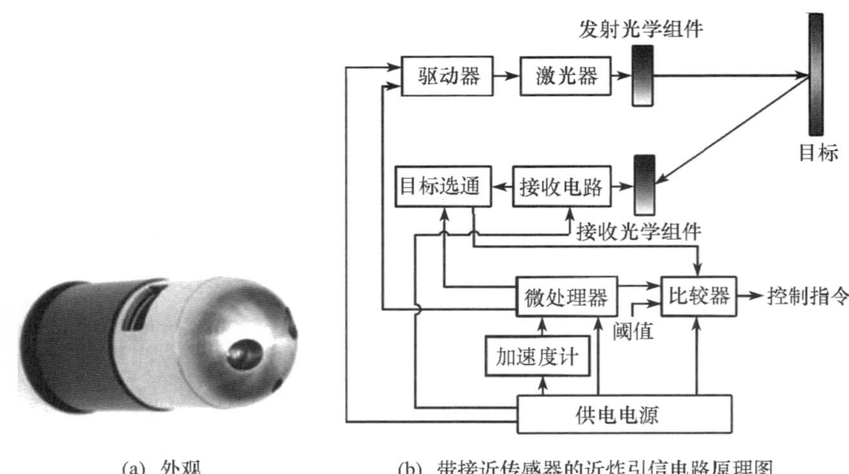

(a) 外观　　(b) 带接近传感器的近炸引信电路原理图

图 20.19　激光近炸引信

部署光电对抗装备或系统使敌方使用的传统的激光设备和系统失能或受到压制，是现代化部队作战单元总体作战潜力和持续作战能力的倍增器。

20.7.1　光学和光电系统探测设备

激光技术的重要应用包括探测并识别战术光学和光电瞄准系统、夜视仪、热成像仪、激光测距仪和目标指示器。从安全角度来看，对狙击手所使用的光学设备进行远程探测是一项非常重要的任务。因此，旨在解决这些问题的设备通常被称为反狙击设备。另一个与安全相关的应用是对城市关键基础设施进行监控。此类装置的工作原理如图 20.20 所示。

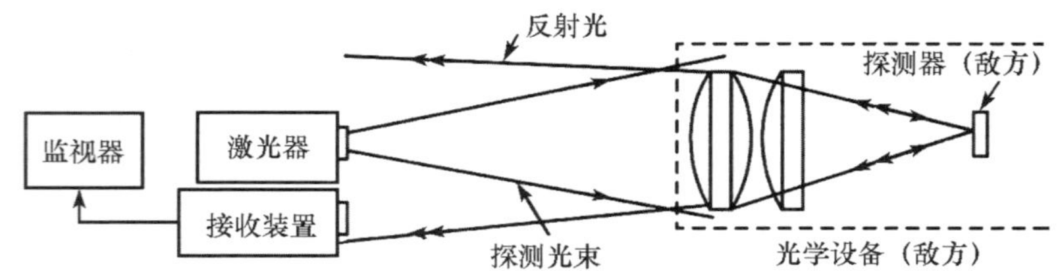

图 20.20　探测并识别战术光学和光电瞄准系统的示意图

目标（敌方光学设备）被激光束照射，部分激光通过漫反射返回并被光敏探测器接收。在同一个设备中，可使用多个波长/波段激光使敌方难以通过镀制防反光膜层来实现隐蔽。

工业界生产了多种上述系统，有的可以单兵携带使用，有的可以安装在军事装备上使用，如图 20.21 所示。

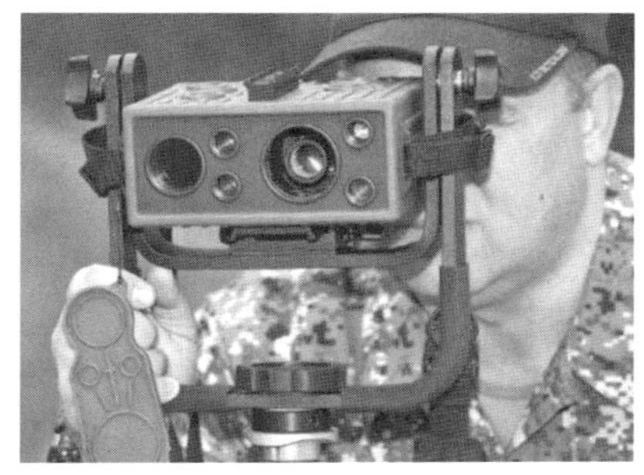

(a) 创新安全公司的小型激光定位装置“反狙击”

(b) 装在乌拉尔车辆厂生产的BMP-2型步兵战车上的“阿尔古斯”移动情报侦测站的光电设备

图 20.21　探测、识别战术光学和光电瞄准系统的设备

得益于使用不同类型的接收探测器，上述设备具备白天和夜间两种工作模式。其光学设备的最大探测距离可达 2 500 米。

激光器的脉冲工作模式使其可通过发射信号和目标反射信号之间的时间间隔来测定激光器与目标间的距离，而且可能采用选通脉冲模式运行来排除中间区域的散射干扰。这使得该设备可以在恶劣天气条件下甚至在透过植被条件下运行。

上述设备不仅能探测具有潜在危险的光学设备，还可以使用内置的脉冲激光器发射激光束对相应的光学设备致盲。

以俄罗斯 Transcript 公司开发的“幻影（Mirage）－1200”反狙击设备为例，图 20.22 给出了其用于探测和识别战术光学和光电瞄准系统的可能应用场景。

通用性更强、新功能更多将是军用光学设备和光电系统探测设备发展的主要方向。

(a) 在一辆装有有色（贴膜）车窗的汽车上，有一个带双筒望远镜的观测者（距离150米）

(b) 森林中有一名持望远镜的观测者（左）一名狙击手（右）（距离225米）

(c) 建筑物内有一名狙击手（距离120米）

图 20.22　反狙击设备的应用场景

20.7.2　光电对抗系统/设备的类型

光电对抗（EOCM）系统的主要任务是反制攻击方设备。通过抑制攻击方设备某个主要元件的功能或者对相关设备实施物理摧毁即可达成上述目标。光电对抗系统一般按照攻击方设备被拦截距离对应的响应速度进行分类，可分为高速（微秒）、中速和低速（毫秒）响应系统。

按照用途，光电对抗系统主要有两种类型：激光光电对抗系统（如反传感器的激光系统和激光致眩系统）和支援系统（如激光威胁探测系统）。

激光告警传感器既可作为独立设备使用，也可作为固定式光电对抗系统的一部分。从术语角度来讲，激光致眩系统也是一种反传感器的激光系统，因为人眼也可视为传感器。

独立设备的一个例子是头盔告警系统，该系统使用了多个传感器对敌方目标进行360度覆盖，如图20.23所示。

反传感器的激光系统可对敌人的光电设备和光电传感器进行暂时致盲，或者使其彻底报废。

在上述两种情况下，目标都是前端光学器件和光电传感器。在第一种暂时致盲的情况下，作用效果被称为功能性丧失。这种系统的能量不超过几焦，不会对光电设备造成不可逆的物理或结构损坏。但是，此类系统通常较小，可作为单兵装备。激光脉冲的能量为数千焦的光电对抗系统，能够对任何光电系统的前端光学器件造成物理损坏。此类光电对抗系统可以是固定式的，

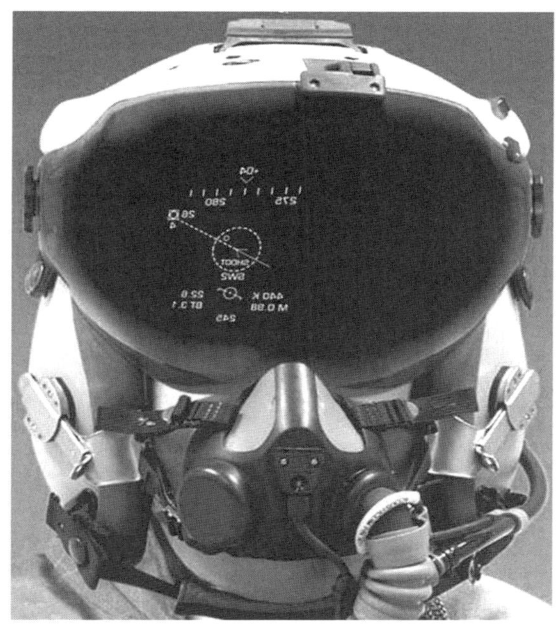

图 20.23　第四代半或第五代战斗机飞行员的头盔

也可以安装在运输设备上，其尺寸和重量都要比功能性丧失的光电对抗系统大很多。

激光束感知告警系统是任何一个光电对抗系统都不可或缺的组成部分。这种系统可向光电对抗系统提供来袭敌人所发射激光信号的类型和方向信息。告警系统可帮助武器平台操作人员从可用攻击弹药和应对方法中做出最佳选择。

如果光电对抗系统配合烟幕或气溶胶帐幕使用，则系统将利用告警系统传感器提供的信息沿着威胁所来的方向开启并施放上述烟幕，进而阻断入射激光束。这可以帮助光电对抗系统平台操作人员在烟幕还未散去的关键性50~60秒内避开敌人攻击。

上述烟幕对抗措施对激光制导弹药特别有效。

光电对抗系统中使用了激光束传感器，此类传感器可探测、识别并确定激光束的方向，例如激光目标指示器的方向，然后要么施放烟幕或气溶胶云，要么向激光源发射功率更高的激光束，从而使敌方激光目标指示器瘫痪。

另一种方法是利用高能激光束对受保护平台附近 100~200 米的假目标

（诱饵）进行照射，从而迫使激光制导弹药攻击假目标。该方法对于重要和昂贵的军事资产的保护非常有吸引力，如飞机库和弹药库。这种方法还包括使用红外诱饵（红外激光照射的空中虚假目标）来保护空中目标免受地对空或空对空红外制导导弹的攻击。

图 20.24 给出了光电对抗系统的一种典型部署场景，即利用此类系统保护极端重要的昂贵军事设施，如弹药库或汽油、机油和润滑油的油料库。

图 20.24　用于保护重要设施的多组件光电对抗系统

在军事应用中，有效距离达 10 千米的激光告警系统的工作波段应该覆盖可见光到远红外的全部光谱范围。军用固态激光器的典型工作波长为 1 064 纳米和 1 540 纳米，中红外激光器的工作波长范围为 3～5 微米，而远红外激光器的工作波长范围为 8～14 微米。

有些光电对抗系统可在 40～50 度的特定扇区内对某个方向进行探测，且其指向精度接近零点几度。

结 论

1. 激光仪器对于军事装备来说非常重要，而且其重要性仍在日益增加。激光仪器正越来越多地应用到各类武器系统中，使得相应武器系统能力显著提升和扩展成为可能。

2. 在瞄准系统中使用激光不仅提高了普通轻武器的精度，还促进了新的高精度武器系统和制导弹药的发展。

3. 通用性更强、新功能更多将是军用光学设备和光电系统的探测设备的主要发展方向。

思考题

1. 什么是激光仪器？列出这些系统要完成的主要目标和任务。

2. 你知道哪些弹药制导的方法？请对制导弹药的激光目标指示器的用途进行概述并解释其工作原理，再举出几个激光目标指示器的应用实例。

3. 军用激光测距应用的主要任务是什么？

4. 请画出轻武器中激光目标指示器的结构示意图，并说明其工作原理。

5. 请列出航空光电系统的组成并说明其工作原理，说明激光自寻的导引头的工作模式及应用场景。

6. 光电对抗系统的工作原理是什么？对光电对抗系统进行分类并举例说明。

7. 基于探测并识别战术光学和光电瞄准系统的示意图，说明反狙击手系统的工作原理。

8. 请画出多组件光电对抗系统的大致轮廓图，并说明其是如何工作的。

9. 请阐述对激光仪器在军事应用方面发展前景的看法。

参考文献

1. Борейшо А. С., Ивакин С. В. Лазеры: устройство и действие. – СПб.: «Лань». –2016.（《激光器：器件与运用》）

2. Anil K. Maini. Lasers and Optoelectronics: Fundamentals, Devices and Applications. – John Wiley and Sons Ltd., London-Delhi, 2013.

3. Рубаненко Ю. В. Военные лазеры России. Научное издание. – М.: Издательский дом «Столичная энциклопедия», 2013. –390 с.（《俄罗斯的军用激光器》）

4. Энциклопедия XXI век «Оружие и технологии России». Том XI, «Оптикоэлектронные системы и лазерная техника». М.: ИД «Оружие и технологии», 1999. –720 с.（《俄罗斯的武器和技术》）

第 21 章　激光雷达

激光雷达（Lidar）这个词源于英语 Light Identification Detection and Ranging 的缩写，是指光学识别、探测和测距的一大类设备。这些设备利用光在透明和半透明介质环境中的反射和散射现象，通过有源主动光学系统接收并处理有关远距离目标的信息。与雷达系统类似，有时也使用术语“ladar”，主要用于三维激光测距定位。

21.1　利用阵列接收器的激光扫描三维成像

根据接收器和探测激光束视场组合的区别可将激光雷达分为不同的类型。图 21.1（a）给出了探测光束和接收器光学组件共轴的单站雷达。在双轴（收发分置的）结构中，用于接收和探测的光学组件是相互分开的，如图 21.1（b）和（c）。相干激光雷达工作时，激光束被定向瞄准到一个目标上，该目标可能是大气中形成的气溶胶、接收器收集到部分反射或散射能量的目标。

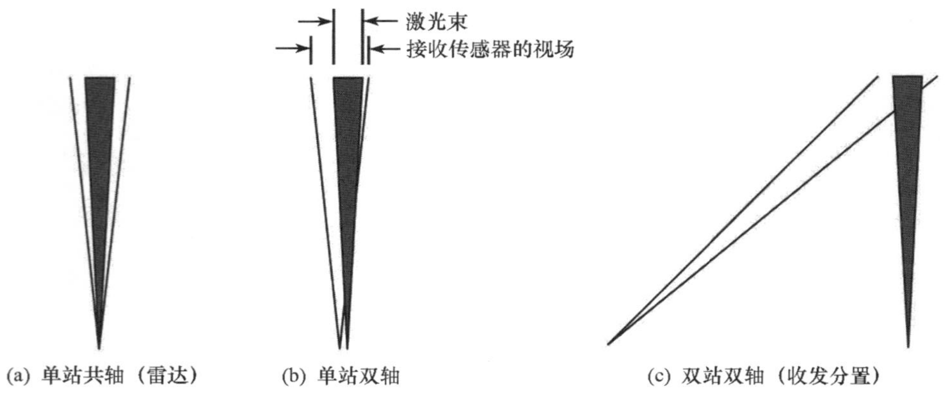

图 21.1　激光雷达接收和探测通道的类型

后向反射激光束收集系统和探测光束控制系统是激光雷达不可分割的组成部分，以确保可扫描给定的空间扇区。通过处理接收到的扇区扫描数据，可以构建出探测区域的3D图像。图21.2给出了用于瞬时生成物体3D图像的激光雷达的概念构想。

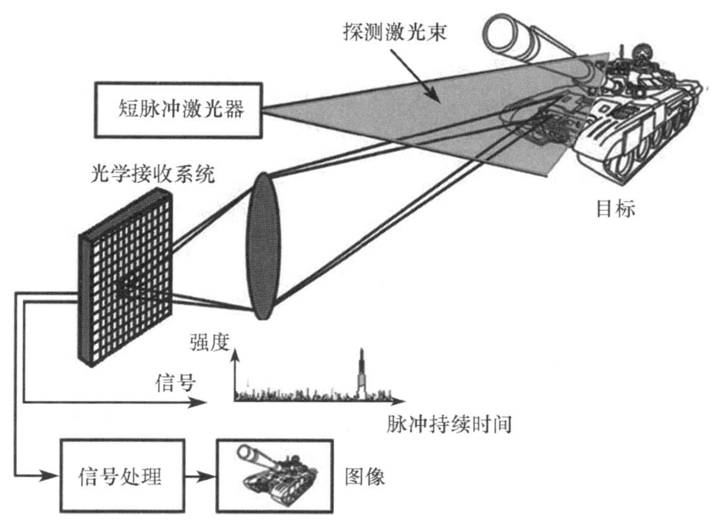

图21.2 大口径3D激光雷达的概念构想

在这种情况下，脉冲激光束照射所要探测的扇区，利用光敏元件的二维阵列来探测后向反射的激光束。

普通相机可测量后向散射光脉冲的强度，而特殊的激光雷达光敏传感器可测量上述脉冲飞行时间。这种激光雷达系统被称为大口径3D激光雷达。脉冲飞行时间正比于反射激光束的目标点和光敏传感器之间的距离。因此，使用传感器阵列可以生成目标的3D图像（方位角，俯仰角，距离）。图21.3给出了大口径3D激光雷达的外观及其生成的图像（距离通过颜色变化来表示）。

随着可从每个像素读取信号的专用探测器阵列和相应电路的发展，单个像素数据的瞬态分析已经成为可能。2016年，已经制造出了64×64像素和128×128像素的探测阵列，而且这种阵列的分辨率还在进一步提高。

能接收的3D图像的距离由探测激光束的输出能量决定，可达几千米。距离的空间分辨率约为6厘米，视场范围为3~90度。

遗憾的是，128×128像素探测器阵列的分辨率不能为某些任务提供高的

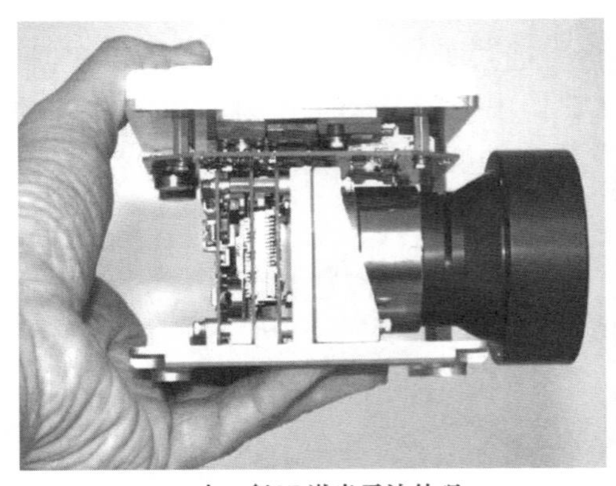

(a) 大口径3D激光雷达外观

(b) 生成图像的示例

图 21.3　大口径 3D 激光雷达

角精度。这些任务需要相机每个像素的视场很小，同时保持宽视场。

21.2　距离选通成像

激光束照射目标时，大气会产生后向散射。该散射叠加在被观察物体的图像上，使图像的对比度将显著降低，在不同透明度的环境下（雾、雨、雪等），将导致目标能见度部分或完全丧失。

在这种情况下，可以根据探测激光脉宽，采用距离选通探测和曝光时间调整的方法，在相机阵列接收器上获得 3D 图像。图 21.4 给出了这种方法的原理本质。

这种远距离激光选通成像系统的特点是需要使用激光短脉冲，因为脉冲的持续接收时长决定了可见空间的深度（空间窗）。

$$D_r = \frac{c \cdot \tau_{持续}}{2} \tag{21.1}$$

其中，c 为光速，$\tau_{持续}$为激光脉冲的持续接收时长。

如果脉宽和相机曝光时间 $\tau_{曝光}$匹配失败，则当 $\tau_{曝光} < \tau_{持续}$时，能量损失将使得信噪比降低；而当 $\tau_{曝光} > \tau_{持续}$时，背景噪声增加将导致目标图像的对比度降低。

图 21.5 给出了空间窗的不同深度时，远处物体的激光成像结果。

成像系统到物体的距离应该要等于成像系统到空间窗中心的距离。很明

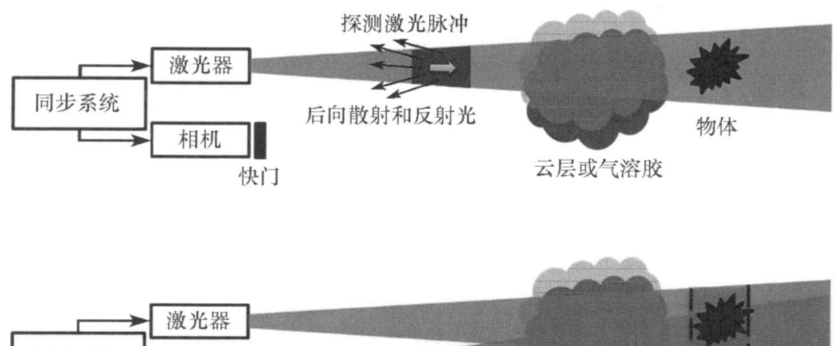

图 21.4 通过高分辨率相机快门进行距离选通的激光雷达示意图

(a) 1 000纳秒　　(b) 50纳秒

图 21.5 空间窗不同时物体的激光成像照片

显，在大窗口的情况下，目标的对比度比空间窗持续时间和激光脉宽一致时要小得多。这一结果是由英国 BAE 系统公司研制的激光照明距离选通成像系统获得的。

在成像距离处，通过连续移位扫描探测得到深度通常等于空间窗的各帧图像，从而获得空间的3D图像。当空间窗的持续时间为20纳秒、曝光时间的延迟为10微秒时，在1.5千米处可生成深度为3米的帧图像。

不仅可以对每一帧图像进行分析，还可以对一系列帧图像进行分析，从而选择出进入空间窗的物体以及被照亮的背景中凸显出的物体轮廓。这可以增加目标探测的可靠性。

探测激光脉冲经后向散射和物体反射后，在大气中传播时会发生能量损失。能量损失不仅是由于散射和吸收，还受到大气湍流的影响（参见第17.6节）。

为了补偿湍流造成的负面影响，实时图像处理算法被开发出来。借助反卷积和累积算法，即使在强湍流条件下，图像质量也可以显著提高。图21.6给出了这种图像处理的结果。

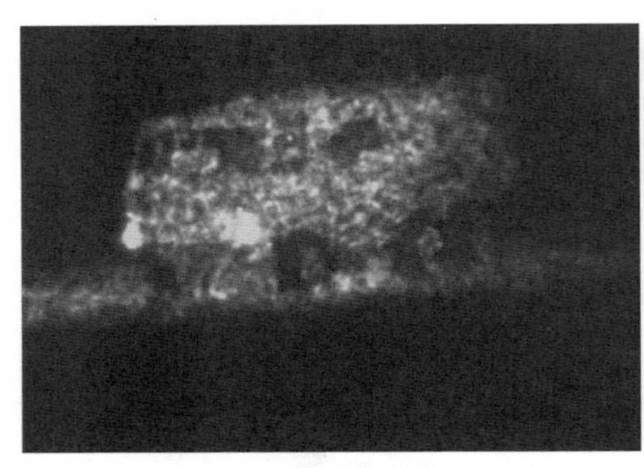

(a) 初始的单帧图像

(b) 经累积和反卷积处理后的图像

图21.6　畸变图像处理

21.3　利用单元接收器的激光扫描成像

获取目标图像的一种替代方法是使用扫描激光束和单元接收器。在使用这种光学系统结构来进行激光成像时，3D图像是通过激光束对空间连续扫描而构建的。每一个激光脉冲都对应一个由方位角和位置定义的方向。在这种情况下，通过“拼接”从每个角方向得到的数据组即可产生图像。

由于照明光斑和接收器位置的线性尺寸是由激光束的发散角确定的，因此湍流对目标信息接收质量的影响小于激光有源主动视觉系统。

通常被称为激光扫描仪或激光雷达的设备可以视为两个部件的机械组合：

一个部件是远距离测量（扫描）单元，另一个部件是“GPS／GLONASS ＋惯性系统”型导航系统。用于测量远距离物体的测距仪通常按照工作原理进行分类，一般分为两类：一类是时间间隔法，即利用测距仪计算发射光束发出和反射光束接收的时间间隔；另一类是相位法，即计算发射激光束相位和反射回来的激光束之间的相位差。

采用激光脉冲测距法需要测定短激光脉冲从辐射源至物体并返回接收器的时间（$t_{发射}$和$t_{返回}$），如图21.7所示。

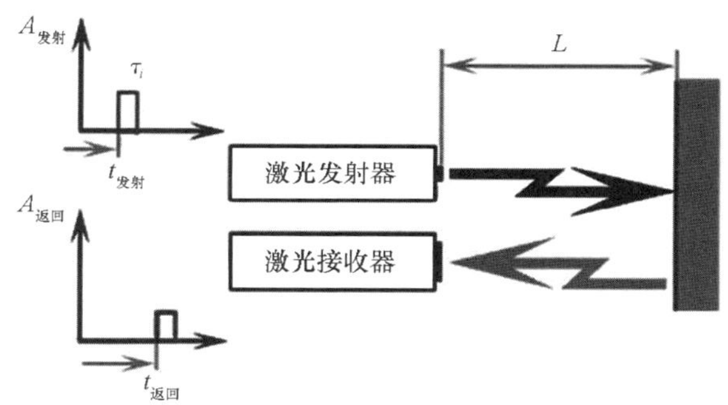

图21.7　激光雷达脉冲测距工作原理图

由于光在大气中传播的速度恒定（$c \approx 3 \times 10^8$米/秒），利用所测得的激光脉冲的传播时间间隔（从激光器发射至接收到反射信号的时间间隔）$\Delta t = t_{返回} - t_{发射}$即可确定距离$L$，具体公式为：

$$L = \frac{\Delta t}{2} \times c \tag{21.2}$$

如果可以，应该确保探测脉冲的脉宽$\tau_i < \Delta t$，且脉冲的品质因数最好（即脉冲的上升沿最陡）。

从上述脉冲激光雷达的工作原理示意图可以推出另一个根本性的限制。显然，只有在记录了前一个反射脉冲之后，才能发射下一个探测脉冲。考虑到光的最终传播速度，可以确定一个取决于扫描高度或距离L的简单比例关系式。这个关系式决定了探测激光束的理论极限频率$f_{\max}$，即：

$$f_{\max} = \frac{c}{2L} \tag{21.3}$$

上述基本限制在某种程度上适用于所有其他主动远程探测方法。

在3D激光雷达中，不同类型的扫描系统被用于扫描成像，这些扫描系统的主要类型及其对比分析见表 2.1。

激光扫描系统不仅用于大地测量中生成数字地形图，还可以在能见度较低的条件下保障飞行安全。因为在距离远时，可见光相机、红外相机以及热成像仪都无法高可靠性地获得危险物体的位置及其参数（图像）。

当前，航空领域已经研发出数个激光扫描系统，用于探测直升机飞行过程中的危险物体（如电线）。

要想在数千米的距离上探测到细导线（几毫米粗），所用扫描仪要具备很高的空间分辨率，而这与探测脉冲的频率所受的限制相冲突。在这种情况下，可以同时使用数个不同波长的分布式反馈（DFB）激光器。图 21.8 给出了使用光纤光学技术中的复用器和解复用器来提高激光扫描分辨率的示意图。

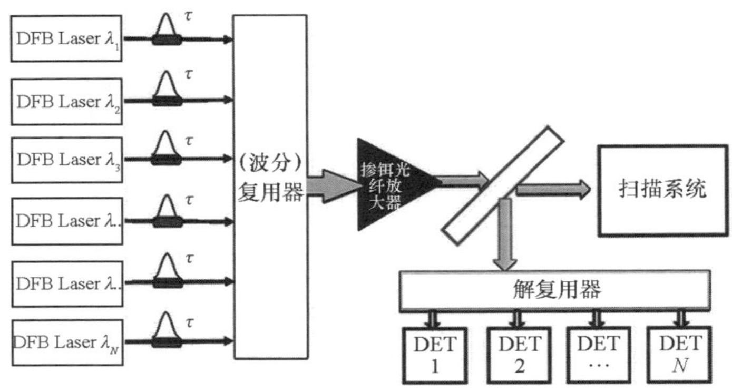

图 21.8　光学信号的波分复用示意图

图 21.9 给出了直升机上所用的、保护盖已拆卸的高分辨率 3D 激光扫描仪的工作示意图、光学探测结果以及安装在陀螺稳定平台上的系统外观。

激光扫描仪主要利用一种阈值测距法来确定目标距离，即确定信号高于限定水平并计算出物体到该信号的距离。阈值测距法的示意如图 21.10 所示。

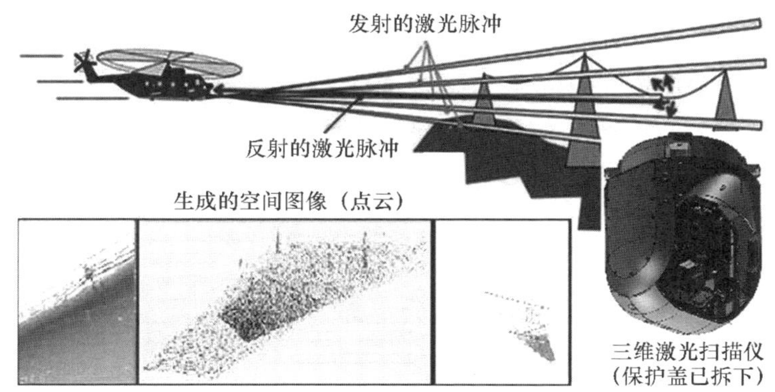

图 21.9　高分辨率 3D 激光扫描仪（Laser Systems 公司）

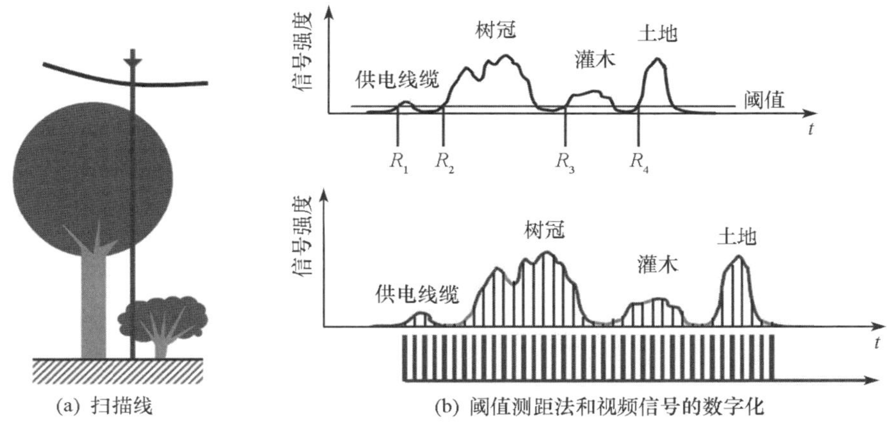

图 21.10　激光扫描数据的分析方法

采用阈值测距法允许确定多达四个距离值，但对某些应用来说仍然是不够的。如果把整段高频信号（1 吉赫及以上）数字化，则扫描对象细节的解析精度将可达厘米级。图 21.11 给出了接收数据全处理后的森林区域扫描结果。

采用数据完全数字化的方法可以获取树冠、灌木丛或树冠后面其他障碍物的详细信息。3D 激光雷达也非常适合用于自动驾驶车辆的识别、导航以及地形测量。这种系统可用来探测隐藏在伪装网和树叶下的目标。因此，借助激光扫描仪可探测到隐藏在伪装网后面的物体，包括人，如图 21.12 所示。

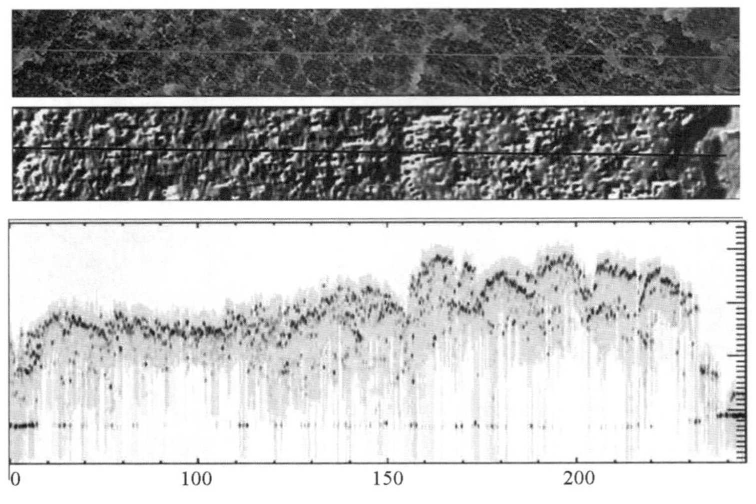

图 21. 11　整段信号数字化的数据示例

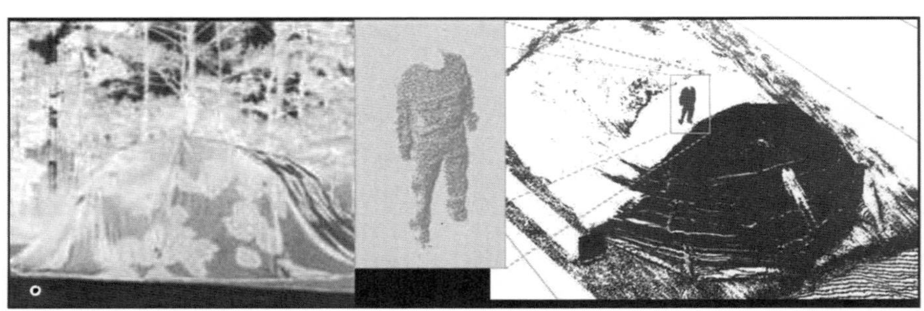

图 21. 12　伪装网及 Teledyne Optech 公司 3D 激光雷达探测到的隐藏在伪装网后的人像

21. 4　激光雷达制导系统

激光雷达除了用于探测隐藏目标和测绘地形图任务，还可用于制导系统。它主要与战略导弹弹头中的其他制导系统联合使用，以便从目标位置处区分出假目标。激光雷达制导系统能以非常高的精度探测、识别特定目标，在几千米的距离上具有几厘米的分辨率。自动瞄准算法处理得到各帧图像，并将图像与内存中的 3D 样图进行比较，进而准确识别出目标。这种激光雷达制导系统通常用于无人火力网拦截系统，可从各个角度对目标进行观察识别，并选择出最佳攻击位置。

图21.13给出了洛·马公司制造的多模式激光雷达制导系统的照片。该系统可以在半主动激光自主瞄准模式和激光雷达两种模式下运行，并同时使用两种模式进行目标识别、捕获和跟踪。制导系统被设计用于在广阔区域内搜索并锁定实际的或潜在的目标，包括那些利用伪装网或树叶伪装的目标。

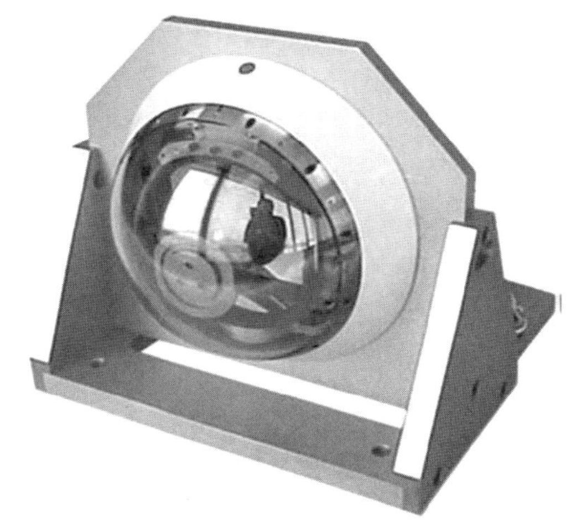

图21.13　多模式激光瞄准系统

激光雷达制导系统已经成功地应用于导弹自动拦截试验。在激光雷达制导系统的帮助下，导弹进行大范围搜索并将不同目标的位置信息传送到指挥中心，指挥中心再根据任务对目标进行排序。如果是优先目标，指挥中心可下令激光雷达制导系统中止搜索任务，切换到瞄准模式，并立即攻击目标。

21.5　大气遥感激光雷达系统

目前，有一系列远程探测环境中化学污染的技术被用于探测并识别以不同状态分布在大气中的危险化学品。主动探测方法是指利用具有指定的初始特性的激光束，当该光束与大气中的物质相互作用时，其初始光束特性会发生定量和定性的变化。通过分析所获得的数据，有可能确定特定区域中分布的污染物的数量特征。

大气中的污染物可能同时以气态和凝结态（固态或液态）的状态存在，而且这些状态一般是相互关联的。在爆炸、火灾及其他人为或自然现象中释放的有害气体通常伴随大量细小的烟雾颗粒和其他有害物质，而这些有毒化学物质的扩散则总是以气溶胶状态发生的。

因此，探测大气中的有害物质应分两个阶段进行。首先，对大气中的给定区域进行持续监测以确定通常伴有气溶胶云污染区域。为此，需要使用气溶胶激光雷达来探测“可疑”云团中的凝结态颗粒。图 21.14 给出了气溶胶激光雷达的工作原理示意图。

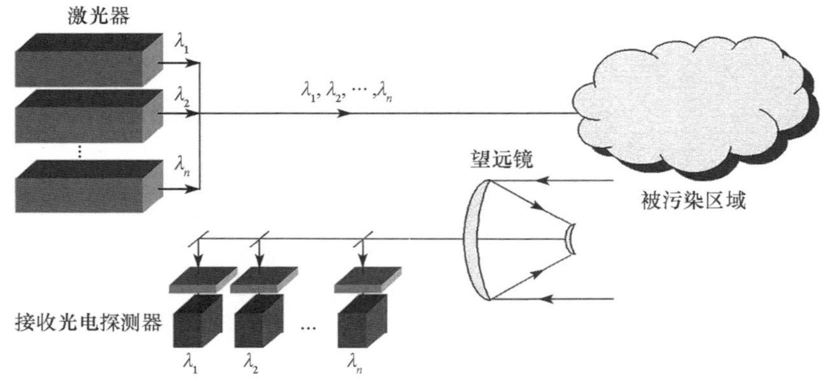

图 21.14　气溶胶激光雷达的工作原理

只有微米和亚微米尺寸的微粒才能在大气中悬浮很长时间，因此为了获得此类微粒的尺寸和浓度信息，需要使用工作波长处于可见和近红外波段的气溶胶激光雷达。最常使用的激光雷达是基于 Nd：YAG 激光器制造的。而且，激光器工作在 266 纳米、355 纳米、532 纳米和 1 064 纳米四个谐波中的任意一个，脉冲重复频率为 10～25 赫。基频谐波的脉冲能量约为 0.5～1 焦。接收光电探测器则使用光电倍增管（可见光和紫外波段）和雪崩光电二极管（1.064 微米）。

如果通过激光雷达的数据分析发现所探测的气溶胶云中存在潜在的危险物质，则开始第二阶段探测，即使用探测化学物质的激光雷达（也称为差分吸收激光雷达）对污染区进行监测。探测化学物质的激光雷达的工作原理如图 21.15 所示。

远程监测气体杂质的主要困难在于它们的多样性，相应地，吸收谱线的特征波长范围也非常宽。在这种情况下，需要使用工作在不同光谱范围的多

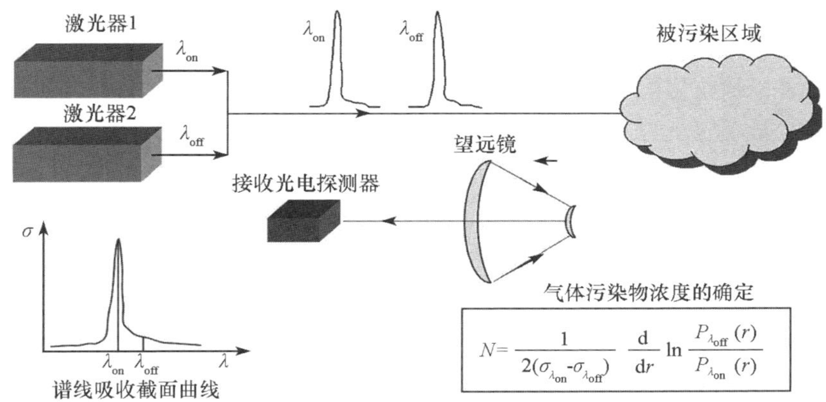

图 21.15　探测化学物质的激光雷达的工作原理

种可调谐激光器。

短波差分吸收激光雷达主要用于测量氮氧化物、硫及其他气体的浓度。这些气体的吸收谱线有如下特点：处于双通道可调谐钛蓝宝石激光器的工作波段内，对应吸收波段分别为700~960纳米、350~480纳米、230~310纳米。

长波外差式差分吸收激光雷达用于测量大分子物质的浓度。这种激光雷达是基于横向激励大气压（TEA）单频脉冲 CO_2 激光器、连续单频 CO_2 激光器和宽带阵列雪崩二极管（APD）探测器制造出来的。激光发射器可调谐输出9~11微米波段内的 CO_2 分子振动—转动态间跃迁的60条谱线中的任意一条。

远程监测大气化学污染问题的综合解决方案的一个例子是 Laser Systems 公司为俄罗斯联邦国防部开发的“黑姑娘1L”可机动激光雷达系统。该激光雷达综合系统旨在快速远程测定特大城市、大型工业中心、环境灾害发生地区或可能使用了化学毒剂的军事行动区域内的大气中的物理和化学成分，包括以下子系统：

（1）基于 Nd：YAG 激光器制造的可见光和近红外气溶胶激光雷达。

（2）基于双通道可调谐钛蓝宝石激光器的短波差分吸收激光雷达，覆盖700~960纳米、350~480纳米、230~310纳米三个吸收波段。

（3）基于单频脉冲 TEA CO_2 激光器、连续单频 CO_2 激光器和宽带阵列 APD 接收器制造的长波外差式差分吸收激光雷达。激光发射器可调谐输出9~11微米波段内的 CO_2 分子振动—转动态间跃迁的60条谱线中的任意一条。

（4）相干多普勒激光测风雷达。与探测化学物质的长波激光雷达所用的元件相同，唯一不同的是处理激光雷达信号的方法有差别。通过测量散射激光束的多普勒频移可以测定速度达 20 米/秒的风。

（5）湍流激光雷达。工作波长为 532 纳米，可以测量不同高度上大气湍流结构常数廓线。对于一组测量路径，其工作原理是基于对光学接收系统焦点位置的焦斑尺寸的测量。

（6）荧光激光雷达。可根据荧光光谱确定大气气溶胶的性质。通过波长为 266 纳米的激光脉冲来激发荧光。荧光光谱通过工作波长范围为 300～500 纳米的单光栅的单色仪测量，该单色仪的光电探测器是 32 单元的光电倍增管。

（7）偏振激光雷达。用于确定气溶胶的物理特性（形状、聚集状态）。Nd：YAG 激光器二次谐波输出的 532 纳米激光被用作探测光束。图 21. 16 给出了激光雷达系统的光学布局。

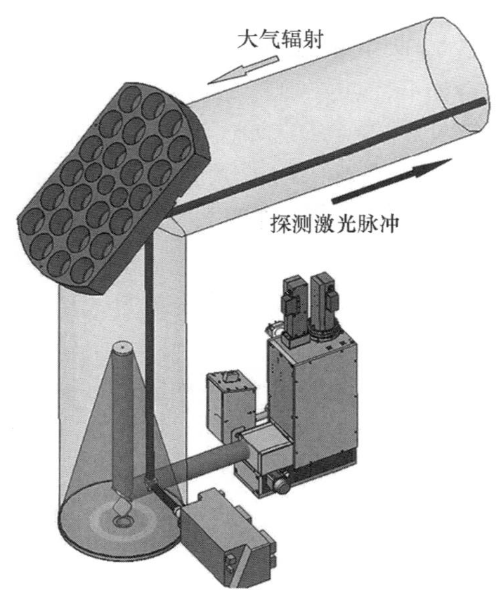

图 21. 16　激光雷达系统的光学布局示意图

可机动激光雷达系统是一个可通过载具进行运输的模块，载具上装有激光雷达系统的设备和控制舱室，如图 21. 17 所示。

(a) 雷达系统外观

(b) 雷达控制面板

图 21.17 可机动激光雷达系统“黑姑娘 1L”(Laser Systems 公司)(见彩插)

该激光雷达系统是一个完全独立和高度自动化系统，带有自给供电和空调装置，柴油发电机位于外部。该雷达系统被制造成可以安装在轮式车载平台上的独立可运输模块。可运输模块包括一个多功能激光雷达系统、一个电视系统、一个信息采集和处理系统以及其他支持系统。激光雷达系统配有 Nd：YAG 激光器（能两倍、三倍或四倍频输出）和两个可调谐的单模单频 TEA CO_2 激光器。

激光雷达综合系统具有以下功能：

（1）定位大气中天然和人造气溶胶的位置并监测其演变情况（气溶胶激光雷达）；

（2）测量大气中吸收谱线与激光谱线范围相一致的气体浓度（差分吸收激光雷达）；

（3）远程测量风速和风向（CO_2外差式激光雷达）；

（4）测量大气中的各种生物成分。

图 21.18 给出了可机动激光雷达系统操作员显示器上所示数据的图像及其技术特征参数。其中，气溶胶的探测距离 500 ~ 10 000 米，需要 1 ~ 8 秒；有毒和剧毒物质的探测距离 500 ~ 6 000 米，需要 10 秒；细菌物质的探测距离 200 ~ 2 000 米，需要 10 秒。

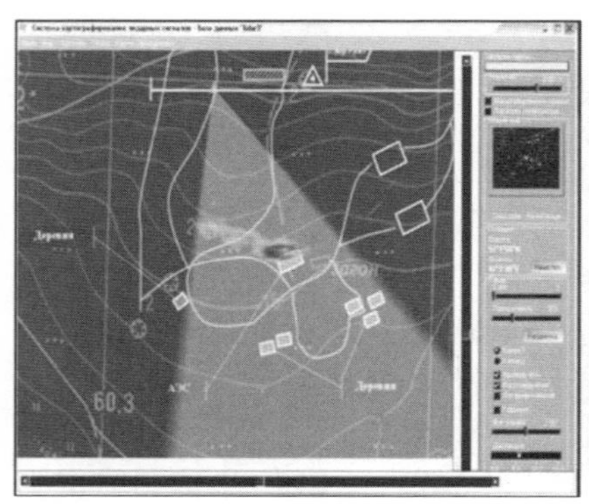

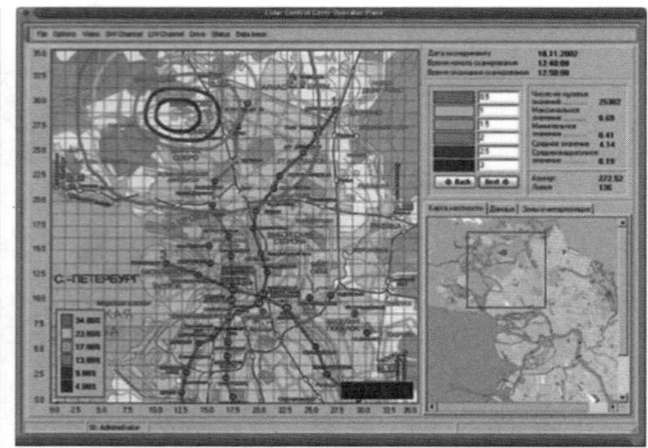

(a) 显示数据的图像

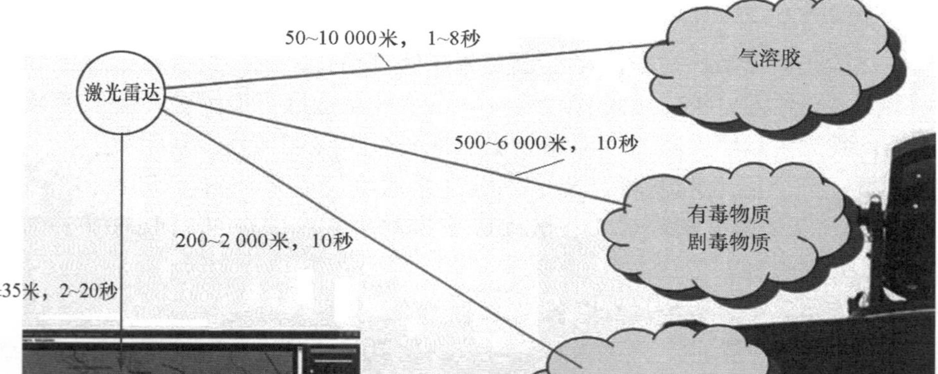

(b) 技术特征参数

图 21. 18　可机动激光雷达系统操作界面及特征参数

21. 6　水下物体的激光探测

水道勘探和航海制图对于沿海水域中的安全航行有重要意义。这不但对商船、渔船和客船很重要，而且对军事应用也很重要。为此，需要使用声学和激光测深技术。

激光测深是一种测量深度的方法，通常使用脉冲激光束来扫描测量沿海浅水水域。测量设备通常安装在直升机或飞机上，因此这种方法被称为航空激光测深。激光测深利用激光扫描原理，所使用的激光波长处于水的透光波段。

纯净水对激光的吸收是由 H_2O、NaCl、Na_2SO_4、$CaCl_2$ 和 KCl 分子的吸收引起的。这些分子在光波段内具有吸收带和吸收线，但在 400～500 纳米蓝绿光波段的吸收系数相对较小，如图 21.19 所示。

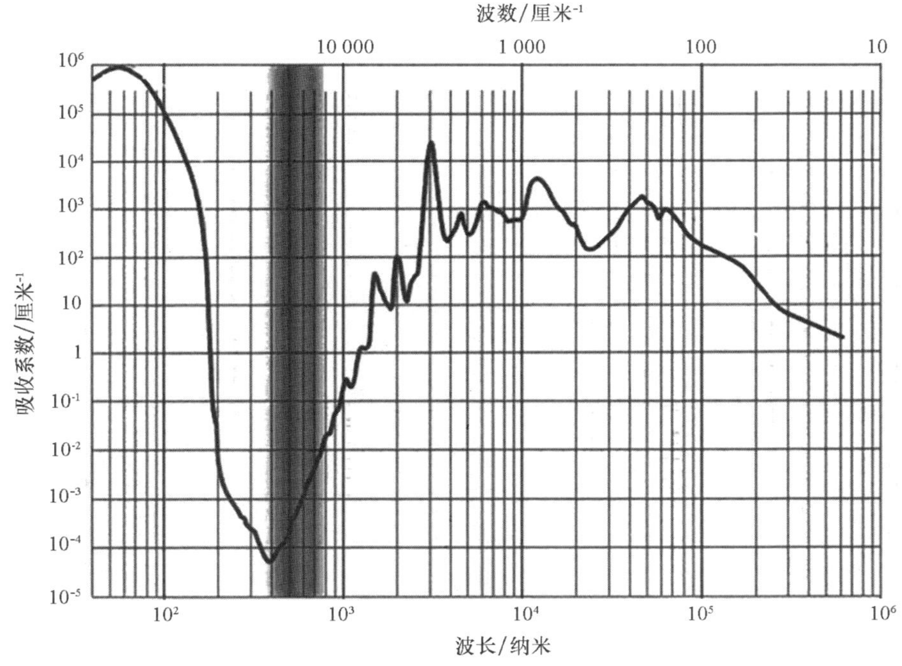

图 21.19　纯净水的吸收光谱曲线

海水的物理性质不仅因地理分布而不同，还因垂直深度而不同。天然水分为两类：海洋水（蓝色）和海岸水。这两种类型的水又可分为三个亚类：Ⅰ，非常清洁的大洋水；Ⅱ，热带和亚热带水；Ⅲ，中纬度水。

然而，激光束在海水中的衰减主要是由水中的各种有机和无机物微粒造成的。根据浊度的不同，可将水的透过率相应地分成1 至9 组。图 21.20 给出了含有不同成分和不同种类微粒的 10 米深近表层水对不同波长的相对透射率。

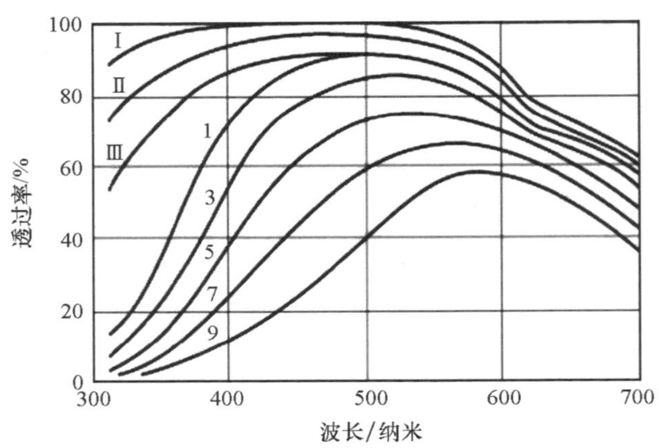

图 21.20　海水的相对透过率

激光测量的最大深度取决于水的透明度，通常是塞奇深度的三倍。塞奇深度是量化水透明度的一种古老的经验方法，它等于肉眼看不见标准黑白测量盘时的深度。

光在水中的衰减由水本身、水中溶解物、有机成分的吸收以及水分子、溶液、有机和无机微粒散射而引起。光衰减系数随不同类型的水而变化，在 0.02～3 米$^{-1}$范围变化。由于激光在水中的衰减很快，因此光束在水中的穿透深度较小。在透明海水中，该系统的最大测量深度为 40～50 米，在沿海水域为 20～40 米，而在较浑浊的内陆水域则不超过 20 米。其他限制系统测量深度和精度的因素包括高表面波、浓雾和降水、太阳光照、密集的水底植被和淤泥沉积。图 21.21 给出了激光束在水中穿透的典型深度与波长的关系。

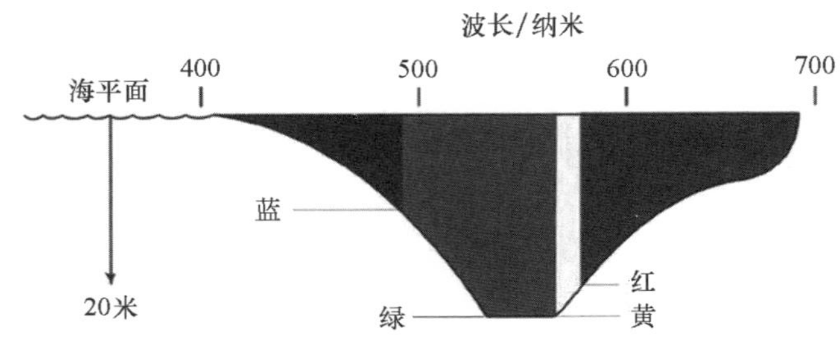

图 21.21　激光束穿透海水的深度

混浊水下环境对光的散射作用很强，使得水下目标的监测变得复杂。当使用大功率的连续光源对物体进行照射时，中间区域产生的散射光遮盖了被观测物体本身反射（或漫反射）的相对较弱的光。因此，虽然在图像的能谱中存在足够的由物体反射的光，但是这种系统的作用距离受到中间区域介质本身散射的限制。

避免中间区域散射不利影响的主要解决办法是利用脉冲激光照明并结合观测相机的时间选通。这利用了中间区域散射和被观测物体的反射在时间上是相互分开的。如果待测物体距离探测光源有较远距离，使得自然光照明或物体本身的辐射不足，水体的能见度低到无法有效地从背景中区分出观测物体时，应该使用额外照明，以便满足物体摄像或拍照的光线要求。

当使用强光灯作为照明光源时，相机面临过度曝光的风险。这种情况可以通过将照明光源和相机分开足够的距离来避免。然而，在某些情况下，如需要保持隐蔽性或无法把照明光源和相机分开时，这种方法是无效的。

另一种选择是使用脉冲激光器和具有纳秒级曝光时间的选通相机。图 21. 22给出了这些器件的内部元件的详细结构原理示意。在这种情况下，通过光子→电子→光子的两重转换来探测物体的反射光。相机的光谱灵敏度取决于光电阴极和荧光屏的材料，如图 21. 23 所示。

图 21. 22　增强电荷耦合器件（ICCD）相机的内部结构图

图 21. 24 显示的是使用普通相机和选通相机拍摄到的水下物体图像对比的示例。可见，使用纳秒级选通相机和脉冲激光照明可以显著提升水下物体图像的对比度。

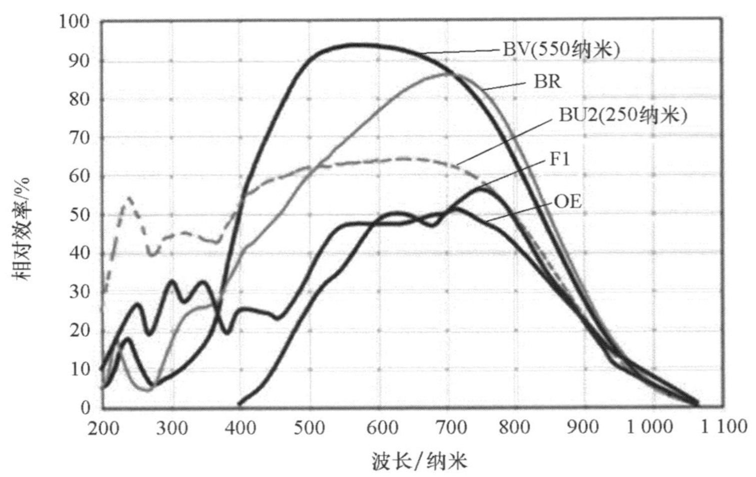

图 21.23　水下视觉相机的相对光谱效率

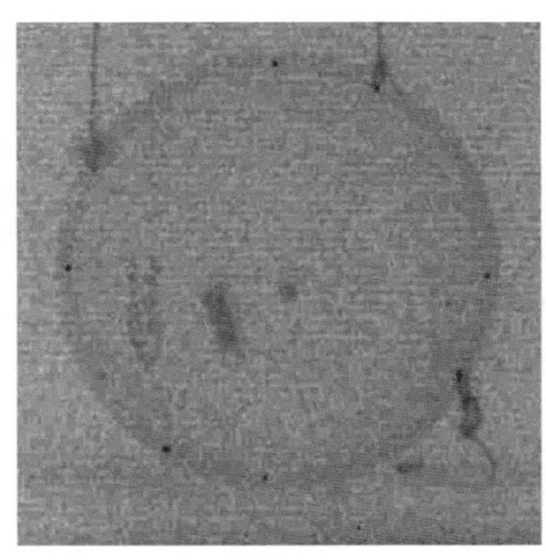

(a) 普通相机

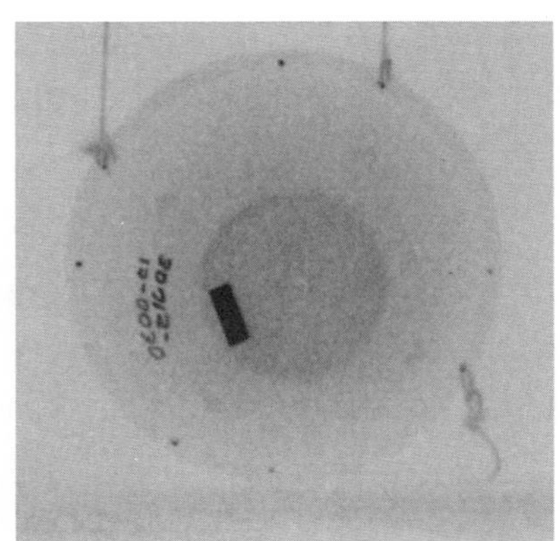

(b) 选通相机

图 21.24　拍摄到的水下物体图像

使用安装在潜水设备上的激光扫描仪可以生成如图 21.25 所示的海床详细图片。在使用波长 532 纳米绿色激光的情况下，大部分激光能在水中透射，部分绿色激光脉冲到达水底后会发生漫反射。发散的反射光透过水返回，只有一小部分可到达接收探测器的视场并被接收，接收探测器测量反射脉冲的强度和到达时间，并将其与激光器发射脉冲的时间进行比较，再结合 532 纳米激光束在水面上直接反射后向传播的时间差就可以计算出水深。

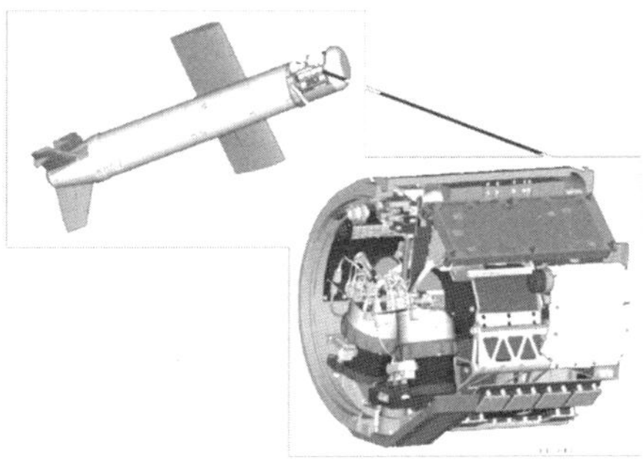

图 21.25　一种可安装在潜水器上的激光扫描仪

世界各地的武装部队都配备了机载激光测深系统。

图 21.26 给出了鹰眼Ⅲ设备的航空测深扫描系统应用示例，使用这种设备可以扫描获得沿海地区的水深结果。

(a) 鹰眼Ⅲ设备

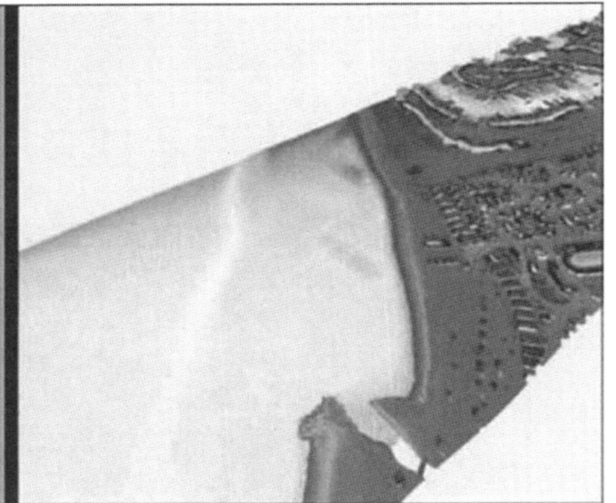

(b) 沿海地区的扫描结果

图 21.26　机载测深扫描系统及应用示例

颜色表示相对高度和深度。该系统的测深精度约为 20 厘米，水平测量精度约为 1.5 米。在扫描模式下，可连续生成海岸线附近的地形和水深图。

激光雷达测深系统不仅可以用来绘制海底轮廓，还可用于搜索海底和海水中的物体，例如浮雷或游泳者。例如，诺·格公司开发的机载激光水雷探测系统（ALMDS），如图 21.27 所示。该系统安装到直升机上后，操作者能扫描生成水面和水下的 3D 图像，进而对浮雷和锚雷进行探测。图 21.28 给出了安装在机载平台上的测深激光雷达对位于水库底部的物体（箱子）进行扫描的结果。

显然，由于具有无水面反射和可以就近测量等优势，安装在潜水器上的扫描仪可探测到的物体所处的深度，远高于机载系统可达到的探测深度。

图 21.27　安装在 MH－60 黑鹰直升机上的 ALMDS（诺·格公司）

图 21.28　位于水库底部并被激光测深雷达探测到的物体

结论

1. 激光雷达扫描成像系统为在作战行动中直接实时态势控制创造了全新的可能。

2. 激光雷达是一种利用光在透明和半透明介质中的反射和散射现象，由主动光学系统接收并处理远距离物体信息的设备。

3. 后向反射激光束收集系统和探测光束控制系统是激光雷达不可分割的组成部分，确保可以扫描给定的空间扇区。通过处理接收到的扇区扫描数据，可以构建出探测区域的3D图像。

4. 为了补偿湍流造成的负面影响，实时图像处理算法被开发出来。借助反卷积和累积算法，即使在强湍流条件下，图像质量也可以显著提高。

5. 通常被称为激光扫描仪或激光雷达的设备可以视为两个部件的机械组合：一个部件是远距离测量（扫描）单元，另一个部件是“GPS / GLONASS + 惯性系统”型导航系统。

6. 激光扫描系统不仅用于大地测量以生成数字地形图，还可以在能见度较低的条件下保障飞行安全。因为在距离远时，可见光相机、红外相机以及热成像仪都无法高可靠性地获得危险物体的位置及其参数（图像）。

7. 激光测深是一种测量深度的方法，通常使用脉冲激光束来扫描测量沿海浅水水域。

思考题

1. 说明激光雷达3D定位的基本原理。
2. 请给出大孔径激光雷达的定义。
3. 如何补偿后向散射的干扰？
4. 激光扫描的方法是什么？Lidar 和 Ladar 之间有什么区别？
5. 请简要描述大气遥感激光雷达系统并说明其工作原理。
6. 请说明激光水下测深的目的和任务。

参考文献

1. Борейшо А. С., Ивакин С. В. Лазеры: устройство и действие. – СПб.: «Лань». – 2016. (《激光器：器件与运用》)

2. Anil K. Maini. Lasers and Optoelectronics: Fundamentals, Devices and Applications. – John Wiley and Sons Ltd., London-Delhi. 2013.

3. Рубаненко Ю. В. Военные лазеры России. Научное издание. М.: Издательский дом «Столичная энциклопедия», 2013. – 390 с. (《俄罗斯的军用激光器》)

4. Энциклопедия XXI век «Оружие и технологии России». Том XI, «Оптикоэлектронные системы и лазерная техника». – М.: ИД «Оружие и технологии», 1999. – 720 с. (《俄罗斯的武器和技术》)

5. Медведев Е. М., Данилин И. М., Мельников С. Р. Лазерная локация земли и леса: Учебное пособие. 2 – е изд., перераб. и доп. – М.: Геолидар, Геоскосмос; Красноярск: Институт леса им. В. Н. Сукачева СО РАН, 2007. – 230 с. (《土地和森林的激光定位》)

6. Козинцев В. И., Белов М. Л., Орлов В. М., Городничев В. А., Стрелков Б. В. Основы импульсной лазерной локации. – М.: Изд-во МГТУ им. Н. Э. Баумана, 2006. – 510 с. (《脉冲激光定位基础》)

7. Межерис Р. Лазерное дистанционное зондирование: Пер. с англ. – М.: Мир, 1987. – 550 с. (《激光遥感》)

第七篇
激光技术的应用前景

А. С. Борейшо（А. С. 博列伊索），
С. В. Ивакин（С. В. 伊瓦金），М.Ю. Ильин（М.Ю. 伊里因），
С.Ю. Страхов（С.Ю. 斯特拉霍夫），А. В. Федин（А. В. 费定）

前面章节已经讨论了激光器和激光技术在国民经济各部门的应用。在很多领域，激光技术已经有了一席之地，通常被用于解决具体的实际问题。

本篇将重点探讨最有前景的一些科学和技术发展领域，在这些领域中，激光器将发挥至关重要的作用，并有望在未来几年提供新的突破性的成就。当然，这一观点只能是主观的，它反映了我们在激光技术这样一个极为广阔的领域中所积累的经验和知识。

我们可以看到，激光器本身的发展已经达到了自然基本规律所规定的自然极限。然而，即使在这样的情况下，科学家和工程师也还是在努力通过创造性思维让我们"看得更远"，不断拓宽激光技术的可能应用。有趣的是，最"传统"的激光器都可能对新技术的突破会有所帮助。

这表明，虽然在短期内扩大激光器在国民经济中应用的主要趋势将是完善传统的、已开发领域的激光设备和技术，但同时完全有理由相信一些全新的技术思想将会出现并应用于最意想不到的领域。

第 22 章　激光与科学研究的发展

22.1　微观过程的光谱和时间尺度

激光的应用有力地推动了物质研究新方法的发展和旧方法的改进。在短脉冲激光的帮助下，研究原子、分子、处于不同状态的物质和生物系统中发生的快速过程动力学成为可能。

图 22.1 示意性地给出了一些原子、分子和固态物理过程的特征时间尺度。

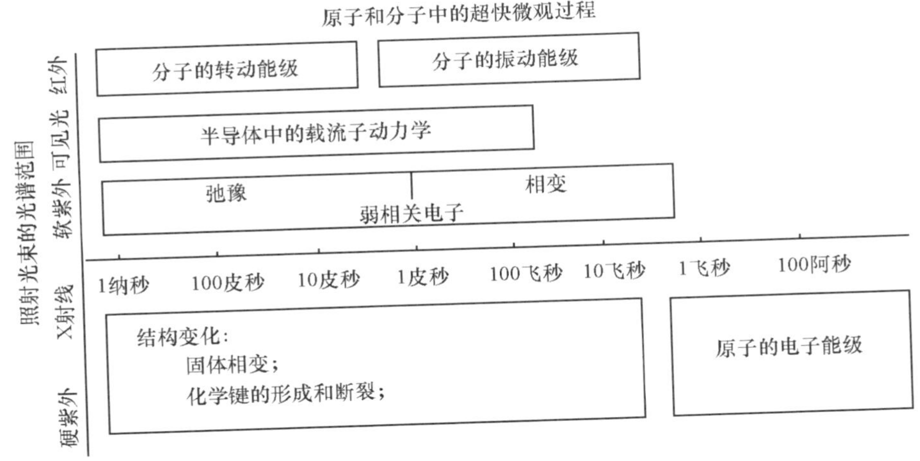

图 22.1　微观过程的特征光谱和时间尺度

从图 22.1 可以看出，皮秒（10^{-12}秒）和飞秒（10^{-15}秒）级的时间分辨率使得人们可以研究分子内部的振动和转动的运动、半导体（和半导体纳米结构）中的载流子动力学、固体中的相变、化学键的形成和断裂等。

几十年来，人类开发出了产生皮秒和飞秒级激光脉冲的方法，使得以前无法想象的科学研究的开展成为可能。但是，在光学波段内进一步减小脉宽基本上已经不可能了。因为光波的电磁振荡周期约为飞秒，不可能获得短于一个周期的激光脉冲。因此，为了进一步减小激光脉宽，需要使用更高频率的紫外激光或软 X 射线。获得脉宽在阿秒（10^{-18}秒）范围内的超短紫外线或 X 射线脉冲本身就是一项非常困难的任务。物理学家们直到 2000 年左右才解决这一问题，如图 22.2 所示。

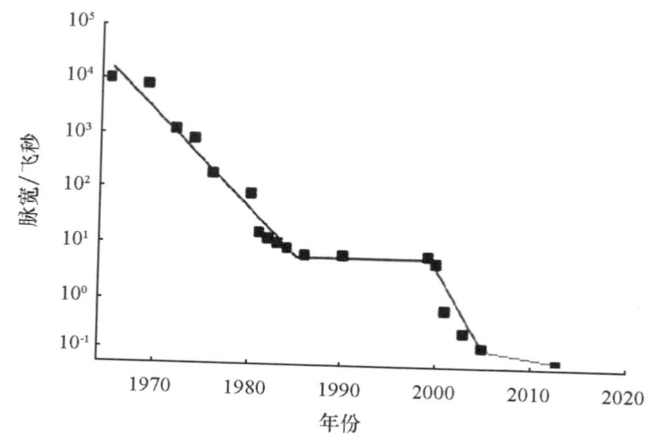

图 22.2　获得超短激光脉冲的技术发展

解决的方案是利用超快非线性光学效应（详见《激光器：器件与运用》第 3 部分），把光学波段内飞秒短脉冲激光的部分能量转化为波长更短的激光（输出频率为初始脉冲几倍频率的高次谐波激光束）。

2012 年，美国研究人员获得了脉宽为 67 阿秒的硬紫外激光脉冲。这也是当时已知的最短激光脉冲，这一成就是此前四年来激光脉冲领域的第一个重大突破。

进一步缩短激光脉宽与 X 射线激光技术的发展有关，这又是一项重大的科学技术任务。

22.2 飞秒激光脉冲

22.2.1 飞秒化学

采用脉宽为10^{-15}~10^{-12}秒的超短飞秒脉冲激光照射技术，使得基元化学反应动力学研究取得了突破性进展。这种激光脉冲的脉宽比分子中原子的振荡周期（10^{-13}~10^{-11}秒）要短得多。由于这种时间的相关性，借助飞秒激光可以详细研究化学反应中发生的过程——当反应物分子转化为产物分子时，原子在时间和空间中如何运动。

1999年的诺贝尔化学奖授予了艾哈迈德·泽维尔（Ahmed Zeweil），以表彰他"利用飞秒光谱研究实时化学反应"所做的贡献。这项工作的主要成果是可以直接观察到基元化学反应的中间过程，从而开创了一个新的化学分支——飞秒化学。

利用飞秒激光不仅能以很高的时间分辨率来观察分子的行为，还可以控制这些过程：形成相干的振动－转动波包、实现多光子吸收、影响势能面。飞秒级时间分辨率的研究过程示意如图22.3所示。

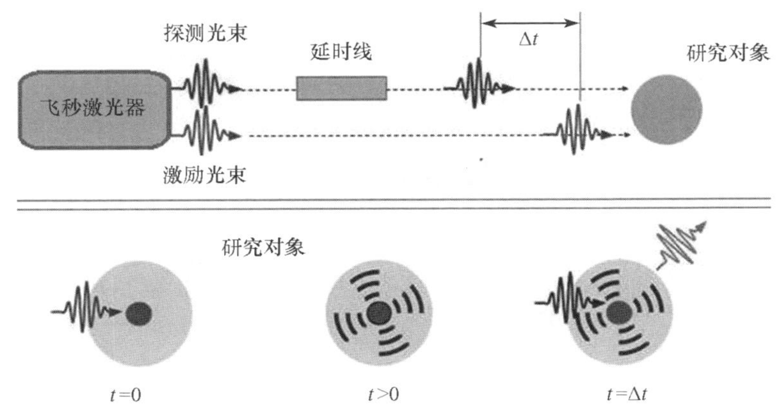

图22.3 飞秒级时间分辨率的"效应－探测"示意图

在激光器的输出端，光束被分为两部分：激励光束（作用于研究对象）

和探测光束。而且第一个光束（激励光束）的脉冲能量可能远高于第二个光束的能量。此后，激励光束被定向到研究对象，而探测光束穿过延时线。该延时线可使时间分辨率达到数飞秒。由于 1 微米 $\approx c \times 3.3$ 飞秒（c 为光速），所以此类研究中的空间分辨率在微米级。

单个脉冲只能给出很少的信息，但是如果以不同的延时值 Δt 进行重复性实验，然后汇总所有实验数据，就可以看到原子或分子对外部作用的响应是如何随时间展开的。

外部作用的响应有光致吸收、荧光、偏振面的旋转等。激励光束也可能是超短电子脉冲和伦琴 X 射线脉冲。通过这种方法，有可能在飞秒时间尺度上对化学反应过程进行详细的微观研究和精心安排。

基元化学反应的研究是由化学的一个特殊部分——化学反应动力学来进行的。基元化学反应是化学反应动力学中最高级、最精华的部分。化学反应动力学的主要任务是确定过渡态的结构，实时监测过渡态形成和衰变的动力学过程。

在飞秒时间尺度上观察反应过程的一个经典例子是碘化钠（NaI）分子在光吸收过程中的离解，如图 22.4 所示。

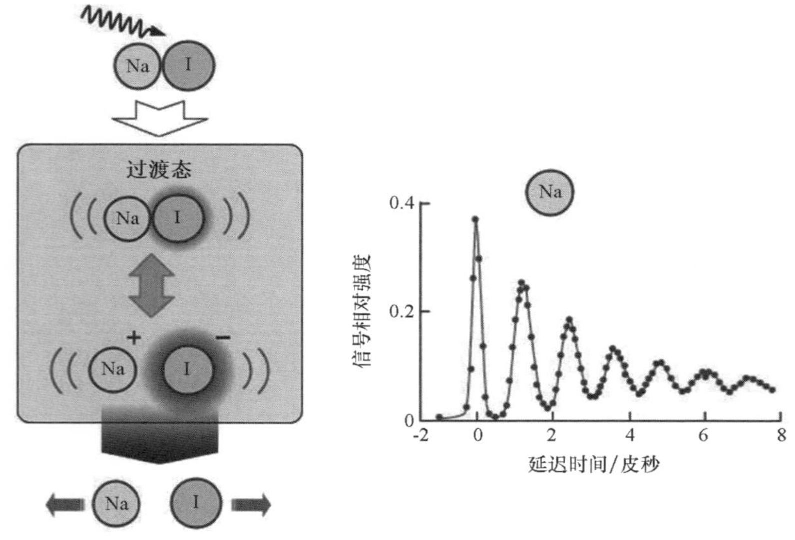

图 22.4　碘化钠分子在光吸收时的离解

碘化钠分子在吸收激光束的激励脉冲后，立即进入中间激发态，钠离子和碘离子以数百飞秒的周期振动。只有在一段时间后，分子才会离解。

与核（中间激发态，又称为中间络合物）的振荡周期相比，10~100飞秒的时间非常短，因此在这段时间内，核几乎是不动的，并保持其位置。在这种情况下，飞秒脉冲可以捕获具有一定原子间距和运动相位的分子集合，并几乎瞬间把它们转移到一个新能级上。

根据量子力学定律，飞秒脉冲的光谱宽度与脉宽有一个已知的比例关系（详见《激光器：器件与运用》第1部分），即脉冲的脉宽越小，它可以覆盖的激发态能量范围就越大。因此，作为一种规则，飞秒脉冲一次可以同时激发出多个相干振荡态。这种激发态称为相干波包，是分子的一种非稳定状态。

在新能级中，原子开始新的而且是相干的同步运动。这样，飞秒脉冲就产生了一个波包，即具有固定振荡相位、特定原子间距和一定能量的激发态分子的集合。换句话说，飞秒化学为生成相干波包开辟了道路，并成为相干化学的基础。

由于使用飞秒化学进行研究时的时间分辨率和空间分辨率都很高，因此可以监测势能面上某些中间络合物的运动，包括中间络合物在势垒顶点上的运动，即研究基元反应的过渡态过程。以前只能理论分析的课题现在变成了实验研究的课题。飞秒化学测量反应体系在势能面上的运动时间，利用化学反应动态过程实验来研究化学反应动力学。

通过监测中间络合物的运动，有可能利用输入能量或分阶段泵浦来干预过渡态的运动，从而改变过渡态自身的反应方向。可以说飞秒化学就是过渡态化学。

激光的使用拓宽了化学研究的边际和视野，并将新思想引入化学领域。这不仅仅是一种新的化学语言，也是一个新的思维水平、一个新的化学研究技术水平。在相干化学中，分子的随机、统计行为被有组织的、有序的、同步的行为所替代。也就是说，混沌变成了有序。

22.2.2 飞秒生物学

飞秒脉冲激光的进步促使了另一门科学——飞秒生物学的发现。现在不仅可以进行气相的研究，还可以进行凝聚态（溶液、相间边界、聚合物等）以及介观相（团簇、纳米粒子、纳米管等）的研究。

生物体内也在不断发生化学反应。生命本身就是在活细胞内部各处同时进行的化学、原子和电子过程。光敏生物分子中的光敏过程（光诱导）是一类非常重要的现象。光合作用、视觉和其他一些对光的生物反应都是基于光敏过程来发挥功能的，进化过程中产生的复杂分子复合物能够转换光能来执行其生理机能。

飞秒生物学除了研究简单化学系统的反应之外，还可以研究有机分子甚至生物分子（DNA、血红蛋白等）。其中特别让人感兴趣的是光生物反应的飞秒生物学，它在自然界中发挥着巨大的作用。尤其是光合作用的基本过程、细菌视紫红质的光诱致质子泵以及视紫红质视色素的飞秒生物学研究。

视紫红质由一个完整的膜蛋白（视蛋白）和生色基团（11－顺视黄醛）构成。视色素的有趣之处不仅在于它是一种可使我们获得外部世界信息的蛋白质，还在于它是一种可用于研究与G蛋白相关的其他视黄醛蛋白和受体的模型对象。在光照作用下，11－顺视黄醛完全转变为反型异构体（反视黄醛）。利用飞秒光谱学研究发现，蛋白质中的光致异构发生在200飞秒之内，且量子产率很高（0.65），比溶液中游离视黄醛异构的速度和量子产率都要高好几倍。因此，蛋白质对应的环境在这个反应过程中发挥着关键作用。

分子的量子力学反应及波包在势能面上沿反应坐标轴的运动如图22.5所示。当分子吸收飞秒光脉冲后，就会产生一个波包。其中原子核的运动是同步的，而激发能量局限于分子的特定部位。在常规的反应中，原子核同步运动很快就终止了，而激发能量在分子中耗散，原子核的运动变成随机（不同步）运动。然而，如果视紫红质分子被激光束激励，那么光化学反应将以相干的方式进行并且比正常过程更快。波包只需维持数皮秒就可使反应以前所未有（创纪录）的速度发生。

激励产生的波包沿着第一电子激发态的势能面上移动，然后被分成两个子包。在激发后的200飞秒内，其中一个子包在主电子态的表面上生成反型异构体产物，对应于反视黄醛（右）；而另一个子包返回到反应物基态势阱，对应于11－顺视黄醛（左）。

波包的结构取决于激励光脉冲的特性，即取决于形成该波包的激光束的光谱成分、振幅和相位特性，而波包形状则可能导致反应的动力学和产物的变化。因此，改变激光束的特性参数（脉宽、光强、频率），可以影响反应过程，有可能在不改变温度、压力且不使用其他常规反应控制方法的条件下控制反应产物。通过将激光光子能量确定为分子键断开需要的能量值，就有可能断开某些键并获得所需要的产物。这种新的控制方法被称为相干或量子控

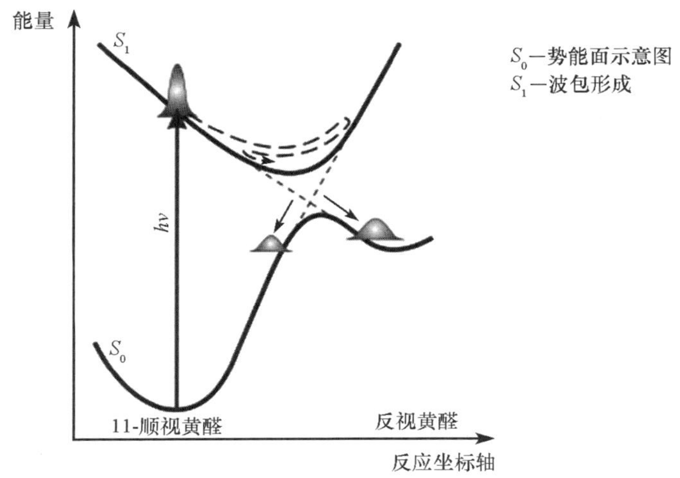

图 22.5　反应坐标轴下的势能曲线（势能面的某个截面）

制法。

激光控制的现代方法可以改变激励飞秒光脉冲的振幅和相位特性参数。将光脉冲简单排列成各种独立的频率，然后放大某些频率的光，减弱或移除另外一些频率的光，从而获得具有特定特性的光脉冲。首先，使用常规光脉冲进行激励反应，并分析目标产物和副产物的产率比。然后改变激励光脉冲的参数，再次进行反应。持续上述操作直至所需产物达到最大产率，如图 22. 6所示。使用这种方法对细菌视紫红质的光致异构化反应进行控制，收到了很好的效果，可以将反应产物的量子产率提高或降低 20%。

现代激光技术可以在实验过程中多次激发反应系统。例如，有一种“加载 - 卸载”方案（泵浦 - 倒空，pump-dump），如图 22. 6（c）所示。激励脉冲先产生一个处于激发态的波包，它沿着反应坐标轴移动。当到达产物区域时，第二个脉冲将把处在激发态波包转换为基态，对应于所需产物。除了脉冲形状，这里还出现了一个新的控制参数——脉冲之间的延迟时间。

对于大分子中的光化学反应，可能还有其他相干控制方案。这些方案利用其他控制参数或这些参数的组合，例如，激励脉冲的光谱成分及其对时间的依赖关系。

某些细菌的光合作用效率很高，这是近来得到广泛研究的另一个飞秒生物学例子。实验结果可靠地表明，这些细菌可以在极短的时间内（大约

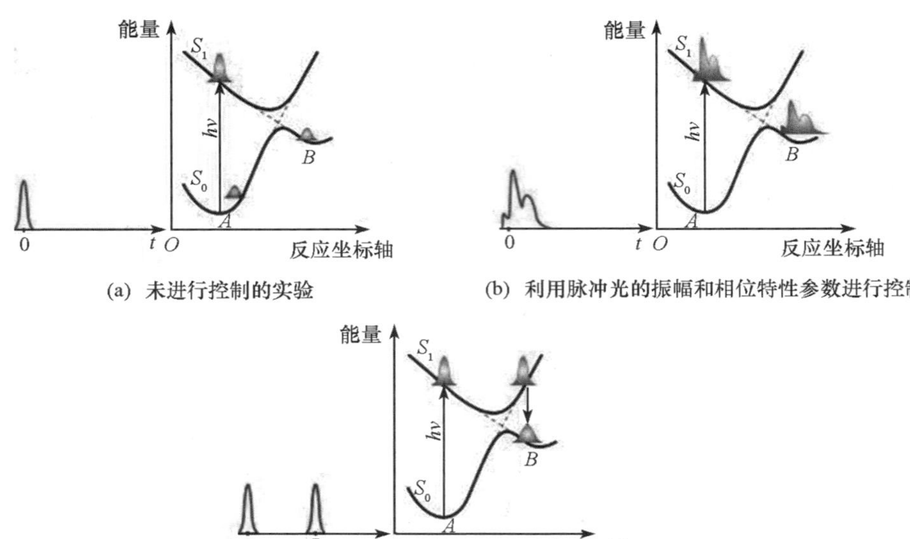

(a) 未进行控制的实验

(b) 利用脉冲光的振幅和相位特性参数进行控制

(c) “加载－卸载”方案（t—激励脉冲到达时间；S_0, S_1—势能面示意图和波包形成；B—所需产物）

图 22.6　化学反应的控制方案

100 飞秒），通过电子的中间激发态将所吸收的光转化为自身能量。这些细菌似乎已经学会了利用电子的量子特性，将电子激发能以尽可能快的速度从感光器直接转移到细胞本身。

飞秒时间尺度上研究生物系统可以发现生物分子内异常快速及选择性反应机制，并且通过这些机制进行反应控制以提高既定产物的产率或阻止不需要的过程。

因此，现代激光在生物学中的应用，以及在生物系统中使用超快速单向反应，可以为新技术的创造带来全新的解决方案。从长远来看，这将促进各种新成果的出现。

22.3　阿秒物理学

通过几十、几百飞秒的激光脉冲就可以在微观水平上对化学和生物过程进行控制。但要研究电子在原子中的行为，这些时间尺度都太大了，需要脉宽更短的激光脉冲，要以飞秒甚至阿秒为单位。因此，为了研究该物理过程，需要使用更高频率的脉冲光——紫外线甚至软 X 射线。

阿秒物理学是物理学领域的一个分支，研究对象是具有阿秒级（10^{-18} ~ 10^{-15}秒）时间分辨率的快速物理过程，获得阿秒光脉冲有助于研究原子中电子的运动。阿秒光脉冲获得方法的思想以及光子与原子相互作用的主要过程特征如图 22.7 所示（1 仄秒 = 10^{-21}秒）。

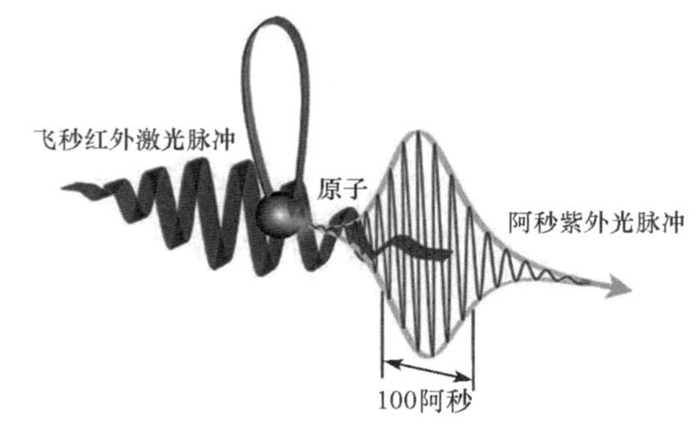

(a) 阿秒紫外光脉冲产生的物理过程

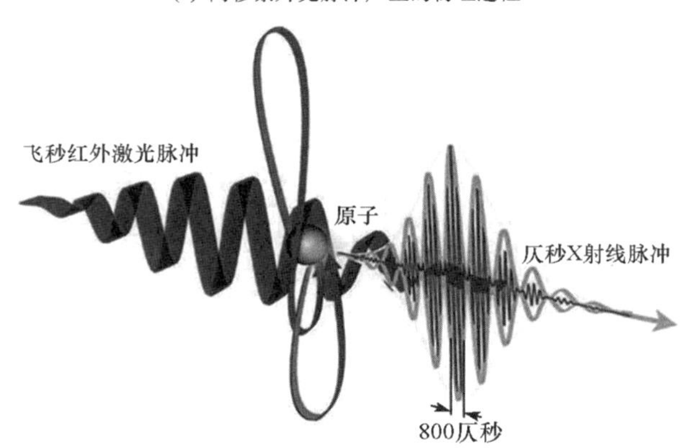

(b) 仄秒X射线脉冲产生的物理过程

图 22.7　原子与高能光子的相互作用

首先，将脉宽为飞秒的激光脉冲定向到原子。如果激光脉冲足够强且能很好地聚焦（功率密度大约为 10^{15}瓦/厘米^2 或更高），则作用于原子的电场强度就与原子内部的电场强度相当（约为 10^9伏/厘米），即通过抑制库伦势垒而足以引起原子的电离。具有足够高能量的脉冲激光可以将原子内壳层电子发射出来，原子释放出来的电子在脉冲光场中做振荡运动。由于光场很强，电子可以获得很大的动能。因此，原子内壳层上会形成一个空穴，该空穴可以被原子的外层电子填补，多余的能量通过发射一个或多个电子来释放，或者通过发射特征 X 射线光子来释放。

原子和离子内壳层空穴的非辐射填充过程称为俄歇效应。由于俄歇效应和外层电子的抖动效应，从原子中发射的电子常常不止一个，而是多个（自电离）。俄歇效应常见于门捷列夫元素周期表中前半部分的轻元素，而重元素的内层电子发生电离之后发射特征光子的可能性更大。在这种情况下，电子没有“飞离”原子太远，而是开始在光脉冲的一个强可变电场中振荡。半个周期之后，电子返回并带着很大的能量和原子壳层上的其他电子发生相互作用，最终会产生超短的电磁辐射闪光耀斑。因此，在短时间内（远小于激励脉冲的光学周期），会产生脉宽为几百阿秒的短波长脉冲辐射。

现在所用的这种光谱测定方法如图 22.7（a）所示，只能利用当激光束的相位和相应的电场变为相反方向时会与原子碰撞的那部分电子。然而，很多电子并不会与原子核相撞，即不会参与到一个最终导致辐射闪光耀斑的过程中。

物理学家们现正在积极讨论新的方法，允许那些没有立即与原子核碰撞的电子也得到利用，如图 22.7（b）所示。其基本思想是，当被光场照射的电子在电场方向循环变向时，第一次“错过”的电子仍然有可能与其所属的原子核相撞。而且，第二次才碰撞到原子核的电子，将会产生波长略有不同的 X 射线光子。这将允许观察者将一个电子与另一个电子分开。

更重要的是，第二次撞击的电子将更快地与原子核发生碰撞。因此，任何阿秒脉冲都将产生一连串的 X 射线微闪光耀斑，每次只持续几百泽秒（1 泽秒 $=10^{-21}$ 秒）。到目前为止，虽然已经演示生成的闪光耀斑之间间隔至少 800 泽秒，但更小时间间隔的闪光耀斑在技术上是可以实现的，而且该技术的时间分辨率下限还不清楚。

上述构想正在积极地发展和完善之中。按照最新的构想，有可能生成脉宽为几百泽秒的 X 光。这样的仪器有望成为研究微观世界最有效的手段之一。

借助阿秒物理学，科学家们现在不仅可以监控分子中电子的超快运动（其电子层以 100 阿秒的时间分辨率进行重组），还可以控制这种运动。这些过程是理解化学反应和生物化学反应的关键，因为新化学键的形成其实就在于电子的再分配。

上述应用潜力已经在碘乙炔（HCCI）分子的实验中得到验证。这种分子是由四个原子组成（一个氢原子、两个碳原子和一个碘原子）的伸长原子链。

在高功率密度、超短脉冲激光的作用下，分子中电子壳层的组成发生改变：其中出现一个空穴，然后空穴开始振荡，从分子的一端移动到另一端，对应的特征时间约为 100 阿秒，如图 22.8 所示。

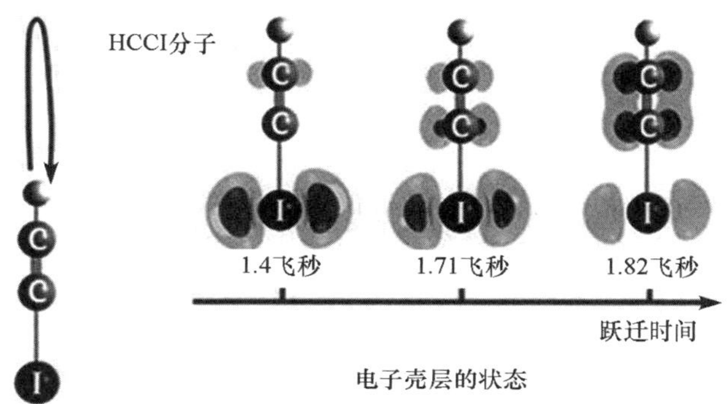

图 22.8　在高功率密度、超短脉冲激光的作用下，碘乙炔分子电子壳层的状态变化

使用高功率激光脉冲照射有取向的分子，可以获得高次谐波的光谱。这反映了分子的电子壳层的状态。这样，就首次获得了复原“空穴”运动动力学所需的一整套信息，包括谐波的相对相位。此外，激光场可能还影响分子电子层的重组动力学，这也有助于控制化学反应。

22.4　原子的激光冷却

在现代科学中，不一定非要使用具有极限特性参数的激光器才能做出新发现。使用常规激光器也可以获得有趣和非常有发展前景的成果。1997 年的诺贝尔物理学奖授予了两个美国学者（威廉·菲利普斯和朱棣文）和一名法国学者（克洛德·科昂·塔努吉），以表彰他们“为原子激光冷却方法的发展”所作的贡献。

激光场中的原子可以吸收光子。当光子将脉冲能量传递给原子时，原子就会进入激发态。原子在回到基态时，会向所有可能的方向发射光子，如图 22.9所示。

因此，原子会在激光束传播的方向上受到光压力。当光的频率接近原子的光学跃迁频率时，原子就会被激发。

跃迁频率为 ν_0 的原子，沿频率为 ν 的激光束轴线运动。当谐振共振速度

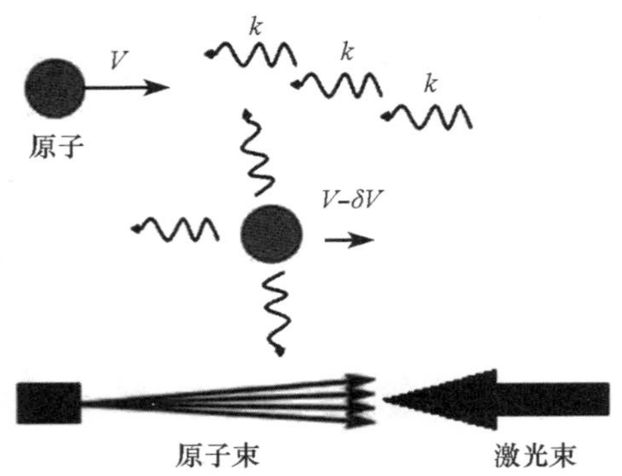

图 22.9　原子上产生光压的原理示意图

$V=(\nu-\nu_0)\lambda$ 时（多普勒效应），其所承受的光压力最大，其中 λ 为激光束波长。

如果 $\nu<\nu_0$，当原子的运动方向与光的传播方向相反时发生共振，原子就会变慢。

如果用频率低于原子跃迁频率的激光从各个方向照射含原子的气体，则气体中慢原子的数量就会增加。这意味着气体的温度会降低。激光冷却时，原子气体的最低温度为 10^{-6} 开。

科学家为冷却原子做了很多努力，已经将中性原子的能量降低到可以通过电场、磁场和激光场对其进行空间定位的程度。这为大幅降低已经预“冷”的原子温度开辟了新的实验可能性，更深层次的激光冷却研究也就此进入了新阶段。

利用激光冷却中性原子的各种方法，可以将原子团的温度从1 000 开降低到 100 纳开，即降低 10 个数量级。图 22.10 中展示了 1981 年俄罗斯科学院光谱学研究所开展原子冷却的相关研究以来，激光冷却原子的技术进展。

冷原子导航比当前激光导航的精度要高几个量级。2016 年，冷原子导航还处于应用开发的水平。预计第一批实用冷原子导航系统将会很快被研制出来，技术成熟度（TRL，最高等级为第九级）达到第六级水平，可用于大型平台上（船舶、大型很快飞机），如图 22.11 所示。

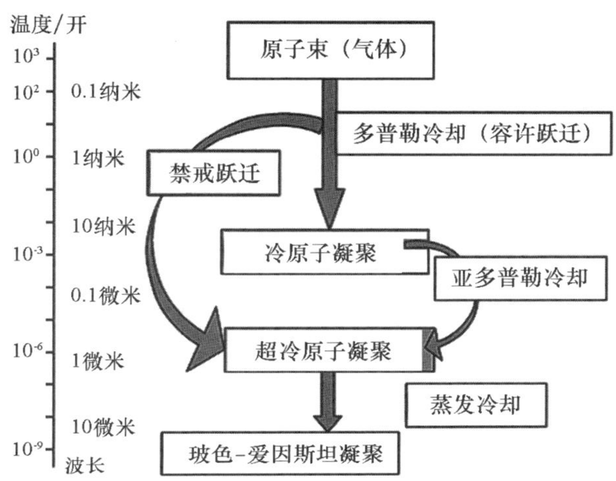

图22.10　**激光冷却中性原子的主要物理机制**

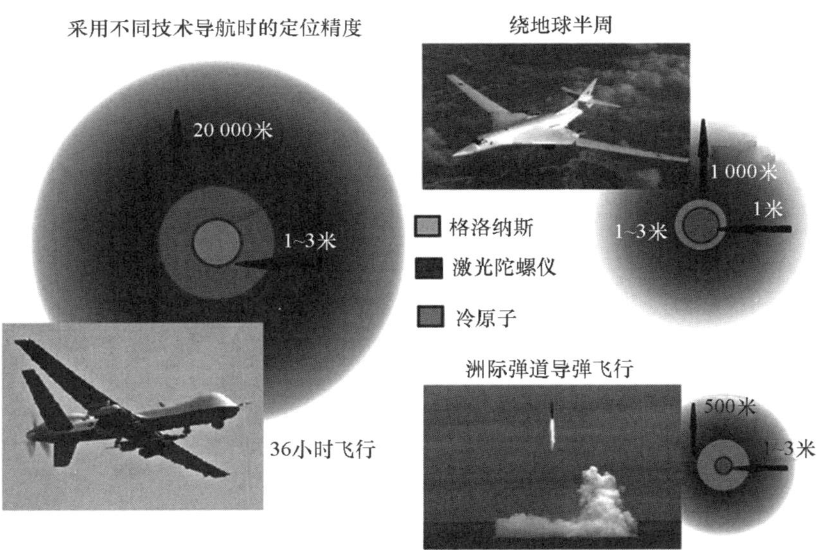

图22.11　**基于冷原子的导航系统的定位误差**

较小的、不太稳定的平台，例如弹道导弹、卫星和小型无人飞行器，也需要使用带冷原子钟的芯片。这种技术预计将在不久的未来会被实现。

结 论

1. 皮秒和飞秒级的时间分辨率使得人们可以研究分子内部的振动和转动运动、半导体（和半导体纳米结构）中的载流子动力学、固体中的相变、化学键的形成和断裂等。

2. 飞秒脉冲一次可以同时激发出多个相干振荡态。这种激发态称为相干波包，是分子的一种非稳定状态。

3. 利用飞秒激光可以控制分子的内部过程：形成相干的振动－转动波包、实现多光子吸收过程、影响势能面。

4. 由于使用飞秒化学进行研究时的时间分辨率和空间分辨率都很高，因此可以监测势能面上某些核（中间络合物）的运动，包括核在势垒顶点上的运动，即研究基元反应的过渡态过程。

5. 通过改变激光束的特性参数（脉宽、光强、频率），可以影响反应过程，有可能在不改变温度、压力且不使用其他常规反应控制方法的条件下控制反应产物。

6. 通过将激光光子能量确定为分子键断开需要的能量值，就有可能断开某些键并获得所需要的产物。这种新的控制方法被称为相干或量子控制法。

7. 现代激光在生物学中的应用，以及在生物系统中使用超快速单向反应，可以为新技术的创造带来全新的解决方案。

8. 要研究电子在原子中的行为，需要脉宽更短的激光脉冲，要以飞秒甚至阿秒为单位。因此，为了研究该物理过程，需要使用更高频率的脉冲光，如紫外线甚至软 X 射线。

9. 应用与原子内部能量交换过程相同步的超高功率密度的飞秒激光束，为获得脉宽为阿秒甚至泽秒的光脉冲铺平了道路。

10. 如果用频率低于原子跃迁频率的激光从各个方向照射含原子的气体，则气体中慢原子的数量就会增加。这意味着气体的温度会降低。

11. 利用激光冷却中性原子的各种方法，可以将原子团的温度从1 000开降低到 100 纳开，即降低 10 个数量级。

12. 与当前的激光导航相比，冷原子导航的精度要高几个量级。

思考题

1. 请说出分子转动运动和振动运动态间跃迁谱线的光谱范围。
2. 光在1飞秒内行进的距离是多少?
3. 在飞秒化学中，什么是波包?
4. 相干化学研究什么?
5. 什么是化学反应的相干或量子控制?
6. 为什么需要使用紫外线和X射线来研究原子过程?
7. 如何才能获得脉宽约1飞秒的光脉冲?
8. 如何获取慢原子或冷原子?
9. 哪些技术需要使用冷原子?
10. 请说明原子的激光冷却原理。

参考文献

1. Образовательный проект Маштабы: времена. Электронный ресурс. URL: http://elementy. ru/time/

2. Зевайл, Ахмед Х. Фемтохимия. Изучение динамики химической связи в атомном масштабе времени с использованием ультракоротких лазерных импульсов: нобелевская лекция/ Нобелевские лекции на русском языке/ Химия. －Москва, 2006. С. 11－187. (《利用超短激光脉冲研究原子时间尺度下置换化学反应动力学》)

3. Саркисов О. М., Уманский С. Я., Фемтохимия / Успехи химии. －2001. －Т. 70. －№6 －С. 515－538. (《飞秒化学/化学的成功》)

4. Шувалов В. А., Саркисов О. М. Фемтобиология: первичные процессы фотосинтеза// Вестник Российской академии наук. 2011. －Т. 81. －№6. －С. 556－561. (《飞秒生物学：主要的光合作用过程》)

5. Онищенко Е. Первые шаги аттофизики. Электронный ресурс. URL: http://www. scientific. ru/journal/attophysics. html/ (《阿秒物理学的开端》)

6. Балыкин В. И., Атомная оптика и ее приложения // Вестник РАН,

2011. Т. 81. №4 – С. 291 – 315.（《原子光学器件及其应用》）

7. Глобальные горизонты /Развитие глобальной науки и технологий // Итоговый до-клад ВВС США, Релиз SAF/PA №2013 – 0434. Перевод с английского НПП Лазерные си-стемы，– 2013. – 55 с.（《全球前沿/全球科学技术的发展》）

第 23 章　激光器及激光技术的发展

激光技术发展的特点是大规模集成到各种用途的系统中。本书的前几篇已经讲述了激光在工业、信息技术、医药、军事等领域的应用。

科学技术的发展促进了激光器和激光系统的完善，同时对集成激光技术的最终系统的制造及应用也有了需求。因此，在越来越多的人类活动领域，激光系统和光子技术因其独特的功能而得到广泛应用，例如：

（1）在极为广泛的范围内发挥作用，从飞秒（飞米）、纳秒（纳米）到宏观时空尺度，从本地应用到远程应用；

（2）以超高速、超高频转换和分布激光能量、形成和恢复脉冲形状；

（3）由于传感器性能和通信线路能力的显著增加，可以最接近实际过程的速度对过程进行控制。

23.1　空间激光器

随着激光技术的发展，其太空应用越来越受到重视。到目前为止，已经成熟（通过了飞行测试）并经常被当作空间系统所载设备的一部分使用，包括：

（1）用于保障航天器（太空交通工具）相互接近及对接的激光扫描系统，如图 23.1 所示。

（2）用于分析不同介质的成分和参数、基于激光技术的科学设备：

①分析载人航天器密封环境的设备。

②分析地球大气的设备，如图 23.2（a）所示。其中，CALIPSO 全称为“云－气溶胶激光雷达与红外探路者卫星观测”，于 2006 年 4 月 28 日由德尔塔－2 火箭发射升空。

③分析太空物体的固态成分及释放气体的设备。

④分析国际空间站上进行太空实验期间所生成研究介质的设备。

（3）用于全球导航卫星系统（GNSS）卫星和地面测量站网位置与同步控制的激光定位系统。

（4）航天器—航天器、航天器—地面站、地面站—航天器之间的激光通信设备。

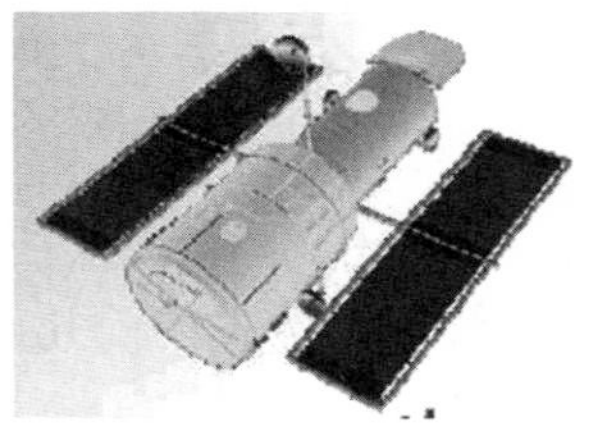

(a) 待接近目标（哈勃望远镜）的3D模型

(b) 通过激光快速扫描目标而生成的点云

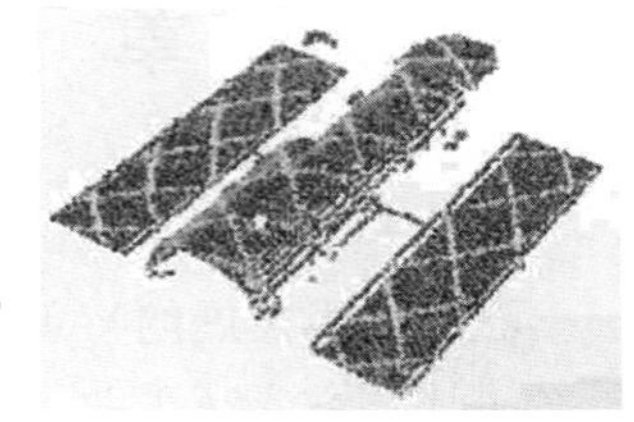

(c) 距离目标足够近时，目标的精确扫描结果

图 23.1 确保航天器相互接近和对接的激光系统工作原理

(a) 空间气溶胶激光雷达CALIPSO

(b) 空间测风激光雷达ADM-Aeolus

图 23.2 地球观测系统（EOS）中的两颗重要卫星——“云星”和“卡利普索”

基于激光技术的应用非常丰富，上述应用只是已经在实际使用或者有待研发并投入使用中的很小一部分。以下将更详细地介绍激光在外层太空中最有前途的一些应用。

23.1.1 激光在空间碎片和小行星危害控制中的应用

近地空间的积极开发显现的特征之一是空间污染速率快速增长，如图 23.3 所示。失控的航天器、废弃的运载火箭推进级及助推器、碰撞或爆炸产生的空间碎片等物体的飞行轨迹与正在运行的航天器和轨道空间站的轨道存在交汇点，这对航天设备及航天器乘员构成了持久威胁。

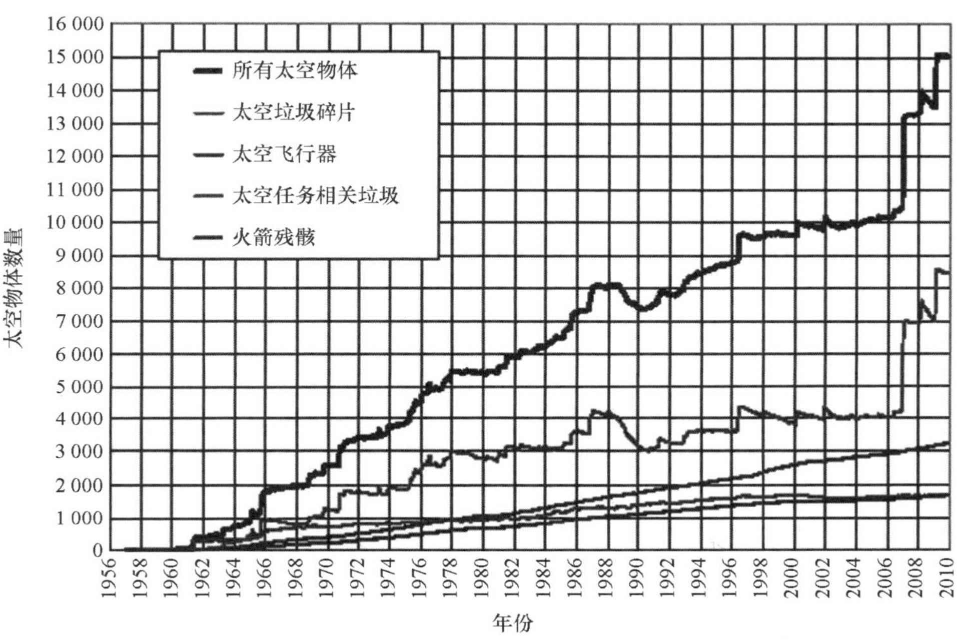

图 23.3　近地空间太空垃圾物体数量的增长情况

同时，尺寸为 10^{-6}~ 10^{-2}米的空间碎片粒子特别危险，因为它们很难被观测（因此也无法对其进行编目），而且粒子的数密度随体积减小并呈指数式增加，如图 23.4（a）所示。

航天器承力元件的蒙皮可有效防护直径不超过 1 厘米的太空垃圾。防护大尺寸的空间物体需要增加蒙皮的厚度，继而将导致航天器重量和成本增加到无法承受的程度。航天器机动规避是防止直径超过 10 厘米的太空碎片垃圾的有效方法。但由于这个尺寸范围的物体探测难度很大，这种方法无法防护直径 1 ~ 10 厘米的空间物体。

此外，值得一提的是所谓“级联效应”的危险。如图 23.4（b）所示，当近地空间某些区域的碎片达到某个临界密度时，空间碎片的碰撞会产生次级碎片，次级碎片反过来又会导致碰撞数量和新形成碎片数量的增加。

针对近地空间碎片污染物难题，一种很有前景的解决方法是采用激光束远程烧蚀，如图 23.5 所示。当空间碎片被烧蚀时，会在与其表面垂直的方向

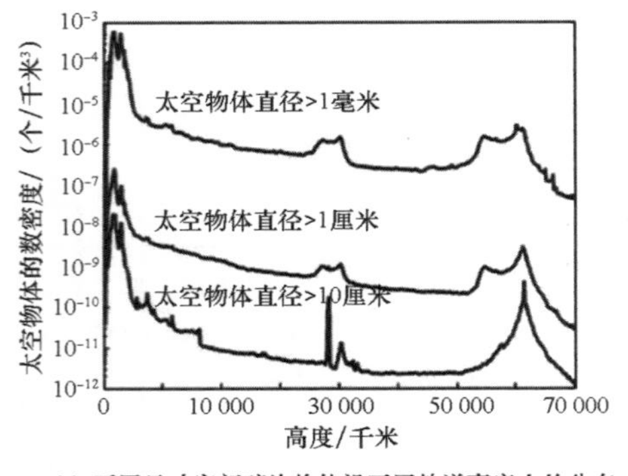

(a) 不同尺寸空间碎片物体沿不同轨道高度上的分布

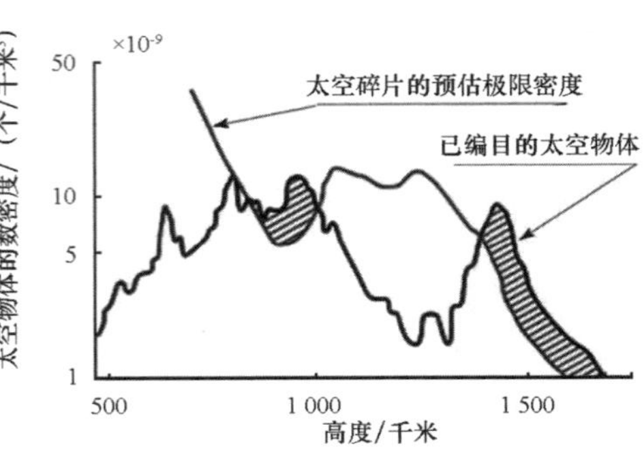

(b) 低轨区域足以产生级联效应的空间碎片临界密度的计算值（1990年的数据）

图 23.4　太空垃圾碎片分布与级联效应

上产生反向脉冲作用力，从而可对其运动轨道进行调整。这样，就有可能将空间碎片引导到稠密的大气层，将其烧毁，或将这些碎片定向推进到处置轨道，再利用航天收集器清理。

(a) 通过激光辐照对空间碎片的烧蚀来调整其运行轨道

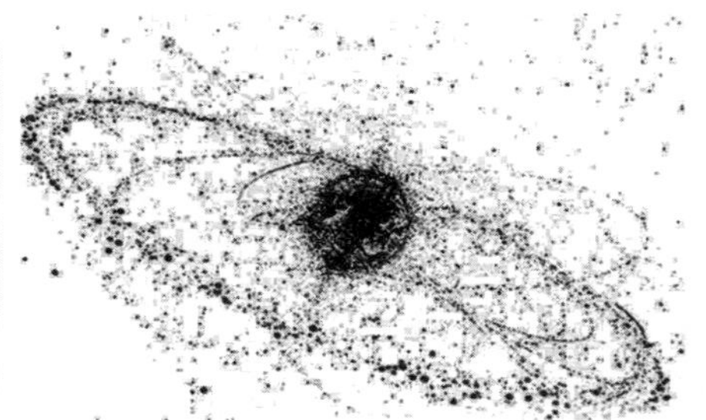

(b) 空间碎片的分布

图 23.5　激光束远程烧蚀空间碎片

烧蚀状态与目标材料在大能量短脉冲激光的作用下的快速熔化和蒸发相关，同时伴以爆炸性方式生成垂直于辐照表面向外喷射的蒸气云（等离子体蒸气），如图 23.6（a）所示。激光烧蚀效应的物理基础和基本计算比率关系如图 23.6（b）所示（详见《激光器：器件与运用》第 12.2 节）。

在实验研究过程中积累的大量数据，使得达到烧蚀状态所需激光脉冲功率阈值估算成为可能。实验结果表明，达到材料表面烧蚀状态所需的最小能量密度值的所有数值大致处于一个条带上，如图 23.7 所示。经分析发现，激光辐照阈值功率密度可通过经验公式来估算：

$$q_{\min} \approx 4.79 \times 10^{8} \times \sqrt{\tau_{脉冲}}，\ \tau_{脉冲} > 10^{-12}秒 \quad (23.1)$$

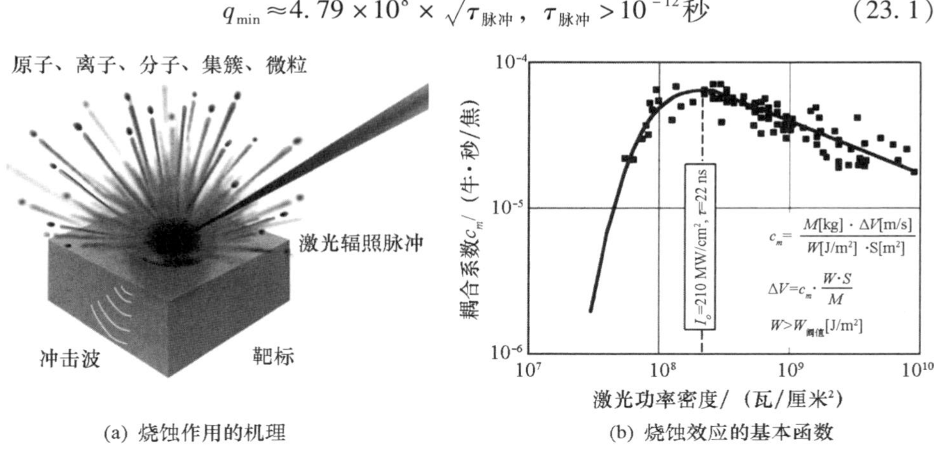

(a) 烧蚀作用的机理　　(b) 烧蚀效应的基本函数

图 23.6　激光辐照烧蚀清理太空垃圾的物理基础

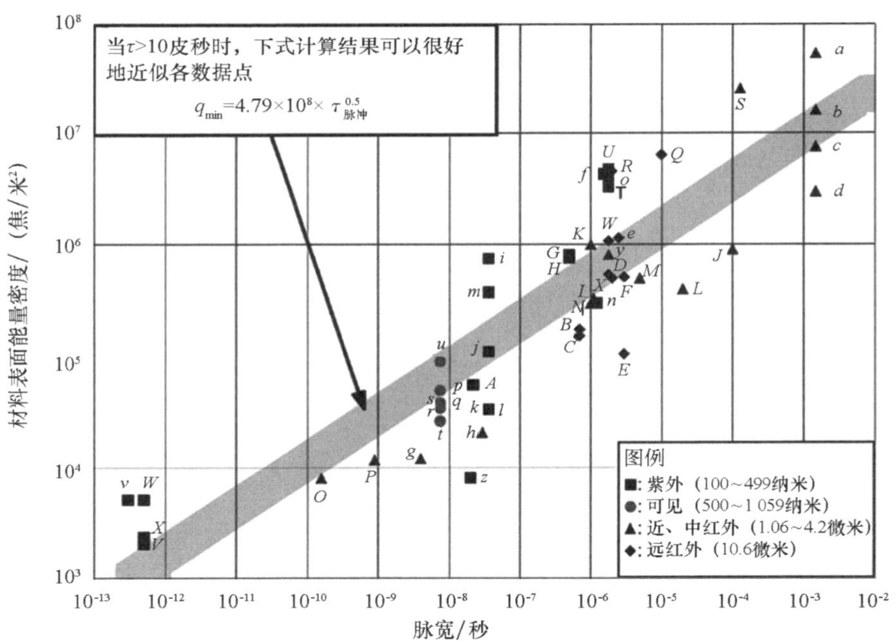

图 23.7　目标达到烧蚀状态所需的激光能量密度与脉冲脉宽的相互关系

在单个激光脉冲的作用下，目标速度的增加可采用如下公式进行估算：

$$V \approx c_m \cdot E_{脉冲}/M \tag{23.2}$$

图 23.6 中所列的耦合系数 c_m（单位为牛·秒/焦）值与实验研究结果吻合较好。根据这些实验结果，对于各种不同材料和不同脉冲能量值，耦合系数 c_m 的取值范围约为 10^{-5}~10^{-4} 牛·秒/焦，例如，铝的耦合系数对应值为 10^{-4} 牛·秒/焦。

固态大口径激光器是最适合烧蚀太空垃圾碎片的激光器之一。激光器的选择标准是能量效率，以及产生高脉冲功率输出的同时拥有高光束质量（确保激光束发散角接近衍射极限）。

应该指出的是，把激光装置送入太空是比较合理的，因为这不但可避免地基激光系统发射激光束时所受到的大气传输通道和天气条件的不利影响，而且可以增加激光烧蚀的作用距离。

根据计算，采用 1.5 米口径的望远镜，在 200 千米的距离处发射能量 500 焦、脉宽 5 纳秒的激光脉冲，可形成 10 厘米^2 的有效作用光斑面积，50 次脉冲照射作用就可以把 10 克空间碎片物体的速度减小 3 米/秒。这相当于将该物体的轨道高度减少约 10 千米，足以把空间碎片推进到高度为 200 千米左右的运行轨道。在该轨道高度上，空间碎片的寿命大约为两个星期，其后将坠入大气层烧毁。

真正对地球构成威胁的是一些大型天体，如小行星或彗星，如图 23.8 所示。

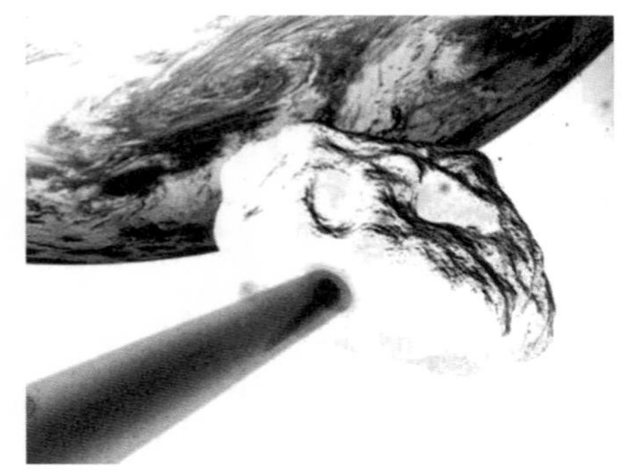

(a) 作用于小行星

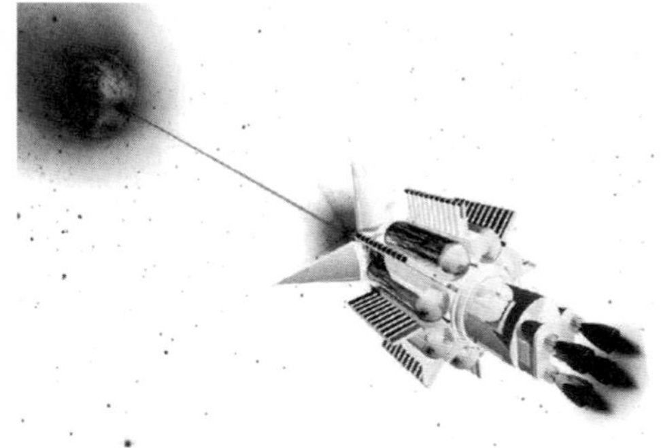

(b) 作用于彗星

图 23.8 激光脉冲烧蚀效应

烧蚀效应可使小行星减速，长时间激光照射足以避免其与地球碰撞。根据计算，在最远达 1 200 千米的距离上，在实施激光烧蚀状态（能量密度 $W>1$ 焦/厘米^2）期间，脉宽 5 纳秒、能量 25 千焦的激光单脉冲可以使一颗重 300 千克小行星的速度改变 0.5 厘米/秒。

在未来，使用功率为 2 兆瓦的空间核动力能量传输模块（TEM）为功率 150 千瓦的激光系统供能，可在 3 000 千米外对重达数十吨的小行星有效地施加影响，如图 23.9 所示。如果对一颗重 30 吨的小行星激光照射一个小时，其速度将改变 1 米/秒。

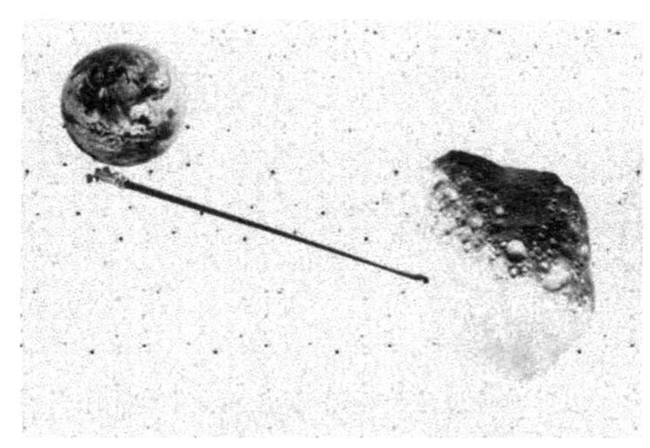

(a) 作用于远处的大尺寸小行星

(b) 功率达2兆瓦的天基核动力装置

图 23.9　激光脉冲远距离烧蚀数十吨重的小行星

23.1.2　激光在航天器供电中的应用

在定向能技术应用中，最复杂和要求最高的任务之一是为空间飞行器（航天器）远程传能供电。因为这可以显著改善航天器供电系统的特性。

目前，能量存储和转换器件的比重有所减小，但航天器供电系统的质量仍占设备总质量的相当一部分（如果不是很大部分的话）。利用激光技术远程传输能量（供电）将能够：

（1）在维持航天器搭载系统供电能力不变的前提下，显著减小航天器的质量；

（2）通过补偿太阳能面板（光电接收元件）和储能装置的效能退化，从而延长航天器的在轨寿命。

激光技术很适合航天器搭载电池的远程充电，利用激光技术对卫星电池进行充电在许多方面与太阳光对太阳能电池的充电技术类似。不同之处在于，激光束比太阳辐射功率密度要大得多。这意味着，利用激光技术传输大量能量时，不需要使用大面积的光电接收元件；利用激光技术远程传能供电，可以在很短的时间内为航天器充足其所需要的电力。

激光远程传能最迫切的一个应用领域是给低轨航天器实施远程传能供电。由于一系列原因，低轨航天器的供电较为复杂，其中最主要的是：

（1）低轨航天器处于地球阴影中的相对时间很长；

（2）太阳能电池板所受的高空气动阻力相对较大；

（3）太阳能电池板尺寸小，而且为了降低重量、节约能量，电池板无太阳指向系统，或采用低精度指向系统。

此外，低轨道星簇空间系统是一个很有前景的发展方向，并可能很快成为优先权最高的事项之一。最接近实际应用的低轨星簇空间系统如图 23.10 所示，美国国防部高级研究计划局（DARPA）曾使用激光技术为其远程传能供电。其由几个不同功能的太空模块组成：计算、光学、雷达和激光供电模块。

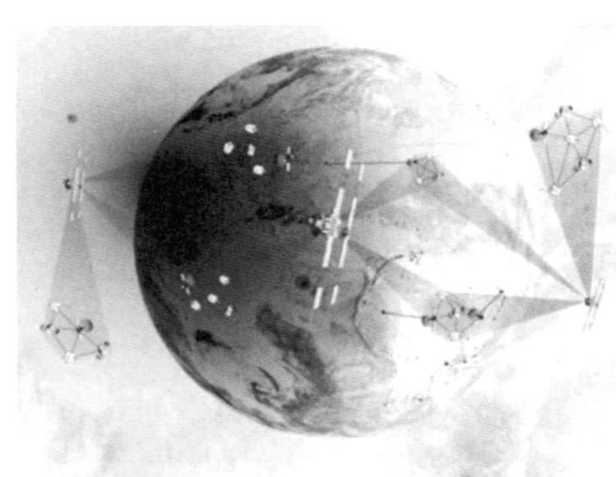
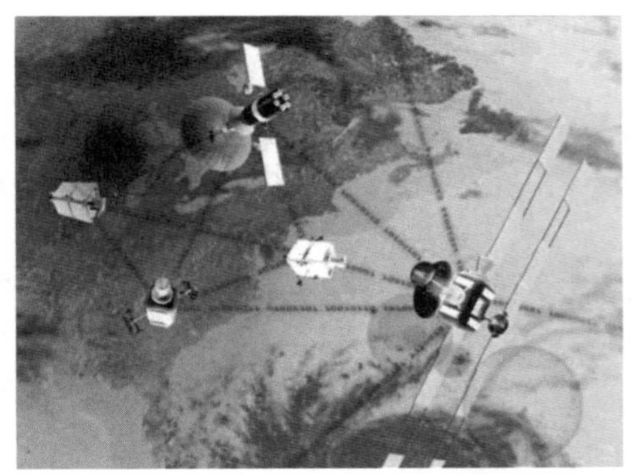

图 23.10　星簇空间系统

以下探讨低轨航天器星簇的远程传能供电问题。一般来说，核心主航天器（供体）和可充电航天器（受体）以不同的参数（近地点和远地点高度、倾角、近地点纬度和经度、升交点的时间）在各自的轨道运动。在效率可接受的情况下，能实现远程传能供电的距离可达 100~200 千米。

根据轨道测算，在几十个小时内，上述“供体－受体”对只有一次不超过 30 秒的交汇时间。其间会出现间距在预定可充电距离内，即核心主航天器每天只能为一个可充电航天器的电池充一次电，其交汇示意如图 23.11。

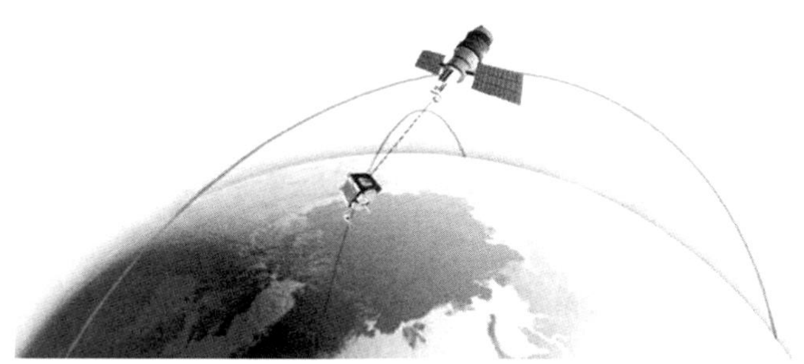

图 23.11　低轨上的“供体－受体”对每天交汇不超过一次

上述方案的一种替代方法是将核心主航天器和可充电航天器置于参数相近的轨道上，其概念构想如图 23.12 所示。在这种情况下，在系统正常运行的有效寿命期间，均能保持实施远程传能供电所需的距离。配备了行进推进装置的核心主航天器可以对自身轨道进行修正，以保持其相对于“星簇”的既定位置。

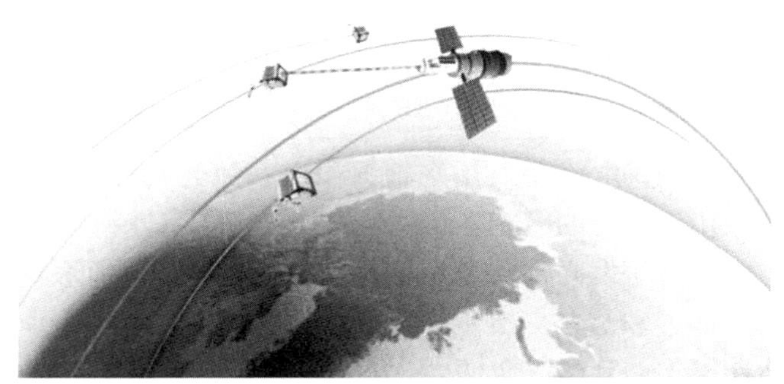

图 23.12　核心主航天器位于可充电航天器“星簇”的内部

上述构想具有如下特征和优点：

(1) 激光系统位于“星簇”内部，距每一个可充电航天器的距离均不超过一定值（该值为 100～200 千米），可确保能量高效率传输；

(2) 重复充电的频率仅受限于望远镜的太阳照度以及“供体－受体”对能量参数。

(3) 利用物体反射回来的激光束，通过光电方法就可以实现发射激光束对可充电航天器的瞄准。

(4) 由于“供体－受体”对的相对速度较低，因此较容易瞄准。

激光远程传能供电系统的功能结构方案示意如图 23.13 所示。

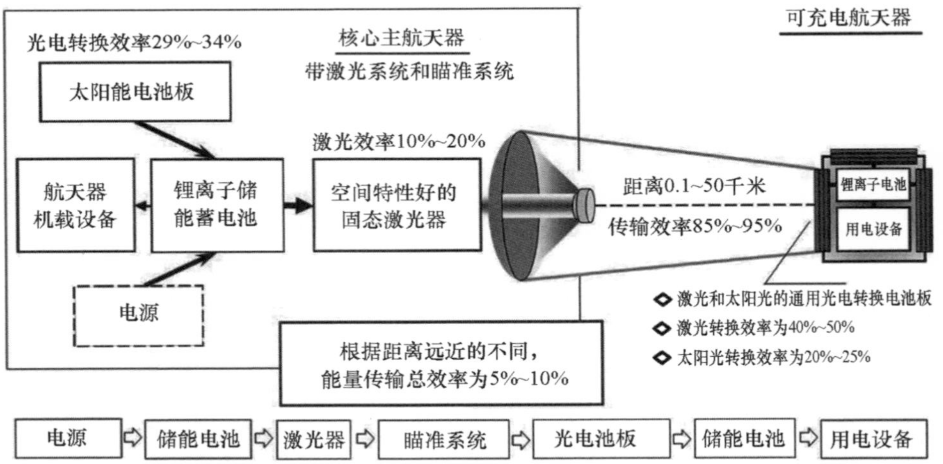

图 23.13　用于航天器激光远程传能供电的系统原理示意图

核心主航天器的激光系统由一个机载激光装置、一个储能器、一个太阳能电池板（或替代电源）以及集成了搜索和瞄准（针对可充电航天器）系统的望远镜组成。

可充电航天器的供电设备由用来把太阳光和激光转换成电能的多块光伏转换电池板以及用于储能的紧凑型高能量密度锂离子蓄电池组成。

火箭和空间设备研发必须使用一体化的系统方法，从而使“星簇”中各个航天器之间的能量和信息交换任务得以完成，如图 23.14 所示。

如果要研制可实施远程传能供电的试验型空间激光系统样机，则需要开发出（以及进一步发展）激光系统的下列组件：

（1）光电转换效率达 20% 且能输出高功率和高光束质量（发散角最小）的固态（包括光纤）激光器；

（2）光电转换效率 29% 以上的异质结构太阳能电池板，其对激光的光电转换效率 40% 以上，可有效转换激光的功率密度可达 200 瓦/厘米^2；

（3）比能量达 800 千焦/千克、短时间内高达 1 兆焦/千克的锂离子蓄电池和超级电容器；

（4）瞄准精度不低于 1 角秒（约 4.85 微弧度）的现代化光束定向器。

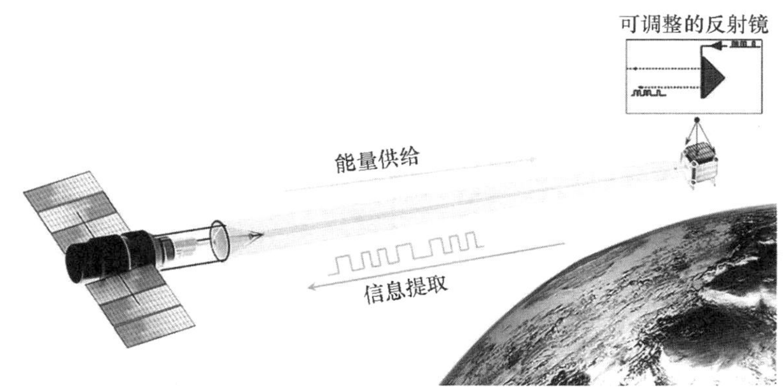

图 23.14　在航天器“星簇”中构建能量和信息交换的方法选项

23.2　激光在能源工程中的应用

未来，高功率激光系统将在电力生产以及向用户输电方面发挥重要作用。人们正在研究应用激光诱导核聚变，以替代其他类型的热核（裂变）反应堆。激光传能供电技术正在被研究应用于无人飞行器（UAVs）及其他自主供电的高能耗系统。

23.2.1　激光热核聚变

早在 20 世纪 60 年代初，苏联的 N. G. 巴索夫院士和 O. N. 科罗辛院士就提出过利用激光诱导热核反应的设想。这一研究领域被称为激光热核聚变。到目前为止，世界各地的科研人员仍在积极研究这一尖端问题。

热核聚变反应是轻元素的原子核聚合成（合并为）较重原子核的过程，如图 23.15 所示。人们之所以对热核反应研究兴趣浓厚，主要是因为热核反应除生成较重的元素之外，还会以动能以及 γ 射线辐射形式释放出巨大能量。

轻元素的原子核聚变是所有反应中能量效率最高的。现有核电站的运行基于重核裂变反应，相较而言，轻元素的原子核聚变在能量输出方面有一些优势。此外，核聚变所用的材料为氢的重同位素氘和氚，其在海水中的储量

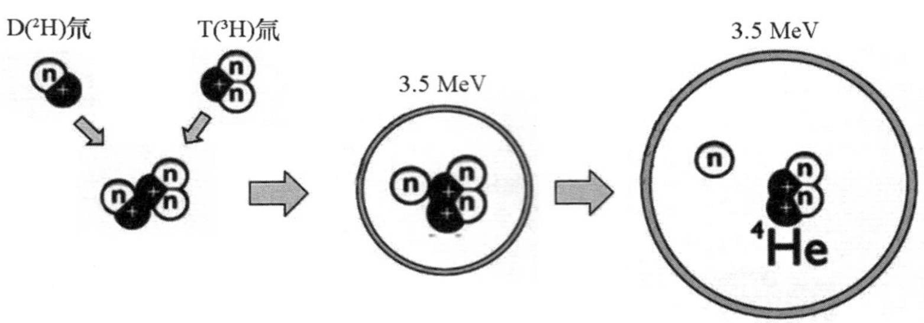

图 23.15　氘－氚混合物的热核聚变，具有最低的聚变反应初始温度

几乎是取之不尽的。据专家评估，从 1 吨海水中提取的材料如果用于核聚变即可提供大约 500 万兆焦的能量。

核聚变是恒星中的主要能量来源。在地面条件下，聚变反应的主要困难是需要克服同带正电荷的原子核之间的库仑斥力。点火成功后，当原子核间距小于 10^{-14} 米时，核力就将开始发挥作用而进行聚变反应。

增加粒子相对运动的动能，使其超过库伦势垒（对于氢原子核来说为 1.6×10^{-15} 焦），是引发聚变反应的最自然方式。粒子热运动的平均动能 $E_{动能}$ 与介质环境的绝对温度 T 成正比：

$$E_{动能}=\frac{mv^2}{2}=\frac{3}{2}kT \tag{23.3}$$

其中，$k=1.38\times10^{-23}$ 焦/开，是玻尔兹曼常数。

由上式可知，为了克服库伦斥力，需要很高的介质温度（$T\geqslant10^9$ 开）。

因为粒子热运动是按照速度分布的，所以临界温度可以降低一个数量级，引发核聚变反应的实际温度约为 100 万摄氏度（10^8 开）。在该温度下，原子核的平均速度超过 10^6 米/秒。由于等离子体（离子化气体）的高速膨胀，因此热核聚变过程是爆炸性的。

氢弹爆炸时可产生 10^8 开的所需温度，这一点在 20 世纪 50 年代早期进行的热核武器试验（基于轻原子核的不受控聚变反应）中得到了证实。从那时开始，众多科学家和工程师们就开始专注于可控热核反应的研究，以利用这种反应释放的能量。

发生在太阳和恒星中的热核聚变反应的特点是它们有极大的引力作用，这有助于约束等离子体。与太阳不同的是，在地球的条件下，微弱的重力对产生轻核聚变反应所需的约束条件没有任何效果。

为在地球上实现能有效释放能量但又不发生破坏性爆炸的热核聚变反应，有必要把氘－氚等离子体（该混合物具有最低的聚变反应初始引发温度）加热到 10^8 开，并保持等离子体在一段时间 $\Delta\tau$ 内不会和反应器的壁面接触，以便在给定的等离子体浓度 n 状态下，大部分氘－氚可以参与反应，从而使得释放的能量超过加热它们所消耗的能量。

这个条件被称为劳森（Lawson）判据，可用如下关系式表示：

$$n \cdot \Delta\tau > 10^{20}\text{秒/米}^3 \qquad (24.4)$$

例如，当气压约为1帕时，时间 $\Delta\tau$ 应超过1秒。

热核聚变需要对反应物靶进行加热，使得其压力也会按比例增大，因此将面临反应物靶（处在等离子体状态）约束困难的问题。该问题的解决方案之一是利用强磁场，可以在相对较长的时间（$\Delta\tau = 1 \sim 10$ 秒）内对低密度（$n = 10^{20} \sim 10^{21}$ 米$^{-3}$）的高温等离子体实现约束控制和热绝缘。

基于上述想法，很多实验装置被建造出来，其中最著名的是封闭的托卡马克（Tokamak，即“带磁线圈的环形腔”的英文缩写）装置。如图23.16所示，托卡马克装置以及与之类似的装置可准连续工作。此类装置目前仍在不断地得到改进与完善。

(a) 俄罗斯利用磁场约束等离子体的热核反应堆T－15托卡马克装置照片

(b) 日本JT－60SA托卡马克装置照片

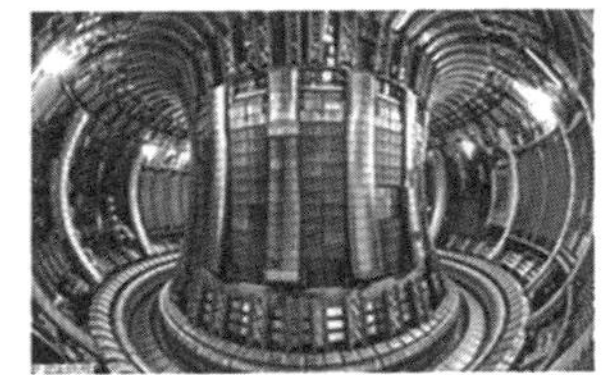

(c) 欧洲JET托卡马克装置的真空室照片

图23.16 世界各国的热核聚变反应托卡马克装置

与上述方法形成对比的是，激光热核聚变并不是通过长时间地约束等离子体而是通过压缩混合物增加其密度来达到劳森判据所要求的条件。

对于被压缩成 5×10^{28} 米 $^{-3}$（相当于固态氢密度的 100 倍）的高密度等离子体氘－氚混合物，实现热核聚变所需的约束时间为 10^{-9} 秒。为了达到 10^{8} 开的温度，需要使用超短（$\tau_{脉冲}<10^{-9}$ 秒）的高能（$E_{脉冲}>10^{5}$ 焦）激光脉冲瞬时加热致密等离子体。采用这种方式加热后的等离子体开始扩散，而在扩散的过程中，等离子内部将会发生一系列聚变反应，且反应释放的能量超过所消耗的能量。

上述等离子体约束机制被称为惯性约束（ICF），而实现这种约束机制的热核研究方向被称为激光热核聚变（LTF）。

可以采用多种方式对物质进行高密度压缩以实现激光热核聚变，其中的一种被称为直接压缩模式。在这种模式下，需采用多束激光从各个方向均匀地照射装有热核燃料的球形靶，如图 23. 17 所示。

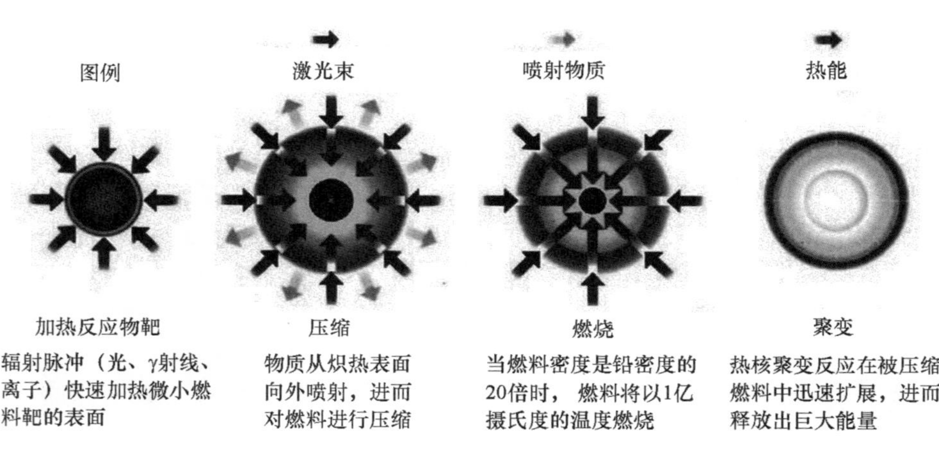

图 23. 17　激光热核聚变中的直接压缩模式

在激光热核聚变中，一个球形靶包含许多同心壳。外壳被称为烧蚀层，其在激光束的作用下将汽化、电离并转变为等离子体。等离子体的膨胀在烧蚀层的内边界处形成烧蚀压力脉冲。烧蚀压力可达 10^{6} 个大气压甚至更高，由热膨胀压力和等离子体喷射的反作用压力两部分构成。

烧蚀层的下一层被设计用来蓄积靶向中心移动时未蒸发部分的动能，进而对热核燃料进行压缩。靶心部分含有压力高达数百个大气压的固态或气态氘－氚混合物。可以使用绝热层对靶心进行包覆，该绝热层对靶心部分的粒子（聚变反应产物）的存储和阻滞作用有助于引发热核聚变反应。

20 世纪 70 年代中期，П. Н. 列别捷夫物理研究所采用直接压缩模式进行了相关实验，以获得高密度的可压缩燃料，在能量为 200 焦的“卡尔玛”装置中，氘被压缩到了 10^4 千克/米^3 的密度。后来，美国（劳伦斯·利弗莫尔国家实验室的“湿婆（Shiva）”和“新星（NOVA）”，罗切斯特大学的“欧米茄（Omega）”等装置）、日本（“月光－12”）和俄罗斯（俄罗斯科学院物理研究所的“海豚（Dolphin）”，阿尔扎马斯－16 号研究所的“星火（ISKRA）－4”“星火－5”）都积极开展了激光热核聚变的研究项目，所用激光器的能量为 1～100 千焦。图 23.18 给出了部分上述试验设施和激光热核聚变反应堆装置。

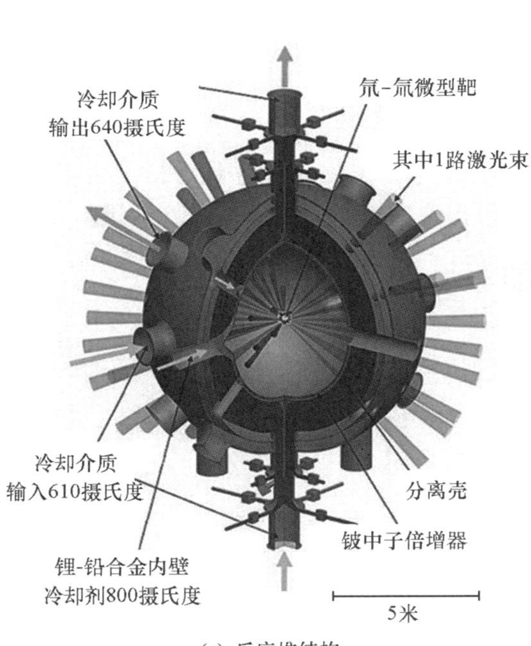

(a) 反应堆结构

(b) 俄罗斯“海豚”激光热核聚变实验

(c) 美国“新星”

(d) 俄罗斯“星火-5”

图 23.18　激光热核聚变试验设施和反应堆装置

替代热核燃料直接高度压缩的另一种方法是间接压缩。间接压缩的优点包括：被吸收的能量在球形靶面上的分布更均匀、具有多通道激光的结构和聚焦条件更加简单。其缺点是：激光束转化为 X 射线时将不可避免地产生损失。

间接压缩模式实验的系统原理如图 23.19 所示。激光束被引入料盒，聚焦在由原子序数较大的物质（例如金）制成的壳体内表面上，高达 80% 的激光被转换成软 X 射线，X 辐射加热并压缩装有热核燃料的靶内壳。

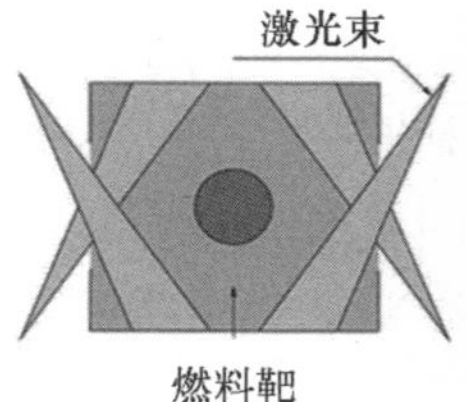

(a) 反应方案的示意图

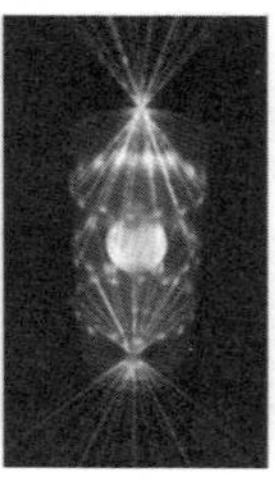
(b) 燃料盒内形成X射线

(c) 热核聚变燃料小球

(d) 内部放有靶的金属圆筒

图 23.19　燃料间接压缩热核聚变

直到 2013 年，美国国家点火装置（NIF）的演示实验才首次实现热核反应所释放的能量超过以激光束的形式向反应堆中所输入的能量这一目标。2014 年初，热核反应所释放的可接收能量与输入能量的比例达到了 2.6。

NIF 本身是由多栋建筑物和各种装置组成的复杂系统，如图 23.20 所示。其中包括一个峰值功率达 500 太瓦（10^{12} 瓦）的激光脉冲能量提供装置，其 192 路激光放大通道提供的总脉冲能量等于 1.8 兆焦，如图 23.21 所示。

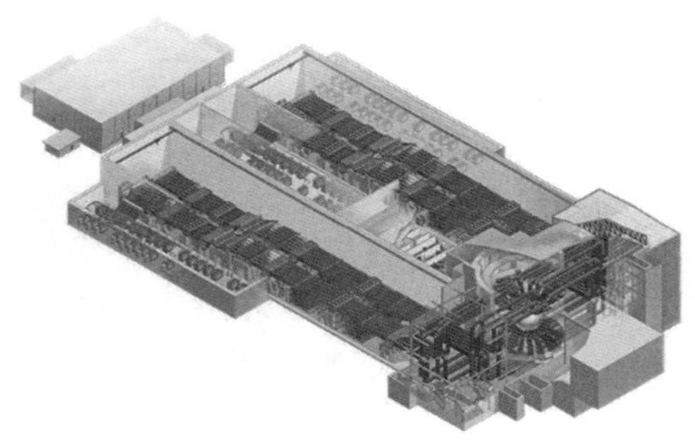
(a) NIF的建筑物布局

(b) NIF的各光路通道

图 23.20　激光热核聚变系统 NIF 的示意图（加州利弗莫尔实验室）

2016 年处于建造中的其他热核聚变装置还包括：

（1）法国波尔多附近的 Laser Megajoule 装置（2 兆焦，240 路激光）；

（2）欧洲的高功率激光能源研究装置 HiPER；

（3）俄罗斯萨罗夫市的 UFL－2M 项目（2.8 兆焦，192 路激光，世界上功率最大，两用途）。

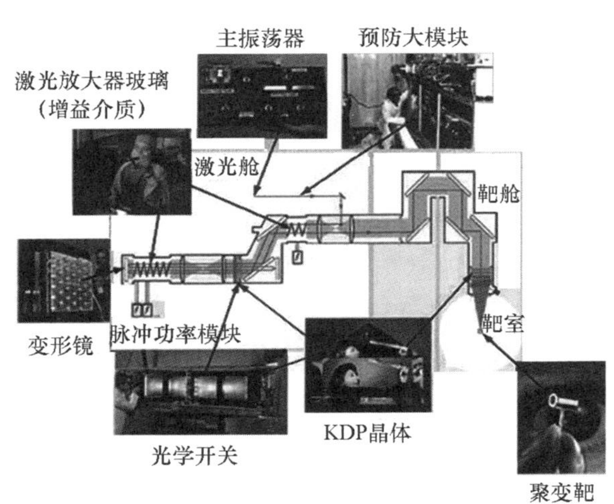

(a) 激光通道的原理

(b) 带激光通道出口、中心为热核反应真空室的房间

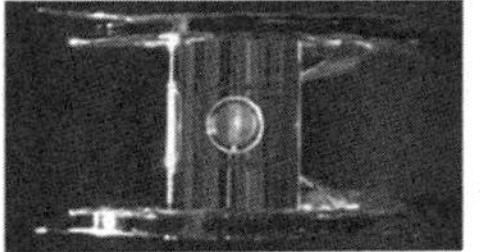

(c) 放热核靶料盒的圆柱筒

图 23.21　NIF 激光热核聚变装置的原理与部分组件

需要指出的是，综合使用磁约束和惯性（激光）约束等离子体这两个主要发展方向技术的混合热核聚变反应方案也有一定的研究价值。在混合热核聚变技术中，等离子体的磁化可降低其导热系数并缩短其扩散时间。该效应发生的特征时间通常以微秒来计，但是在激光热核反应中足以实现剩余能量输出。

23.2.2　激光在太阳能领域的应用

20 世纪 70—80 年代，苏联积极探索通过定向电磁辐射远程传输电能的思路，取得的绝大多数科研成果都涉及在空间（太空）建造大型太阳能发电厂，以便将太阳能转化为电能，然后通过激光束或微波辐射将其传输至地面上，如图 23.22 所示。

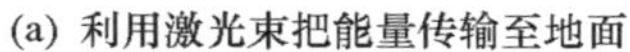

(a) 利用激光束把能量传输至地面

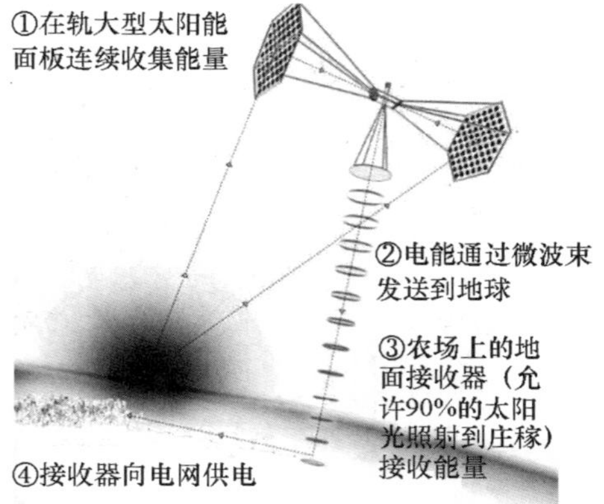

(b) 利用微波辐射把能量传输至地面

图 23.22　空间太阳能发电厂的设计方案

空间太阳能发电厂的效率取决于将太阳能转化为电能的系统效率以及将能量传输到地面的通道效率。对能量传输通道的相关要求如下：

（1）能够把接收到的电能高效地转换成单色电磁辐射；

（2）可形成发散角小、方向性好的电磁能量流；

（3）发射装置的辐射功率要很高；

（4）所选用辐射的光谱特性必须处在大气透明窗口；

（5）所选用辐射不能导致大气中等离子体的形成，也不能与大气发生非线性相互作用；

（6）所选用辐射类型必须具备高效率转化为电能的基本特性。

微波辐射也可以满足远程能量传输通道的上述相关要求。作为激光束的替代方案，应该考虑微波波段的辐射。表 23.1 给出了这两种技术的对比分析。

表23.1 微波和激光远程能量传输通道的对比分析

编号	影响因素	辐射类型	不同因素影响的大小	评估
1	大气对电磁辐射的影响	微波辐射	在2.4~8吉赫的宽广波长范围内损耗小	+ + +
		激光束	损耗由光波段决定，存在大气透明窗	+ +
2	功率效率和特性	微波辐射	高功率； 高效率	+ + +； + + +
		激光束	高功率； 中等效率	+ + +； + +
3	辐射装置的尺寸	微波辐射	电子管辐射装置尺寸大； 半导体辐射装置尺寸不大； 天线尺寸大	+； + +； +
		激光束	半导体激光器尺寸不大； 光纤激光器尺寸不大； 光学器件尺寸不大	+ + +； + + +； + +
4	天线/光学器件	微波辐射	尺寸大	+
		激光束	尺寸不大	+ + +
5	接收系统（微波整流天线阵/光电转换器）	微波辐射	大尺寸； 高转换效率	+； + + +
		激光束	中等尺寸； 中等转换效率	+ +； + +

对于空间太阳能发电厂来讲，需要解决的重大问题包括：

（1）需要部署超大型光电转换器；

（2）必须要有高效率的能量传输通道，定向精度优于0.5角秒；

（3）需要确保高容量的大型空间太阳能发电厂处于最佳的热管理运行工况。

考虑到现有的科学和技术发展水平，应将空间太阳能发电厂以及向地面传输能量归入中长期有望实现的技术。据专家评估，此类系统的总能量转换效率可以达到20%以上，如图23.23所示。

无人机远程供电是激光传能技术近期可行的应用，通过激光束对无人机

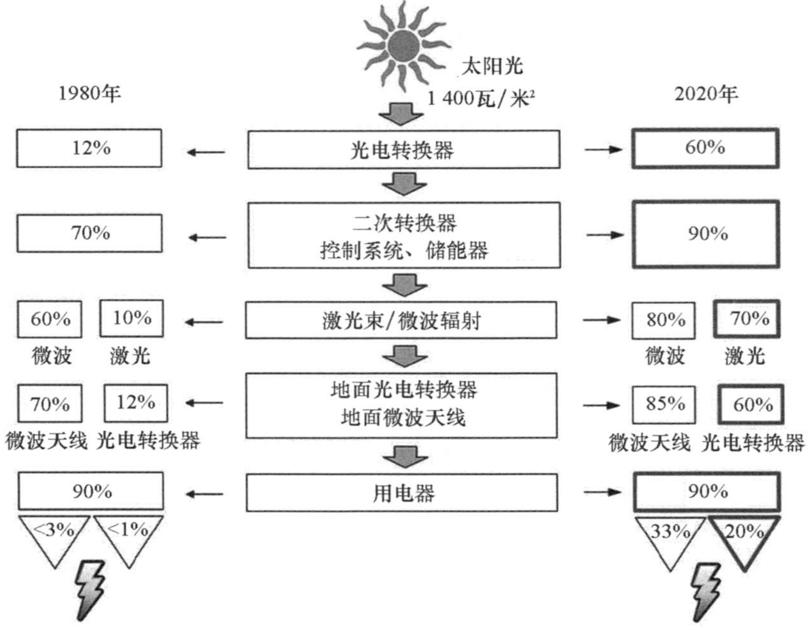

图 23.23　向地面传输电能的空间太阳能发电厂效率

远程传能供电系统的电池进行充电可以显著增加其自主飞行持续时间。2012年，Laser Motive 公司利用上述技术对 600 米外的无人机进行了激光充电的现场试验，如图 23.24 所示。

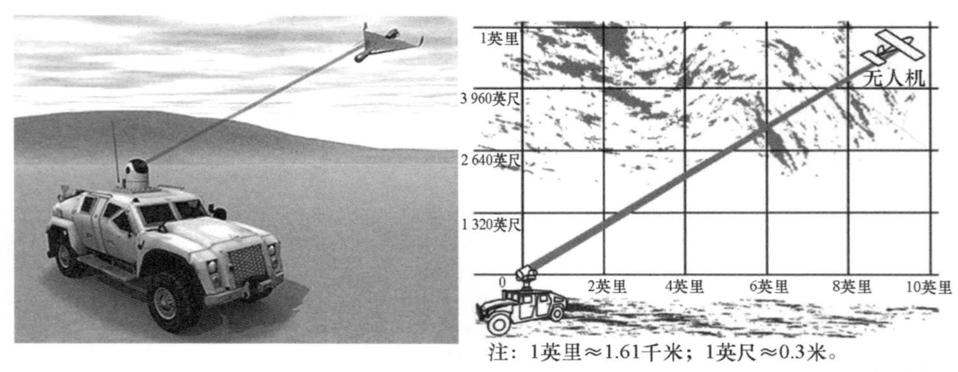

(a) 通过激光给无人机传能供电的场景　(b) 通过激光给无人机传能供电的距离和高度示意图

图 23.24　利用光纤激光对无人机进行供电

实验中使用了波长为1 550纳米的激光器。激光束以厘米精度对移动无人机的光接收装置进行瞄准。在“激光电源—无人机电源”供电链条中，能量转换效率达到了10%。值得说明的是，无人机上的供电装置功重比（功率/质量）为800瓦/千克，超过了项目中所用锂离子电池500瓦/千克的相应参数。

23.3 激光在纳米技术中的应用

随着技术的发展，人们对高科技光子通信装置质量与效率的要求也越来越高。贵金属纳米颗粒具有诸多独特性能，如可以聚集、放大和重新定向光辐射，记录外部介质折射率和化学组成的变化，放大拉曼散射和增强荧光等。因此，目前正在积极开发获得稳定的贵金属纳米粒子的方法，并以此为基础开发功能材料，以应用于多个高科技领域。

（1）在医学和生物学领域：开发等离子技术设备以用于DNA测序、某些细胞（如癌细胞）标记和可视化显示。

（2）在太阳能领域：通过使用纳米粒子来增加光辐射吸收，从而制造出更为高效的光电和光热转换器。

（3）在生态环保领域：利用纳米粒子提高光催化过程的效率，进而开发出更为先进的技术设备来处理工业化学废物。

（4）在信息技术领域：利用纳米粒子开发新型光存储器。

（5）在光学领域：利用纳米粒子制造“传统”的光纤和集成光学元件（衍射条等）以及纳米等离激元器件（波导管、滤光器、干涉仪、纳米天线、谐振器）。

纳米颗粒具有特殊的物理和化学性质，其应用领域也由纳米颗粒的形貌及其表面特性决定。随着所面临任务的日趋复杂，制备具有可控特性的贵金属纳米颗粒的方法要求也越来越高。

随着高功率激光脉冲物理学的发展，技术上已经实现超短时间（10^{-8}~10^{-14}秒）和超高功率密度（10^{10}~10^{14}瓦/厘米^2）的指标，为新型工艺发展创造了条件。此等指标的激光束可直接破坏分子间化学键，从而在没有热效应影响的情况下烧蚀表面材料。激光烧蚀通常被理解为利用激光束从固体目标表面去除物质的过程。

金属靶的激光烧蚀技术一般分为两类。第一类是激光烧蚀产物的制备，第二类是通过激光束照射作用来改变靶件的表面形貌。

上述第一类激光烧蚀技术是一种很有发展前景的制备功能性纳米材料的方法。激光烧蚀时，把高功率激光束聚焦在固体靶表面，激光能量被迅速吸收，靶表面物质被加热并发生爆炸性蒸发，且伴随冲击波在环境中的传播，如图 23.25（a）所示。

根据不同的激光束功率密度，烧蚀产物可能是物质的原子、离子、分子或分子簇和纳米颗粒，如图 23.25（b）所示。这些产物从激光照射区飞出时的动能很大。而且，在高温条件下，被烧蚀物质的原子可以与周围环境中的分子发生相互作用，生成新的化合物。

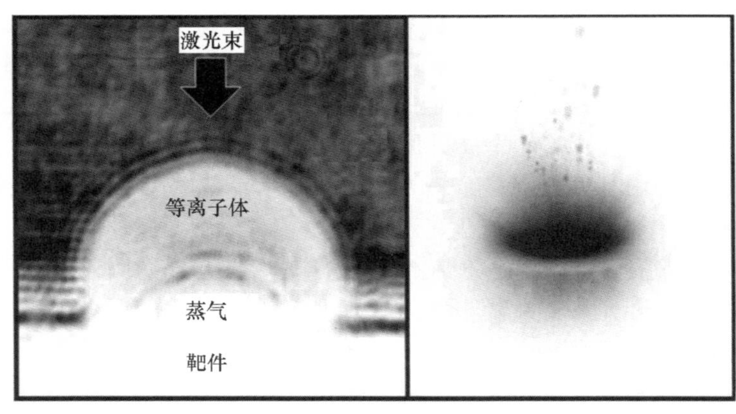

(a) 脉冲激光烧蚀环境中等离子体传播和冲击波的显微照片　　(b) 激光烧蚀过程中从靶件表面飞出的纳米颗粒

图 23.25　脉冲激光烧蚀制备纳米材料

图 23.26 给出了通过激光烧蚀制备纳米颗粒过程的示意图。在脉冲激光的作用下，靶件上形成熔融的表面层并伴有液滴生成，液滴在经过等离子体区域时分离形成纳米颗粒并沉积在基底上。上述制备过程通常在压力为 10^{-4}~10^{-2} 帕的氩气保护环境中进行。

在使用不同的靶件材料和保护气体的基础上，通过改变脉冲激光的烧蚀参数（激光波长、功率密度和脉宽），有可能获得各种各样的混合物，包括固体膜片块状物和特定尺寸的纳米颗粒。

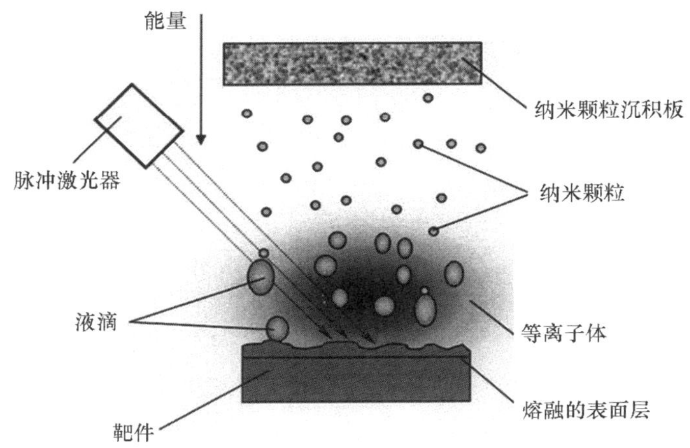

图 23.26　激光烧蚀法制备纳米颗粒的过程示意图

图 23.27 给出了利用脉宽 150 微秒、功率密度 6×10^9 瓦/米^2 的激光脉冲制备的二氧化锆（ZrO_2）纳米颗粒。纳米颗粒呈球形，平均粒径为 20～100 纳米。

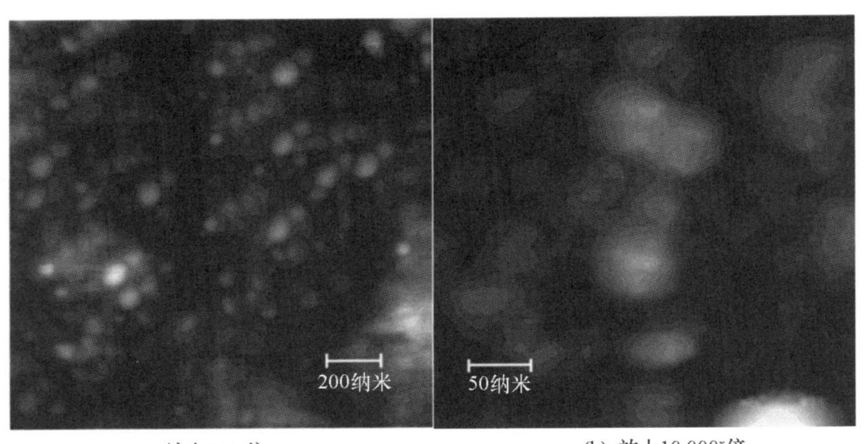

(a) 放大100^{x}倍　　(b) 放大10 000^{x}倍

图 23.27　二氧化锆的原子力显微镜图像

上述第二类激光烧蚀技术可在金属和合金表面获得微米结构和纳米结构。这项技术有很多非常重要的应用：光电子和纳米电子器件制造、信息存储技术、控制固体的机械和光学特性、生物医学及其他领域。

使用一束激光可在材料表面直接形成微米结构和纳米结构的技术，不需要再沉积飞行的粒子，无须使用各种屏蔽罩，也无须使用多束激光。可以实现的最小结构尺寸是由衍射极限决定的，所以激光烧蚀表面成型可获得结构件的最小尺寸有一定限制，该最小尺寸大小与激光波长相当。

为了在材料表面获得几十纳米的最小尺寸结构，需要选择材料表面不发生烧蚀的超短激光脉冲照射模式，脉冲能量密度低于烧蚀阈值但高于熔化阈值，从而提供超快速加热过程，实现金属材料表面的熔化和再结晶。因此，在金属表面生成超小结构（纳米尺度）的技术是基于在激光脉冲照射结束后，以极快速度进行冷却使材料表面发生硬化。

当激光脉冲的作用结束后，热量散入样品内部，熔融物将迅速结晶。由于冷却速度极快（10^9开/秒及以上），冷却过程中所生成晶体尺寸与原子间距相当。此外，如果冷却速度超过结晶速度，就会形成非结晶层。在激光脉冲的作用下，生成精细的晶体或非晶表面结构的过程称为“激光上釉（laser glazing）”，持续时间从毫秒到纳秒。利用飞秒激光脉冲详细研究不同金属的表面纳米化形貌，可以获得大小为 20～100 纳米的各种不同结构（晶粒、孔、环、凸起），如图 23.28 所示。

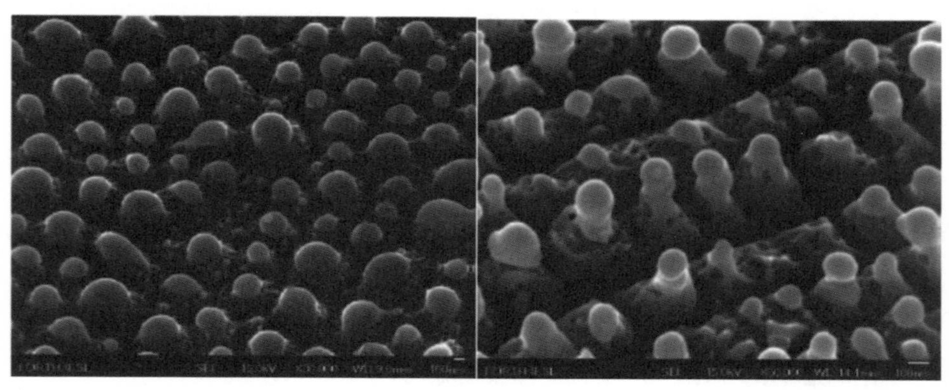

(a) 氟化氪(KrF)激光器（脉宽为5皮秒）　(b) 钛蓝宝石(Ti:sapphire)激光器（脉宽为180飞秒）

图 23.28　金属表面激光烧蚀制备纳米结构

与其他物理方法（气相沉积、离子－等离子喷涂或电弧喷涂等）、化学方法（包括沉积速度慢的化学沉积法和需要表面活性剂辅助的水热法）相比，激光烧蚀法有以下几个优点：

（1）便于操作，且生成的最终产品纯净，不含杂质，无须再进行清洗；

（2）实验装置的成本低，烧蚀过程易于控制；

（3）在激光照射的作用区域内，等离子体射流所产生的高压条件下，通过快速加热并冷却（高达 10^{10} 开/秒），被烧蚀的物质有可能形成亚稳相；

（4）烧蚀物质的沉积速率高［大于 10^{15} 原子/（厘米^{2} · 秒）］；

（5）可蒸发含多组分（合金材料）的靶件；

（6）可精确调节各种材料的配比，包括含多组分材料的配比。

23.4　激光技术的集成

在系统和系统分析理论中，“集成”的概念相当宽泛，需要根据具体的技术任务以及用于解决任务所用的软件和硬件来加以明确。本节将简要探讨激光技术的集成并描述其集成选项。

根据激光技术所要解决的任务，集成后可能会带来下列优势：第一，确保光电系统运行过程中所获信息的可靠性和准确性；第二，可拓宽光电系统的适用范围，例如降低对光照度的要求，确保全天候使用等；第三，可能会显著拓宽光电系统的功能，获取更广泛的信息。

图 23.29 给出了各种集成方法的分类，是根据不同主题来进行分类的，分类也并不详尽。此外，在实践中，常常会组合使用不同类型的集成。

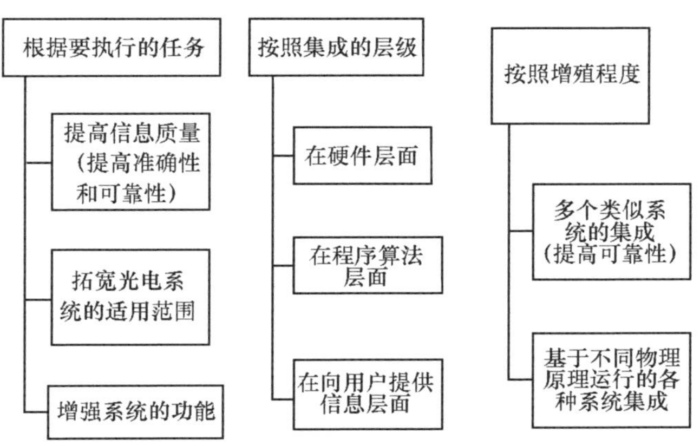

图 23.29　各种集成方法的分类

23.4.1 无线电系统和激光系统的集成

将多种要素的系统应用于参数研究是最广泛和研究最多的一种集成方法。需要明确的是，这里所讲的是使用不同物理原理的若干设备向用户提供信息的集成问题。由于电磁辐射可与环境发生相互作用的性质，这为工程创造和从所接收的数据分析中获得最大收益提供了空间。

以下是无线电系统和激光系统的集成应用的一些例子：

（1）空气团对地球热平衡影响的参数研究；

（2）新一代气象设备；

（3）绘制含有丰富信息的地球表面地图；

（4）有发展前景的道路交通自动控制；

（5）对“隐身”目标具有很强探测能力的量子雷达。

然而，上述这些例子并不是已经使用或计划使用激光系统和无线电系统集成应用的完整列表。

23.4.2 气象学

北极夏季云海洋研究（ASCOS）实验室的目标是确定海平面上方低水平云层的参数及其对地球热平衡的影响。

云层的各种参数变化非常大，因此为了尽可能准确地测定这些参数，需要使用包括激光传感器在内的多种工具。使用这种方法，可在不受外部因素影响的情况下进行连续监测。无论是晴天还是雨天，白天还是夜间，这套工具都能接收到高精度的数据。图 23.30 给出了测量设备传感器与大气颗粒相互作用的方案示意图。

值得注意的是，每个特定的传感器只能处理某种类型的大气颗粒。在很大程度上，这取决于电磁辐射脉冲和大气颗粒相互作用的性质。例如，S 波段（波长约为 10 厘米）的长波辐射能与大颗粒的冰相互作用而被用于冰的探测，而短波长激光（波长约为 1.5 微米）能与非常小的大气粒子相互作用而被用于探测非常小的粒子。这是由以下几个因素造成的：

（1）大气颗粒对电磁辐射的米氏散射（又称粗粒散射，粒子尺度接近或大于入射光波长的粒子散射现象）；

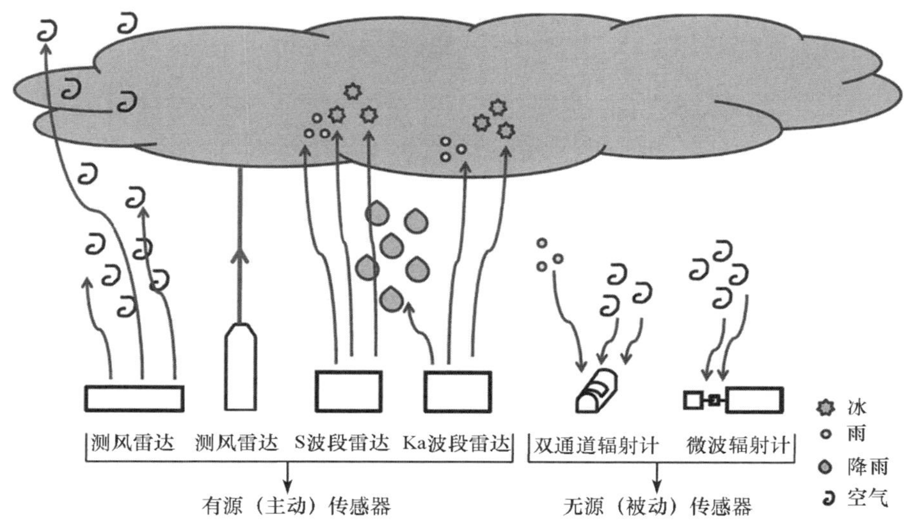

图 23.30　传感器与大气颗粒的相互作用

（2）电磁辐射的光谱衰减；

（3）电磁辐射在不同海拔的折射率梯度变化。

因此，当使用各种不同的电磁脉冲辐射时，系统的应用环境也将得到很大的扩展。基于此，我们能够更深入地确定天气参数，从而高精度地测量和预报出航空导航所需的重要参数：

（1）大气在不同海拔的温度廓线；

（2）大气在不同海拔的压力廓线；

（3）大气在不同海拔的风速廓线（风切变、湍流、微阵风）；

（4）云层的上、下边界参数；

（5）能见度参数；

（6）用于判别危险天气的参数。

现有的航空气象保障系统没有任何一套是通用的，都无法解决多种气象状况下的保障任务。将激光系统和雷达系统集成使用对改进气象保障系统是一个有潜力的发展方向。

事实上，经典的X波段雷达系统只能在特定的天气条件下发挥作用，即大气物体的反射率不低于一定值。这取决于工作距离、接收器的灵敏度、噪声水平等。一般来说，晴空、微云情况下的反射率不足以产生足够强的反射信号。但如果使用激光作为探测手段的光学测距仪（激光雷达），则正好相反，反射信号很强。图 23.31 给出了这种相互关系。

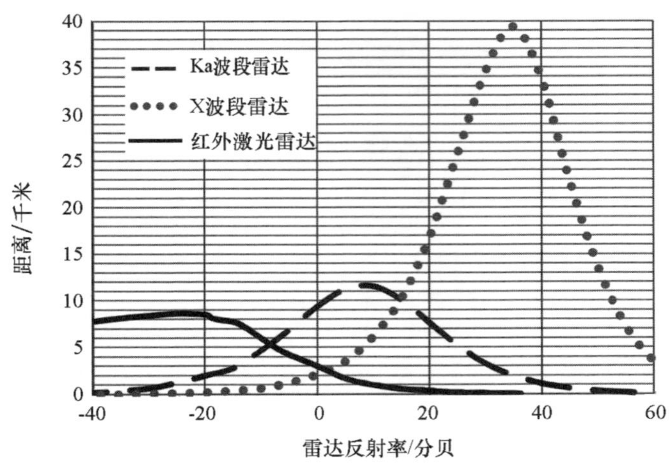

图 23.31　三种雷达测定气象参数的最远距离与大气对电磁波的反射率间的相互关系

反射信号的功率大小可被解算转换为最大可能的探测距离，这取决于大气粒子对电磁波的反射能力。每种波长的电磁辐射在大气中都有其特定性质，因此，为了覆盖各种可能的天气状况，可以选取各种波长的电磁辐射组合，从而随时保持远距离测定气象参数的能力。

基于上述原因，从图 23.31 可以明显看出，将 Ka 波段雷达、X 波段雷达以及红外激光雷达组合使用可完全覆盖各种可能的天气状况，而且测定距离可达 7～8 千米。

为了支持上述理论，需要补充的是，对机场地区的风况进行全天候监测的项目有很多。该领域相关设备的许多头部制造商都有此类项目计划，如图 23.32 所示。

23.4.3　新一代汽车

交通运输领域的一个新发展是无人驾驶运输管理。无人驾驶可避免交通拥堵，调节车流量。但无人驾驶控制系统要有很高的可靠性，至少要达到人所具备的观察和反应能力。为实现这个目标，必须有一组以上的“眼睛”和

(a) Selex和洛·马公司的雷达和激光雷达

(b) Thales和Leosphere公司的雷达和激光雷达

(c) Laser Systems公司研发的设备

图 23.32　机场地区风况的监测设备

一系列机械传感器、加速度计、激光和声学测距仪、红外相机和可见光相机，以便监控汽车本身及周围空间的状态。如此多的测量系统可以在无人为干预的情况下自动地对各种状况进行快速响应。

目前，国际上大量研发无人驾驶汽车（UVS）的项目都已为人所知。其中包括一个简称为 AKTIV 的无人驾驶车辆项目，由欧洲 28 家知名公司（含宝马、西门子、大众、博世、沃达丰等）联合开发。图 23.33 为新一代汽车上的传感器位置示意图。

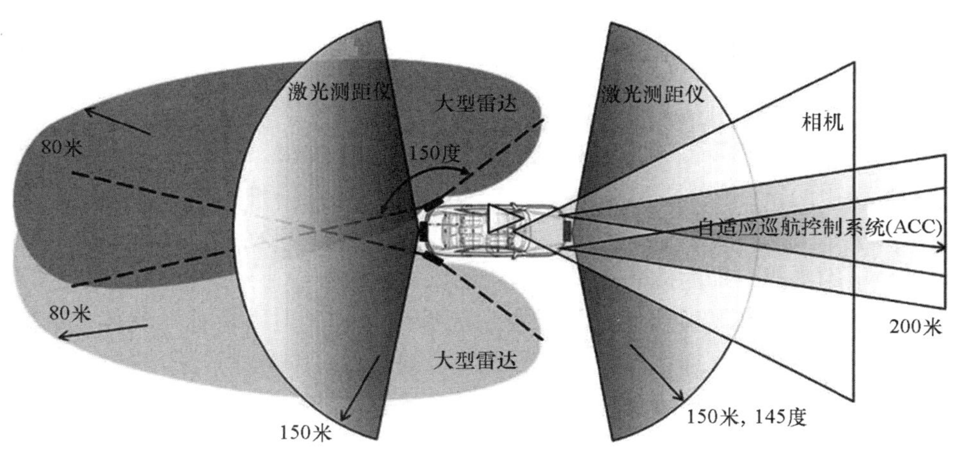

图 23.33　车辆传感器位置示意图

激光测距仪在 150 多米的距离范围内扫描汽车周围的区域，然后生成周围环境的精确三维图像。雷达通过反射率的差异来确定远处物体的位置，并评估目标属性，如图 23.34 所示。摄像头位于后视镜后方的挡风玻璃上，用于探测交通灯信号，识别交通标志，帮助控制单元探测移动的物体（包括行人和骑自行车者）。位置传感器检测汽车的运动，并帮助确定其在地图上的确切位置。惯性运动传感器测量加速或减速的方向，以及汽车运动中车身的纵向和横向倾斜。行驶方向稳定系统中也使用了相应的传感器。

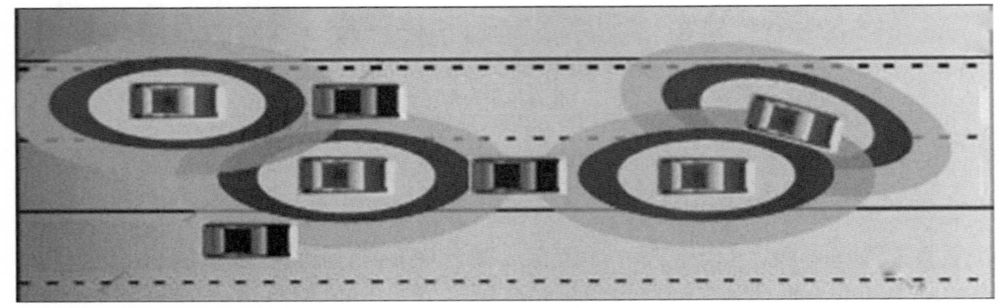

图 23. 34　多辆无人驾驶车辆同时运行场景

应该指出的是，除上述内容之外，此类系统不仅在客运中采用，还在农业生产、工厂内部生产和货物运输中有广泛应用。未来，无人驾驶汽车完全可以取代有人驾驶的车辆。

23. 4. 4　量子雷达

随着包括“隐身”技术在内的军事技术的不断发展，探测对雷达具有高度隐身能力的目标成为一项新的任务。新一代雷达是一种利用微波辐射和光束之间量子关联现象的混合系统，如图 23. 35 所示。实际上，这种方法可以归入底层的集成，即滤波和信息处理全都以模拟信号的形式进行。

这种方法的高灵敏度使得量子雷达能够探测到反射率极低的物体，例如对雷达隐身的飞机，或在医学上几乎无法从健康组织细胞中分辨出的癌细胞。量子雷达能够检测到振幅比噪声振幅还要低的信号。

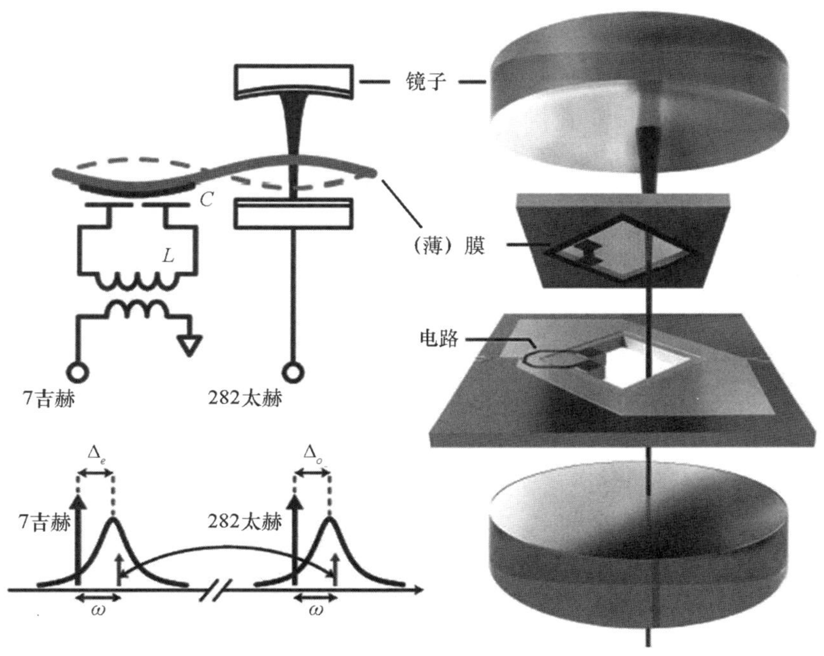

图 23.35 将光量子转化为微波辐射量子的示意图

上述光学和电子系统组合只是所有可能组合方式中的一小部分。在广泛的电磁波谱范围内，由于属性已知的辐射可与周围环境介质发生的相互作用且这种相互作用可以被评估，实际的相互作用过程可以被揭示，从而消除该过程中的“可见”与“隐身”的界限，所以大规模的复杂参数相互作用也变得简单易懂，系统的安全性和可靠性也有望达到最大化。

23.4.5 材料加工

集成技术在材料加工领域中的应用越来越广泛，其中最具代表性的是激光增材制造技术。德国著名的德玛吉森精机公司（DMG）最先将激光技术集成到5轴高科技铣床上，如图23.36（a）所示。到目前为止，这种创新的混合解决方案在世界范围内仍然是独一无二的。它把激光增材制造技术的灵活性与铣削加工的高精度和高质量结合在一起。

利用特殊喷嘴填充与熔化金属粉末的方式来获得预制坯件的速度比选区激光熔化（SLM，在粉末室中制造塑料件）快10倍。

迄今为止，增材制造技术仍局限于制造原型样品和使用传统技术无法制造的小部件。把增材制造和机械切削组合在一台机器上使用，补充并扩展了传统的加工方法，如图23.36（b）所示。

(a) 激光增材技术+精密铣削设备

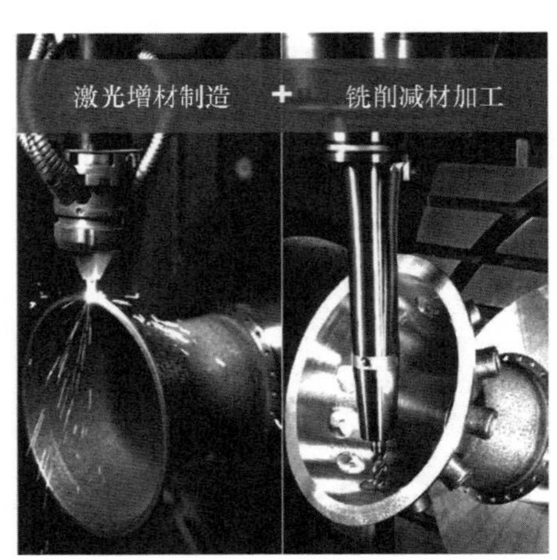

(b) 复合加工工艺

图23.36　LASERTEC 65 三维增材制造系统

此外，把增材制造技术和传统加工集成在一台机器上可显著扩大其应用范围。例如，虽然机床初始投入成本大，但这两种方法组合使用是一种效费比高的大型坯件加工办法，从增材加工到铣削加工的随时自动切换可有效铣削在成品零件上无法加工的区域。激光熔粉增材制造工艺原理如图23.37所示：

（1）粉末材料被逐层焊接到基底材料上，熔融材料上没有气孔或裂痕(裂纹)；

（2）通过上述方式，金属粉末被熔焊到基底表面上，形成高强度毛坯件；

（3）在熔焊过程中，切割区中的保护气体可防止材料氧化；

（4）冷却后，所生成的材料层可进行机械加工。

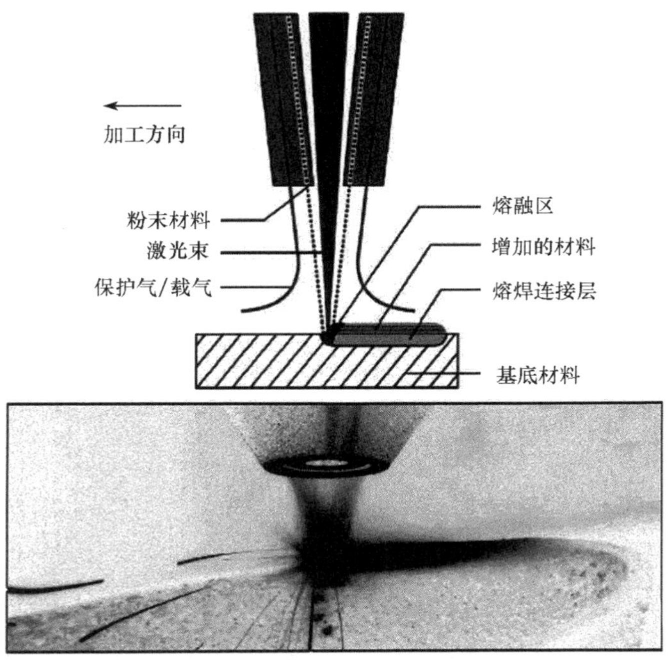

图 23.37 激光熔粉增材制造工艺原理

图 23.38 是复合加工原理应用的一个例子，列出了制造工艺过程的各个步骤。图 23.39 给出了不锈钢涡轮壳的成品。

集成技术机床复合加工的一个主要优点是节约金属材料。激光增材制造技术可在毛坯件的各个局部添加金属材料，随后再进行机械切削加工，所产生的金属碎屑量将不超过金属材料总量的5%。也就是说，可以逐层添加金属材料，从而降维制造出几何形状非常复杂的薄壁产品。根据激光功率和喷嘴形状的不同，产品厚度可从 0.1 毫米到 5 毫米变化。这种集成技术复合加工能力为结构复杂的大尺寸产品量产提供了全新的前景，特别是批量生产航空航天工业所需的产品。

制造圆柱体的底环

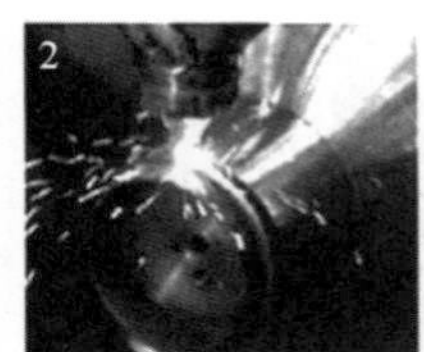

倾斜90度，制造法兰

平面和周边的铣削加工

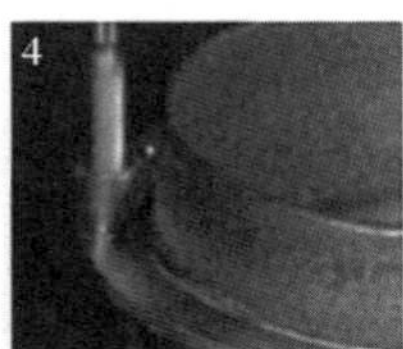

法兰钻孔

继续环的制造
（制造圆柱体的中环）

制造带角度的分段件

锥形漏斗的增材制造

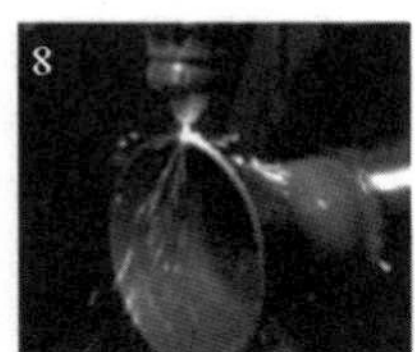

制造第2个大法兰

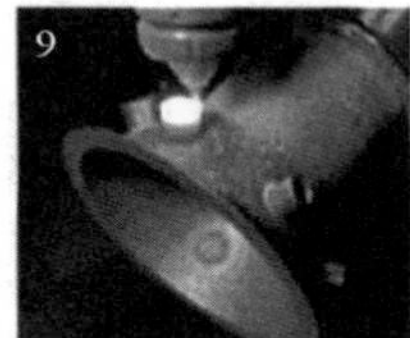

制造外围圆柱体

铣削外围圆柱体

铣削法兰和内部轮廓

铣削环形段

注：1、2、5 ~ 9 为激光增材制造阶段；第 3、4、10 ~ 12 为机械切削阶段（钻孔，铣削）

图 23. 38　通过复合加工工艺制造不锈钢涡轮壳的各个阶段

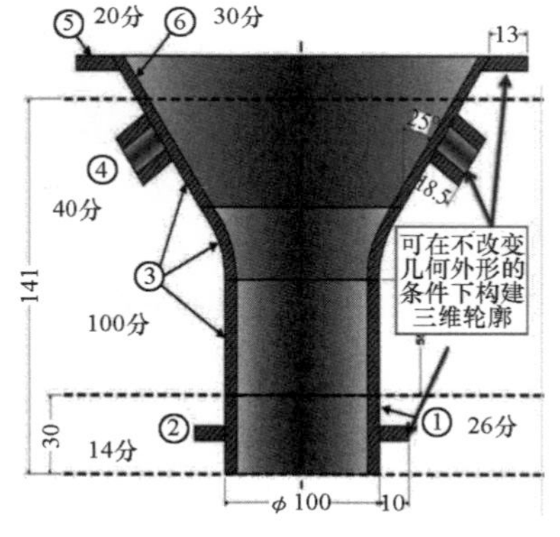

注：①～⑥为加工时间。

图 23. 39　利用集成技术机床复合加工工艺生产的不锈钢涡轮壳

此外，集成机床复合加工技术把非常复杂的传统工艺简化成了在各个二维截面上逐层增加金属层工艺，且能制造出任意结构的冷却通道。这是传统的熔焊和机械加工方法无法实现的。此外，值得一提的是，采用常规熔焊法连接部分的金属与零件本体金属存在性能差别，而采用激光增材技术可制造出与本体性能完全一致的合金。

结论

1. 针对近地空间碎片污染物难题，一种很有前景的解决方法是采用激光束远程烧蚀。

2. 激光烧蚀通常被理解为利用激光束从固体目标表面去除物质的过程。

3. 烧蚀状态与目标材料在大能量短脉冲激光的作用下的快速熔化和蒸发相关，同时伴以爆炸性方式生成垂直于辐照表面向外喷射的蒸气云（等离子体蒸气）。

4. 激光技术（可对卫星的电池进行充电）很适合航天器搭载电池的远程充电。激光束比太阳辐射功率密度要大得多，意味着利用激光技术传输大量能量时，不需要使用大面积的光电接收元件。

5. 热核聚变反应是一种由轻元素的原子核聚合成（合并为）较重原子核的过程。

6. 增加粒子相对运动的动能，使其超过库伦势垒（对于氢原子核来说为 1.6×10^{-15}焦），是引发聚变反应的最自然方式。

7. 空间太阳能发电厂的效率取决于将太阳能转化为电能的系统效率以及将能量传输到地面的通道效率。

8. 使用一束激光可在材料表面直接形成微米结构和纳米结构，不需要再沉积飞行的粒子，无须使用各种屏蔽罩，也无须使用多束激光。

9. S 波段（波长约为 10 厘米）的长波辐射能与大颗粒的冰相互作用而被用于冰的探测，而短波长激光（波长约为 1.5 微米）能与非常小的大气粒子相互作用而被用于探测非常小的粒子。

10. 新一代雷达是一种利用微波辐射和光束之间量子关联现象的混合系统。

11. 把增材制造和机械切削组合在一台机器上使用，补充并扩展了传统的加工方法。

12. 利用激光增材制造技术可在毛坯件的各个局部添加金属材料。

思考题

1. 对航天器设备及其乘员来说，多大的粒子特别危险？原因是什么？
2. 什么是激光烧蚀？简述激光烧蚀状态运行的原理。
3. 什么是热核聚变反应？
4. 对于不同功率密度的激光束，其烧蚀产物都是什么？
5. 对于空间太阳能发电厂向地面传输能量的通道，其效率有什么要求？
6. 如何利用激光技术，在金属表面加工实现最小尺寸（几十纳米）的结构？
7. 激光增材制造技术与传统机械方法的组合加工有什么用？
8. 利用不同波长的电磁辐射，可以测定航空导航所需的哪些大气参数？

参考文献

1. Черток Б. Е. Космонавтика XXI века. М.：Издательство РТСофт，2010 г. –864 с.（《二十一世纪的航天》）

2. Проектирование автоматических космических аппаратов для фундаментальных научных исследований / Сост. В. В. Ефанов，И. Л. Шевалев；Под редакцией В. В. Ефанова，К. М. Пичхадзе：В 3 – х т. Т. 1. –М.：Изд-во МАИ，2012. –526 с.（《设计用于基础科学研究的自动航天器》）

3. Вениаминов С. С.，Червонов А. М.，Космический мусор-угроза человечеству / Под редакцией Р. Р. Назирова，О. Ю. Аксенова. М.：ИКИ РАН，2012.（《太空碎片——人类的威胁》）

4. Авдеев А. В.，Башкин А. С.，Каторгин Б. И.，Парфеньев М. В. Анализ возможности очистки околоземного пространства от опасных фрагментов космического мусора с помощью космической лазерной установки на основе автономного непрерывного химического HF-лазера // Квант. электроника. –2011. –41（7）. –С. 669 –674.（《基于自主连续波 HF 化学激光器的空间激光装置清除近地空间危险碎片的可行性分析》）

5. Campbell I. W. Project ORION：Orbital debris removal using ground-based

sensors and lasers // NASA Technical Memorandum 108522. －1996.

6. Сысоев В. К. , Пичхадзе К. М. , Грешилов П. А. , Верлан А. А. Солнечные космические электростанции-пути развития. －М. : Изд-во МАИ-ПРИНТ, 2013. －160 с. （《空间太阳能发电厂的发展之路》）

附录

激光安全

В. С. Лугиня（В. С. 卢金尼亚）, Н. Ю. Малькова（Н. Ю. 玛尔科娃）

附录 A 激光束照射造成的损伤

激光束的发散角小，即使经过长距离传输，激光束的最终强度依然很高，因此，中等功率的激光器就可能对眼睛造成伤害，而功率较高的激光器可能损伤皮肤。

由于眼睛的晶状体可将激光束的能量会聚到视网膜的一个小点上，因此使用中等功率（数毫瓦）的激光束进行照射时就可能对眼睛造成伤害。焦斑处的温度将显著升高，进而导致视网膜上的光感受器受损。

激光照射所产生的热效应和光化学效应都有可能对生物体组织造成损伤。当生物组织被加热到蛋白质的变性温度时，所产生的热作用的结果即为热损伤。如果是光化学损伤，激光照射在生物组织中引发的是光化学反应。

不同波长的激光照射会引发相应的病理反应。照射波长处于电磁波谱中紫外线和蓝光区域的超短波激光所引发的是光化学损伤，而可见光波段和红外波段照射引发的则为热损伤。表 A－1 中列出了不同波长范围激光照射可能引发的相应病理反应。

表 A－1 不同波长激光照射可能引发的病理反应

波长范围	病理反应
180～315 纳米	（1）角膜炎（相当于晒伤的角膜炎症） （2）红斑（灼伤）、皮肤加速老化、色素沉着增加
315～400 纳米	（1）光化性白内障 （2）皮肤变黑、灼伤
400～780 纳米	（1）视网膜的光化学损伤和热损伤、视网膜灼伤、视力变差 （2）皮肤灼伤、光敏性皮肤病（发红、皮肤炎症、水肿、小泡疹）
780～1 400 纳米	（1）白内障、视网膜灼伤 （2）皮肤灼伤
1.4～3.0 微米	（1）水泡、白内障、角膜灼伤 （2）皮肤灼伤
3.0～1 000 微米	（1）角膜灼伤 （2）皮肤灼伤

附录B　激光安全等级的确定

根据激光器对制造者、操作人员及用户的危险程度，可将其划分为不同的安全等级。“可达到的照射极限”这一概念是进行分级的基础，不同类别的激光器可达到的照射极限不同。分类体系共有两种，即2002年以前使用的美国体系，以及作为IEC 60825标准一部分的修订体系（新体系）。自2007年以来，后者已被纳入美国ANSI Z136.1激光安全标准。

美国用罗马数字，而欧盟用阿拉伯数字来表示安全等级；修订后的体系也全部改用阿拉伯数字。在这两个分类体系中，激光器均被分成四个主要类别，并根据不同波长范围内的最大输出功率分为若干个子类别。表B－1和表B－2分别列出了旧标准和新标准中激光安全分类的主要特征。

表B－1　激光安全标准（旧体系）

安全等级	说明
Ⅰ类	此类激光器是安全的。一种可能是其输出功率很低，即使持续作用数个小时也不会对人眼造成任何伤害；另一种可能是激光器被封装在壳体内（例如CD播放机或激光打印机壳体内的激光器），因此不会伤害眼睛
Ⅱ类	激光功率小于等于1毫瓦的可见光激光器属于该级别。眼睛有眨眼反射（生物条件反射），因此只要不故意长时间盯着激光束，此类激光器是安全的。大多数激光笔都属于这一类
Ⅱa类	大多数连续作用时间大于1 000秒的激光器均属于这一类。Ⅱ类中能量较低的激光器可能会灼伤视网膜
Ⅲa类	功率大于1.0毫瓦且小于5.0毫瓦、功率密度小于2.5毫瓦/厘米^{2}的激光器属于Ⅲa类。这些激光器与光学仪器结合使用时是比较危险的。此外，用肉眼观察超过2分钟也很危险
Ⅲb类	功率为5.0～500毫瓦的激光器属于Ⅲb类。用肉眼观察这些激光会对眼睛造成损伤。一般来说，漫反射并不危险，但是如果直接观察的话，就会像镜面反射一样危险。Ⅲb类高功率激光器还可能引发火灾或灼伤皮肤

续表

安全等级	说明
Ⅳ类	功率大于500毫瓦的激光器属于Ⅳ类。即使不和光学装置一起使用，Ⅳ类激光器也可以造成眼睛损伤或皮肤灼伤。来自这些激光器的漫反射对于处于名义安全区内的眼睛和皮肤也很危险。工业、医疗、科研和军事领域所用的很多激光器都属于Ⅳ类

表 B－2 激光安全标准（修订后的体系）

安全等级	说明
1	在合理的使用条件下，此类激光照射并不危险。1类激光器在所有正常使用条件下都是安全的。这意味着在用肉眼或使用望远镜、显微镜或典型光学放大元件时，1类激光器的照射是安全的，不会超过MPE
1M	只要不使用光学设备（例如可以聚焦光束的设备），该类别激光器所发出的激光是安全的。如果光束不通过光学元件（如望远镜和显微镜）进行放大，1M类的激光器在所有条件下都是安全的。如果一种激光器（功率比1类激光器要高）所发出的激光很多都发散掉了，最终进入眼睛瞳孔的光束照射能量不超过第1类激光器的能量范围，那么这种激光器便可归入1M激光器
2	此类激光器所发出的激光仅限于可见光谱区域（400～700纳米），可达到的功率为1毫瓦。由于人眼的眨眼反射，这种激光作用时间如果不超过0.25秒，就不会对眼睛造成伤害
2M	由于人眼的眨眼反射，只要不借助光学仪器施加照射，2M级激光器就是安全的。该分类也适用于功率大于1毫瓦的激光束，条件是光束要足够发散，使得最终进入瞳孔的能量不超过2类激光器的能量范围
3A	此类激光器的所发出的光束可能对眼睛有害，但其可达到的光功率可能不会超过2类激光器（可见光谱）及1类激光器（其他波长范围）功率的5倍。此类激光器的MPE可能超过损伤风险低的2M类激光器
3B	某些情况下，此类激光器所发出的光束照射可能会危害眼睛和皮肤。在可见光谱范围内，连续波可见光激光器可发出的光束照射功率为500毫瓦，而脉冲激光器则为30毫瓦。如果直接目视3B类激光器的光束，需要佩戴护目镜。而漫反射间接接收到的光线一般不会对眼睛和皮肤造成伤害
4	4类激光器所发出的激光束照射对于眼睛和皮肤是非常危险的。漫反射和间接看到的光束都可能对眼睛造成伤害。4类激光器应配备开关，并且必须有一个内置的安全锁。工业、医疗、科研和军事领域所用的很多激光器都属于4类激光器

根据修订后的分类体系，危险等级的划分是通过计算最大许可照射量（MPE）来实施的。俄罗斯境内则通过计算激光照射的“极限许可水平”来划分激光器的安全等级。

单次作用时激光照射的极限许可水平即为最大照射水平。在极限许可照射的作用下，工作人员遭受的损伤几乎都是不可逆的。

激光束照射的极限许可水平是根据表 B－3 中的三组波长范围、两种照射模式（单次照射和持续照射）来确定的。

表 B－3　波长范围

波长范围Ⅰ/纳米	波长范围Ⅱ/纳米	波长范围Ⅲ/纳米
$180<\lambda\leqslant380$	$380<\lambda\leqslant1\,400$	$1\,400<\lambda\leqslant10^5$

经限制孔均衡后的照度 H 和辐照度 E 是激光束照射的标准化参数。当激光束照射作用于皮肤时，为确定 $H_{许可}$ 和 $E_{许可}$ 的极限许可水平，可通过直径为 1.1×10^{-3} 米的限制孔（孔径面积 $S_{孔}=10^{-6}$ 米^2）来均衡光束。

当波长范围Ⅰ和波长范围Ⅲ内的激光束照射作用于眼睛时，为确定 $H_{许可}$ 和 $E_{许可}$ 的极限许可水平，也可通过直径为 1.1×10^{-3} 米的限制孔（孔面积 $S_{孔}=10^{-6}$ 米^2）来均衡光束。而对于波长范围Ⅱ的激光束，则需使用直径为 7×10^{-3} 米的限制孔来均衡光束。

除能量照射值和辐照度之外，通过限制孔的光束照射能量 W 和功率 P 也是标准化参数。

当评估波长范围Ⅱ内的激光束照射对眼睛的影响时，统一激光束照射（经过直径为 7×10^{-3} 米的限制孔）的能量和功率是最为重要的。上述参数的相互关系如下：

$$H_{许可}=\frac{W_{许可}}{S_{孔}}$$

$$E_{许可}=\frac{P_{许可}}{S_{孔}}$$

激光器的许可照射量参见表 B－4 至表 B－8。

表 B－4 1 类激光产品的许可照射量

<table>
<tr><th rowspan="2">波长 λ/纳米</th><th colspan="10">照射时长 t/秒</th></tr>
<tr><th>$<10^{-9}$</th><th>$10^{-9}\sim10^{-7}$</th><th>$10^{-7}\sim1.8\times10^{-5}$</th><th>$1.8\times10^{-5}\sim5\times10^{-5}$</th><th>$5\times10^{-5}\sim10^{-3}$</th><th>$1\times10^{-3}\sim3$</th><th>$3\sim10$</th><th>$10\sim10^{3}$</th><th>$10^{3}\sim10^{4}$</th><th>$10^{4}\sim3\times10^{4}$</th></tr>
<tr><td>180～302.5</td><td rowspan="3">2.4×10^{4}瓦</td><td></td><td colspan="8">2.4×10^{-5}焦</td></tr>
<tr><td>302.5～315</td><td colspan="6">$7.9\times10^{-7}\ C_2$焦($t>T_1$)
$7.9\times10^{-7}\ C_1$焦($t<T_1$)</td><td colspan="3">7.9×10^{-7}焦</td></tr>
<tr><td>315～400</td><td colspan="6">$7.9\times10^{-7}\ C_1$焦</td><td>7.9×10^{-3}焦</td><td colspan="2">7.9×10^{-6}瓦</td></tr>
<tr><td>400～550</td><td rowspan="2">$200C_6$瓦</td><td colspan="2" rowspan="2">$2\times10^{-7}\ C_6$焦</td><td colspan="4" rowspan="2">$7\times10^{-4}\times t^{0.75}\ C_6$焦</td><td colspan="2">$3.9\times10^{-3}\ C_6$焦</td><td>$3.9\times10^{-7}\ C_6$瓦</td></tr>
<tr><td>550～700</td><td colspan="2"></td><td>$3.9\times10^{-7}\ C_3C_6$瓦</td></tr>
<tr><td>700～1 050</td><td>$200C_4C_6$瓦</td><td colspan="2">$2\times10^{-7}\ C_4C_6$焦</td><td colspan="5">$7\times10^{-4}\times t^{0.75}\ C_4C_6$焦</td><td colspan="2">$1.2\times10^{-4}C_4C_6$瓦</td></tr>
<tr><td>1 050～1 400</td><td>$2\times10^{3}C_6C_7$瓦</td><td colspan="3">$2\times10^{-6}C_4C_6$焦</td><td colspan="4">$3.5\times10^{-3}\times t^{0.75}\ C_6C_7$焦</td><td colspan="2">$6\times10^{-4}\ C_6C_7$瓦</td></tr>
<tr><td>1 400～1 500</td><td>8×10^{5}瓦</td><td colspan="4">8×10^{-4}焦</td><td>$4.4\times10^{-3}\times t^{0.25}$焦</td><td>$5.4\times10^{-2}\times t^{0.25}$焦</td><td colspan="3" rowspan="4">10^{-2}瓦</td></tr>
<tr><td>1 500～1 800</td><td>8×10^{6}瓦</td><td colspan="5">8×10^{-3}焦</td><td>0.1 焦</td></tr>
<tr><td>1 800～2 600</td><td>8×10^{5}瓦</td><td colspan="4">8×10^{-4}焦</td><td>$4.4\times10^{-3}\times t^{0.25}$焦</td><td rowspan="2">$5.4\times10^{-2}\times t^{0.25}$焦</td></tr>
<tr><td>2 600～4 000</td><td>8×10^{4}瓦</td><td>8×10^{-5}焦</td><td colspan="4">$4.4\times10^{-3}\times t^{0.25}$焦</td></tr>
<tr><td>4 000～10^{6}</td><td>10^{11}瓦/米^2</td><td>100 焦/米^2</td><td colspan="5">$5.6\times10^{3}\times t^{0.25}$焦/米^2</td><td colspan="3">10^{3}瓦/米^2</td></tr>
</table>

注:修正系数和相关单位见表 B－8。

表 B－5　3A 类激光产品的许可照射量

<table>
<tr><th rowspan="2">波长 λ/纳米</th><th colspan="10">照射时长 t/秒</th></tr>
<tr><th>$<10^{-9}$</th><th>$10^{-9}\sim10^{-7}$</th><th>$10^{-7}\sim1.8\times10^{-5}$</th><th>$1.8\times10^{-5}\sim5\times10^{-5}$</th><th>$5\times10^{-5}\sim1\times10^{-3}$</th><th>$1\times10^{-3}\sim0.25$</th><th>$0.25\sim3$</th><th>$3\sim10$</th><th>$10\sim10^{3}$</th><th>$10^{3}\sim3\times10^{3}$</th></tr>
<tr><td>180～302.5</td><td rowspan="3">1.2×10^{5}瓦和 3×10^{10}瓦/米^2</td><td colspan="9">1.2×10^{-4}焦和 30 焦/米^2</td></tr>
<tr><td>302.5～315</td><td colspan="7">$4\times10^{-6}C_2$焦和 C_2焦/米^2($t>T_1$)
$4\times10^{-6}C_1$焦和 C_1焦/米^2($t<T_1$)</td><td colspan="2">$4\times10^{-6}C_2$焦和 C_2焦/米^2</td></tr>
<tr><td>315～400</td><td colspan="7">$4\times10^{-6}C_1$焦和 C_1焦/米^2</td><td>4×10^{-6}焦和 10^4焦/米^2</td><td>4×10^{-5}焦和 10 焦/米^2</td></tr>
<tr><td>400～700</td><td>1 000C_6瓦和 $5\times10^{6}C_6$瓦/米^2</td><td colspan="2">10^{-6} C_6焦和 $5\times10^{-3}C_6$焦/米^2</td><td colspan="3">$3.5\times10^{-3}\times t^{0.75}C_6$焦和 $18t^{0.75}C_6$焦/米^2</td><td colspan="4">$5\times10^{-3}C_6$瓦和 $25C_6$瓦/米^2</td></tr>
<tr><td>700～1 050</td><td>1 000C_4C_6瓦和 $5\times10^{6}C_4C_6$瓦/米^2</td><td colspan="2">$10^{-6}C_4C_6$焦和 $5\times10^{-3}C_4C_6$焦/米^2</td><td colspan="6">$3.5\times10^{-3}\times t^{0.75}C_4C_6$焦和 $18t^{0.75}C_4C_6$焦/米^2</td><td>$6\times10^{-4}C_4C_6$瓦和 $3.2C_4C_6$瓦/米^2</td></tr>
<tr><td>1 050～1 400</td><td>$10^{4}C_6C_7$瓦和 $5\times10^{7}C_4C_7$瓦/米^2</td><td colspan="3">$10^{-5}C_6C_7$焦和 $5\times10^{-3}C_6C_7$焦/米^2</td><td colspan="5">$1.8\times10^{-2}\times t^{0.75}C_6C_7$焦和 $90t^{0.75}C_6C_7$焦/米^2</td><td>$3\times10^{-3}C_6C_7$瓦和 $16C_6C_7$瓦/米^2</td></tr>
</table>

续表

<table>
<tr><th rowspan="2">波长 λ/纳米</th><th colspan="10">照射时长 t/秒</th></tr>
<tr><th>$<10^{-9}$</th><th>$10^{-9}\sim10^{-7}$</th><th>$10^{-7}\sim1.8\times10^{-5}$</th><th>$1.8\times10^{-5}\sim5\times10^{-5}$</th><th>$5\times10^{-5}\sim1\times10^{-3}$</th><th>$1\times10^{-3}\sim0.25$</th><th>$0.25\sim3$</th><th>$3\sim10$</th><th>$10\sim10^{3}$</th><th>$10^{3}\sim3\times10^{3}$</th></tr>
<tr><td>1 400～1500</td><td>4×10^{6}瓦和10^{12}瓦/米^{2}</td><td colspan="4">4×10^{-3}焦和10^{3}焦/米^{2}</td><td colspan="2">$2.2\times10^{-2}\times t^{0.75}$焦和$5\ 600t^{0.75}$焦/米^{2}</td><td>$0.27t^{0.25}$焦和$5\ 600t^{0.25}$焦/米^{2}</td><td colspan="2" rowspan="4">5×10^{-2}瓦和10^{13}瓦/米^{2}</td></tr>
<tr><td>1 500～1 800</td><td>4×10^{7}瓦和10^{13}瓦/米^{2}</td><td colspan="6">4×10^{-2}焦和10^{4}焦/米^{2}</td><td>0.5 焦和10^{4}焦/米^{2}</td></tr>
<tr><td>1 800～2 600</td><td>4×10^{6}瓦和10^{12}瓦/米^{2}</td><td colspan="3">4×10^{-3}焦和10^{3}焦/米^{2}</td><td colspan="3">$2.2\times10^{-2}\times t^{0.75}$焦和$5\ 600t^{0.75}$焦/米^{2}</td><td rowspan="2">$0.27t^{0.25}$焦和$5\ 600t^{0.25}$焦/米^{2}</td></tr>
<tr><td>2 600～4 000</td><td>4×10^{5}瓦和10^{11}瓦/米^{2}</td><td>4×10^{-4}焦和100 焦/米^{2}</td><td colspan="5">$2.2\times10^{-2}\times t^{0.75}$焦和$5\ 600t^{0.75}$焦/米^{2}</td></tr>
<tr><td>4 000～10^{6}</td><td>10^{11}瓦/米^{2}</td><td>100 焦/米^{2}</td><td colspan="6">$5\ 600t^{0.75}$焦/米^{2}</td><td colspan="2">10^{3}瓦/米^{2}</td></tr>
</table>

注：修正系数和相关单位见表 B－8。

表 B－6　2 类激光产品的许可照射量

波长 λ/纳米	照射时长 t/秒	2 类激光产品的许可辐射极限
400～700	$t<0.25$	同 1 类
	$t \geqslant 0.25$	$C_6 \times 10^{-3}$ 瓦

注:修正系数和相关单位见表 B－8。

表 B－7　3B 类激光产品的许可照射量

波长 λ/纳米	照射时长 t/秒		
	$<10^{-9}$	10^{-9}～0.25	0.25～3×10^4
180～302.5	3.8×10^5 瓦	3.8×10^{-4} 瓦	1.5×10^{-3} 瓦
302.5～315	$1.25 \times 10^4 C_2$ 瓦	$1.25 \times 10^{-5} C_2$ 焦	$5 \times 10^{-5} C_2$ 瓦
315～400	1.25×10^x 瓦	0.125 焦	0.5 瓦
400～700	3×10^8 瓦	$t<0.06$ 秒时,0.03 焦 $t \geqslant 0.06$ 秒时,0.5 瓦	0.5 瓦
700～1 050	$3 \times 10^7 C_4$ 瓦	$t<0.06C_4$ 秒时,$0.03C_4$ 焦 $t \geqslant 0.06C_4$ 秒时,0.5 瓦	0.5 瓦
1 050～1 400	1.5×10^8 瓦	0.15 焦	0.5 瓦
1 400～10^6	1.25×10^8 瓦	0.125 焦	0.5 瓦

注:修正系数和单位见表 B－8。

表 B－8 修正系数

参数	波长 λ/纳米
$C_1 = 5.610^3 \times t^{0.25}$	302.5～400
$T_1 = 10^{0.8(\lambda - 295)} \times 10^{-15}$（秒）	302.5～315
$C_2 = 10^{0.2(\lambda - 295)}$	302.5～315
$T_2 = 10^{0.02(\lambda - 550)}$（秒）	550～700
$C_3 = 10^{0.015(\lambda - 550)}$	550～700
$C_4 = 10^{0.002(\lambda - 700)}$	700～1050
$C_4 = 5$	1050～1400
$C_5 = N^{1/4}$	400～1000
$\alpha \leqslant \alpha_{min}$时，$C_6 = 1$	400～1400
$\alpha_{min} < \alpha < \alpha_{max}$时，$C_6 = \frac{\alpha}{\alpha_{min}}$	400～1400
$\alpha > \alpha_{max}$时，$C_6 = \frac{\alpha_{max}}{\alpha_{min}}$	400～1400
$C_7 = 1$	1 050～1 150
$C_7 = 10^{0.018(\lambda - 1150)}$	1 150～1 200
$C_7 = 8$	1 200～1 400

注：$t < 0.7$ 秒时，$\alpha_{min} = 1.5$ 毫弧度；

$0.7 \leqslant t < 10$ 秒时，$\alpha_{min} = 2t^{3/4}$ 毫弧度；

$t \geqslant 10$ 秒时，$\alpha_{min} = 11$ 毫弧度，$\alpha_{max} = 0.1$ 毫弧度；

C_5仅适用于持续时间小于 0.25 秒的激光脉冲。

附录C　制造激光产品的相关要求

根据 No. 5804 – 91《制造和操作激光器的卫生标准及规范》，制造激光产品时必须满足下列要求。激光产品必须要有专业人士（根据产品危险等级的卫生防疫鉴定结果）出具的评定结论。

激光产品应能保证人员免受激光束及其他危险或有害因素的伤害。

应在激光产品的铭牌（登记卡）上注明下列信息：

（1）辐射的波长；

（2）输出功率（能量）；

（3）脉宽；

（4）脉冲重复频率；

（5）一系列脉冲持续时间（照射时长）；

（6）激光束的初始直径；

（7）激光束发散角；

（8）激光器的危险等级；

（9）危险及有害因素。

生产商负责确定激光器的危险等级。国家卫生监督机构负责监督生产商所确定的激光器安全等级是否正确。

每一类激光器都要有保护套（保护壳）。保护套（保护壳）或其部件（在进行技术维护时可拆除，进而方可接触激光束照射和电源电路中的高压）应配备联锁保护装置。

当处于工作状态的激光产品或未完全放电的电容电池上的联锁装置启动时，必须伴有明显的视觉或听觉警报。

Ⅲ类和Ⅳ类激光产品的控制面板必须配备可更换的开关。

处于可见光波段的Ⅲ类和Ⅳ类激光器，以及处于紫外和红外波段的Ⅳ类激光器需要配备光学信号装置（警示灯）。该装置从激光器开始工作时启动，至工作结束时关闭。通过护目镜应能清晰地看到警示灯。

无论是哪一类激光器，其控制台（控制面板）的放置都必须保证在调整和操作过程中，激光束不会照射到人员。Ⅲ类和Ⅳ类激光产品应能进行遥控。

Ⅲ类和Ⅳ类激光器应包含照射量测量设备。Ⅲ类和Ⅳ类激光产品还须配备光束中断器或衰减片，以限制光束的传播。

为方便对Ⅲ类和Ⅳ类激光产品进行技术维护，其激光输出功率（能量）应能调低。

输出波长处于不可见光波段的Ⅲ类和Ⅳ类激光产品，应该内置同轴输出可见光波段的Ⅰ、Ⅱ类激光束，以指示出主激光束。

所有光学观察系统（目镜、观察窗、屏幕）均应确保通过它们的能量（功率）不超过允许的最高水平。

医用激光产品应配备相应的激光束测量设备，用于测量作用于患者和操作人员的激光照射水平。

利用光纤传输激光束的激光产品必须配备可拆卸传输系统的专用工具。此外，连接器上还需配备激光束衰减片。

在剧场演出、教育机构、开放空间（地形测绘、激光雷达、导航设备、通信）中禁止使用Ⅲ类和Ⅳ类激光产品。

根据俄罗斯国家标准 IEC 60825 – 4 – 2014，开发激光产品时还须考虑下列要求。

结构要求：

（1）被动防护（用于散热的金属面板、对给定波长的激光束完全不透射的光学元件）；

（2）主动防护（检测过热的有源传感器、压差检测系统）；

（3）危险指示标识（要有铭牌、文字标记）。

合理选择防护设备：

（1）确定设置防护设备的最佳位置，确定防护区内的功率（能量）密度；

（2）配备自动监控系统；

（3）激光器的防护装置应尽量远离激光器的工作区域；

（4）在设计结构中加入观察窗口。

附录 D　标识和文字注记

根据 No. 5804 – 91《制造和操作激光器的卫生标准及规范》，激光产品应按照以下要求进行标记。

标识应清晰醒目且需牢牢固定在产品上。在黄色背景上，文字和标记符号的框必须是黑色的。如果激光产品的尺寸或设计结构不允许附上标识和文字注记，则必须将其添加到产品铭牌上。

所有Ⅰ类激光产品都要配备标有“Ⅰ类激光产品”字样的说明符号。根据苏联国家标准 12. 4. 026，所有Ⅱ类激光产品都要有警告标志以及标有“激光照射，请勿目视激光束”“Ⅱ类激光产品”字样的说明符号。Ⅲ类激光产品应该配有警告标志和标有“激光照射，不得照射眼睛”“Ⅲ类激光产品”字样的说明符号。

Ⅳ类激光产品必须有警告标志和标有“激光照射，避免直接照射和散射照射眼睛和皮肤”“Ⅳ类激光产品”字样的说明标志。

Ⅱ~Ⅲ类激光产品出光孔旁边必须要配备标有“激光输出口”字样的说明符号。

除Ⅰ类激光产品外的其他激光产品，均应在说明标志上标明有关制造商、激光束的最大输出能量（功率）和波长的信息。

如果保护套（保护壳）的面板在被移除或移位后，人有可能接触到激光束时，必须配一个标有“注意！开启会有激光束照射”字样的说明符号。

输出波长在 380 ~ 750 纳米以外的激光产品，在其说明符号上必须标注“不可见激光束”字样。

Ⅱ~Ⅳ类激光产品警告标志的外观和警告字样的示例见图 D – 1。

注意！激光！半导体激光器！Ⅲ a类

图 D－1　Ⅱ~Ⅳ类激光产品警告标志的外观和警告字样的示例

附录E　个人防护设备

表 E－1～表 E－3 中列出了一些个人防护装备。

表 E－1　防护面罩

防护面板型号	滤光片型号	防护波长范围/微米	光学密度（OD）
NFP2	L17	10.6	2
		10.6	4
		在 400～1 100 纳米波长范围内可防致盲	

表 E－2　护目镜

护目镜型号	滤光片型号	防护波长范围/纳米	光学密度（OD）
ZN22－72－SZS22	S22	630～680	3
		680～1 200	6
		1 200～1 400	3
ZND4－72－SZS22－SS23－1	SZS22	630～680	3
		680～1 200	6
		1 200～1 400	3
	OS－23－1	400～530	6
ZN62－L17	L17	600～1 100	4
		530	2
ZH62－OJ	OJ	200～510	3

注：OD 值为 2 的护目镜透过率为 1%（可以把激光的能量降低到 1%），OD 值为 3 的护目镜透过率为 0.1%（可以把激光的能量降低到 0.1%），依以类推。

表 E-3　气体激光器谐振腔调谐器的保护套

保护套的型号	波长/纳米（激光器类型）	最大功率/瓦
ZN-0.441	411（氦-镉激光器）	3~4
ZN-0.488	488（氩离子激光器）	3~4
ZN-0.51（0.58）	510 或 580（铜蒸气激光器）	3~4
ZN-0.633	633（氦-氖激光器）	5×10^{-2}

附录 F　确定最大许可水平的示例

氮分子单模激光器可产生频率 $F_{脉冲}$为 5×10^3赫、波长为 337.1 纳米的重频激光。单个脉冲宽度 $t_{脉冲}=5$ 纳秒。输出镜附近的光束直径 $d_{脉冲}=3\times10^{-3}$米，平均功率 $P=0.5$ 瓦。求出激光束的最大许可照射量并确定激光器的安全等级。

解：（1）眼睛单次所受激光束照射的最大许可照射量。

为确定最大许可辐照度 $E_{许可}$，需要知道激光的最长作用时间 t。波长 180～380 纳米的激光偶然照射到眼睛时，该值取为 10 秒。

将 $E_{许可}(t)$ 定为 E_1和 E_2的最小值。

$$E_1 = E_{许可}(t)$$

$$E_2 = \frac{H_{许可}(t_{脉冲})}{t}\left(\frac{N}{\xi}\right)^{1/2}$$

当 $t_{脉冲} = 5\times10^{-9}$秒时，按（俄）国标 No. 5804－91 规定可得：

$$H_{许可}(t_{脉冲}) = 4.4\times10^3\times t^{\frac{1}{4}} = 37 \text{ 焦/米}^2$$

当 $t=10$ 秒时，按（俄）国标 No. 5804－91 规定可得：

$$E_{许可}(t) = 8\times10^3/t = 800 \text{ 瓦/米}^2$$

一个系列中脉冲的数量由以下公式确定：

$$N = F_{脉冲}\times t + 1$$

代入 $N_{脉冲}=5\times10^3$，$t=10$，可得 $N=50\,001$。N 值取与之最接近的较小整数，$N=5\times10^4$。

可根据上面的公式来确定 E_1和 E_2：

$$E_1 = 800 \text{ 瓦/米}^2$$

$$E_2 = 830 \text{ 瓦/米}^2$$

比较所获数值可知，所述激光照射的系列脉冲单次作用于眼睛时，所取的最大许可辐照度应等于 E_1。

$$E_{许可}(t) = 800 \text{ 瓦/米}^2$$

相应的最大许可照度值为 $H_{许可}(t) = E_{许可}(t)\times t = 8\times10^3$焦/米^2。

对于紫外光谱范围内的激光照射，（俄）国标规定，每日照射累积量 $H^{\Sigma}_{许可}$（3×10^4秒）［3×10^4 秒是（俄）国标规定的每日最大照射时长］也是一个定额数值。每日照射累积量不得超过 $8\times10^{\ 3}$焦/米^2［该值没有超过（俄）国标规定的每日照射累积量］。

上面计算的 $H_{许可}$（t）等于 $H^{\Sigma}_{许可}$（3×10^4 秒）。

（2）皮肤单次所受照射的最大许可照射量。

根据当前国际标准，紫外照射意外作用于皮肤的时间取为 10 秒。

因此，可以像照射作用于眼睛时一样，得出：

$$E_{许可}(t)=800\ 瓦/米^2;\ H_{许可}(t)=E_{许可}(t)\times t=8\times10^3 焦/米^2$$

在这种情况下，$H_{许可}$（t）的值等于每日累积量，即为最大许可值。因此，不得对皮肤进行二次照射。

（3）确定激光器的安全等级。

为确定激光器的安全等级，需要比较激光器所产生光束的实际照度与单次照射的最大允许标准值。

如上所述，在单次照射时，给定示例脉冲激光器允许照射到眼睛和皮肤上的最大照度 $H_{许可}$（t）$=8\times10^3$ 焦/米^2。此时，单个脉冲的最大照度 $H_{许可}$（$t_{单脉冲}$）$=8\times10^3/$（5×10^4）$=0.16$ 焦/米^2。

已知平均激光功率 $P=0.5$ 瓦，则对于系列脉冲中的单个脉冲，可得：

$$H(t_{单脉冲})=\frac{P\cdot t}{N}=\frac{0.5\times10}{5\times10^4}=10^{-4}\ (焦/米^2)$$

按（俄）国标规定，可利用如下公式检查 II 类激光器的单个脉冲：

$$H(\tau_{脉冲})\leqslant\pi\cdot10^{-2}H_{许可}(t_{单脉冲})$$

$$H(t_{单脉冲})=10^{-4}\leqslant3.14\times10^{-2}\times0.16\approx5\cdot10^{-3}焦/米^2$$

结论：该脉冲激光器的安全等级可归入Ⅱ类激光器。

（4）连续波激光照射眼睛和皮肤时的最大许可照射量。

连续波激光照射眼睛和皮肤时，最大许可辐照度为 80 瓦/米^2。该最大许可辐照度条件下的最大照射时长 $t=10$ 秒，相应激光照度的最大许可值为 800 焦/米^2。每日照射累积量也是 800 焦/米^2。

结论：在上文所述的 80 瓦/米^2 辐照度条件下，一名工作人员每昼夜最多只允许进行一次持续时间为 10 秒的生产作业。

如果要使用上述激光器实施 10 次 10 秒的技术操作，各次的时间间隔要大于 10 分钟，那么眼睛和皮肤可承受的最大辐照度为 $E_{许可}$（t）$=8$ 瓦/米^2。

附录G　国家标准及其他法规文件清单

(1) GOST 8.357－79《激光束参数的测量方法——能量、光谱和时间范围》。

(2) GOST 12.0.001－82《劳动安全标准制度　总则》。

(3) GOST 12.0.002－80《劳动安全标准制度　术语和定义》。

(4) GOST 12.0.003－74《劳动安全标准制度　危险及有害生产因素——分类》。

(5) GOST 12.1.001－83《劳动安全标准制度　超声波——总体安全要求》。

(6) GOST 12.1.002－84《劳动安全标准制度　工业用频的电场》。

(7) GOST 12.1.003－83《劳动安全标准制度　噪声——总体安全要求》。

(8) GOST 12.1.004－85《劳动安全标准制度　消防安全——总体要求》。

(9) GOST 12.1.005－88《劳动安全标准制度　对工作区域空气的总体卫生要求》。

(10) GOST 12.1.006－84《劳动安全标准制度　射频电磁场》。

(11) GOST 12.1.010－76《劳动安全标准制度　防爆——总体要求》。

(12) GOST 12.1.007－76《劳动安全标准制度　有害物质——分类和总体安全要求》。

(13) GOST 12.1.014－84《劳动安全标准制度　工作区域的空气——利用指示管测量有害物质浓度的方法》。

(14) GOST 12.1.016－79《劳动安全标准制度　工作区域的空气——有害物质浓度测量法的相关要求》。

(15) GOST 12.1.019－79《劳动安全标准制度　电气安全——总体要求和防护类型》。

(16) GOST 12.1.029－80《劳动安全标准制度　防噪声的手段和方法——分类》。

(17) GOST 12.1.030－81《劳动安全标准制度　电气安全——防护性接地、接零》。

(18) GOST 12.1.040－83《劳动安全标准制度　激光安全——总则》。

(19) GOST 12.1.042－84《劳动安全标准制度　振动——在作业位置实施测量的方法》。

(20) GOST 12.1.043－84《劳动安全标准制度　振动——在生产间内的作业

位置实施测量的方法》。

(21) GOST 12.2.003－74《劳动安全标准制度 生产设备——总体安全要求》。

(22) GOST 12.2.007.0－75《劳动安全标准制度 电气产品——总体安全要求》。

(23) GOST 12.2.007.3－75《劳动安全标准制度 电压超过1000伏的电子设备——安全要求》。

(24) GOST 12.2.049－80《劳动安全标准制度 生产设备——人体工学的总体要求》。

(25) GOST 12.2.061－82《劳动安全标准制度 生产设备——总体安全要求》。

(26) GOST 12.3.002－75《劳动安全标准制度 生产过程——总体安全要求》。

(27) GOST 12.4.001－80《劳动安全标准制度 防护眼镜——术语和定义》。

(28) GOST 12.4.003－80《劳动安全标准制度 护目镜——类型》。

(29) GOST 12.4.009－83《劳动安全标准制度 用于保护目标的消防设备——主要类型、安装和维护》。

(30) GOST 12.4.011－87《劳动安全标准制度 保护工人的设备——总体要求和分类》。

(31) GOST 12.4.012－83《劳动安全标准制度 振动——测量手段》。

(32) GOST 12.4.013－85《劳动安全标准制度 护目镜——总体技术要求》。

(33) GOST 12.4.023－84《劳动安全标准制度 防护面板——总体技术要求和控制方法》。

(34) GOST 12.4.026－76《劳动安全标准制度 信号颜色和安全标志》。

(35) GOST 12.4.115－82《劳动安全标准制度 工人的个人防护设备——实施标记的总体要求》。

(36) GOST 12.4.120－83《劳动安全标准制度 电离辐射的集体防护设备》。

(37) GOST 12.4.123－83《劳动安全标准制度 红外激光的集体保护设备——总体技术要求》。

(38) GOST 12.4.125－83《劳动安全标准制度 机械作用的集体防护设备——分类》。

(39) GOST 12.4.153－85《劳动安全标准制度 护目镜——质量指标的名称表》。

(40) GOST 7601－78《物理光学仪器——术语、字母符号和主要数值的定义》。

(41) GOST 9411－81E《彩色光学玻璃——技术要求》。

(42) GOST 15093－75《量子电子产品——激光器及激光束的控制装置. 术语

和定义》。
（43） GOST 16948 –79《人造光源——紫外照射能量通量密度的确定方法》。
（44） GOST 19605 –74《劳动的组织——基本概念、术语和定义》。
（45） GOST 20445 –75《工业企业的建筑和设施——测量工作场所噪声的方法》。
（46） GOST 24286 –88《脉冲测光法——术语和定义》。
（47） GOST 24453 –80《激光束参数和特性的测量——术语、定义和数值的字母标示》。
（48） GOST 24469 –80《测量激光束参数的手段——总体技术要求》。
（49） GOST 24940 –81《建筑物——测量照度的方法》。
（50） GOST 25811 –83《测量激光束平均功率的设备——类型、基本参数、测量方法》。
（51） GOST 26086 –84《激光器——测量光束直径和激光束能量发散度的方法》。
（52） GOST 26148 –84《光度测量法——术语和定义》。
（53） 卫生标准 245 –71《工业企业设计的卫生标准》。
（54） NRB –76/87《辐射安全规范》。
（55） N 4557 –88《紫外辐射的卫生标准》。
（56） N 4080 –86《工业建筑中微环境的卫生标准》。
（57） 卫生标准和规则 P –4 –79《设计标准——自然照明和人工照明》。
（58） N 1860 –79《处理未被利用的 X 射线辐射源的卫生规则》。
（59） N 3223 –85《工作场所中许可噪音水平的卫生标准》。
（60） 《消费者使用电气设备时的技术操作规程》，莫斯科原子出版社，1972 年。
（61） 《消费者使用电气设备时的设备安全规程》，莫斯科原子出版社，1972 年。
（62） Mainster M A，Sliney D H，Belcher C D，et al. Laser photodisruptor：damage mechanism，instrument design and safety [J]. Ophthalmology，1983，90（8）：973 –991.

附录 H　激光安全的一些特点

1. 标称的对眼睛危险的距离（$l_{\text{N. O. H. D.}}$）可定义为：

$$l_{\text{N. O. H. D.}}=\frac{1}{\theta}\sqrt{\frac{4P_0}{\pi E_{\text{许可}}}-(2w)^2}$$

其中，θ 是光束发散角，P_0 是辐射光源的功率，w 是高斯光束的束腰直径，$E_{\text{许可}}$是许可的最大辐照度。

使用光学系统时，应考虑光束的聚焦：

$$l_{\text{N. O. H. D.}}=f+\frac{1}{\tan\alpha}\sqrt{\frac{P_0}{\pi E_{\text{许可}}}}$$

其中，f 是光学系统的焦距，α 是光束孔径的半角。

2. 眼睛的光谱特性。

在评估激光束的安全性时，有必要考虑眼睛的透光特性。图 H－1 为眼睛介质的透明度与激光束波长之间的光谱关系。图 H－2 为计入眼睛介质的透射时，眼底组织的吸收与激光束波长之间的关系。

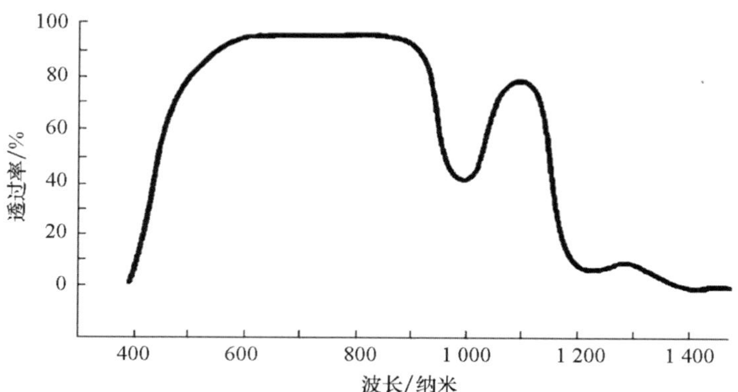

图 H－1　眼睛介质的透过率与激光束波长之间的关系

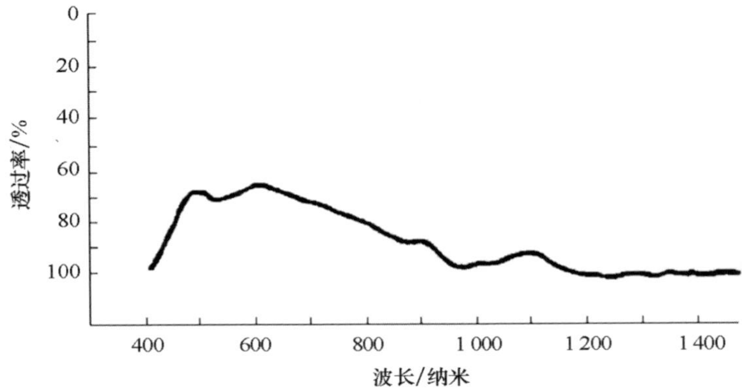

图 H－2　计入眼睛介质的透射时，眼底组织的吸收与激光束波长之间的光谱关系

后记

当前激光技术的发展极为迅猛，激光器的应用不仅在传统领域不断扩张，还在一些全新的未知领域迅速拓展。

我们深知一本书不可能包罗万象，无法全面地介绍激光技术的所有成就。因此，在本书的某些章节，如果我们没有讲到激光技术的一些重要成果，甚至是漏掉了一些重要的新发展趋势，还望广大读者能够谅解。

至于我们是否达到了全面系统地介绍激光器应用的目标，还有待读者评判。我们希望通过阅读本书，对拓展激光应用领域感兴趣的专业人群能有所增加。激光器是人类智慧的伟大创造，也是众多科学家和工程师们不懈努力的结晶，为解决各种难以预见的复杂问题提供了全新的可能。

如果您在阅读本书时对我们有任何意见和建议，我们将不胜感谢。

原著作者

Анатолий Сергеевич Борейшо

Владимир Анатольевич Борейшо

Иван Михайлович Евдокимов

Станислав Витальевич Ивакин

Максим Юрьевич Ильин

Алексей Андреевич Ким

Игорь Алексеевич Киселев

Денис Владимирович Клочков

Максим Анатольевич Коняев

Леонид Борисович Кочин

Виктория Сергеевна Лугиня

Наталья Юрьевна Малькова

Алексей Владимирович Морозов

Евгений Николаевич Никулин

Сергей Юрьевич Страхов

Александр Викторович Федин

Алексей Викторович Чугреев

图 2.5(c)　激光扫描仪获取的三维点云

图 3.7(a)　带三个反射镜的环形激光陀螺

图 3.7(b)　带四个反射镜的环形激光陀螺

开始清洗前

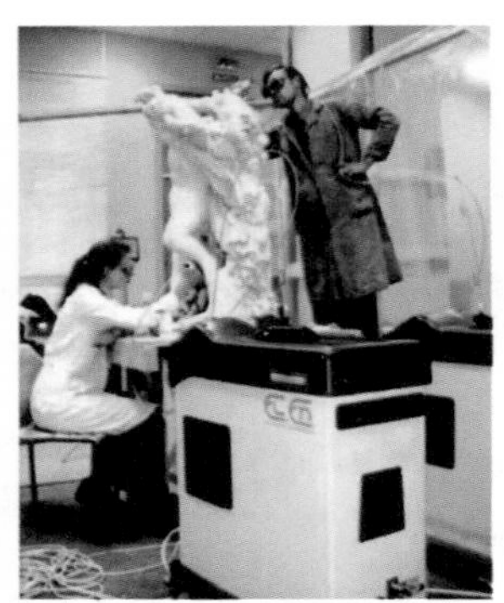

在圣彼得堡列斯特罗伊激光清洗期间

使用SmartClean Ⅱ激光装置清洗

图 7.15　俄罗斯皇村国家自然保护区博物馆收藏的“枝头摇曳的天使”雕塑

图 7.17　激光清洗纸张(羊皮纸)

(a) 制造圆柱体底环

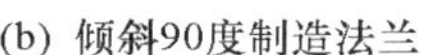

(b) 倾斜90度制造法兰

(c) 制造第二个大法兰

(d) 成品

图 9.9　使用增材制造技术制造零件的过程

(a) 单镜扫描激光雷达

(b) 双镜扫描激光雷达

图 11.1　激光雷达

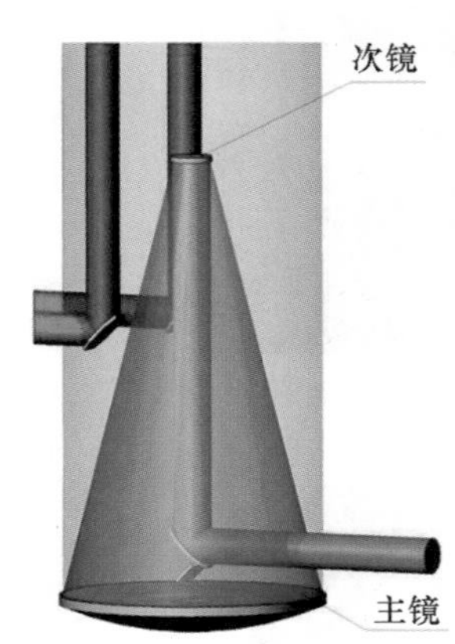

(a) 通过单个望远镜发射和接收探测光束的光路示意图 (MK-2)

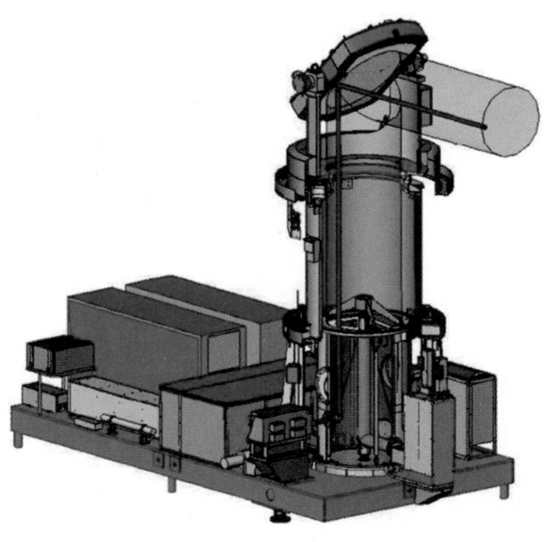

(b) 可机动激光雷达装置的光学系统总图 (MK-3)

图 11.2　气溶胶激光雷达发射和接收探测光的方案示意图

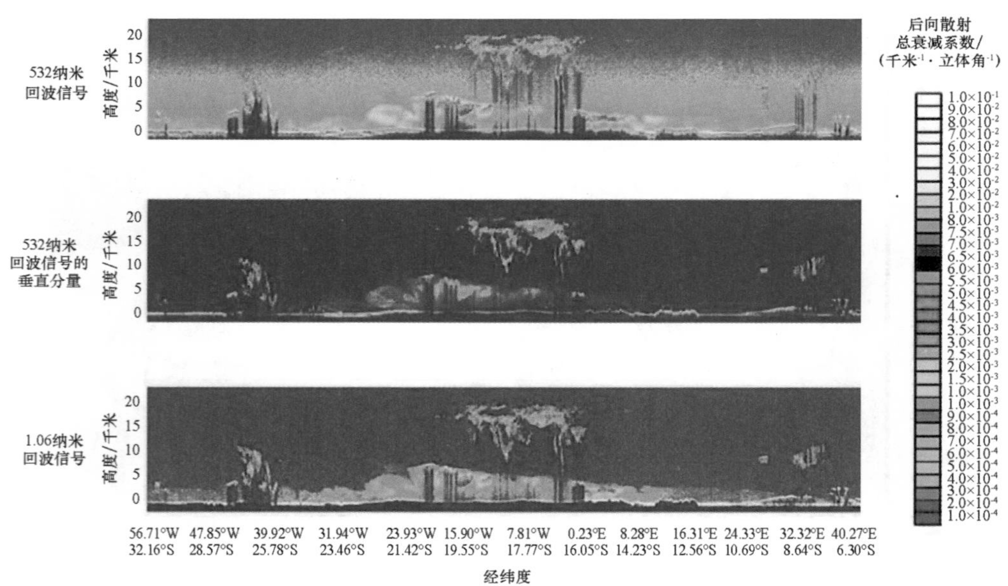

图 11.13　2006 年 6 月 CALIPSO 激光雷达接收信号的图像,大气数据涵盖 0 ~ 30 千米海拔

(a) PLV-300

(b) PLV-2000

图 13. 12　俄罗斯 Laser Systems 公司开发的测风激光雷达

图 13. 30　欧洲地区用于探测近地层大气的激光雷达分布图

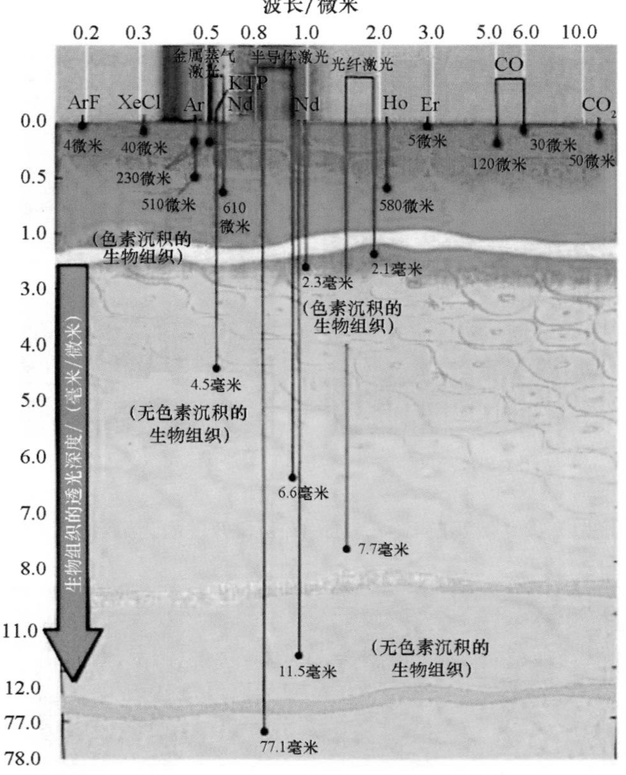

图 14.3　不同波长激光在生物组织中的透射深度

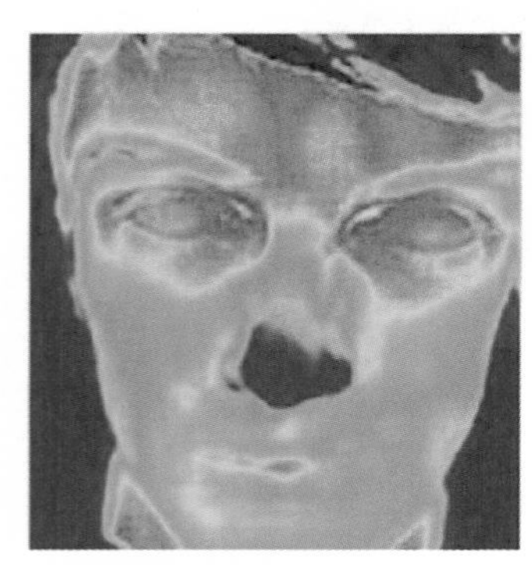

(a) 一个健康人的脸部红外热像图

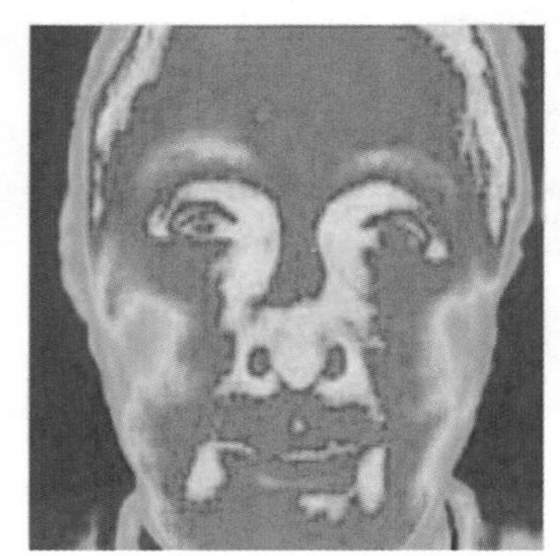

(b) 一个因急性呼吸道疾病高烧的男性脸部红外热像图

图 15.3　不同颜色区域对应不同温度的人脸红外热像

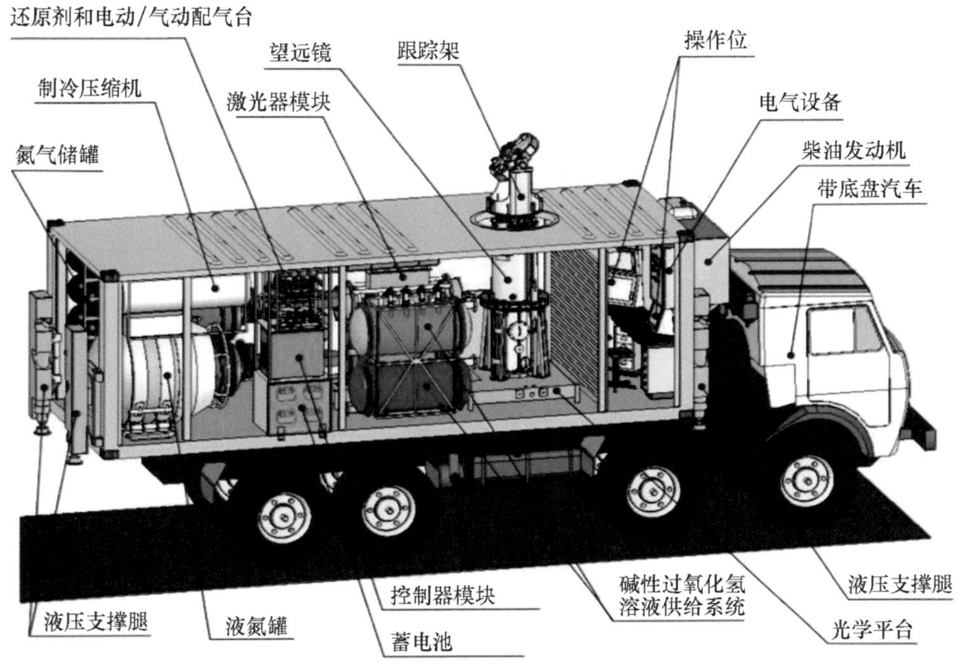

图 19.2　功率为 25 千瓦的连续化学氧碘激光器设计方案(Laser Systems 公司)

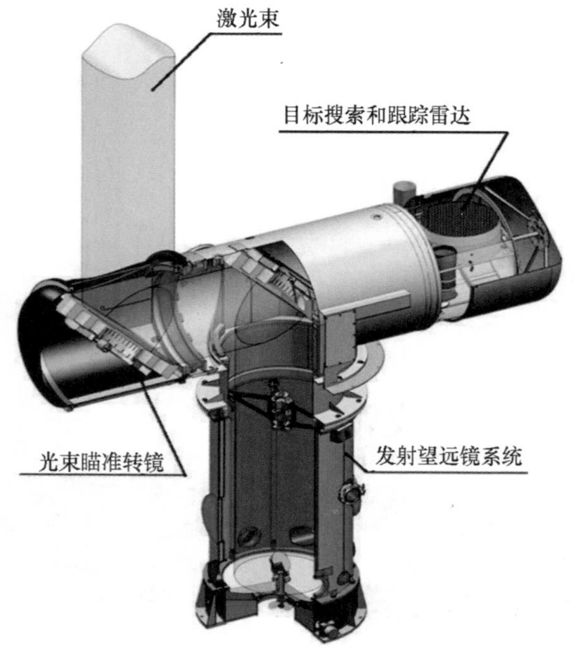

图 19.10　配置了雷达设备的激光武器系统光束定向器(Laser Systems 公司)

(a) 雷达系统外观

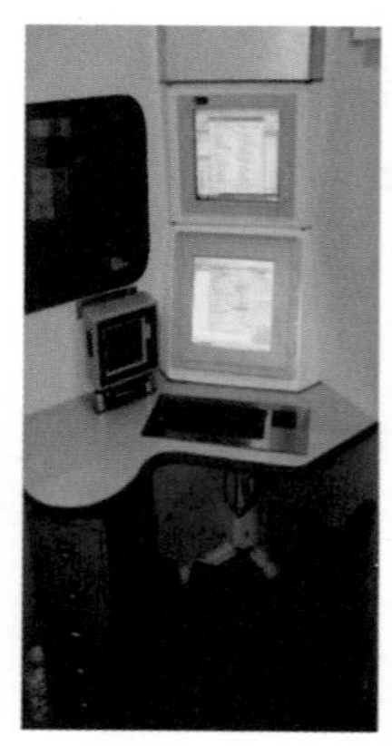

(b) 雷达控制面板

图 21.17　可机动激光雷达系统“黑姑娘 1L”(Laser Systems 公司)